結び目理論入門 上

【岩波数学叢書】

結び目理論入門 上

村上 斉
Hitoshi Murakami

岩波書店

Iwanami Studies in Advanced Mathematics

Introduction to Knot Theory I

Hitoshi Murakami

Mathematics Subject Classification(2000):
57M25, 57M27

【編集委員】

第Ⅰ期(2005‑2008)	第Ⅱ期(2009‑2019)	第Ⅲ期(2019‑)
儀 我 美 一	岩 田　　覚	岩 田　　覚
深 谷 賢 治	斎 藤　　毅	高 木 俊 輔
宮 岡 洋 一	坪 井　　俊	利根川吉廣
室 田 一 雄	舟 木 直 久	古 田 幹 雄

まえがき

この本は，結び目理論の入門書である．結び目とは，3次元ユークリッド空間内に埋め込まれた円周のことであり，一般には複雑にもつれている．結び目を数学的にとらえるのが結び目理論であり，トポロジー(位相幾何学)の一分野をなしている．また，近年では量子トポロジーという新たな分野の出現に大きく寄与をした．

線型代数，簡単な位相空間論(距離空間で十分)，それに代数的位相幾何学(Mayer-Vietoris 完全列までのホモロジー論．たとえば[74]に載っている程度)がわかれば理解できると思う．それ以外の事実も仮定したところがあるが，その部分は参考文献で補ってほしい(理解できなければ飛ばして読んでも差し支えない)．最近ではインターネットを使っておよその概念を知ることができる．しかし，最後は自分の頭で理解するようにしよう．特に，結び目理論は人によって理解の仕方が違うことが多いので，自分なりの理解を深めることが肝心である．この本で理解できなかった場合は，他の本や論文にあたるなり，友達・先輩・先生に聞くなりしよう．また，どうしてもわからなければ飛ばして読む勇気も必要である(著者自身全部を完全に納得しているわけではない)．

この本の特徴として図が多いということがあげられるであろう．つたない技術を駆使して Adobe Illustrator で描いたものである．わかりやすい図になったかどうか心もとないが，読者諸君はできるだけ自分で自分なりの図を描くようにしてほしい．また，できれば，友人知人にも自分で絵を描いて，説明してもらいたい．人に説明することで知識は定着するものである．

各章の最後に「文献案内」を設けて，執筆の参考にした文献を紹介している．全般的には，[53]や[35]を大いに参考にした．また，歴史的な記述は最小限にとどめたため，ある概念や定理について最初に書かれた文献を網羅しているわけではない．この点については，[7]を参考にしてほしい．

また，日本語による結び目理論の教科書も多く出版されている．[68]，[73]，[83](英訳もあり[45])，[81]，[85]([35]の日本語訳)，[69]，[67]，[64]，[70]な

vi　　まえがき

どである．それぞれ個性豊かな本であるから，機会があれば読んでみてほしい．

本書の構成について述べておこう．本書は6つの章に分かれている．

第1章では，結び目を数学的に定義した後で，結び目の表示法，具体的な結び目の例，結び目の解消法（といっても実際的なものではなく，結び目の複雑さを測るための目安），結び目を境界として持つ曲面の構成法とその性質などを述べる．具体的な結び目の例（第1.4節）を挙げる際には，すでに知られている結果を証明なしに述べているので，証明が知りたい読者は，別の本か論文を参照してほしい．

第2章では，結び目を平面上で表示するときの基礎となる定理を3つ述べる．特にMarkovの定理の証明（第2.3節）は込み入っているので，最初は読み飛ばしても構わない．

第3章は，結び目補空間の被覆空間を用いて，結び目の性質を調べる．具体例を通して被覆空間の概念に慣れるように書いたつもりであるが，もしわからない場合や，さらに一般的な内容が知りたい読者は，先に挙げた文献を参照してもらいたい．

第4章は，第3章で説明した無限巡回被覆空間のホモロジー群（から定まる不変量）を効率よく計算する方法を述べる．さらに，Arf不変量と呼ばれる単純ではあるが奥の深い不変量を導入する（第4.6節）．もともと代数的な不変量として定義されたArf不変量ではあるが，ここで述べたように図で理解することも可能である．個人的には，このあたりが結び目理論の真骨頂ではないかと思う．

第5章では，少し見方を変えて，4次元の世界から結び目を眺めることにする．3次元での，「ほどける」とか「同値」といった概念が4次元ではどのように変わるかを説明する．

第6章では，1980年中ごろに導入されたJones多項式とそれに続く多項式不変量について説明する．これは比較的新しい分野であり，結び目理論だけでなく，作用素環論，表現論，可積分系，理論物理学などといった他の分野も巻き込みつつ現在も活発に発展している．このあたりのことは，下巻で説明することにしよう．

本書は，2010年に執筆を依頼されて以来書き続けてきたものである．筆者の所属は，東京工業大学から東北大学に移り，その間 Max-Planck 研究所，パリ第7大学，アムステルダム大学に長期滞在した．また，次のJSPS科研費の助成を受けた：JP21654053, JP22540069, JP23340115, JP24654041, JP26400079,

JP16H03927, JP17K18781, JP17K05239.

　最後になるが，奥田隆幸，門上晃久，斎藤敏夫，佐藤進，田神慶士，田中利史，塚本達也，長郷文和，鮑園園，樋上和弘，藤博之，古庄英和，山口祥司の各氏からは，貴重な助言をいただいた．ありがとうございます．

　両親と妻と子供たちにも感謝します．

　2019 年 5 月　仙台青葉山にて

村　上　　斉

記　号　表

一　般

$\mathbb{Z}, \mathbb{Q}, \mathbb{R}, \mathbb{C}$：それぞれ，整数全体，有理数全体，実数全体，複素数全体（$\mathbb{R}, \mathbb{C}$ には通常の位相を入れて位相空間とみなすこともある）

$\cong$：（位相空間の）同相，（群や加群の）同型

$\gcd(p, q)$：（0 でない）整数 p, q の最大公約数

Id_X：X 上の恒等写像

代　数

$\langle x_1, x_2, \ldots, x_n \,|\, r_1, r_2, \ldots, r_k \rangle$：$x_1, x_2, \ldots, x_n$ で生成され，関係式 $r_1, r_2, \ldots, r_k$ を持つ群

$\langle\langle X_1, X_2, \ldots, X_n \,|\, R_1, R_2, \ldots, R_k \rangle\rangle$：$X_1, X_2, \ldots, X_n$ で生成され，関係式 $R_1, R_2, \ldots,$ R_k を持つ可換群

$f(t) \cong g(t)$：t の Laurent 多項式 $f(t)$ と $g(t)$ が $f(t) = \pm t^n g(t)$ $(n \in \mathbb{Z})$ をみたす

$\#A$：有限集合 A の要素の数

$\sigma(W)$：対称行列 W の符号数（＝正の固有値の数－負の固有値の数）

I_n：n 次単位行列（次数が明らかなときは I と書くこともある）

$O_{m,n}, O_n$：それぞれ，$m \times n$ 零行列，n 次正方零行列（大きさが明らかなときは O と書くこともある）

${}^\top M$：行列 M の転置行列

位相空間

(a, b)：開区間 $\{x \in \mathbb{R} \,|\, a < x < b\}$

$[a, b]$：閉区間 $\{x \in \mathbb{R} \,|\, a \leqq x \leqq b\}$

$\sqcup$：非交和

$\partial(X)$：境界

$\mathrm{Cl}(A; X)$：A の X における閉包（X が明らかなときは $\mathrm{Cl}(A)$ と書くこともある）

$\mathrm{Int}(A; X)$：A の X における内部（X が明らかなときは $\mathrm{Int}(A)$ と書くこともある）

$N(A; X)$：A の X における正則近傍（X が明らかなときは $N(A)$ と書くこともある）

D^n：n 次元球体 $= \{(x_1, x_2, \ldots, x_n) \in \mathbb{R}^n \,|\, x_1^2 + x_2^2 + \cdots + x_n^2 \leqq 1\}$

x 記 号 表

$\mathbb{R}^n_+$：n 次元上半空間 $\{(x_1, x_2, \ldots, x_n) \in \mathbb{R}^n \,|\, x_n \geqq 0\}$

S^n：n 次元球面 $\{(x_0, x_1, \ldots, x_n) \in \mathbb{R}^{n+1} \,|\, x_0^2 + x_1^2 + \cdots + x_n^2 = 1\}$

位相空間や結び目の不変量

$\chi(X)$：X の Euler 標数

$\pi_1(X, x_0)$：x_0 を基点とする X の基本群

$\mathrm{Arf}(L)$：絡み目 L の Arf 不変量

$\mathrm{lk}(U, V)$：閉曲線 U と V の絡み数

$\Sigma_2(K)$：結び目 K の二重被覆空間

$\Sigma_\infty(K)$：結び目 K の無限巡回被覆空間

結び目・絡み目

$\approx$：結び目の同値

$-K$：結び目 K の向きを逆にしたもの

$\overline{K}$：結び目 K の鏡像

$\#(L)$：絡み目 L の成分数

$\sigma(K)$：結び目 K の符号数

$C[a_1, a_2, \ldots, a_n]$：二橋結び目（Conway の記法）

$H_\pm$：正（負）の Hopf 絡み目

$K(p, q)$：金信結び目

$KT(p, 2n)$：樹下・寺阪結び目

$P(b_1, b_2, \ldots, b_m)$：プレッツェル絡み目

$Q(a)$：ひねり結び目

$S(p, q)$：二橋結び目（Schubert の記法）

$T(p, q)$：円環面結び目

U_m：m 成分の自明な結び目

$w(D)$：絡み目図式 D のよじれ数

目　　次

まえがき

記号表

1　結び目とは

1.1　結び目の定義 ……………………………………………… 1

1.2　結び目の補空間のホモロジー群 ……………………………… 6

1.3　結び目の射影図と図式 ………………………………………… 9

1.4　様々な結び目の構成法 ………………………………………… 11

　　1.4.1　円環面結び目 …………………………………………… 11

　　1.4.2　組み紐 ……………………………………………………… 15

　　1.4.3　二橋結び目 ……………………………………………… 18

　　1.4.4　プレッツェル絡み目 …………………………………… 20

　　1.4.5　連結和 ……………………………………………………… 21

　　1.4.6　衛星結び目 ……………………………………………… 22

1.5　結び目の表 …………………………………………………… 23

1.6　結び解消操作 ………………………………………………… 23

1.7　Seifert 曲面と結び目種数 …………………………………… 28

1.8　問　　題 ………………………………………………………… 32

1.9　文献案内 ……………………………………………………… 33

2　結び目の表示

2.1　Reidemeister の定理 ………………………………………… 35

2.2　Alexander の定理 …………………………………………… 38

2.3　Markov の定理 ………………………………………………… 46

2.4　問　　題 ………………………………………………………… 66

xii 目 次

2.5 文献案内 ··· 66

3 結び目補空間の被覆空間

3.1 被覆空間 ··· 67
3.2 結び目群の Wirtinger 表示 ···························· 75
3.3 二重被覆空間のホモロジー群(結び目群による) ··········· 81
3.4 無限巡回被覆空間のホモロジー群(結び目群による) ········ 87
3.5 二重被覆空間のホモロジー群(Seifert 曲面による) ········· 92
3.6 無限巡回被覆空間のホモロジー群(Seifert 曲面による) ···· 105
3.7 Seifert 行列の性質 ·································· 109
3.8 問 題 ··· 113
3.9 文献案内 ··· 114

4 Alexander 多項式

4.1 Seifert 行列を使った定義 ···························· 117
4.2 円環面絡み目と衛星結び目の Alexander 多項式 ·········· 124
4.3 綾関係式を使った定義 ······························· 136
4.4 様々な性質 ·· 158
4.5 縺れ糸を使った計算 ································· 164
4.6 Arf 不変量 ··· 166
4.7 問 題 ··· 178
4.8 文献案内 ··· 179

5 結び目同境群

5.1 切片結び目と結び目同境 ····························· 181
5.2 代数的切片結び目 ··································· 191
5.3 符号数 ··· 198
5.4 4 次元種数 ··· 209
5.5 問 題 ··· 216
5.6 文献案内 ··· 217

6 Jones 多項式と HOMFLYPT 多項式

6.1	Jones 多項式	219
6.2	交代結び目の交差数	228
6.3	線型綾理論	233
6.4	色付き Jones 多項式	249
6.5	HOMFLYPT 多項式	258
6.6	問題	276
6.7	文献案内	277

解答		279
参考文献		319
索引		325

1 | 結び目とは

この章では，結び目を数学的に定義する．また，結び目を分類する方法を考察する．その際に便利なように，結び目を平面上で表す方法を述べる．最後に，結び目の「ほどき方」を考える．

この本では，すべての空間には区分線型構造が入っているものとする．つまり，空間はすべて多面体(有限次元単体からできている単体的複体を位相空間とみなしたもの)であり，写像はすべて区分線型的である(つまり，何度か細分を繰り返せば局所的に線型になる)とする．ただし，単体的複体は局所有限であるとする(各単体に対し，それと交わる単体の数は有限)．なお，なめらかな構造を考えた方がわかりやすい場合は明記したうえで，なめらかな構造によって議論を進める．

1.1 結び目の定義

$S^n := \{(x_0, x_1, \ldots, x_n) \in \mathbb{R}^{n+1} \mid x_0^2 + x_1^2 + \cdots + x_n^2 = 1\}$ とおき，**n 次元球面**，または **n 球面**と呼ぶ．また，これらには適宜，区分線型構造が入っているものとする(つまり，適当に三角形分割が与えられている)．

結び目とは，S^3 に区分線型的に埋め込まれた S^1 のことである．これは，空間対 (S^3, S^1) で，S^1 が S^3 のなめらかな部分多様体になっているようなものと考えてもよい．また，S^3 に埋め込まれた閉じた折れ線とみなしてもよい．以下では「区分線型的」という言葉は省略することとする．

いくつかの S^1 が埋め込まれているときは**絡み目**という．つまり，空間対 $(S^3, S^1 \sqcup S^1 \sqcup \cdots \sqcup S^1)$ のことを絡み目というのである($\sqcup$ は非交和を表す)．ここに現れる S^1 の数を，その絡み目の**成分数**といい，成分数が m の絡み目のことを **m 成分絡み目**という．

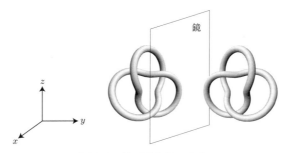

図 1.1 結び目を鏡に映す．

　一般に，絡み目という場合は成分数が 2 以上の場合を指すが，状況によっては結び目を含む場合がある．逆に，結び目といった場合でも絡み目を含む場合があるので注意が必要である．

　注意 1.1　3 次元球面 S^3 は，3 次元ユークリッド空間 $\mathbb{R}^3$ の一点コンパクト化 $\mathbb{R}^3 \cup \{\infty\}$ とみなすことができる．よって，S^3 に埋め込まれた S^1 が ∞ を含まないとき，結び目は $\mathbb{R}^3$ に埋め込まれた円周とみなすことができる．また，S^1 が ∞ を含むときは「(原点から十分離れているところでは直線になっているような) 両端が無限に伸びた曲線」とみなすことができる．

　このように考えることで，結び目とは「もつれた輪」とか「もつれた紐」と直感的にとらえることができる．

　注意 1.2　S^3 には向きが入っているものとする．S^3 を $\mathbb{R}^3$ の一点コンパクト化とみなしたときは，$\mathbb{R}^3$ の右手系から導かれる向きを入れる．

　また，結び目 S^1 や絡み目 $S^1 \sqcup S^1 \sqcup \cdots \sqcup S^1$ には向きを考えたり考えなかったりする．多くの場合は，適当に向きが付いているものと考えてよいが，必要なときには明示することとする．

　定義 1.3（鏡像）　S^3 の向きを逆にすることによって得られる結び目を，元の結び目の**鏡像**と呼ぶ．明らかに，鏡像の鏡像は元の結び目である． □

　注意 1.4　慣れないうちは，S^3 よりも $\mathbb{R}^3$ を考えた方がわかりやすいであろう．

　図 1.1 のように $\mathbb{R}^3$ の xz 平面に鏡を置く．鏡の左側に置いた結び目を鏡に映すと右のようになる．これは，(x, y, z) という点を $(x, -y, z)$ に移したことになる．

　次に，どのような結び目を同値とみなすかを考えよう．

　定義 1.5（結び目の同値）　結び目 K_1, K_2 を考える．つまり，S^3 内の閉じた折れ線 K_1 と K_2 が与えられたとする．S^3 の向きを保つ自己同相写像 (S^3 から S^3 への同相写像) φ で $\varphi(K_1) = K_2$ となるものが存在するとき K_1 と K_2 は同値

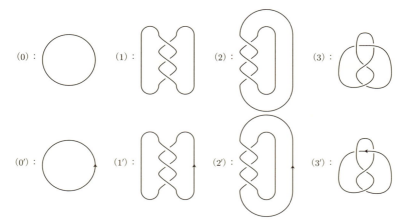

図 1.2 向きの付いていない結び目（上段）と向きの付いた結び目（下段）.

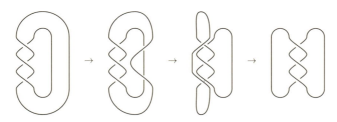

図 1.3 図 1.2 の左から 2 番目の結び目と 3 番目の結び目は同値.

であるといい，$K_1 \approx K_2$ と書くことにする．

K_1 と K_2 に向きを入れているときは，上の φ はこれらの向きも保つものとする． □

$\approx$ が同値関係を表すことは容易にわかる．

注意 1.1 で述べたように，結び目が 3 次元空間に埋め込まれていると思えば，図 1.2 のように図を用いて表すことができる（図の数学的な定義は第 1.3 節参照）．

図 1.2 の (0) や (0′) のように，平面上の円周で表された結び目を，**ほどけた結び目**，または，**自明な結び目**という．また，図 1.3 で示したように，(2) の右端のひもを持ち上げて左に持っていくことで，(1) と (2) は同値であることがわかる．同様に (1′) と (2′) も同値である．

また，(0)，(1)($\approx$(2))，(3) は互いに同値ではないことがわかる（(0′)，(1′)，

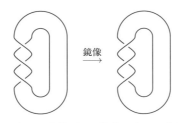

図 1.4 左三つ葉結び目の鏡像は右三つ葉結び目.

図 1.5 8 の字結び目の鏡像は元の 8 の字結び目.

(3′) も互いに同値ではない)[*1].

(1), (2), (1′), (2′) で表された結び目を(左)**三つ葉結び目**と呼び，(3) や (3′) で表された結び目を **8 の字結び目**と呼ぶ．

左三つ葉結び目の鏡像は，図 1.4 で示された右三つ葉結び目である．このように，鏡像を描く時には，交差をすべて逆にした方が間違いが少ない（これは，$\mathbb{R}^3$ における点 (x,y,z) を $(x,y,-z)$ に移すことに対応している．ただし紙面を xy 平面とみなしている．注意 1.4 との違いに注意）．

また，8 の字結び目の鏡像は，図 1.5 となるが，これは元の結び目と同値となることがわかる（問題 1.2）．

実際に与えられた結び目が同値かどうかを調べるときに，図 1.3 で示したような直感的な変形が便利である．この変形を数学的に言うと，以下に定める全同位となる．

定義 1.6（結び目の全同位同値）　K_1, K_2 を結び目とする．次の性質をみたすような同相写像の集まり $\{h_t\colon S^3 \to S^3 \mid 0 \leqq t \leqq 1\}$ が存在するとき K_1 と K_2 は**全同位同値**であるという．

- $H(x,t) := h_t(x)$ は $S^3 \times [0,1]$ から S^3 への連続写像，
- $h_0 = \mathrm{Id}_{S^3}$（Id_{S^3} は S^3 上の恒等写像），
- $h_1(K_1) = K_2$. □

[*1] 第 3 章の例 3.16, 例 3.19, 例 3.21 参照.

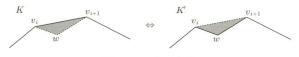

図 1.6　三角形移動.

また，結び目は折れ線であるから，この変形を次のように組み合わせ的な方法により定義することもできる．

定義 1.7（三角形移動）　結び目 K が閉じた折れ線 $v_0 v_1 \ldots v_n$ で与えられているとする．ただし，v_i と v_{i+1} は線分で結ばれている $(i=0,1,\ldots,n)$．ここで，$v_{n+1}:=v_0$ とおいている．

辺 $v_i v_{i+1}$ 以外では K と交わらない三角形 $v_i w v_{i+1}$ を考える．閉じた結び目 $K: v_0 v_1 \ldots v_i v_{i+1} \ldots v_n$ を $K': v_0 v_1 \ldots v_i w v_{i+1} \ldots v_n$ と入れ替える操作，およびその逆を**三角形移動**と呼ぶ（図 1.6）．　□

つまり，結び目を表す閉じた折れ線の辺と 1 辺を共有する三角形をとり，その共有する辺を三角形の他の 2 辺と置き換える操作（およびその逆）を三角形移動という．結び目全体の集合における，三角形移動が生成する同値関係を結び目の三角形同値と呼ぶ．

定義 1.8（結び目の三角形同値）　結び目 K_1 と K_2 に対して，三角形移動の有限列 $K_1 \to L_1 \to L_2 \to \cdots \to L_n \to K_2$ が存在するとき K_1 と K_2 は**三角形同値**であるという．　□

以上 3 通りの同値（同値，全同位同値，三角形同値）を導入したが，これらは同じ同値関係を導くことがわかる．

定理 1.9　結び目 K_1, K_2 に対して，次の 3 つの条件は同値である．

（1）　K_1 と K_2 は同値である（定義 1.5）．

（2）　K_1 と K_2 は全同位同値である（定義 1.6）．

（3）　K_1 と K_2 は三角形同値である（定義 1.8）．　□

[**証明**]・(1) $\Rightarrow$ (3)：$\varphi: S^3 \to S^3$ を向きを保つ同相写像で，$\varphi(K_1) = K_2$ をみたすものとする．必要であれば φ をとりなおすことで φ はある 3 次元球体 D を動かさないと仮定できる．ただし，D は K_1 や K_2 とは交わらないものとする．$\infty \in \mathrm{Int}\, D$ を無限遠点とみなすと，φ は $\mathbb{R}^3$ の向きを保つ自己同相写像とみなすことができる．ただし，$\mathrm{Int}\, D$ は D の内部を表す．$B := S^3 \setminus \mathrm{Int}\, D$ とおくと，$B \subset \mathbb{R}^3$ とみなせ，φ は B の外側を動かさない．また，$K_1 \subset \mathrm{Int}\, B$ かつ $K_2 \subset \mathrm{Int}\, B$ である．τ を $\mathbb{R}^3$ の平行移動で K_1 を B の外側

6   1   結び目とは

に移すものとする.

τ は三角形移動の合成で実現できるので,K_1 と $\tau(K_1)$ は三角形同値である.これらに φ を施すことで $\varphi(K_1)=K_2$ と $\varphi(\tau(K_1))=\tau(K_1)$ は三角形同値となる(K_1 と $\tau(K_1)$ をつなぐ三角形を φ で移したものは,一般には三角形ではないが,それをまた三角形に分ければよい).$\tau(K_1)$ と K_1 は三角形同値であったから K_1 と K_2 も三角形同値である.

- (3) $\Rightarrow$ (2):三角形移動に使う三角形の近傍に着目すれば,三角形移動の前後に現れる結び目が全同位同値であることがわかる.三角形同値は三角形移動の繰り返しであるから,全同位同値である.

- (2) $\Rightarrow$ (1):K_1, K_2 を全同位同値な結び目とし,$h_t: S^3 \to S^3$ を全同位同値の定義(定義 1.6)に出てくる全同位とする.すると h_1 は向きを保つ S^3 の自己同相写像で $h_1(K_1)=K_2$ をみたすので,K_1 と K_2 は同値である.∎

この定理により,以下本書では結び目の同値は,本来の同値の意味だけでなく,全同位同値,三角形同値の意味にも使うことにする.

系 1.10 2 次元円板の境界となっている結び目はほどけている.   □

[証明] 2 次元円板を三角形分割し,辺が境界の一部を成す三角形を用いて三角形移動を繰り返す.最後は 1 枚の三角形のみになるが,これの境界はほどけた結び目と同値である.∎

1.2 結び目の補空間のホモロジー群

一般に,与えられた 2 つのものが同値であることを示すのは比較的容易である.たとえば,トポロジーにおいては同相写像を実際に作ってみればよい.それに対して同値でないことを示すのは困難なことが多い.結び目理論においても,与えられた結び目が同値でないことを示すために様々な方法が考えられてきた.この節では,トポロジーでよく使われるホモロジー群を調べてみよう.

任意の結び目 K は S^1 と同相なのでその(整係数)ホモロジー群は,

$$H_i(K;\mathbb{Z}) \cong \begin{cases} \mathbb{Z} & i=0,1, \\ \{0\} & \text{それ以外} \end{cases}$$

となる.これでは結び目を区別する役に全く立たない.

そこで,結び目 K の S^3 での補空間を考えよう.実際には,K を少し太らせ

図 1.7 図 1.2(3) の結び目を太らせたもの．これは円環体と同相．

てチューブ状のものだと考える（正確には，K の S^3 における正則近傍 $N(K)$ を考える．図 1.7 参照．結び目をなめらかな単純閉曲線とみなすときは，管状近傍と思えばよい）．

つまり，**円環体** $S^1 \times D^2$ ($D^2 := \{(x,y) \in \mathbb{R}^2 \mid x^2+y^2 \leqq 1\}$) を K に沿って S^3 に埋め込んだものを $N(K)$ とし，$S^3 \setminus \mathrm{Int}\, N(K)$ を考える．$S^3 \setminus \mathrm{Int}\, N(K)$ を K の**外部**と呼ぶ．次の補題より $H_i(S^3 \setminus K; \mathbb{Z})$ と $H_i(S^3 \setminus \mathrm{Int}\, N(K); \mathbb{Z})$ は，すべての i に対して同型である．

補題 1.11 $S^3 \setminus K$ と $S^3 \setminus \mathrm{Int}\, N(K)$ はホモトピー同値である． □

[証明] $i: S^3 \setminus \mathrm{Int}\, N(K) \to S^3 \setminus K$ を包含写像とし，$f: S^3 \setminus K \to S^3 \setminus \mathrm{Int}\, N(K)$ を

$$\begin{cases} f(w) := w & w \in S^3 \setminus \mathrm{Int}\, N(K), \\ f(w) := (\varphi, 1, \theta) & w \in N(K) \end{cases}$$

とおく．ただし，$N(K)$ を $S^1 \times D^2$ とみなし，$w \in N(K)$ のとき $w = (\varphi, r\cos\theta, r\sin\theta)$ のように座標を入れる (D^2 には極座標が入っている)．

f は変位レトラクトである．実際，$H_t: S^3 \setminus K \to S^3 \setminus K$ $(0 \leqq t \leqq 1)$ を

$$\begin{cases} H_t(w) := w & w \in S^3 \setminus \mathrm{Int}\, N(K), \\ H_t(w) := (\varphi, 1-t+tr, \theta) & w \in N(K) \end{cases}$$

と定義すれば，$H_0 = i \circ f$, $H_1 = \mathrm{Id}_{S^3 \setminus K}$ となり，$i \circ f$ と $\mathrm{Id}_{S^3 \setminus K}$ をつなぐホモトピーである ($\mathrm{Id}_{S^3 \setminus K}$ は恒等写像)．よって，$S^3 \setminus K$ と $S^3 \setminus \mathrm{Int}\, N(K)$ はホモトピー同値となる． ■

以下，$S^3 \setminus K$ の代わりに $S^3 \setminus \mathrm{Int}\, N(K)$ を考える．$X := S^3 \setminus \mathrm{Int}\, N(K)$ とおくと $X \cup N(K) = S^3$ となる．$T := X \cap N(K)$ とすると，T は $N(K)$ の境界だから**円環面** $\cong S^1 \times S^1$ と同相である (図 1.8 参照)．

よって，Mayer-Vietoris 完全列より

8   1 結び目とは

図 1.8 図 1.7 の境界．これは円環面と同相．

(1.1)
$$\cdots \longrightarrow H_3(X;\mathbb{Z}) \oplus H_3(N(K);\mathbb{Z}) \longrightarrow H_3(S^3;\mathbb{Z})$$
$$\longrightarrow H_2(T;\mathbb{Z}) \longrightarrow H_2(X;\mathbb{Z}) \oplus H_2(N(K);\mathbb{Z}) \longrightarrow H_2(S^3;\mathbb{Z})$$
$$\longrightarrow H_1(T;\mathbb{Z}) \longrightarrow H_1(X;\mathbb{Z}) \oplus H_1(N(K);\mathbb{Z}) \longrightarrow H_1(S^3;\mathbb{Z})$$

が完全となる．

T は $S^1 \times S^1$ と同相なので，よく知られた結果により

$$H_i(T;\mathbb{Z}) \cong \begin{cases} \mathbb{Z} & i=0,2, \\ \mathbb{Z} \oplus \mathbb{Z} & i=1, \\ \{0\} & \text{それ以外} \end{cases}$$

となる．また，

$$H_i(S^3;\mathbb{Z}) \cong \begin{cases} \mathbb{Z} & i=0,3, \\ \{0\} & \text{それ以外} \end{cases}$$

である．

$N(K)$ は S^1 とホモトピー同値だから（これは D^2 が可縮であることからわかる）

$$H_i(N(K);\mathbb{Z}) \cong \begin{cases} \mathbb{Z} & i=0,1, \\ \{0\} & \text{それ以外} \end{cases}$$

となる．

また，X は境界を持つ 3 次元多様体であるから $H_3(X;\mathbb{Z}) = \{0\}$ である．これらを (1.1) に代入すると

$$\cdots \longrightarrow \{0\} \longrightarrow \mathbb{Z}$$
$$\longrightarrow \mathbb{Z} \longrightarrow H_2(X;\mathbb{Z}) \longrightarrow \{0\}$$
$$\longrightarrow \mathbb{Z}\oplus\mathbb{Z} \longrightarrow H_1(X;\mathbb{Z})\oplus\mathbb{Z} \longrightarrow \{0\}$$

が完全列になる. また, $H_3(S^3;\mathbb{Z})$ から $H_2(T;\mathbb{Z})$ への準同型写像は, 生成元を生成元に移す同型写像であることがわかるので,

$$(1.2) \qquad H_i(X;\mathbb{Z}) \cong \begin{cases} \mathbb{Z} & i = 0,1, \\ \{0\} & \text{それ以外} \end{cases}$$

がわかる. また, $H_1(X;\mathbb{Z})$ の生成元は, 結び目のまわりを一周回る閉曲線 ($N(K)$ を $S^1 \times D^2$ とみなしたときの D^2 の境界) となることもわかる.

これは, 結び目の補空間のホモロジー群では, 結び目が区別できないことを表している.

定義 1.12(meridian, longitude) K を向きの付いた結び目とし, $N(K)$ を正則近傍とする. $\partial N(K)$ 上の向きの付いた閉曲線 μ で, $N(K)$ 内で円板の境界となっており, ホモロジー類 $[\mu]$ が $H_1(S^3 \setminus \operatorname{Int} N(K);\mathbb{Z})$ の生成元となっているものを K の **meridian** と呼ぶ. ただし, μ は, K の向きに従って右ねじが回る向きを向いているとする.

また一方, $\partial N(K)$ 上の向きの付いた閉曲線 λ で, ホモロジー類 $[\lambda]$ が $H_1(S^3 \setminus \operatorname{Int} N(K);\mathbb{Z})$ で 0 となっているものを **longitude** と呼ぶ. ただし, λ には($N(K)$ の中で) K の向きと同調する向きが入っているとする. □

注意 1.13 英語の意味は meridian が経線, longitude が経度である. 対にするのなら, latitude (緯度)と longitude にすべきであろうが, meridian と longitude が習慣になっている[*2].

1.3 結び目の射影図と図式

直感的には図がどのような結び目を表すかは明らかだと思うが, 数学的にはかなり不安が残る. そこで, 数学的に結び目の図を正当化しておこう.

定義 1.14(結び目の射影図) 結び目(絡み目) K は $\mathbb{R}^3$ に埋め込まれていると

[*2] ある国際会議で, 講演者が今後は latitude と longitude を使う, と宣言したのだが, その講演中に思わず meridian と言ってしまった.

する. $\mathbb{R}^3$ 内の平面 Π をとり, Π への射影を p とする. p による K の像 $p(K)$ を K の**射影図**という. ただし, 次の 2 つの条件をみたすように平面を選ぶものとする.

(1) $p|_K : K \to \Pi$ による逆像が 2 点以上となるような Π 上の点は有限個であり, かつ, そのような点は二重点のみである. つまり, 任意の $x \in p(K)$ に対し, $p^{-1}(x) \cap K$ は 2 点以下からなる.

(2) K の頂点の像は二重点とはならない.

任意の結び目に対して, このような平面 Π が必ずとれることがわかる.

補題 1.15 任意の結び目(絡み目) $K \subset \mathbb{R}^3$ に対し, 上の 2 つの条件をみたすような平面がとれる.

[**証明**] まず, 直線を指定すれば, それと直交する平面をとることで射影図が決まることに注意する. また, 直線を指定するということは, その方向ベクトルを指定することと同じであり, 方向ベクトルとして長さが 1 のものを選ぶことで, 単位球面上の点(正確には, 単位球面において, 対蹠点同士を同一視したもの, つまり射影平面)を指定することと同じである.

条件(1), (2)をみたさないような直線を示す単位球面上の点の集合は高々 1 次元であるから, それらの点以外の点に対応する直線を選べばよい. ∎

$p^{-1}(y) \cap K$ がちょうど 2 点になるような点 $y \in p(K)$ のことを結び目の射影図の**交点**という. 交点 y に対して $p^{-1}(y) \cap K = \{u, v\}$ とおく. また, 平面 Π と直交する直線に向きを付けることで u と v のどちらが上か指定されているとする. 実際に, 結び目の射影図を平面に描くときには, 交点において下を通る弧の部分を図 1.2 のように切ることで, わかりやすくしておく. このように, 各交点で上下の情報を与えた図を**結び目の図式**(絡み目の図式), あるいは**結び目図式**(絡み目図式)と呼ぶ. また, 上下の情報の与えられた交点のことを**交差**と呼ぶ.

厳密に言うと, 1 つの結び目図式から定まる結び目が 1 つに定まるわけではないが, 高さを調整することでそれらはすべて同値となる.

定義 1.16(交代結び目) 結び目の図式をたどるとき, 上下の交差が交互に現れるような図式を**交代図式**という. 交代図式で表すことができるような結び目を, **交代結び目**と呼ぶ.

交代結び目ではない結び目も存在する(問題 6.1 参照).

1.4 様々な結び目の構成法

この節では，まず円環面結び目，二橋結び目，プレッツェル結び目といった，具体的な結び目の構成法を説明する．また，組み紐により，任意の絡み目を表す方法も紹介する．その後，連結和と衛星結び目という，2つの結び目から新たな結び目を構成する方法を説明する．

いくつかの結果は証明なしで紹介するのに留める．

1.4.1 円環面結び目

まず，（ほどけた[*3]）円環面上にのる結び目を考えよう．

$\mathbb{R}^3$ を xyz 空間とみなす．互いに素な 0 でない整数 p, q を使って，

(1.3)

$$\{(\cos(pt)(3+\cos(qt)),\ \sin(pt)(3+\cos(qt)),\ -\sin(qt)) \mid 0 \leqq t \leqq 2\pi\}$$

と表される結び目を，**(p, q) 円環面結び目**と呼び $T(p, q)$ と書く（この結び目はなめらかな結び目であるから，必要なら区分線型的なものとみなす）．$\mathbb{R}^3$ 内の yz 平面内にある，半径 1，中心 $(0, 3, 0)$ の円 $M := \{(0, y, z) \in \mathbb{R}^3 \mid (y-3)^2 + z^2 = 1\}$ を，z 軸のまわりに一周させた円環面を T とする（図 1.9）と，$T(p, q)$ は T の上にあることが容易にわかる．図 1.10，図 1.11 はそれぞれ，$(p, q) = (2, -3)$, $(3, 5)$ の場合を図示している（T も描かれていることに注意）．

定義式 (1.3) より，次の補題がわかる．

補題 1.17 $T(p, q)$ と $T(-p, -q)$ は同値である．また，$T(p, q)$ と $T(p, -q)$ は互いに鏡像となっている（図 1.12）． □

[証明] $T(-p, -q)$ は

$$\{(\cos(pt)(3+\cos(qt)),\ -\sin(pt)(3+\cos(qt)),\ \sin(qt)) \mid 0 \leqq t \leqq 2\pi\}$$

で表されるが，これは (1.3) を，x 軸の周りに 180 度回転したものと一致する．また，$T(p, -q)$ は

[*3]「ほどけた結び目の正則近傍の境界」ということ．

12   1 結び目とは

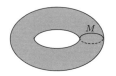

図 1.9 円環面 T と M.

図 1.10 $T(2,-3)$.

図 1.11 $T(3,5)$.

$\overset{\Leftrightarrow}{\text{鏡に映す}}$

図 1.12 $T(3,5)$ を含む $\mathbb{R}^3$ の向きを変えると $T(3,-5)$ になる.

$$\{(\cos(pt)(3+\cos(qt)),\ \sin(pt)(3+\cos(qt)),\ \sin(qt)) \mid 0 \leqq t \leqq 2\pi\}$$

で表されるが,これは (1.3) を,xy 平面に対して対称移動したものと一致する.   ■

以降,円環面結び目 $T(p,q)$ と書いたときは常に $p>0$ を仮定する.次に,T 上にある結び目は,ほどけた結び目か $T(p,q)$ に限ることが次のようにしてわかる.

命題 1.18 K を T に含まれる結び目とする.K がほどけた結び目でなければ,互いに素な整数 p,q が存在して $K \approx T(p,q)$ となる.   □

[**証明**] K を T に含まれる結び目,つまり,T になめらかに埋め込まれた S^1 とする.必要であれば K を少し動かして $M \cap K$ が有限個の点からなるようにできる (図 1.13).

T は,**円環** $S^1 \times [0,1]$ において $M_0 := S^1 \times \{0\}$ と $M_1 := S^1 \times \{1\}$ を同一視して得られる空間であることに注意する (図 1.14).

ただし,図 1.14 で示したように,$S^1 \times [0,1]$ を $\mathbb{R}^2$ 上においたとき M_1 が外側にあると仮定する.逆にみると,T を M で切り開くと,$S^1 \times [0,1]$ が得られることになる.この「切り開く」操作で K も $S^1 \times [0,1]$ に埋め込まれた 1 次元多様体 (S^1 や線分の集まり) とみなすことができる.

- $M \cap K = \emptyset$ のとき:

  切り開くことで K は $S^1 \times [0,1]$ 内の円周となる.M_1 は 2 次元円板 D の境

1.4 様々な結び目の構成法   13

図 1.13　M と K の交わりを有限個にする.

図 1.14　円環 $S^1 \times [0,1]$ の境界を貼り合わせることで円環面 T ができる.

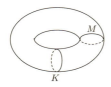 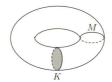

図 1.15　K は M と「平行」.　　図 1.16　K は円環体の中で円板を張る.

界になっている．K は D 内の単純閉曲線であるから Schönflies の定理[*4]により，ある 2 次元円板 B の境界になっている．B が M_0 を含むかどうかで場合分けを行なう．

◦ B が M_0 を含まないとき：
  B は T の中でも 2 次元円板であり，K はその境界であるからほどけている（系 1.10）．

◦ B が M_0 を含むとき：
  M_1 は B の境界（K）と同心円をなすと仮定してよい．すると，$K \subset T$ は図 1.15 のようになる．T は $\mathbb{R}^3$ の中の円環体 $D^2 \times S^1$ の境界であり，K は，ある円板 $D^2 \times \{t\}$ の境界となる（図 1.16）．つまり，K はほどけている．

• $M \cap K \neq \emptyset$ のとき：
  $M \cap K$ に含まれる点 u を考え，この点から線分を上（図 1.13 での上，また，

[*4] Schönflies の定理：$\mathbb{R}^2$ 内の（区分線型的）単純閉曲線は 2 次元円板の境界である.

図 1.17　円板 B.　　　図 1.18　$\tilde{B}$（濃い灰色）は B（薄い灰色）の内側にある.

切り開いた図では，M_0 から出て M_1 に向かう方向）にたどっていく．次に M にぶつかるとき，上からぶつかると仮定しよう．その交点を v とする．u から v に到る（K の）弧を α とし，u, v によって分けられる M の弧を β_1, β_2 とする．すると，$\alpha\cup\beta_1$ か $\alpha\cup\beta_2$ のどちらかは，T において円板の境界となっている（$\alpha\cup\beta_i$ は，少し動かすことで M と交わらない．よって，切り開いた図で考えると $\alpha\cup\beta_1$ と $\alpha\cup\beta_2$ のどちらかは M_0 を含まない）．この円板を B とする（図 1.17）．

もし，B の内部が K と交わらないなら，B を使った T の全同位で K と M の交点を 2 個減らすことができる（以下の議論参照）．B の内部が K の一部（弧の集まり）を含むのなら，そのうち一番内側にあるものを選べば，この弧と M（の一部）はある円板 $\tilde{B}$ の境界となっている．この弧は一番内側にあったので $\tilde{B}$ の内部は K と交わらない（図 1.18）．

図 1.19 で示したように，この弧を T の全同位で M の下に移せば，M と K の交点の数が 2 個減ったことになる．このような全同位を繰り返せば，$M\cap K$ から M の上側に向かう弧は，すべて M の下側に戻ってくるようにできる．同様にして，$M\cap K$ から M の下側に向かう弧は，すべて M の上側に戻ってくるようにできる（図 1.20）．

ここで，T を M で切り開いて円環 $S^1\times[0,1]$ にすると，K は弧の集まりになるが，これらの弧はすべて M_0 から始まり，M_0 に戻ることなしに M_1 に到達することになる（図 1.21）．

$S^1\times[0,1]$ の全同位を用いて各弧は単調増加となるようにできる．弧の出発点を $x_0, x_1, \ldots, x_{p-1}\in M_0$ とする（p は弧の本数）．再び全同位を用いて $x_j=\exp\left(\dfrac{2\pi j\sqrt{-1}}{p}\right)$ とできる（ここでは M_0 を $\{z\in\mathbb{C}\,|\,|z|=1\}$ とみなしている）．これらの弧は，単調に増加しながら M_1 内の点 $x'_i\in M_1$ に到着す

図 1.19　図 1.18 の円板 $\tilde{B}$ を使って K と M の交点を 2 個減らす.

図 1.20　図 1.19 の無駄な交点も外す.

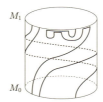

図 1.21　図 1.20 を M で切り開く.

る．ただし，x'_i は x_i の真上にある点 ($S^1 \times [0,1]$ の境界を貼り合わせて T を作るときに同一視される点) である．

x_0 から出発した弧が $\exp\left(\dfrac{2\pi q\sqrt{-1}}{p}\right)$ だけ回転して $x'_{q'}$ に到着したとしよう．ここで，q' は $q' \equiv q \pmod{p}$ かつ $0 \leqq q' \leqq p-1$ をみたしている．すると，他の $p-1$ 本の弧も $\exp\left(\dfrac{2\pi q\sqrt{-1}}{p}\right)$ だけ回転していることになる (そうでなければ交点が生じるから)．弧を「整える」ことにより，これは $T(p,q)$ と同値であることがわかる．ただし，$p=1$ のときはほどけた結び目となっている．■

さらに，$T(p,q)$ と $T(q,p)$ が同値であることがわかる (問題 1.4)．また，$\{p,q\} \neq \{r,s\}$ または $\{p,q\} \neq \{-r,-s\}$ のとき $T(p,q)$ と $T(r,s)$ は同値でない結び目を表すこともわかる．これについては，第 4 章で触れる (問題 4.3)．

1.4.2　組み紐

n 本の紐を垂らしてみる．それぞれの紐は上下方向に単調にぶら下がっていても，水平方向にもつれているかもしれない．このような状況を組み紐という．組み紐を数学的に表してみよう．xyz 空間内の 2 枚の水平な平面 $z=0$ と $z=1$ の間に n 本の紐を通したもの (もつれてもかまわないが，各紐は単調に上から

16   1 結び目とは

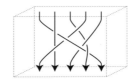

図 1.22 5 次組み紐の例.

下へ垂れているとする)を **n 次組み紐**という(図 1.22 参照).ただし,紐の上端点の座標は $\left(\frac{1}{n+1},0,1\right),\left(\frac{2}{n+1},0,1\right),\ldots,\left(\frac{n}{n+1},0,1\right)$.下端点の座標は $\left(\frac{1}{n+1},0,0\right),\left(\frac{2}{n+1},0,0\right),\ldots,\left(\frac{n}{n+1},0,0\right)$ であるとする(図 1.22).

また,各紐は上から下に向きを付ける.結び目と同様に,上下の端点を固定した(2 つの平面 $z=0$ と $z=1$ の間の空間における)全同位で移り合うものは同値とみなす.

n 次組み紐の同値類全体のなす集合を **n 次組み紐群**といい B_n で表す.ただし,積は組み紐を定義するときに使った平面で上面と下面を貼り合わせることにより定義する.正確には,$\beta_1,\beta_2\in B_n$ に対し,$\beta_1\beta_2\in B_n$ は,β_2 を β_1 の下に置いて,高さを半分にしたものである(図 1.23).

B_n は,図 1.24 で示されたような $\sigma_1,\sigma_2,\ldots,\sigma_{n-1}$ で生成されていることがわかる.たとえば,図 1.22 で表された組み紐は $\sigma_1\sigma_3\sigma_2^{-1}\sigma_4\sigma_3^{-1}\sigma_4\sigma_1$ で表される.また,$\sigma_i\sigma_j=\sigma_j\sigma_i\,(|i-j|>1)$,$\sigma_k\sigma_{k+1}\sigma_k=\sigma_{k+1}\sigma_k\sigma_{k+1}$ という関係式を持つこともわかる.実際,群 B_n は

(1.4)
$$B_n=\langle\sigma_1,\sigma_2,\ldots,\sigma_{n-1}\mid\sigma_i\sigma_j=\sigma_j\sigma_i\,(|i-j|>1),\ \sigma_k\sigma_{k+1}\sigma_k=\sigma_{k+1}\sigma_k\sigma_{k+1}\rangle$$

という表示を持つことが知られている(たとえば[5]参照).関係式 $\sigma_k\sigma_{k+1}\sigma_k=\sigma_{k+1}\sigma_k\sigma_{k+1}$ はしばしば**組み紐関係式**と呼ばれる(図 1.25).

組み紐の上下の端点を図 1.26 のようにつなぐことによって絡み目が得られる.

これを,組み紐の**閉包**という.任意の結び目は,ある組み紐の閉包として表されることが知られている.

定理 1.19(Alexander の定理) 任意の結び目(および絡み目)は,ある組み紐の閉包である.   □

1.4 様々な結び目の構成法   17

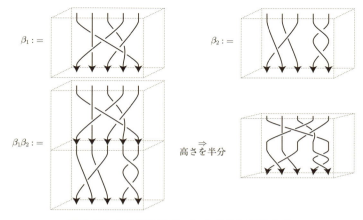

図 1.23 5 次組み紐 β_1, β_2 とそれらの積 $\beta_1\beta_2$.

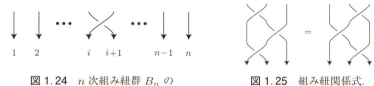

図 1.24 n 次組み紐群 B_n の i 番目の生成元 σ_i.

図 1.25 組み紐関係式.

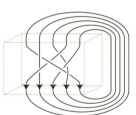

図 1.26 図 1.22 の閉包.

証明は第 2 章(38 ページ)で与える.

例 1.20 8 の字結び目は,3 次組み紐 $\sigma_1\sigma_2^{-1}\sigma_1\sigma_2^{-1}$ の閉包である(図 1.27). □

例 1.21 (p,q) 円環面結び目 $T(p,q)$ は,$(\sigma_1\sigma_2\cdots\sigma_{p-1})^q \in B_p$ の閉包となる(図 1.28).

また,互いに素とは限らない整数 p,q に対して $(\sigma_1\sigma_2\cdots\sigma_{p-1})^q \in B_p$ の閉包を**円環面絡み目**と呼ぶ. □

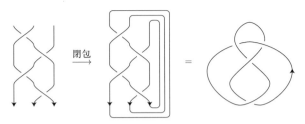

図 1.27 組み紐の閉包.

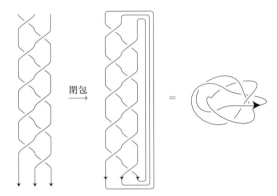

図 1.28 3次組み紐 $(\sigma_1\sigma_2)^5$ の閉包は $T(3,5)$ となる.

1.4.3 二橋結び目

次に，結び目が $\mathbb{R}^3$ 内にあるとみなし，z 方向の極大点の数が少ないような結び目を考える．$\mathbb{R}^3$ の z 軸方向への射影を h と書く（これは，高さを表す関数である）．結び目 K を S^1 から $\mathbb{R}^3$ への写像とみなす（この像の同値類が結び目であった）．そのとき，K を表す写像 $\kappa\colon S^1 \to \mathbb{R}^3$ と，射影 h の合成 $h\circ\kappa\colon S^1 \to \mathbb{R}^1$ を考える．結び目の同値類を保ったまま κ を様々に動かしたとき，$h\circ\kappa$ の極大点の最小個数のことを K の**橋数**と呼び $b(K)$ で表す．特に $b(K)=2$ となる結び目のことを**二橋結び目**と呼ぶ[*5]．

二橋結び目は次のように構成される．0 を含まない整数列 $(a_1, a_2, \ldots, a_{n-1}, a_n)$ に対して，向きの付いていない3次組み紐

[*5] 「ふたはしむすびめ」や「にきょうむすびめ」などと読む．数学者の間では普通 two-bridge knot という．

1.4 様々な結び目の構成法　19

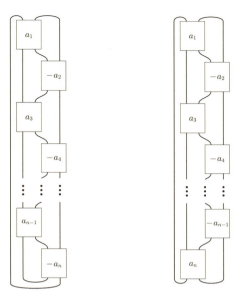

図 1.29 二橋結び目 $C[a_1, a_2, \ldots, a_{n-1}, a_n]$（左図は n が偶数のとき，右図は n が奇数のとき）．

$$\sigma_1^{a_1} \sigma_2^{-a_2} \sigma_1^{a_3} \sigma_2^{-a_4} \cdots \sigma_1^{a_{n-1}} \sigma_2^{-a_n} \quad (n が偶数のとき),$$
$$\sigma_1^{a_1} \sigma_2^{-a_2} \sigma_1^{a_3} \sigma_2^{-a_4} \cdots \sigma_2^{-a_{n-1}} \sigma_1^{a_n} \quad (n が奇数のとき)$$

を考える．これを図 1.29 のように閉じたもの(組み紐の閉包とは違っていることに注意)を二橋結び目 $C[a_1, a_2, \ldots, a_{n-1}, a_n]$ という．ただし，整数列の選び方によっては結び目になったり 2 成分絡み目になったりする．絡み目になるときには，**二橋絡み目**と呼ぶ．

上記のような整数列 $(a_1, a_2, \ldots, a_n)$ に対応した連分数

$$a_1 + \cfrac{1}{a_2 + \cfrac{1}{\cdots + \cfrac{1}{a_{n-1} + \cfrac{1}{a_n}}}}$$

を $\dfrac{p}{q}$ とおく．ただし，$p \geqq 0$ とし p と q は互いに素であるとする．$C[a_1, a_2, \ldots,$

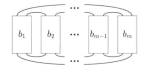

図 1.30 プレッツェル絡み目 $P(b_1, b_2, \ldots, b_m)$.

$a_{n-1}, a_n]$ のことを $S(p,q)$ とも書き，前者を Conway の記法，後者を Schubert の記法と呼ぶ．

注意 1.22 p が奇数のとき，$S(p,q)$ は結び目，p が偶数のとき，$S(p,q)$ は 2 成分の絡み目を表す(問題 1.6)．

注意 1.23 $C[a_1, a_2, \ldots, a_n]$ に現れる a_i の符号を全て入れ替えて連分数を考えると $-\dfrac{p}{q}$ が得られる．よって，$S(p,q)$ の鏡像 $\overline{S(p,q)}$ は $S(p,-q)$ である．

二橋結び目の分類は，次の定理で与えられる．

定理 1.24 $p>0$, $p'>0$ は奇数であるとする．$S(p,q)$ と $S(p',q')$ が同値な結び目を表すための必要十分条件は，$p=p'$ かつ，$q \equiv q' \pmod{p}$ または，$qq' \equiv 1 \pmod{p}$ となることである． □

証明は，たとえば[7]を参照.

1.4.4 プレッツェル絡み目

帯をひねることで，帯の両側の紐がもつれる．このような操作でできる結び目を考えよう．0 を含まない整数 $b_1, b_2, \ldots, b_m$ に対して，向きの付いていない $2m$ 次組み紐 $\sigma_1^{b_1} \sigma_3^{b_2} \cdots \sigma_{2m-1}^{b_m}$ を考える．これを図 1.30 のように閉じたものを，**プレッツェル絡み目** $P(b_1, b_2, \ldots, b_m)$ という[*6]．

補題 1.25 プレッツェル絡み目は，

- m および，すべての b_i が奇数，
- 1 つの b_i が偶数で他のすべてが奇数(m の偶奇は問わない)

のいずれかのとき，かつそのときに限り結び目となる(問題 1.8)． □

また，$P(b_1, b_2, \ldots, b_m)$ と $P(b_2, \ldots, b_m, b_1)$ は同値である．したがって，列 $(b_1, b_2, \ldots, b_m)$ を巡回的に置換しても，得られる絡み目は同値である．

プレッツェル絡み目の分類については[30, 63]を参照せよ．

[*6] プレッツェルとは，右のような形をしたドイツの焼き菓子のこと．🥨 (Wikipedia より)

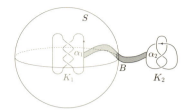

図 1.31 結び目 K_1, K_2 とそれらを分離する 2 次元球面 S, および帯 B.

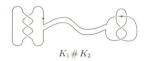

図 1.32 結び目 K_1, K_2 の連結和 $K_1 \# K_2$.

1.4.5 連結和

結び方が 2 つ与えられたとき, その 2 つを続けて行なうことができる. それを数学的に表したものが結び目の連結和と呼ばれるものである.

K_1, K_2 を向きの付いた結び目とする. S^3 を 2 つの球体 D_1^3 と D_2^3 の和とみなし, $S := D_1^3 \cap D_2^3$ とおく ($S = \partial D_1^3 = \partial D_2^3$ は 2 次元球面である). K_1, K_2 をそれぞれ D_1^3, D_2^3 内に埋め込んでおく. K_1 の一部の弧 α_1 と K_2 の一部の弧 α_2 を取り, 帯 $B := [0,1] \times [0,1]$ を, $[0,1] \times \{0\}$ が α_1 と, $[0,1] \times \{1\}$ が α_2 と重なるように S^3 内に埋め込む. ただし, $B \cap S = [0,1] \times \{1/2\}$ であるとする (図 1.31 参照). また, α_1 と α_2 の向きは, それぞれ K_1 と K_2 の向きに従っており, $[0,1] \times \{0\}$ と $[0,1] \times \{1\}$ には B の境界から決まる向きが入っている.

このとき, $(K_1 \setminus \mathrm{Int}\,\alpha_1) \cup (K_2 \setminus \mathrm{Int}\,\alpha_2) \cup (\{0\} \times [0,1]) \cup (\{1\} \times [0,1])$ で与えられる結び目を $K_1 \# K_2$ と書き, K_1 と K_2 の**連結和**と呼ぶ (図 1.32 参照).

$K_1 \# K_2$ には, K_1 と K_2 の向きと同調する向きを与える.

連結和は, S, B, α_1, α_2 の取り方によらず一意的に決まることがわかる (証明は, たとえば [53, Chapter 2] を見よ).

定義 1.26 2 つの非自明な結び目の連結和では表されない (非自明な) 結び目を**素な結び目**と呼ぶ. □

注意 1.27 任意の非自明な結び目は, 素な結び目の連結和に分かれることが知られている. また, このような連結和の取り方は順序を除いて一意的である. 証明は, たとえば

22   1 結び目とは

図 1.33 図 1.34 を伴星結び目，図 1.35 を模様とする衛星結び目． 　 図 1.34 伴星結び目としての 8 の字結び目． 　 図 1.35 模様．

図 1.36 図 1.33 で表された衛星結び目の補空間に含まれる円環面．

[35, Chapter 2]を見よ．

1.4.6 衛星結び目

結び目と，(ほどけた)円環体の中にある結び目から，別の結び目を構成する方法を説明しよう．

$\mathbb{R}^3$ 内の yz 平面内にある，半径 1，中心 $(0,3,0)$ の円板を，z 軸のまわりに一周させてできる図形を S とする．S は円環体 $D^2 \times S^1$ と同相であり，その境界は円環面 T となっている．

P を S の内部に含まれる自明でない結び目(S 内の球体に含まれないし，S の中心線 $\{0\} \times S^1 \subset D^2 \times S^1$ とも同値でない)とし，C を S^3 内(あるいは $\mathbb{R}^3$ 内)のほどけない結び目とする．V を C の(S^3 における)管状近傍とすると，V は S と同相である．$f\colon S \to V$ を同相写像とすると $K := f(P)$ は S^3 内の結び目となる．ただし，S の境界上の円周 $\{(x,y,0) \mid x^2+y^2=4\} \subset \mathbb{R}^3$ の像が，$H_1(S^3 \setminus C; \mathbb{Z})$ において 0 となるものとする．

注意 1.28 最後の仮定を採用しない定義も多い．つまり，上記円周の像が $H_1(S^3 \setminus C; \mathbb{Z})$ において 0 でない場合があるので注意が必要である．この場合，「ひねり具合」による曖昧さが生じる．

このようにして得られる結び目 K を**衛星結び目**と呼び，C をその**伴星結び目**，P をその**模様**という．

例1.29 図1.33は，図1.34を伴星結び目，図1.35を模様とする衛星結び目である．図1.36で表されたように，衛星結び目の補空間には模様を含む円環体の境界の像として円環面が含まれることに注意しておく． □

1.5 結び目の表

交差の数が9以下の素な結び目の表は[2]に発表された(それ以前にも知られていた)．3_1 や 8_{16} のように，交差の数と通し番号による表記はAlexander-Briggs の記法と呼ばれて広く使われている．ただし，[2]の表は，交差の上下が明記されていないため鏡像を区別することができない．また，同じ 3_1 のような記号を用いても，しばしば鏡像を表す場合もあるので注意が必要である(交差の上下を全て入れ替えれば鏡像が得られることに注意)．こういった記号を使うときは，必ず，図式を確認するようにしよう．

また，素な結び目だけでなく連結和で表される結び目にも着目しよう[*7]．

岩波数学辞典[78]にも，交差の数が8以下の素な結び目の表がある．

一般に流布しているのは[53]であるが，今日ではインターネットで見つけられる[4]や[37]が便利であろう．

1.6 結び解消操作

結び目の図式で，ある交差の上下を入れ替えると，別の図式が得られる．新たに得られた図式が表す結び目は，元のものと違っているかもしれない．下の定理1.30により，任意の結び目図式から始めて，いくつかの交差を入れ替えることでほどけた結び目の図式が得られることがわかる．

結び目の図式 D を考える．D の交差の集まり $c_1, c_2, \ldots, c_n$ の上下を一斉に入れ替えて得られる図式を $D_{c_1, c_2, \ldots, c_n}$ と書くことにする．

定理1.30 任意の結び目図式 D に対して，$D_{c_1, c_2, \ldots, c_n}$ がほどけた結び目の図式になっているような交差 $c_1, c_2, \ldots, c_n$ が存在する． □

[証明] まず，任意に向きと基点を選ぶ(図1.37)．

基点を出発し，向きに従って結び目図式をたどっていく．そのとき，各交差に

[*7] これは樹下眞一氏からの助言である．氏はこの発想から有名な「樹下・寺阪結び目」(問題4.7)を発見した．

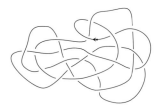

図 1.37　D に向きと基点を任意に与える．

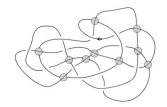

図 1.38　最初に交差に入ったときの弧が上になるように交差を入れ替える．

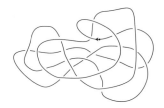

図 1.39　図 1.38 で示した交差を入れ替えるとほどける．

おいて最初に交差に入ったときの弧が上になるように，必要に応じて交差の上下を入れ替えていく（図 1.38，図 1.39 参照）．

このようにして得られた結び目図式 $\tilde{D}$ がほどけた結び目を表すことを示そう．$\mathbb{R}^3$ において基点の z 座標を十分高くとっておく．そして，xy 座標は $\tilde{D}$ に従い，z 座標に関しては基点に戻る直前まで単調減少であるような $\mathbb{R}^3$ 内の弧を α とする．そして，α の終点と基点を線分 γ で結んで得られる結び目を K とする．構成法から，そのような結び目は $\tilde{D}$ を図式として持つことがわかる．

K がほどけていることは，α の各点と同じ高さにある γ の点を結ぶ線分の和集合が 2 次元円板となることからわかる．　∎

定理 1.30 を使って，結び解消数という幾何的な不変量を定義することができる．

定義 1.31（結び解消数）　K を結び目とする．K を表す全ての結び目図式について，その図式の交差をいくつ入れ替えればほどけた結び目が得られるかという数の最小を**結び解消数**と呼び，$u(K)$ で表す．　□

定理 1.30 より $u(K)$ は有限であることがわかる．また，最小をとっているので結び解消数は明らかに結び目不変量である．

例 1.32　T を左三つ葉結び目，E を 8 の字結び目とすると，図 1.40，図 1.41

1.6 結び解消操作   25

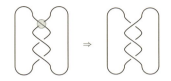

図 1.40 三つ葉結び目の図式（左）の丸で囲った交差の上下を入れ替えるとほどける（右）.

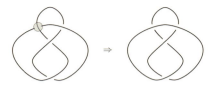

図 1.41 8の字結び目の図式（左）の丸で囲った交差の上下を入れ替えるとほどける（右）.

図 1.42 △型結び解消操作（破線円内の3本の弧を左から右のようにつなぎかえる）.

より $u(T) \leqq 1$, $u(E) \leqq 1$ がわかる.

T, E ともにほどけない結び目なので（例 3.16, 例 3.19, 例 3.21）, 結び解消数は1以上である. よって $u(T) = u(E) = 1$ がわかる. □

次に, 図 1.42 のように, 破線円内の3本の弧をつなぎかえる変形を考えよう. この変形を **△型結び解消操作** と呼ぶ.

注意 1.33 図 1.42 の右から左への変形は, 両方の図を 60 度回転させることで得られる. また, これらの鏡像に対応する変形（図 1.43）は, 図 1.44 のようにして1回の △型結び解消操作で得られる.

この呼び方は次の定理によって正当化される.

定理 1.34 任意の結び目 K に対して, 何度か △型結び解消操作を施すことでほどけた結び目にすることができる. □

[証明] 交差の入れ替えは, 図 1.45 のような「留め金をはずす」変形とみなすことができる.

一方, △型結び解消操作は, $\mathbb{R}^3$ の中で考えると図 1.46 の変形（「ハードリング」と呼ぼう）だとみなせる.

定理 1.30 より, 交差の上下の入れ替えを繰り返すことで任意の結び目図式をほどくことができるので, △型結び解消操作を繰り返すことで交差の入れ替えが実現できることが示されれば定理の証明が完了する.

図 1.46 の左上のような「留め金の輪」を右上に滑らせる. すると, 何回かの

26   1 結び目とは

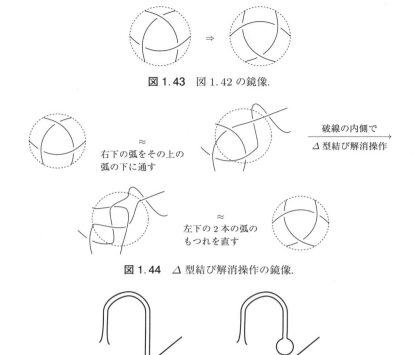

図 1.43 図 1.42 の鏡像.

図 1.44 △ 型結び解消操作の鏡像.

図 1.45 交差の入れ替えは,「留め金をはずす」操作とみなせる.

「ハードリング」の後で「留め金の輪」は「留め金」の根元にたどり着く(これは, K が結び目であることによる. 図 1.46 の右上の弧は, 必ず「留め金」の根元にたどり着く). そのとき, 図 1.47 のように,「留め金」には何回かのひねりが加わるかもしれないが, 自分自身とはもつれていない. これは,「留め金」の部分が(結び目の図式が描かれている)紙面から離れているからである.

最後に残ったひねりの部分は, △ 型結び解消操作で, 図 1.48 のようにしてほどくことができる. ■

定理 1.34 で示した列に現れる △ 型結び解消操作の回数の最小数を **△ 型結び解消数**と呼び $u_\Delta(K)$ と書く.

例 1.35 T を左三つ葉結び目, E を 8 の字結び目とすると, 図 1.49, 図 1.50

1.6 結び解消操作

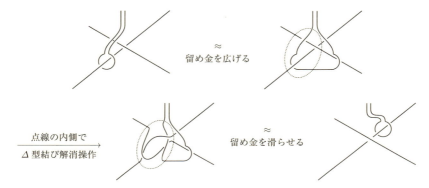

図 1.46 △型結び解消操作は,「ハードリング」とみなせる.

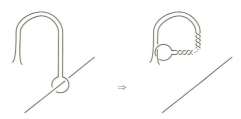

図 1.47 「留め金の輪」は,何回かの「ハードリング」の後で「留め金」の根元にたどり着く.

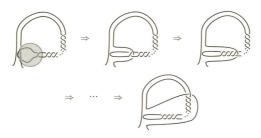

図 1.48 図 1.47 も △ 型結び解消操作でほどくことができる.

より $u_\Delta(T) \leqq 1$, $u_\Delta(E) \leqq 1$ がわかる.

T, E ともにほどけないので(例 3.16,例 3.19,例 3.21),△ 型結び解消数は 1 以上である.よって $u_\Delta(T) = u_\Delta(E) = 1$ がわかる. □

結び解消数,△ 型結び解消数を計算する方法については,後ほどいくつか紹介する(命題 5.44,系 5.45,命題 5.46,系 5.47).

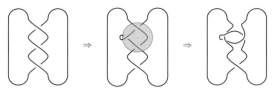

図1.49 三つ葉結び目の図式の丸で囲った交差に
$\triangle$ 型結び解消操作を施すとほどける.

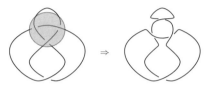

図1.50 8の字結び目の図式の丸で囲った交差に
$\triangle$ 型結び解消操作を施すとほどける.

1.7 Seifert 曲面と結び目種数

まず，任意の向き付けられた結び目が，ある向き付けられる曲面の境界となることを示そう．以下で説明する手順は，Seifert のアルゴリズムとして知られている．

図1.51のような結び目図式を考える．ただし，結び目には図の矢印で示された向きが付いているものとする．

まず，各交差の周辺を次のように変形(**平滑化**)する(図1.52).

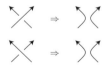

この結果，平面上にいくつかの(交差のない)円周が得られる．元の結び目の向きに従って，これらの円周にはそれぞれ向きが付いている(平滑化は，この向きを保っていたことに注意)．左回りの円周には表向き(灰色)の円板を，右回りの円周には裏向き(斜線)の円板を張る(図1.53)．ただし，各円板は内側ほど高くなるようにずらすことで交わらないようにしておく．たとえば図1.53の下側にある2枚の円板は，内側にある方が上になっている．

1.7 Seifert 曲面と結び目種数　29

図 1.51　8 の字結び目.

図 1.52　8 の字結び目の各交差を平滑化したもの.

図 1.53　8 の字結び目の各交差を平滑化したものに円板を張る.

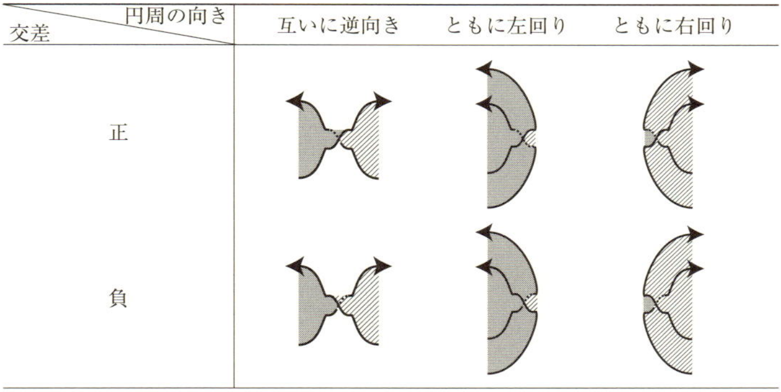

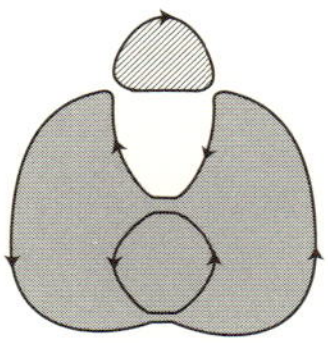

交差 \ 円周の向き	互いに逆向き	ともに左回り	ともに右回り
正			
負			

図 1.54

図 1.55　8 の字結び目を境界とする曲面.

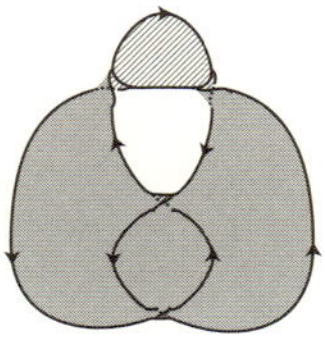

その後，各交差 (のあった場所) に半ひねりの帯を張る (図 1.54 参照).

この結果，図 1.55 のような向き付けられた曲面が得られ，その境界は元の結び目である．

一般の結び目の場合も，上述の方法で向き付けられた曲面を構成すると，その境界が与えられた結び目となっている．

定義 1.36（Seifert 曲面）　結び目の境界となっているような，連結で向き付けられる曲面を，その結び目の **Seifert 曲面** という．　　□

30   1   結び目とは

注意 1.37　1 つの結び目に対して，Seifert 曲面は一意的に決まるわけではない．

　任意の結び目は，ある向き付けられる曲面の境界となることがわかった．では，どれくらい単純な曲面の境界となれるだろう．小さな種数を持つ曲面の境界となれば，ある意味でその結び目は単純ということができるであろう．そこで次のような定義を考える．

定義 1.38（結び目種数）　K を結び目とする．その**種数** $g(K)$ を，K を境界として持つ向き付けられる曲面の最小種数として定義する．つまり，

$$g(K) := \min\{g(F) \mid \partial F = K\}$$

とおく．ただし，$g(F)$ は向き付けられる曲面 F の種数であり，

$$g(F) := \frac{1}{2}\dim H_1(F;\mathbb{Q})$$

で与えられる．　　　　　　　　　　　　　　　　　　　　　　　　　□

　系 1.10 より $g(K) = 0$ であるための必要十分条件は K がほどけることである．

例 1.39　図 1.55 より，8 の字結び目 E は種数 1 の Seifert 曲面の境界である．よって，$g(E) \leqq 1$ である．また，E はほどけないので，$g(E) = 1$ となる．　　□

　結び目の種数は，連結和に関して加法的であることがわかる．つまり，次の定理が成り立つ．

定理 1.40　K_1, K_2 を結び目とする．そのとき

$$g(K_1 \# K_2) = g(K_1) + g(K_2)$$

が成り立つ．　　　　　　　　　　　　　　　　　　　　　　　　　　□

　この定理の証明には，結び目理論でよく使われる「切り貼り法」を用いる．命題 1.18 で与えた証明の 2 次元版と思って読み進めてもらいたい．

[証明]　まず，

$$g(K_1 \# K_2) \leqq g(K_1) + g(K_2)$$

を示す．K_i に $g(K_i) = g(F_i)$ となる向き付けられる曲面 F_i を張る（$i = 1, 2$）．そこで，F_1 と F_2 を（連結和の定義で使った）帯でつなぐことで $K_1 \# K_2$ の境界と

1.7 Seifert 曲面と結び目種数   31

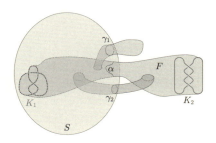

図 1.56 $S \cap F = \alpha \sqcup \gamma_1 \sqcup \gamma_2$.

なる向き付けられる曲面 $F_1 \natural F_2$ を張ることができる[*8]. $g(F_1 \natural F_2) = g(F_1) + g(F_2)$ であるから, $g(K_1 \# K_2) \leqq g(K_1) + g(K_2)$ が成り立つ.

次に
$$g(K_1 \# K_2) \geqq g(K_1) + g(K_2)$$
を示す. F を $g(K_1 \# K_2) = g(F)$ となる向き付けられる曲面とする. つまり, F は $K_1 \# K_2$ を境界として持つ, 向き付けられる曲面のうち種数が最小のものである.

連結和の定義より $K_1 \# K_2$ と 2 点で交わる球面 S が存在する. ただし, $S \cap F$ は, 単純弧 α と単純閉曲線 γ_i の非交和 $\alpha \sqcup \left(\bigsqcup_{i=1}^{k} \gamma_i \right)$ であるとする (図 1.56).

「切り貼り」を用いて, 単純閉曲線の本数 k を 0 にできることを示す.

$k > 0$ とすれば, S は単純閉曲線 γ_i でいくつかの領域に分けられる. α を含まない領域のうち, ($S \backslash \alpha$ の中で)「一番内側」のものを R とする. つまり, R の内部には α や γ_i は含まれていないものとする. R の境界を γ_j とする. Schönflies の定理より, γ_j は $S^3 \backslash \alpha$ 上のある円板 D の境界になっている. F を γ_j で切り開き (その結果境界が 2 個増える), 新たに現れた境界に D と平行な円板を 2 枚貼り付けることで新たな曲面 F' が得られる. F' も向き付け可能であり $K_1 \# K_2$ を境界に持つ.

ここで, F' は, 連結か 2 つの連結成分を持つかのどちらかである.

F' が連結のとき, F' の境界は $K_1 \# K_2$ であり, $g(F') < g(F)$ となる. これは $g(K_1 \# K_2) = g(F)$ という仮定に反する (図 1.57).

[*8] F_1 と F_2 を, それぞれの境界に含まれる線分で貼り合わせたものを**境界連結和**と呼び $F_1 \natural F_2$ と書く.

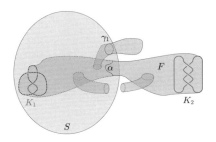

図 1.57 γ_2 で切り開き,円板を 2 枚貼り付ける.

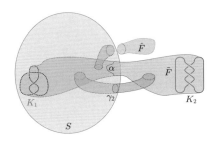

図 1.58 γ_1 で切り開き,円板を 2 枚貼り付ける.

よって,F' は 2 つの連結成分 $\hat{F}$ と $\tilde{F}$ に分かれる.ただし,$\hat{F}$ は閉曲面,$\tilde{F}$ は $K_1 \# K_2$ を境界として持つものとする(図 1.58).

$\tilde{F}$ の境界は $K_1 \# K_2$ であり,$\tilde{F} \cap S$ に含まれる単純閉曲線の数は $k-1$ となっているので,この操作を繰り返すことで $k = 0$ にできる.

このようにしてできた曲面を改めて F と書くことにすると,S は F を弧 α で 2 つの向き付けられる曲面 F_1, F_2 に分ける(つまり,$F = F_1 \natural F_2$ となる).$K_1 = \partial F_1$,$K_2 = \partial F_2$ であるから,$g(K_1 \# K_2) \geqq g(K_1) + g(K_2)$ が成り立つ.∎

系 1.41 種数が 1 の結び目は素である. □

よって,例 1.39 より,8 の字結び目は素な結び目である.

1.8 問　題

問題 1.1 結び目の表を参照しながら(たとえば,[4]や[37]),なるべく多くの結び目の図を描いてみよう. □

問題 1.2 8 の字結び目の鏡像は自分自身と同値であることを示せ. □

問題 1.3 成分数 n の絡み目の補空間のホモロジー群を求めよ. □

問題 1.4 $T(p,q)$ と $T(q,p)$ は同値であることを示せ．

問題 1.5 p,q を 0 でない整数とする．p 次組み紐 $(\sigma_1\sigma_2\cdots\sigma_{p-1})^q$ の閉包は $\gcd(p,q)$ 成分の絡み目となることを示せ．ただし，$\gcd(p,q)$ は p と q の最大公約数である．

問題 1.6 注意 1.22 に述べたことを証明せよ．つまり，p が奇数のとき，$S(p,q)$ は結び目，p が偶数のとき，$S(p,q)$ は 2 成分の絡み目を表すことを示せ．

問題 1.7 二橋結び目は，交代結び目であることを示せ．

問題 1.8 プレッツェル絡み目 $P(b_1, b_2, \ldots, b_m)$ は，
- $m, b_1, b_2, \ldots, b_m$ がすべて奇数，あるいは
- $b_1, b_2, \ldots, b_m$ のうちただ 1 つが偶数

のとき，かつそのときに限り結び目であることを示せ（補題 1.25）．

問題 1.9 結び目の連結和は，衛星結び目であることを示せ．

1.9 文献案内

この章では主に区分線型的な手法を用いた．ほとんど，直感的な議論に終始したので気になる読者も多いと思われる．Schönflies の定理などの厳密な証明は，たとえば [55, 18, 65, 72] などを参照されたい．

また，標準的な結び目理論の教科書である [53]，[35]（日本語訳 [85]），[7] も手元に置いて参考にしてほしい．特に，幾何的・組み合わせ的な議論などは，1 つの教科書の説明では理解できない場合が多々あるので，ある証明が理解できないからといってあきらめずに別の説明を試してみよう．

2 結び目の表示

第1章では様々な結び目の表示法を，主に平面図の立場から説明した．この章では，異なった結び目図式がいつ同じ結び目を表すかについて考えよう．

2.1 Reidemeister の定理

この節では，結び目や絡み目の向きは考えないことにする．

まず，結び目図式に関する Reidemeister 移動を定義する．

定義 2.1（Reidemeister 移動） 図 2.1，図 2.2，図 2.3 で表された局所的な変形を，それぞれ **Reidemeister 移動 I, II, III** と呼ぶ． □

結び目を折れ線で表すと，それぞれ次のような「結び目図式では許されていないような図（図 2.4，図 2.5，図 2.6）」からの微小な変形に対応している．

また，結び目をなめらかに描くとすれば，Reidemeister 移動 I は，接線が紙面に垂直な場合，Reidemeister 移動 II は曲線の射影が接している場合，Reidemeister 移動 III は三重点に対応している．

一般に1つの結び目（絡み目）を表す結び目図式は無限にあるが，次の定理が知られている．

定理 2.2（Reidemeister の定理） 2つの絡み目図式が同じ絡み目を表す必要十分条件は，それらが

- 平面図としての同値変形,
- Reidemeister 移動 I,
- Reidemeister 移動 II,
- Reidemeister 移動 III

を有限回施すことにより互いに移り合うことである．ただし，平面図としての同値変形とは，平面図を平面の全同位で移す変形のことである． □

36 　2　結び目の表示

図 2.1　Reidemeister 移動 I.

図 2.2　Reidemeister 移動 II.　　　図 2.3　Reidemeister 移動 III.

図 2.4　ある辺(中央の図の丸)が紙面に直交している(Reidemeister 移動 I に対応).

図 2.5　2 本の辺が重なっている(Reidemeister 移動 II に対応). 一般には，このようにぴったり重なっているわけではない.

図 2.6　三重点(Reidemeister 移動 III に対応).

注意 2.3　図 2.2 の交差の上下をすべて入れ替えたもの(図 2.7)は，図 2.2 の両辺を 180 度回転させることで得られる.

また，図 2.8 で示された移動は，図 2.3 と Reidemeister 移動 II を使って得られる(図 2.9).

よって，Reidemeister 移動 III と言えば，図 2.3 と図 2.8 の両方を表すものとする.

Reidemeister 移動 II は，平行な 2 本の弧において，一方が他方の上をまたぐ(また

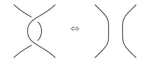
図2.7 図2.2を180度回転させる.

図2.8 図2.3との違いに注意.

図2.9 図2.3の変形とReidemeister移動IIで移り合う.

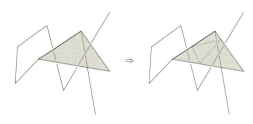
図2.10 三角形移動を,細かい三角形移動の列に分ける.

は,下をくぐる)変形,Reidemeister 移動 III は,交差の上をもう1本の弧がまたぐ(または,下をもう1本の弧がくぐる)変形とみなせる.

絡み目を変えない絡み目図式の変形が平面の同値変形ではないとき,それは図2.4,図2.5,図2.6で示された特異点を経由しなければならないことから,Reidemeisterの定理を証明することができる.

[**Reidemeisterの定理の証明**]　定理1.9により,1度の三角形移動で移り合うような2つの結び目図式がReidemeister 移動 I, II, III の列で移り合うことを示せば十分である.

図2.10のように,三角形移動に使われた三角形を細かい三角形に分けることで,三角形移動をReidemeister 移動 I, II, III の列に変えることができる.詳しい証明は演習問題としよう(問題2.3).　■

例2.4　図1.2に描かれている2種類の左三つ葉結び目の図は,Reidemeister 移動 I, II, III の有限列で移り合う(図2.11).　□

38   2 結び目の表示

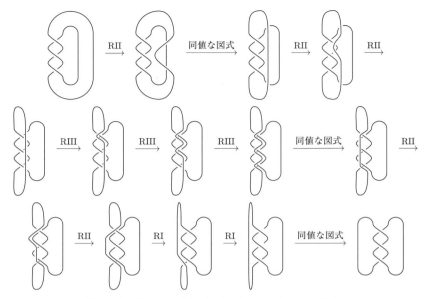

図 2.11 図 1.2 の (1) の結び目と (2) の結び目は同値.

2.2 Alexander の定理

この節では向きの付いた結び目・絡み目を考える.

任意の結び目(絡み目)はある組み紐の閉包(**閉組み紐**と呼ぶ)として表すことができる. この節ではそれを証明しよう.

定理 2.5(Alexander の定理) 向きの付いた絡み目 L に対して, 組み紐 β が存在して $\hat{\beta} \approx L$ となる. ここで, $\hat{\beta}$ は β の閉包を表す(第 1.4.2 項). □

証明の前に, いくつか概念を用意する.

向きの付いた絡み目図式の交差の図 2.12 のような変形を**平滑化**と呼ぶ(第 1.7 節で Seifert 曲面を構成するときに使ったものと同じ).

各交差で平滑化を行なうと, 絡み目図式はいくつかの円周の非交和に分かれる (図 2.13, 図 2.14 参照).

このときに得られた円周を **Seifert 円周**と呼ぶ. また, 平滑化をするときに, もともと交差のあった位置に短い線分を描き, 交差の正負に応じて符号を付けておく(図 2.15). ただし, 交差の符号は ⤫ を正, ⤬ を負とする. このような,

2.2 Alexander の定理　39

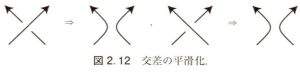

図 2.12　交差の平滑化.

図 2.13　8 の字結び目の図式の各交差を平滑化する.

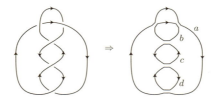

図 2.14　5_2 結び目の図式の各交差を平滑化する.

図 2.15　交差のあった位置に符号の付いた線分を描く.

符号の付いた短い線分のことを**横断線**と呼ぶことにしよう.

たとえば，8 の字結び目，5_2 結び目の場合は，図 2.16，図 2.17 のようになる.

定義 2.6　向きの付いた絡み目図式を D とする．D の各交差を平滑化したときに得られる Seifert 円周の数を $s(D)$ と書く． □

絡み目図式やそれから得られる Seifert 円周は $\mathbb{R}^2$ ではなく，S^2 にあるものとすると，2 つの Seifert 円周は必ずある円環の境界になっている．もし，それらの Seifert 円周が円環に沿って同じ向きに回っているなら，その 2 つの Seifert 円周は**同調している**といい，そうでない場合は同調していないという．

たとえば，図 2.13 の右に現れた 3 つの Seifert 円周はどの 2 つも同調している．また，図 2.14 の右に現れた 4 つの Seifert 円周のうち，a と b, a と d, b と c, c と d は同調しており，それ以外 (a と c, b と d) は同調していない．

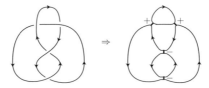

図 2.16 8 の字結び目図式の各交差を平滑化し，符号付きの線分を加える．

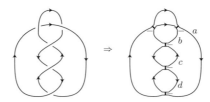

図 2.17 5_2 結び目図式の各交差を平滑化し，符号付きの線分を加える．

定義 2.7（図式の高さ） 向きの付いた絡み目図式 D のすべての交差を平滑化して得られる Seifert 円周の集まりの中で，同調していないものの組の数を D の**高さ**といい $h(D)$ で表す[*1]． □

図 2.13 の左に示された図式の高さは 0 であり，図 2.14 の左に示された図式の高さは 2 である．

高さを使って閉組み紐を特徴付けることができる．

補題 2.8 向きの付いた絡み目図式 D が，ある組み紐の閉包として得られたものと全同位であるための必要十分条件は $h(D) = 0$ となることである． □

［証明］ まず，絡み目図式 D が，ある組み紐の閉包なら，高さの定義より $h(D) = 0$ である．

次に $h(D) = 0$ なら，D はある組み紐の閉包となっていることを示す．$h(D) = 0$ だから，すべての Seifert 円周は互いに同調している．よって，S^2 の全同位で，これらは同じ方向に回る同心円をなしているようにできる（そうでなければ，1 つの円の中に 2 つ以上の円が入り，同調する向きを付けられなくなる）．適当に無限遠点を選ぶことで，Seifert 円周は $\mathbb{R}^2$ の中で反時計回りに回る同心円だとみなすことができる．ただし，各交差部分に現れた横断線は，この全同位で，また Seifert 円周とちょうど 2 点で交わるような線分に移るものとする（図 2.18 参

[*1] 図 2.35 のようなグラフを考えたいので高さと呼ぶ．

2.2 Alexander の定理　41

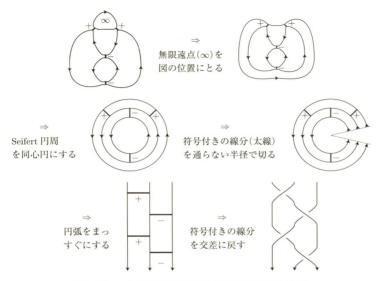

図 2.18　8 の字結び目は 3 次組み紐の閉包である．

照）．これらの同心円に直交し，符号付きの線分を通らない半径で切り開き，符号付きの線分を正負の交差に戻すことで組み紐を作ることができる．

以上の操作を逆にたどると，ある組み紐の閉包をとったものが D と S^2 上で全同位であることがわかる．よって D はある組み紐の閉包に全同位である． ∎

たとえば，図 2.16 の左側の図式は，図 2.18 が示すように 3 次組み紐の閉包となっている（もちろん，これは図 1.27 からわかっていたことであった）．

$h(D) > 0$ であるような絡み目図式 D に対して $h(D)$ が小さくなるような変形を考えよう．

定義 2.9（図式の領域，射影図の面，射影図の弧）　D を S^2 上の絡み目図式，S をその Seifert 円周全体とする．$S^2 \setminus S$ の各連結成分を絡み目図式 D の**領域**と呼ぶ．

また，D の交差の上下を忘れた図（絡み目の射影図，つまり，交差を交点とみなしたもの）を $\underline{D}$ とするとき，$S^2 \setminus \underline{D}$ の各連結成分を，D の**面**と呼ぶ．さらに，$\underline{D}$ から二重点を除いた部分の連結成分を D の**弧**と呼ぶ[*2]．　□

[*2]　これまでにも，「弧」という言葉が何度も出てきた．「弧」をこのように厳密な意味で使うのはこの節だけであり，他の部分では「曲線（の一部）」の意味で使っている．

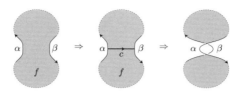

図 2.19 屈曲可能な組 (f, α, β) に対し，屈曲線 c に沿って Reidemeister 移動 II を行なう．

定義 2.10（屈曲可能） 絡み目図式 D の面 f と，f の境界に含まれる弧 α，β $(\alpha \neq \beta)$ の組 (f, α, β) が次の2条件をみたすとき**屈曲可能**と呼ぶ．
- α と β は異なる Seifert 円周に含まれる．
- α を含む Seifert 円周と β を含む Seifert 円周は同調していない．

また，f を**屈曲可能な面**という． □

(f, α, β) が屈曲可能なら，α と β をつなぐような，向きの付いた曲線 $c \subset f$ をとり，その曲線に沿って図 2.19 のように，Reidemeister 移動 II で変形することができる．

このような c のことを**屈曲線**と呼ぶ．また，この変形を c に沿った**屈曲**と呼び $T(f, \alpha, \beta)$ で表す．また，屈曲の逆の操作を**伸展**と呼ぶ．

補題 2.11 D を絡み目図式，f を D の屈曲可能な面，α, β $(\alpha \neq \beta)$ を D の弧で，(f, α, β) が屈曲可能となるものとする．

D に $T(f, \alpha, \beta)$ を施して得られる図式を D' とすると $h(D') = h(D) - 1$, $s(D') = s(D)$ が成り立つ． □

［証明］ α, β の属する Seifert 円周をそれぞれ C_α, C_β とおく．C_α と C_β は S^2 内の交わらない円周だから，C_α は円板 E_α の，C_β は円板 E_β の境界となっている（ただし，$E_\alpha \cap E_\beta = \emptyset$ とする）．E_α の内部に含まれる Seifert 円周を C_1, $C_2, \ldots, C_k$ とし，E_β の内部に含まれる Seifert 円周を $C_{k+1}, C_{k+2}, \ldots, C_{k+l}$ とする．また，$S^2 \setminus (E_\alpha \cup E_\beta)$ 内に含まれる Seifert 円周を $C_{k+l+1}, C_{k+l+2}, \ldots, C_{k+l+m}$ とする．

D' の Seifert 円周についても C_α, C_β 以外では同じ名前を使うことにする．また，$T(f, \alpha, \beta)$ を施した結果，新たに得られた Seifert 円周を，図 2.20 で示されたように C_+, C_- とおく．

まず，D と D' から得られる Seifert 円周のうち変化があるのは C_α, C_β と C_+, C_- だけだから，$s(D') = s(D) \ (= k + l + m + 2)$ である．

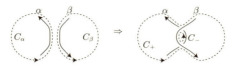

図 2.20　(f, α, β) により，Seifert 円周 C_α, C_β は，C_+, C_- に変わる．

次に，$h(D)$ と $h(D')$ を比べよう．D から得られる Seifert 円周 C_i と C_j が同調しているとき，$h(C_i, C_j; D) := 0$，そうでないとき $h(C_i, C_j; D) := 1$ と定める（i は $1, 2, \ldots, k+l+m$，または α, β）．同様に $h(C_i, C_j; D')$ も定義する．図 2.20 より次のことがわかる．

- i と j がともに $1, 2, \ldots, k+l+m$ のとき：$h(C_i, C_j; D') = h(C_i, C_j; D)$．
- $1 \leqq i \leqq k$ のとき：
  - $h(C_+, C_i; D') = h(C_\alpha, C_i; D)$,
  - $h(C_-, C_i; D') = h(C_\beta, C_i; D)$.
- $k < i \leqq k+l$ のとき：
  - $h(C_+, C_i; D') = h(C_\beta, C_i; D)$,
  - $h(C_-, C_i; D') = h(C_\alpha, C_i; D)$.
- $k+l < i \leqq k+l+m$ のとき：
  - $h(C_+, C_i; D') = h(C_\alpha, C_i; D) \ (= h(C_\beta, C_i; D))$,
  - $h(C_-, C_i; D') = h(C_\alpha, C_i; D) \ (= h(C_\beta, C_i; D))$.
- $h(C_+, C_-; D') = 0$, $\quad h(C_\alpha, C_\beta; D) = 1$.

よって

$$
\begin{aligned}
h(D') &= \sum_{1 \leqq i < j \leqq k+l+m} h(C_i, C_j; D') \\
&\quad + \sum_{i=1}^{k} \bigl(h(C_+, C_i; D') + h(C_-, C_i; D') \bigr) \\
&\quad + \sum_{i=k+1}^{k+l} \bigl(h(C_+, C_i; D') + h(C_-, C_i; D') \bigr) \\
&\quad + \sum_{i=k+l+1}^{k+l+m} \bigl(h(C_+, C_i; D') + h(C_-, C_i; D') \bigr) \\
&\quad + h(C_+, C_-; D')
\end{aligned}
$$

$$
\begin{aligned}
&= \sum_{1 \leqq i < j \leqq k+l+m} h(C_i, C_j; D) + \sum_{i=1}^{k} \big(h(C_\alpha, C_i; D) + h(C_\beta, C_i; D) \big) \\
&\quad + \sum_{i=k+1}^{k+l} \big(h(C_\beta, C_i; D) + h(C_\alpha, C_i; D) \big) \\
&\quad + \sum_{i=k+l+1}^{k+l+m} \big(h(C_\alpha, C_i; D) + h(C_\beta, C_i; D) \big) + h(C_\alpha, C_\beta; D) - 1 \\
&= h(D) - 1
\end{aligned}
$$

となる. ∎

以上の準備のもとで, Alexander の定理 (定理 2.5) を証明しよう.

[**定理 2.5 の証明**] D を (S^2 上の) 向きの付いた絡み目図式とする. $h(D)=0$ なら, 補題 2.8 より D はある組み紐の閉包である.

もし, $h(D)>0$ となるような絡み目図式に対して, (f,α,β) が屈曲可能となるような面 f, f の境界に含まれる弧 α, β が存在することが示されれば, 補題 2.11 より, $T(f,\alpha,\beta)$ を適用することで高さを減らすことができる. これを繰り返すことで $h(D')=0$ となる絡み目図式 D' が得られる. 各 $T(f,\alpha,\beta)$ は Reidemeister 移動 II だから, この変形で絡み目に変化はない. つまり, D と D' の表す絡み目は同値であり D' はある組み紐の閉包である.

以下 $h(D)>0$ であるとする. $h(D)>0$ だから, 同調しない Seifert 円周 C, C' が存在する. C と C' を境界とする円環に含まれ, その円環の中で円板の境界となっていない Seifert 円周を $C=C_1, C_2, \ldots, C_u=C'$ とする. ただし, C_i と C_{i+1} は隣り合っている (その間には円板の境界となっていない Seifert 円周はない) ものとする. C と C' は同調していないので, C_j と C_{j+1} が同調していないような j が存在する (存在しないとすると全ての C_i が同調することになるから). このような C_j, C_{j+1} を改めて C, C' とおくことにする. つまり, C と C' は同調しておらず, C と C' を境界とする円環 A に含まれる Seifert 円周は, すべて A の中で円板 $D_1, D_2, \ldots, D_u$ の境界になっているものとする. また, 平滑化を行なったときに交差の代わりに描いた横断線のうち A に含まれるものを $\gamma_1, \gamma_2, \ldots, \gamma_v$ とする (図 2.21).

すると, $F := A \backslash \left(\bigcup_{i=1}^{u} D_i \right)$ の中に, 屈曲可能な面が存在することが, 次のようにしてわかる.

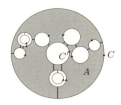

図 2.21 C と C' は円環 A の境界となり，A の中に円板 $D_1, D_2, \ldots, D_u$ がある．円板は入れ子になっているかもしれない．また，交差のあった位置に書かれた線分 $\gamma_1, \gamma_2, \ldots, \gamma_v$ の符号は省略している．

図 2.22 f_k の境界(矢印の付いた弧)のうち 1 つは F の向きから誘導されており，他方はそうではない．

まず，F には，C, C' から定まる向きを付けておく．$v=0$ のとき，つまり F 内にもともと交差が含まれないときは F 自身が屈曲可能な面となる．$v \geqq 1$ のときを考えよう．$F \setminus \left(\bigcup_{j=1}^{v} \gamma_j \right)$ はいくつかの連結成分(面) $f_1, f_2, \ldots, f_w$ に分かれる．各 f_k の境界には，もともとの Seifert 円周の一部である弧が含まれており，向きが付いている．そのような弧が 3 つ以上あるとすれば，
（1）そのうち 2 つは F から誘導される向きを持つ，あるいは
（2）そのうち 2 つは F から誘導される向きと反対の向きを持つ
のいずれかである．いずれの場合も f_k は屈曲可能な面となる．

また，横断線は異なる Seifert 円周をつないでいるので，このような弧が 1 つであることはない．よって，任意の f_k に対し，境界に含まれる弧のうち Seifert 円周の一部になっているものは 2 つとなる．これらが同調していなければ，屈曲可能な面となるので，同調している場合を考えればよい．

このとき f_k は，図 2.22 のような形をしている．

もし，どの f_k にも屈曲線が存在しないとすれば，F は，図 2.22 のような面を，横断線(図の太線)に沿って次々と貼り合わせて得られたものになる．これは円環となるので，もともと F は円環であり，同調する 2 つの Seifert 円周を境界

46   2   結び目の表示

に持っていたことになる．これは F の仮定に反するのでこのようなことは起こらない．

よって，F の中に屈曲可能な面が存在することが示された．

$h(D) > 0$ なら高さを減らすことができるので証明が終わる．

2.3 Markov の定理

この節では，結び目・絡み目には向きが付いているとする．

組み紐の閉包は絡み目になるが，異なる組み紐の閉包が同じ絡み目を表すこともある．しかし，そのような組み紐は，次に述べるように共役（図 2.23）

$$\alpha\beta \Leftrightarrow \beta\alpha$$

と安定化（とその逆）（図 2.24）

$$\beta \Leftrightarrow \beta\sigma_n^{\pm 1}$$

（ただし，$\beta \in B_n$ とする．$\beta\sigma_n^{\pm 1} \in B_{n+1}$ に注意）を有限回繰り返すことで互いに移り合うことがわかる．共役と安定化を図で表すと図 2.23，図 2.24 のようになることに注意しよう．

定義 2.12（Markov 同値）　2つの組み紐が，
- 共役をとる操作：$\widehat{\alpha\beta} \Leftrightarrow \widehat{\beta\alpha}$,
- 安定化とその逆：$\hat{\beta} \Leftrightarrow \widehat{\beta\sigma_n^{\pm 1}}$ $(\beta \in B_n)$

を有限回繰り返すことで互いに移り合うとき，**Markov 同値**であるという．　□

定理 2.13（Markov の定理）　2つの組み紐 β, β' の閉包 $\hat{\beta}$, $\hat{\beta}'$ が，向きの付いた同値な結び目（あるいは絡み目）を表すための必要十分条件は，$\hat{\beta}$ と $\hat{\beta}'$ が Markov 同値となることである．　□

この定理は，絡み目の同値という幾何的な対象を組み紐群における代数的操作に翻訳したものであり，結び目理論を純代数的に研究する立場から非常に重要である．

これから，Markov の定理の証明を与えるのであるが，長いうえに本書のほかの部分とかかわりがないので，読まなくても差し支えない．また，証明の流れは次のようになる．Markov 移動で移る絡み目図式が同値な絡み目を表すことはすぐにわかるので，逆の流れを書くことにする．

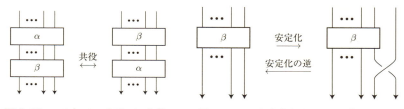

図 2.23 $\alpha\beta$ と $\beta\alpha$ は互いに共役.　　図 2.24 β を安定化すると $\beta\sigma_n^{\pm}$ になる.

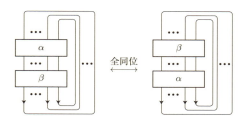

図 2.25 $\widehat{\alpha\beta}$ と $\widehat{\beta\alpha}$ は全同位.

(1) Reidemeister の定理と Markov の定理を結びつけるために，Reidemeister 移動を精密化する（補題 2.14）．
(2) 同値な絡み目を表す 2 つの閉絡み目図式を精密化された Reidemeister 移動の列でつなぎ，その列に対応した「高さ」を表すグラフを考える（横軸が Reidemeister 移動の列，縦軸が絡み目図式の高さ（例 2.16））．
(3) 屈曲（Reidemeister 移動 II の特別な場合）以外の Reidemeister 移動はすべて閉絡み目図式で行なうように，(2) の列を取り替える（補題 2.15）．
(4) 屈曲に対応する Reidemeister 移動に着目し，屈曲線を取り替えることで「高さ」を低くする（補題 2.17）．
(5) (4) の操作ができないような図式を特徴づけ（補題 2.18），そのような図式同士には具体的な Markov 変形を適用する（補題 2.19）．

では，Markov の定理の証明を始めよう．そのために，定理で述べていることを絡み目図式で見直してみる．

まず，閉組み紐を考えているのであるから，共役による変形は平面の全同位となる（図 2.25）．

また，安定化は Reidemeister 移動 I とみなせる（図 2.26）．

次に，同値な組み紐であっても，閉包を絡み目図式で表すと異なっている場

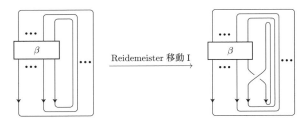

図 2.26 $\hat{\beta}$ の安定化 $\widehat{\beta\sigma_n^{\pm 1}}$ は Reidemeister 移動 I により得られる.

図 2.27 組み紐関係式は向きの付いた Reidemeister 移動 III となる.

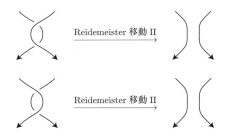

図 2.28 $\sigma_k\sigma_k^{-1}=1$, $\sigma_k^{-1}\sigma_k=1$ を絡み目図式で表すと, ともに平行に向きの付いた Reidemeister 移動 II となる.

合がある. 組み紐群の表示 (1.4) によれば, $|i-j|>1$ のとき $\sigma_i\sigma_j=\sigma_j\sigma_i$ が成り立つが, これに対応する絡み目図式は全同位である. 次に, 組み紐関係式 $\sigma_k\sigma_{k+1}\sigma_k=\sigma_{k+1}\sigma_k\sigma_{k+1}$ は図 1.25 で表されるが, これは向きを考慮した Reidemeister 移動 III とみなせる (図 2.27).

以上により, 2 つの閉組み紐が Markov 同値なら, それらは同じ絡み目を表していることがわかる.

さらに, 組み紐群の表示では明示されていないが, 群としての関係 $\sigma_k\sigma_k^{-1}=1$, $\sigma_k^{-1}\sigma_k=1$ を考えよう. これらは, 図 2.28 のように平行に向きの付いた Reidemeister 移動 II とみなせる.

以上のことを考慮に入れて, 一般に (閉組み紐の図式だけではなく) 向きの付い

2.3 Markov の定理   49

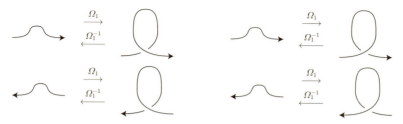

図 2.29 ひねりを加える変形を Ω_1, ひねりをなくす変形を Ω_1^{-1} と呼ぶ.

図 2.30 平行に向きの付いた Reidemeister 移動 II を Ω_2 と呼ぶ.

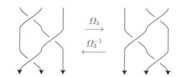

図 2.31 組み紐関係式から得られる, 向きの付いた Reidemeister 移動 III を Ω_3 と呼ぶ.

た絡み目図式の変形を次のように定義する(これまでは, 2つの図式の入れ替えを考えていたが, ここではどちらからどちらへの変形かも明確にしていることに注意).

- 図 2.29 で表された左から右への変形を(4種類まとめて) Ω_1 と呼ぶ. また, Ω_1 の逆の変形を Ω_1^{-1} と書く.
- 図 2.30 で表された左から右への変形を(2種類まとめて) Ω_2 と呼ぶ. また, Ω_2 の逆の変形を Ω_2^{-1} と書く.
- 図 2.31 で表された左から右への変形を Ω_3 と呼ぶ. また, Ω_3 の逆の変形を Ω_3^{-1} と書く.
- 屈曲による変形のことを Υ, その逆の変形(伸展)のことを Υ^{-1} と書く.

次の補題は, $\Omega_1^{\pm 1}$, $\Omega_2^{\pm 1}$, $\Omega_3^{\pm 1}$, $\Upsilon^{\pm 1}$ が Reidemeister 移動 I, II, III を「生成」することを示している.

補題 2.14(Reidemeister の定理の精密化) 2つの絡み目図式が同じ絡み目を

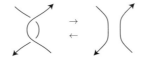

図 2.32 図に現れた 2 つの弧が別の Seifert 円周に属するのなら，左から右への変形は Υ^{-1}，右から左への変形は Υ である．

表す必要十分条件は，それらが

- 平面図としての同値変形，
- $\Omega_1, \Omega_1^{-1}, \Omega_2, \Omega_2^{-1}, \Omega_3, \Omega_3^{-1}$,
- Υ, Υ^{-1}

を有限回施すことにより互いに移り合うことである． □

[**証明**] $\Omega_1^{\pm 1}, \Omega_2^{\pm 1}, \Omega_3^{\pm 1}, \Upsilon^{\pm 1}$ はすべて Reidemeister 移動の特殊な場合であるから，これらで移り合える 2 つの絡み目図式が同じ絡み目を表すのは明らかである．

また，Reidemeister の定理（定理 2.2）より，Reidemeister 移動 I, II, III が上記の変形で実現できることを示せば必要性がわかる．

Reidemeister 移動 I は $\Omega_1^{\pm 1}$ であるから，以下 Reidemeister 移動 II, III が，有限回の $\Omega_1^{\pm 1}, \Omega_2^{\pm 1}, \Omega_3^{\pm 1}, \Upsilon^{\pm 1}$ の合成によって実現できることを示す．

- Reidemeister 移動 II：図 2.2 に現れる 2 本の弧の向きをすべて考慮すると図 2.32 で示された変形，およびこの図で向きをすべて入れ替えた変形が，有限回の $\Omega_1^{\pm 1}, \Omega_2^{\pm 1}, \Omega_3^{\pm 1}, \Upsilon^{\pm 1}$ の合成によって実現できることを示せばよい．

  もし，図 2.32 に現れた 2 つの弧が別の Seifert 円周に属するのなら，左から右への変形は Υ^{-1}，右から左への変形は Υ である．そうでない場合も，図 2.33 の変形を行なえば $\Omega_1^{\pm 1}, \Upsilon^{\pm 1}$ の合成によって実現される（問題 2.4）．

- Reidemeister 移動 III：図 2.31 の向きを変えることによって新たに 7 種類の異なる Reidemeister 移動 III が得られる．それらはすべて Reidemeister 移動 II と $\Omega_3^{\pm 1}$ の合成により得られることがわかる．たとえば，図 2.34 のように向きの付いた Reidemeister 移動 III は，図で示されたように Reidemeister 移動 II を 2 回，$\Omega_3^{\pm 1}$，Reidemeister 移動 II を再び 2 回施すことで実現される．Reidemeister 移動 II は $\Omega_1^{\pm 1}, \Upsilon^{\pm 1}$ の合成で得られるので，この場合も有限回の $\Omega_1^{\pm 1}, \Omega_2^{\pm 1}, \Omega_3^{\pm 1}, \Upsilon^{\pm 1}$ の合成によって実現できる．

  他の 6 種類の場合の証明は演習問題（問題 2.5）とする． ■

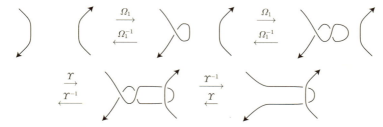

図 2.33 図に現れた 2 つの弧が同じ Seifert 円周に属すときも，$\Omega_1^{\pm 1}$, $\Upsilon^{\pm 1}$ で変形できる．

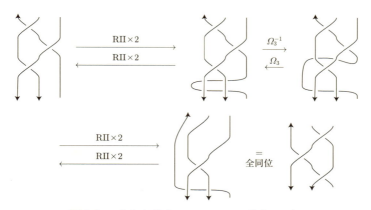

図 2.34 向きが違う Reidemeister 移動 III も，$\Omega_3^{\pm 1}$, Reidemeister 移動 II で実現できる．

この補題により，同じ絡み目を表すような閉組み紐の図式 B と B' の間には有限列

(2.1) $$B = B_0 \to B_1 \to \cdots \to B_k = B'$$

が存在することがわかる．ただし，$B_i \to B_{i+1}$ は，$\Omega_1^{\pm 1}$, $\Omega_2^{\pm 1}$, $\Omega_3^{\pm 1}$, $\Upsilon^{\pm 1}$ のいずれかであり，各 B_i は閉組み紐の図式とは限らない．

関数 $i \mapsto h(B_i)$ のグラフを考えてみよう（$h(B_i)$ は定義 2.7 で定義した高さ）．
- $\Omega_2^{\pm 1}$, $\Omega_3^{\pm}$：これらの変形は Seifert 円周を変えないので，$B_i \to B_{i+1}$ がこれらの変形によるものなら $h(B_i)$ は変わらない．よってこの部分のグラフは水平である．
- Υ：$B_i \to B_{i+1}$ が Υ によるときは，補題 2.11 より $h(B_{i+1}) = h(B_i) - 1$ で

52   2 結び目の表示

ある．よってこの部分のグラフの傾きは -1 である．

- $\Upsilon^{-1}: B_i \to B_{i+1}$ が Υ^{-1} によるときは，上のことから $h(B_{i+1}) = h(B_i)+1$ である．よってこの部分のグラフの傾きは 1 である．
- $\Omega_1^{\pm 1}$：（ひねりを加える場所によって）$h(B_i)$ は様々に変化する．

$\Omega_1^{\pm}$ の部分を詳しく考察することにより，次の補題が得られる．

補題 2.15 B と B' を同じ絡み目を表す閉組み紐の図式とする．そのとき，次のような絡み目図式の列が存在する．

$$B = B_0 \to B_1 \to \cdots \to B_{i_1-1}$$
$$\to B_{i_1} \to B_{i_1+1} \to \cdots \to B_{i_2-1}$$
$$\to B_{i_2} \to B_{i_2+1} \to \cdots \to B_{i_3-1}$$
$$\to \cdots \to$$
$$\to B_{i_{k-1}} \to B_{i_{k-1}+1} \to \cdots \to B_{i_k-1}$$
$$\to B_{i_k} = B'.$$

ただし，$j = 0, 1, \ldots, k$ に対し $h(B_{i_j}) = 0$ であり（$i_0 := 0$ とする），$j = 0, 1, \ldots, k-1$ に対し，部分列

$$(2.2) \qquad\qquad B_{i_j} \to B_{i_j+1} \to \cdots \to B_{i_{j+1}}$$

は，次のいずれかの性質をみたす．

- $l = 0, 1, \ldots, i_{j+1}-i_j-1$ に対し $B_{i_j+l} \to B_{i_j+l+1}$ はすべて $\Upsilon^{\pm 1}$ であり，B_{i_j}，$B_{i_{j+1}}$ を除いて $h(B_{i_j+l}) > 0$ である．
- $l = 0, 1, \ldots, i_{j+1}-i_j-1$ に対し $B_{i_j+l} \to B_{i_j+l+1}$ はすべて $\Omega_1^{\pm 1}$，$\Omega_2^{\pm 1}$，$\Omega_3^{\pm 1}$ のいずれかである．ただし，$\Omega_1^{\pm 1}$ は閉組み紐を保つものとする（つまり安定化およびその逆になっている）．このとき，任意の l に対し $h(B_{i_j+l}) = 0$ であることに注意． $\square$

例 2.16 図 2.35 は，$k=5$，$i_1=6$，$i_2=8$，$i_3=12$，$i_4=13$，$i_5=19$ の例である． $\square$

[補題 2.15 の証明] まず，(2.1) の中で，$\Omega_1^{\pm 1}$，$\Omega_2^{\pm 1}$，$\Omega_3^{\pm 1}$ を適用する絡み目図式 B_m が $h(B_m) > 0$ をみたすとする．

$\Omega_2^{\pm 1}$，$\Omega_3^{\pm 1}$ の場合，変形は局所的なものであるから，その部分を除いて定理 2.5 の証明を適用することができる．つまり，まず B_m に屈曲を何度か適用して

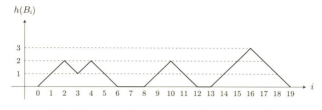

図 2.35 $h(B_i)$ $(i=0,1,\ldots,19)$ のグラフの例.

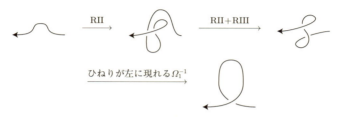

図 2.36 ひねりが右に現れる Ω_1 は，ひねりが左に現れる Ω_1 と，Reidemeister 移動 II, III で実現できる.

閉組み紐 B'_m にできる．そして，B'_m に対して与えられた変形 $\Omega_2^{\pm 1}$, $\Omega_3^{\pm 1}$ を適用したあと，B_m から B'_m を得るときに使った屈曲の列を逆に適用することで B_{m+1} が得られる．つまり，

$$B_m \xrightarrow{\Omega_a^{\pm 1}} B_{m+1}$$

を

$$B_m \xrightarrow{\Upsilon \times b} B'_m \xrightarrow{\Omega_a^{\pm 1}} B'_{m+1} \xrightarrow{\Upsilon^{-1} \times b} B_{m+1}$$

で置き換える．ただし，$a=2,3$, $b:=h(B_m)$ であり，B'_m, B'_{m+1} は閉組み紐である（$\Omega_2^{\pm 1}$, $\Omega_3^{\pm 1}$ は閉組み紐を閉組み紐に変えることに注意）．このような入れ換えを繰り返せば，$\Omega_2^{\pm 1}$, $\Omega_3^{\pm 1}$ を適用する絡み目図式はすべて閉組み紐であると仮定できる．

次に，Ω_1 を考える．まず，ひねる部分が（絡み目の向きに従って進行したときに）右に現れる場合を考える（図 2.29 の下の 2 つの場合）．

図 2.36 でわかるように，これはひねりが左に現れる Ω_1 と Reidemeister 移動 II, III で実現される．Reidemeister 移動 II, III は $\Omega_2^{\pm 1}$, $\Omega_3^{\pm 1}$ で実現されるので，

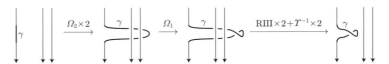

図 2.37 Ω_1 は，$\Omega_2^{\pm 1}$ と Reidemeister 移動 III を間にはさむことで $\Omega_a^{\pm 1}$ ($a=1,2,3$) の前後では組み紐であるようにできる．

ひねりが左に現れる場合のみを考えればいいことになる．

ひねりが左に現れる場合は，まず，この変形を適用する部分 γ 以外で屈曲を適用することにより閉組み紐 B'_m にする．その後，B'_m に Ω_1 を適用するのであるが，γ が属する Seifert 円周が閉組み紐の一番左側にないときは，Ω_2 を使って γ を一番左側まで持ってくる．このようにして得られた閉組み紐を B''_m とおく．ここで B''_m の γ に対応する部分に Ω_1 を適用し，$\tilde{B}_m$ を得る．その後，今度は Ω_2 の代わりに Reidemeister 移動 III を使ってひねった部分をもとの位置に戻し ($\tilde{B}'_m$)，Υ^{-1} を適用することで B_{m+1} が得られる（図 2.37 参照）．B_{m+1} は閉組み紐ではないことに注意．

つまり

$$B_m \xrightarrow{\Omega_1} B_{m+1}$$

を

$$B_m \xrightarrow{\Upsilon \times b} B'_m \xrightarrow{\Omega_2 \times c} B''_m \xrightarrow{\Omega_1} \tilde{B}_m \xrightarrow{\text{Reidemeister 移動 III} \times c} \tilde{B}'_m \xrightarrow{\Upsilon^{-1} \times c + \Upsilon^{-1} \times b} B_{m+1}$$

で置き換える．Reidemeister 移動 III は $\Omega_2^{\pm 1}$, $\Omega_3^{\pm 1}$ の合成で得られたので，B'_m から $\tilde{B}'_m$ の間の絡み目図式はすべて閉組み紐からなる．Ω_1^{-1} も同様の列で置き換えることにより，結局 $\Omega_1^{\pm 1}$ を適用する絡み目図式もすべて閉組み紐にすることができる．また，この置き換えで現れた $\Omega_2^{\pm 1}$, $\Omega_3^{\pm 1}$ もすべて閉組み紐に適用されている．

以上により (2.1) において，$\Omega_1^{\pm 1}$, $\Omega_2^{\pm 1}$, $\Omega_3^{\pm 1}$ を適用する絡み目図式はすべて閉組み紐としてよいことがわかった．このようにして得られた列が補題の要請をみたしていることはすぐにわかる． ∎

この補題から，Markov の定理を証明するためには次のような絡み目図式の列のみを考えればいいことがわかる．

2.3 Markovの定理   55

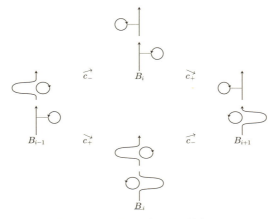

図 2.38 山頂を谷底に置き換える.

(2.3) $\quad B = B_0 \xrightarrow{\Upsilon^{\pm 1}} B_1 \xrightarrow{\Upsilon^{\pm 1}} \cdots \xrightarrow{\Upsilon^{\pm 1}} B_{m-1} \xrightarrow{\Upsilon^{\pm 1}} B_m = B'.$

ただし，B と B' は同じ絡み目を表す閉組み紐の図式（よって $h(B) = h(B') = 0$）であり，$i = 1, 2, \ldots, m-1$ に対して $h(B_i) > 0$ である.

次に，この「山」の部分を「谷」にしよう.

そのために，「山頂」の部分に着目する．(2.3)で $B_{i-1} \xrightarrow{\Upsilon^{-1}} B_i \xrightarrow{\Upsilon} B_{i+1}$ となっている部分を**山頂**と呼び，$B_{i-1} \nearrow B_i \searrow B_{i+1}$ で山頂を表すことにする．ここで，$B_{i-1} \nearrow B_i$ は Υ^{-1} を B_{i-1} に適用して B_i が得られたことを，$B_i \searrow B_{i+1}$ は Υ を B_i に適用して B_{i+1} が得られたことを意味する．これは，B_i から見ると 2 本の屈曲線 c_-, c_+ があり，c_- に沿った屈曲を施すと B_{i-1} が，c_+ に沿った屈曲を施すと B_{i+1} が得られたことになる．これを $B_{i-1} \underset{c_-}{\nearrow} B_i \underset{c_+}{\searrow} B_{i+1}$ で表すことにする．

もし，c_+ と c_- が交わらず，異なる Seifert 円周の対をつないでいるとすると，c_+ に沿った屈曲の後で c_- に沿った屈曲を行なうことができる．その結果得られた $\underline{B_i}$ は $h(\underline{B_i}) = h(B_i) - 2$ をみたす．そこで，山頂 $B_{i-1} \underset{c_-}{\nearrow} B_i \underset{c_+}{\searrow} B_{i+1}$ を「谷底」$B_{i-1} \underset{c_+}{\searrow} \underline{B_i} \underset{c_-}{\nearrow} B_{i+1}$ で置き換えると山が低くなる（図 2.38 参照）.

この方針で Markov の定理の証明を続けよう．一般には c_+ と c_- は交わるが，交わらないような置き換えが可能であることをまず示す．

補題 2.17 $B_- \underset{c_-}{\nearrow} B \underset{c_+}{\searrow} B_+$ を山頂とする．そのとき，絡み目図式 $B_1, B_2, \ldots,$

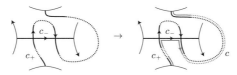

図 2.39 c_+ と c_- から，新たな屈曲線 c（灰色の曲線）を作る（c_+ が c_- の違う側から交わるとき）．

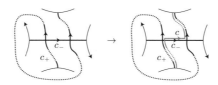

図 2.40 c_+ と c_- から，新たな屈曲線 c（灰色の曲線）を作る（c_+ が c_- の同じ側から交わるとき）．

B_p と，B_i の屈曲線 c_{i-}, c_{i+} が存在して次の 3 つの条件をみたす．

(1) $B_{i-1} \underset{c_{i-}}{\nearrow} B_i \underset{c_{i+}}{\searrow} B_{i+1}$ は山頂である．

(2) $B_- = B_1$, $B_+ = B_p$ である．

(3) c_{i-} と c_{i+} は交わらない． □

[証明] 条件(3)を

(3-n) 任意の i に対して，c_{i-} と c_{i+} の交点の数は n 以下である．

にかえた補題の主張を P-n と呼ぶことにする．

まず，P-1 が成り立つことを示す．

c_+ と c_- の交わりの数が 1 より大きいとする．

図 2.39，または図 2.40 のように，c_+ と c_- から新たな屈曲線 c を作る[*3]．

このとき c と c_- との交わりは c_+ と c_- との交わりより少なく，c と c_+ は交わらない．さらに，c は B に対する屈曲線である．そこで，B を c に沿って屈曲したものを $\tilde{B}$ とすると

$$B_- \underset{c_-}{\nearrow} B \underset{c}{\searrow} \tilde{B} \underset{c}{\nearrow} B \underset{c_+}{\searrow} B_+$$

[*3] これらの図では，上下に現れている Seifert 円周には向きを付けていないことに注意（様々な向きが考えられるということ）．また，左右に現れている Seifert 円周の向きは，必要であればともに入れ替えればよいので，図のように付けておいても一般性を失わない．これらの事実の確認とともに，c の具体的な構成は演習問題とする（問題 2.6）．

図 2.41 c_+ と c_- が 1 点のみで交わるとき.

図 2.42 $N=E$ のとき, $N \neq W$ だから灰色の線は屈曲線となる.

という列が得られる.この操作を繰り返すことで P-1 が示された.

よって,c_- と c_+ が 1 点のみで交わるような山頂 $B_- \underset{c_-}{\nearrow} B \underset{c_+}{\searrow} B_+$ に対して補題の主張 P-0 が成り立つことを示せば証明が完了する.

もし,$c \cap c_- = c \cap c_+ = \emptyset$ となるような屈曲線 c が B に存在すれば,この山頂を

$$B_- \underset{c_-}{\nearrow} B \underset{c}{\searrow} \tilde{B} \underset{c}{\nearrow} B \underset{c_+}{\searrow} B_+$$

と置き換えることで補題の主張が成り立つようにできる.以下,B にこのような屈曲線 c を構成する.

図 2.41 のように,それぞれの Seifert 円周に N, E, S, W と名前を付ける.

$c_\pm$ は B の屈曲線であるから,$E \neq W$, $N \neq S$ である.

$N = E$ のとき,N と S は図 2.42 のように向き付けられていることがわかる(N と S の向きが図とは逆に付けられていると,W と N が同調してしまう.$N = E$ より W と E が同調するが,これは c_- が屈曲線であることに反する).このとき,$N \neq W$ であり,図の灰色の線で与えられた c は屈曲線となることがわかる.

$N = W$, $S = E$, $S = W$ の各場合も同様に,$c \cap c_+ = c \cap c_- = \emptyset$ となるような屈曲線 c がとれるので,以下 N, E, S, W がすべて異なると仮定する.

もし,N と S が図 2.42 のように向き付けられていれば,この図の c が求める屈曲線である.よって,後は図 2.43 のように向きが付いている場合を考えればよい.

ここで,Seifert 円周だけでなく,交差も思い出す.W にある交差の状況に応じて場合分けをする.

- W の外側に交差がないとき:図 2.44 のような屈曲線 c がとれる.
- W の外側に交差があるとき:$S \cap c_+$ から c_+ に沿って進みその後 $c_+ \cap c_-$ で

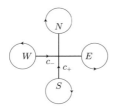 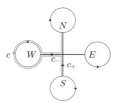

図 2.43　$N, E, S,$ W はすべて異なる．

図 2.44　c は屈曲線になる．

左に曲がり，$W \cap c_-$ で左に曲がった後 W に沿って進む．W で最初に出会う交差で別の Seifert 円周 G に「乗り換える」．
- $G \neq S$ なら，今たどってきた曲線を屈曲線 c とする．
- $G = S$ なら，上と同じ操作を N から始めて行なう．つまり，$N \cap c_+$ から，c_+, c_-, W に沿って進み，最初に出会う交差で別の Seifert 円周 G' に「乗り換える」．
  * $G' \neq N$ なら，今たどってきた曲線を屈曲線 c とする．
  * $G' = N$ の場合，以下で考える．

以上のことから，後は W 上には N と接する交差と S に接する交差がある場合を考えればよい．W 上にある交差をすべて考えると，仮定より，異なった Seifert 円周 H, H' に接する交差が(W 上で)連続して起こる場所がある (H や H' は N や S と一致するかもしれない)．その交差をつなぐ(W の)曲線を α とし，α の両端を少し H と H' の方に伸ばした曲線を c とすれば，これは H と H' をつなぐ屈曲線となる．　∎

補題 2.17 より，(2.3) に現れるすべての山頂 $B_{i-1} \underset{c_-}{\nearrow} B_i \underset{c_+}{\searrow} B_{i+1}$ において $c_+ \cap c_- = \emptyset$ と仮定できる ((2.3) のような列に関して Markov の定理を証明すれば十分であったことに注意)．

屈曲線 c_+ がつなぐ Seifert 円周を S_{+1}, S_{+2}，屈曲線 c_- がつなぐ Seifert 円周を S_{-1}, S_{-2} とおく．屈曲線の定義より $S_{+1} \neq S_{+2}$ かつ $S_{-1} \neq S_{-2}$ である．

重複を許した集合 $\{S_{+1}, S_{+2}, S_{-1}, S_{-2}\}$ の，重複する元を同じとみなしたときの要素の数 $\#\{S_{+1}, S_{+2}, S_{-1}, S_{-2}\}$ で場合分けを行なう．

(1) $\#\{S_{+1}, S_{+2}, S_{-1}, S_{-2}\} = 4$ のとき：図 2.45 のように c_+ も B_i における屈曲線となっている．

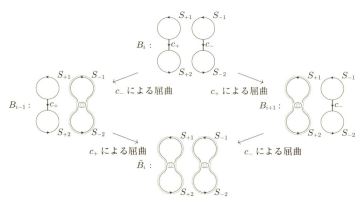

図 2.45 点線は Seifert 円周を表す.

よって, B_{i-1} に対して c_+ に沿った屈曲を施した絡み目図式を $\tilde{B}_i$ とおくことで, 山頂 $B_{i-1} \underset{c_-}{\nearrow} B_i \underset{c_+}{\searrow} B_{i+1}$ を谷底 $B_{i-1} \underset{c_+}{\searrow} \tilde{B}_i \underset{c_-}{\nearrow} B_{i+1}$ で置き換えることができる.

(2) $\#\{S_{+1}, S_{+2}, S_{-1}, S_{-2}\} = 3$ のとき: (1) と同じように $B_{i-1} \underset{c_+}{\searrow} \tilde{B}_i \underset{c_-}{\nearrow} B_{i+1}$ で置き換えることができる (図 2.46).

(3) $\#\{S_{+1}, S_{+2}, S_{-1}, S_{-2}\} = 2$ のとき: S_{+1} と一致する Seifert 円周を S_1, S_{+2} と一致する Seifert 円周を S_2 とおく.

このときは, c_+ と c_- はともに S_1 と S_2 をつないでいるため, B_{i-1} において c_+ は屈曲線とはならない (図 2.47).

一方, もし, S_1, S_2 以外の Seifert 円周同士をつなぐ屈曲線 c があれば, B_i を c に沿って屈曲したものを $\tilde{B}_i$ とおけば, 山頂 $B_{i-1} \underset{c_-}{\nearrow} B_i \underset{c_+}{\searrow} B_{i+1}$ を分割して

$$B_{i-1} \underset{c_-}{\nearrow} B_i \underset{c}{\searrow} \tilde{B}_i \underset{c}{\nearrow} B_i \underset{c_+}{\searrow} B_{i+1}$$

で置き換えることで, (1) に帰着できる. S_1 または S_2 と, これら以外の Seifert 円周をつなぐ屈曲線がある場合は, (2) に帰着できる.

以上の考察から, (2.3) に現れる山頂 $B_- \underset{c_-}{\nearrow} B \underset{c_+}{\searrow} B_+$ は, すべて次のような性質 $(*)$ を持つと仮定してよい.

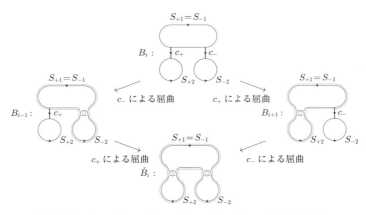

図 2.46 $S_{+1}=S_{-2}$, $S_{+2}=S_{-1}$, $S_{+2}=S_{-2}$ の場合も同様.

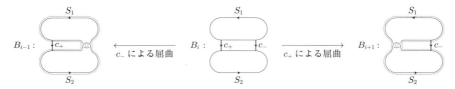

図 2.47 B_{i-1} の c_+ は屈曲線とはならない.

(∗) 山頂 $B_- \underset{c_-}{\nearrow} B \underset{c_+}{\searrow} B_+$ において，屈曲線 c_+ と c_- ($c_+ \cap c_- = \emptyset$) はともに 2 つの Seifert 円周 S_1 と S_2 をつないでいる．また，S_1 と S_2 以外の Seifert 円周同士をつなぐ屈曲線や，S_1 や S_2 と他の Seifert 円周をつなぐ屈曲線はない．

実は，性質 (∗) を持つ山頂は特殊なものに限られることがわかる.

補題 2.18 $B_- \underset{c_-}{\nearrow} B \underset{c_+}{\searrow} B_+$ を，性質 (∗) を持つ山頂とする．そのとき，B は図 2.48 のような形をしている．ただし，図の曲線のそばに書かれた文字 x, y, z, w ($x \geq 1, y \geq 0, z \geq 1, w \geq 0$) は，その曲線に平行な曲線の数を表しており，長方形は，その中に書かれた文字だけの次数を持ったある（横向きの）組み紐を表す．

また，屈曲線 $c_\pm$ は図 2.49 の太線のようになる．ただし，向きは任意である．

□

[証明] まず，S_1 と S_2 は同調していないことより，それらは図 2.50 のよう

2.3 Markov の定理　　61

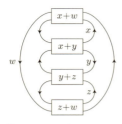
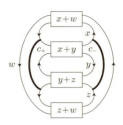

図 2.48　線のそばに書いた x, y, z, w は同調している Seifert 円周の数を表す．また，各長方形は，それぞれ $x+w$ 次，$x+y$ 次，$y+z$ 次，$z+w$ 次の組み紐を表す．

図 2.49　太線は屈曲線 c_+, c_- を表す．

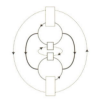

図 2.50　S_1, S_2, c_-, c_+ で分けられた 4 つの領域 R_1, R_2, R_3, R_4．ただし，$c_\pm$ の向きは逆の可能性もある．

図 2.51　R_3, R_4 の内部にある Seifert 円周は，点線で示された各円周と同調する．

図 2.52　長方形の内部は組み紐になっている．

に，ともに反時計回りであると仮定してよい．また，$c_\pm$ の向きは任意である．

S_1, S_2, c_-, c_+ は，球面 S^2 を 4 つの連結領域 R_1, R_2, R_3, R_4 に分ける (図 2.50)．

もし，R_1 の内部に，S_1 と同調していない Seifert 円周があったとすると，Alexander の定理の証明 (44 ページ) と同様の議論により，S_2 以外と S_1 をつなぐ屈曲線か，S_1 と S_2 以外の Seifert 円周同士をつなぐ屈曲線が存在する．これは，条件 (∗) に反するため，R_1 の内部にある Seifert 円周はすべて S_1 と同調している．

同様の議論により，R_2 の内部にある Seifert 円周はすべて S_2 と同調している．また，R_3, R_4 の内部にある Seifert 円周は，すべて図 2.51 の点線で示された円周と同調している．

同調している Seifert 円周の間の交差を思い出すと，B は図 2.52 のようになっている．

ただし，図の長方形の内部は (横向きの) 組み紐になっている．同調している Seifert 円周の数を，図 2.48 のように x, y, z, w とおく．ここで，x, z は，元の

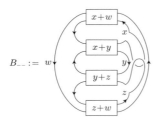
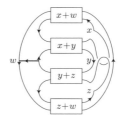

図 2.53 c_- に沿った屈曲を xz 回繰り返す.

図 2.54 太線は屈曲線となる.向きはこのように指定する.

Seifert 円周 S_1, S_2 を含んでいるので 1 以上の整数であり, y, w は非負整数である.

よって, 補題が証明された. ∎

図 2.49 で示された B, および c_- に沿って屈曲を施すことによって得られる B_- と c_+ に沿って屈曲を施すことによって得られる B_+ に対する山頂 $B_- \underset{c_-}{\nearrow} B \underset{c_+}{\searrow} B_+$ を具体的に調べることで, 次の補題が得られる.

補題 2.19 $B_- \underset{c_-}{\nearrow} B \underset{c_+}{\searrow} B_+$ を, 性質 (∗) を持つ山頂とする. そのとき, 閉組み紐 B'_- と B'_+ が存在して次の性質をみたす.

（1）B'_- と B'_+ は Markov 同値である.

（2）B_- から B'_- への屈曲の列が存在する.

（3）B_+ から B'_+ への屈曲の列が存在する. □

[証明] c_+ と c_- がともに下向きのときのみを考え, 残りの場合は読者への問題とする (問題 2.7).

B_- は, B に対し c_- に沿って屈曲を施すことで得られるが, 同様の屈曲を xz 回繰り返すことで, 図 2.53 が得られる. これを B_{--} とおく.

B_{--} には, 図 2.54 で示された屈曲線がある (この屈曲線の向きはこのように指定したものである).

これに沿って, yw 回の屈曲を施すと, 図 2.55 が得られる. これを B'_- とおく.

図 2.55 の左端中央の部分を無限遠点を通して右端に持ってくると, 図 2.56 となる.

さらに, 図 2.56 の下の 2 つの長方形を 180 度回転させつつ右上に持ってくると, 図 2.57 のような閉組み紐になる.

2.3 Markov の定理

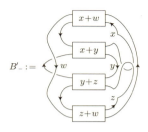

図 2.55 図 2.54 の屈曲線に沿って屈曲を行なう.

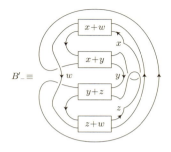

図 2.56 図 2.55 を S^2 上の全同位で変形したもの.

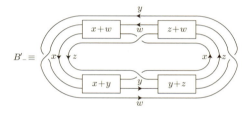

図 2.57 図 2.56 をさらに変形して閉組み紐にしたもの.

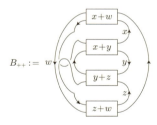

図 2.58 c_+ に沿った屈曲を xz 回繰り返す.

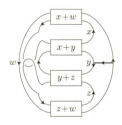

図 2.59 太線は屈曲線となる. 向きはこのように指定する.

同様に, B に対し c_+ に沿って屈曲を xz 回繰り返すことで, 図 2.58 が得られる. これを B_{++} とおく. B_{++} の屈曲線を図 2.59 のようにとり, 同様の変形をすると図 2.60 の閉組み紐 B'_+ が得られる.

図 2.61〜図 2.67 より, B'_- と B'_+ は Markov 同値であることがわかる.

以上で, B_- から B'_- への屈曲の列, B_+ から B'_+ への屈曲の列, B'_- から B'_+ への Markov 同値変形の列が得られた. ∎

これで, (2.3) に現れる山頂を低くすることができ, 定理 2.13 が証明された.

64   2 結び目の表示

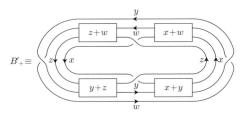

図 2.60 図 2.59 から得られる閉組み紐.

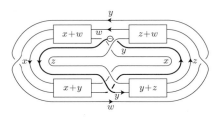

図 2.61 B'_- (図 2.57) の下の方の y をひねって図の上方へ持ち上げる．ただし，⊖は負のひねりを表している．

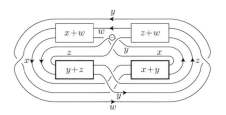

図 2.62 図 2.61 の $\boxed{x+y}$ と $\boxed{y+z}$ を絡み目に沿って図の上方へ滑らせる．

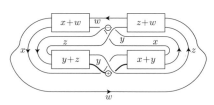

図 2.63 図 2.62 の y 同士の交差をなくす(そのかわりに⊕のひねりが生じる).

2.3 Markov の定理   65

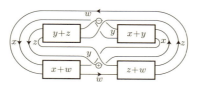

図 2.64 図 2.63 の $\boxed{x+y}$, $\boxed{y+z}$, $\boxed{z+w}$, $\boxed{x+w}$ を絡み目に沿って滑らせる.

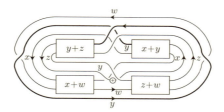

図 2.65 図 2.64 の上の方の y をひねって図の下方へ下げる.

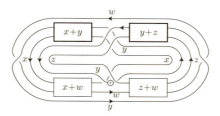

図 2.66 図 2.65 の $\boxed{x+y}$ と $\boxed{y+z}$ を絡み目に沿って図の上方へ滑らせる.

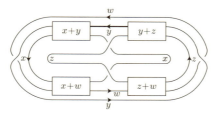

図 2.67 図 2.66 の y 同士の交差をなくす. これを 180 度回転させると B'_+ (図 2.60) が得られる.

2.4 問 題

問題 2.1 結び目の表（たとえば

http://katlas.org/wiki/The_Rolfsen_Knot_Table

参照）から適当な結び目を選び，閉組み紐として表示せよ． □

問題 2.2 n 次組み紐 β に現れる生成元 σ_i を σ_{n-i} と入れ替えたものを，β の裏返しと呼び $\tilde{\beta}$ で表すことにする．

$$\beta\sigma_1(\sigma_2\sigma_1)\cdots(\sigma_{n-1}\sigma_{n-2}\cdots\sigma_2\sigma_1) = \sigma_1(\sigma_2\sigma_1)\cdots(\sigma_{n-1}\sigma_{n-2}\cdots\sigma_2\sigma_1)\tilde{\beta}$$

となることを示せ． □

問題 2.3 定理 2.2 の証明を完成させよ． □

問題 2.4 図 2.33 の最後の 2 つの変形が，屈曲と伸展であることを示せ（Seifert 円周のつながり方に注意せよ）． □

問題 2.5 補題 2.14 の証明の中で，残りの 6 種類の Reidemeister 移動 III が $\Omega_2^{\pm1}$, $\Omega_3^{\pm1}$ の合成で実現できることを示せ． □

問題 2.6 補題 2.17 の証明中（56 ページ）で用いた，c_+ と c_- から c を構成する方法（図 2.39 および図 2.40 参照）を厳密に説明せよ（c が屈曲線であることも示せ）． □

問題 2.7 補題 2.19 の証明を完成させよ． □

2.5 文献案内

定理 2.2 は [50]（英語版 [51]）で示された．ここでの証明は [7] に従った．

定理 2.5 は [1] で最初に示された．ここで与えた Seifert 円周を使う証明は，[62] により与えられ，その後 [60] により改良されたものである．本章では，[6]，[25] に従った．

定理 2.13 は [38] で最初に証明された．ここでの証明は [57]，[6]，[25] に従った．

また，この章は，東京工業大学 4 年生（当時）磯部創一郎君に丁寧に読んでもらい，誤りなどを指摘してもらった．

3 結び目補空間の被覆空間

この章では結び目のみを扱うことにする.

3.1 被覆空間

任意の結び目 $K \subset S^3$ に対して $H_1(S^3 \setminus K; \mathbb{Z}) \cong \mathbb{Z}$ であった $((1.2))$. これは, 結び目の補空間自体のホモロジー群では, 結び目を区別することができないことを示している. そこで, 結び目の補空間から新たな空間を構成し, そのホモロジー群を用いて結び目が区別できるかどうかを調べる. そのために被覆空間を利用する. 一般的な定義や証明については[66, §11], [71, 第 4 章], [76, 第 7 章], [35, Chapter 7]などを参考にしていただきたい. まず, 定義から始める.

定義 3.1 (被覆) 弧状連結な位相空間 $X, \tilde{X}$, および連続写像 $p: \tilde{X} \to X$ を考える. $p: \tilde{X} \to X$ (あるいは, $(p, \tilde{X}, X)$) が**被覆**であるとは, X の各点 x に対してある開近傍 U が存在して, $p^{-1}(U)$ が U と同相な開集合 U_λ の非交和 $\bigsqcup_{\lambda \in \Lambda} U_\lambda$ となることである.

X をこの被覆の**底空間**, $\tilde{X}$ を X の**被覆空間**, p を**射影**という. $\qquad\square$

射影 $p: \tilde{X} \to X$ の誘導する基本群間の準同型写像 $p_*: \pi_1(\tilde{X}, \tilde{x}_0) \to \pi_1(X, x_0)$ は単射であることが知られている. つまり $x_0 \in X$, $\tilde{x}_0 \in p^{-1}(x_0) \subset \tilde{X}$ を基本群の基点にすると, $\mathrm{Im}[p_*: \pi_1(\tilde{X}, \tilde{x}_0) \to \pi_1(X, x_0)]$ は, $\pi_1(\tilde{X}, \tilde{x}_0)$ と同型な $\pi_1(X, x_0)$ の部分群である. 逆に, $\pi_1(X, x_0)$ の各部分群に対して, 一意的に被覆を構成することができる. このことを定理の形でまとめておこう([66, §11], [79, §9.3], [35, Chapter 7]参照).

定理 3.2 (被覆と基本群の関係) X を弧状連結, 局所弧状連結, かつ局所単連結な空間とし, $x_0 \in X$ とする. $\pi_1(X, x_0)$ の任意の部分群 G に対して

$\mathrm{Im}[p_*: \pi_1(\tilde{X}, \tilde{x}_0) \to \pi_1(X, x_0)] = G$ となる被覆 $(p, \tilde{X}, X)$ が存在する. また, 別の部分群 G' に対応する被覆を $(p', \tilde{X}', X)$ とすると, G と G' が共役であれば $(p, \tilde{X}, X)$ と $(p', \tilde{X}', X)$ は同値である. つまり, 同相写像 $\varphi: \tilde{X} \to \tilde{X}'$ が存在して, 次の図式が可換となる.

$\mathrm{Im}(p_*)$ が $\pi_1(X, x_0)$ の**正規部分群**のとき, $(p, \tilde{X}, X)$ を**正則被覆**といい, 商群 $H := \pi_1(X, x_0)/\mathrm{Im}(p_*)$ を**被覆変換群**という[*1]. H の $\tilde{X}$ への作用は次のように定義される. $h \in \pi_1(X, x_0)$ の H での同値類を $[h]$ で表す. また, h は x_0 を基点とする**閉道**[*2] ρ で表されているとする. $p^{-1}(x_0)$ の点 $\tilde{x}_0$ を1つ選んでおく. $\tilde{x} \in \tilde{X}$ に対し, $\tilde{x}_0$ から $\tilde{x}$ に到る**道**[*3] を η とし, $\tilde{x}_0$ を始点とする $\rho \cdot (p \circ \eta)$ の持ち上げ(つまり, p によって $\rho \cdot (p \circ \eta)$ となるような $\tilde{X}$ 内の道)の終点を $[h] \cdot \tilde{x}$ として定義する(図 3.1 参照). これは, ρ, η の取り方によらない.

例 3.3 $S^1 := \{z \in \mathbb{C} \mid |z| = 1\}$ とする. $\Sigma_2(S^1) := S^1$ とおき $p_2: \Sigma_2(S^1) \to S^1$ を $p_2(z) := z^2$ で定義する(図 3.2). 簡単にわかるように, $(p_2, \Sigma_2(S^1), S^1)$ は被覆となっている.

$\mathrm{Im}(p_2)_* = 2\mathbb{Z} \subset \mathbb{Z}$ は正規部分群だから, 被覆変換群は $\mathbb{Z}/2\mathbb{Z}$ となる. $t \in \mathbb{Z}/2\mathbb{Z}$ を生成元とすると, $z \in \Sigma_2(S^1)$ に対し $t \cdot z = -z$ である.

同様に $\Sigma_n(S^1) := S^1$ とし, $p_n: \Sigma_n(S^1) \to S^1$ を $p_n(z) := z^n$ と定義すると $(p_n, \Sigma_n(S^1), S^1)$ も被覆となっている. $\pi_1(\Sigma_n(S^1), 1) \cong \pi_1(S^1, 1) \cong \mathbb{Z}$ であり, $(p_n)_*: \pi_1(\Sigma_n(S^1), 1) \to \pi_1(S^1, 1)$ は n 倍する写像であることがすぐにわかる(p_n は n 重に巻きつく写像だから). また, $\mathrm{Im}(p_n)_* \cong n\mathbb{Z} \subset \mathbb{Z}$ である. つまり, $(p_n, \Sigma_n(S^1), S^1)$ は $\mathbb{Z}$ の部分群 $n\mathbb{Z}$ に対応した被覆となっている. また, 被覆変換群 $\mathbb{Z}/n\mathbb{Z}$ の生成元を t とすると $t \cdot z = e^{2\pi\sqrt{-1}/n} z$ となる(もう1つの生成元 t^{-1} をとると $t^{-1} \cdot z = e^{-2\pi\sqrt{-1}/n} z$ である. ここで, 表記の都合上 $\mathbb{Z}/n\mathbb{Z}$ の演算

[*1] 本来の被覆変換群は $\tilde{X}$ の自己同型写像で射影と可換なもの全体のなす群のことである. この場合は本来の定義と一致する.

[*2] 閉道とは, 閉区間 $[0,1]$ から位相空間への連続写像で0と1の像が一致するものである. 0と1の像をその閉道の基点という.

[*3] 道とは $[0,1]$ から位相空間への連続写像のことである. 0の像をその道の始点, 1の像をその道の終点と呼ぶ. 道 η_1 の終点と, 道 η_2 の始点が等しい場合, それらの積 $\eta_1 \cdot \eta_2$ が, まず, η_1 をたどり, 次に η_2 をたどるものとして定義できる. 閉道は道の一種であることに注意.

3.1 被覆空間   69

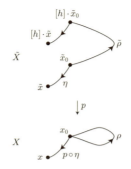

図 3.1 $[h] \in H$ による $\tilde{x} \in \tilde{X}$ への作用 $[h] \cdot \tilde{x}$（$\tilde{\rho}$ は ρ の持ち上げ）.

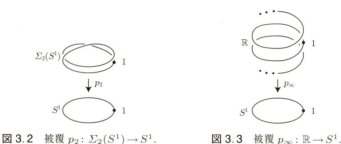

図 3.2 被覆 $p_2 \colon \Sigma_2(S^1) \to S^1$.　　**図 3.3** 被覆 $p_\infty \colon \mathbb{R} \to S^1$.

を積の形で表している）.

　これで，$\mathbb{Z}$ の自明な部分群 $\{0\}$ 以外に対応した被覆を構成することができる．$\{0\}$ に対応した被覆は次のように構成できる（図 3.3）.

　$p_\infty \colon \mathbb{R} \to S^1$ を $p_\infty(x) := \exp(x\sqrt{-1})$ で定義する．すると $(p_\infty, \mathbb{R}, S^1)$ は被覆となっており，$\mathrm{Im}[(p_\infty)_* \colon \pi_1(\mathbb{R}, 0) \to \pi_1(S^1, 1)] \cong \{0\} \subset \mathbb{Z}$ がわかる．被覆変換群は $\mathbb{Z}$ であり，その生成元（の 1 つ）を t とすると，$t \cdot x = x + 2\pi$ である．　　□

　例 3.4　2 つの S^1 を一点で貼り合わせた空間（8 の字の形）を $S^1 \vee S^1$ とする．貼り合わせた点を x，x を基点としそれぞれの S^1 を一周する閉道を a, b とする．

　3 つの S^1 を鎖のように並べて，2 点 x_1, x_2 で貼り合わせた空間を，$\widetilde{S^1 \vee S^1}$ とする（図 3.4）．x_1 を基点とし左端の S^1 を一周する閉道を $\tilde{b}_1$，また，x_2 を基点とし右端の S^1 を一周する閉道を $\tilde{b}_2$，さらに，真ん中の S^1 の下側を通って x_1 から x_2 に至る道を $\tilde{a}_1$，真ん中の S^1 の上側を通って x_2 から x_1 に至る道を $\tilde{a}_2$ とおく（図 3.4）．

　また，射影 $q \colon \widetilde{S^1 \vee S^1} \to S^1 \vee S^1$ を次のように定める．

70   3 結び目補空間の被覆空間

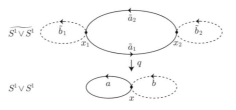

図 3.4 被覆 $q\colon \widetilde{S^1\vee S^1}\to S^1\vee S^1$. $q(\tilde{b}_1)=q(\tilde{b}_2)=b$, $q(\tilde{a}_1)=q(\tilde{a}_2)=a$.

- $q(x_1)=q(x_2)=x$,
- $q(\tilde{a}_1)=q(\tilde{a}_2)=a$,
- $q(\tilde{b}_1)=q(\tilde{b}_2)=b$.

$(q,\widetilde{S^1\vee S^1},S^1\vee S^1)$ が被覆になっていることは容易に確かめられる.

$$\pi_1(S^1\vee S^1,x)\cong \langle a,b\mid -\rangle,$$
$$\pi_1(\widetilde{S^1\vee S^1},x_1)\cong \langle \tilde{a}_1\tilde{a}_2,\tilde{b}_1,\tilde{a}_1\tilde{b}_2\tilde{a}_1^{-1}\mid -\rangle$$

であり,

$$q_*(\tilde{a}_1\tilde{a}_2)=a^2,\quad q_*(\tilde{b}_1)=b,\quad q_*(\tilde{a}_1\tilde{b}_2\tilde{a}_1^{-1})=aba^{-1}$$

であるから, $\operatorname{Im} q_*$ は, a の指数の和が偶数であるような語からなる, 指数 2 の正規部分群である. 被覆変換群は $\mathbb{Z}/2\mathbb{Z}$ であり, 図 3.4 で示された $\widetilde{S^1\vee S^1}$ を平面上で 180 度回転させるように働く (問題 3.1). □

注意 3.5 例 3.4 の中の式は, 本当は $\langle [a],[b]\mid -\rangle$ や $q_*([\tilde{a}_1\tilde{a}_2])=[a]^2$ のように, 同値類として書くべきであるが, 記号が煩雑になるため, 同値類の記号は省略している. 以降もしばしば同値類の記号を省略するが誤解は生じないであろう.

例 3.6 底空間を例 3.4 と同じ空間 $S^1\vee S^1$ とする, 別の被覆空間を考える. 図 3.5 のように, 2 つの S^1 を 2 点 x'_1, x'_2 で貼り合わせた空間を $\widetilde{S^1\vee S^1}$ とする. 点 x'_1, x'_2, 道 $\tilde{a}'_1$, $\tilde{a}'_2$, $\tilde{b}'_1$, $\tilde{b}'_2$ を図 3.5 のようにとり, $q'\colon \widetilde{S^1\vee S^1}\to S^1\vee S^1$ を
- $q'(x'_1)=q'(x'_2)=x$,
- $q'(\tilde{a}'_1)=q'(\tilde{a}'_2)=a$,
- $q'(\tilde{b}'_1)=q'(\tilde{b}'_2)=b$

となるように定める.

$(q',\widetilde{S^1\vee S^1},S^1\vee S^1)$ も被覆になっていることがわかる.

さらに

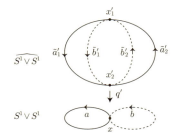

図 3.5 被覆 $q': \widetilde{S^1 \vee S^1} \to S^1 \vee S^1$. $q'(\tilde{a}_1') = q'(\tilde{a}_2') = a$, $q'(\tilde{b}_1') = q'(\tilde{b}_2') = b$.

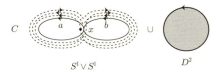

図 3.6 円板を破線に沿って貼り付ける.

$$\pi_1(\widetilde{S^1 \vee S^1}, x_1') \cong \langle \tilde{a}_1' \tilde{a}_2', \tilde{b}_1' \tilde{b}_2', \tilde{a}_1' \tilde{b}_2' \mid - \rangle$$

であり，

$$q'_*(\tilde{a}_1' \tilde{a}_2') = a^2, \quad q'_*(\tilde{b}_1' \tilde{b}_2') = b^2, \quad q'_*(\tilde{a}_1' \tilde{b}_2') = ab$$

であるから，$\mathrm{Im}\, q'_*$ は，長さが偶数であるような語からなる，指数 2 の正規部分群となる．被覆変換群は $\mathbb{Z}/2\mathbb{Z}$ であり，図 3.5 の $\widetilde{S^1 \vee S^1}$ を平面上で 180 度回転させるように働く(問題 3.2)． □

注意 3.7 例 3.4，例 3.6 において $\widetilde{S^1 \vee S^1}$ と $\widetilde{S^1 \vee S^1}$ は同相ではない．よって，被覆 $(q, \widetilde{S^1 \vee S^1}, S^1 \vee S^1)$ と $(q', \widetilde{S^1 \vee S^1}, S^1 \vee S^1)$ は同値ではない．定理 3.2 によると，群 $\langle a, b \mid - \rangle$ の正規部分群 $\mathrm{Im}\, q_*$ と $\mathrm{Im}\, q'_*$ は共役でないことがわかる.

次に，もう少し複雑な基本群を持つ空間を調べよう．

例 3.8 $S^1 \vee S^1$ に円板 $D^2 := \{(x, y) \in \mathbb{R}^2 \mid x^2 + y^2 \leqq 1\}$ を貼り付けた空間を，C とする．ただし，貼り付けるときは，D^2 の境界 S^1 を $abab^{-1}a^{-1}b^{-1}$ で定義される閉曲線と同一視するものとする(図 3.6)．ここで，$S^1 \vee S^1$ のそれぞれの S^1 を一周する閉道を a, b とする．

すると，

72   3 結び目補空間の被覆空間

(3.1) $$\pi_1(C, x) = \langle a, b \mid abab^{-1}a^{-1}b^{-1} \rangle$$

となる(基点 x は, $S^1 \vee S^1$ において 2 つの S^1 が共有する点).

$H_1(C; \mathbb{Z})$ を計算してみよう. これは, $\pi_1(C, x)$ を可換化したもの(つまり, 可換群とみなしたもの)となる.

a を可換化した元を A, b を可換化した元を B とすると, 関係式は $A + B + A - B - A - B = A - B$ と可換化される. よって,

$$H_1(C; \mathbb{Z}) = \langle\langle A, B \mid A - B \rangle\rangle = \langle\langle A \mid - \rangle\rangle = \mathbb{Z}$$

となる.

つまり, C という空間はホモロジー群だけでは S^1 と区別できない.

さて, 2 を法とする写像を $\mathrm{mod}_2 \colon \mathbb{Z} \to \mathbb{Z}/2\mathbb{Z}$ とし, これと可換化写像 $\alpha \colon \pi_1(C, x) \to H_1(C; \mathbb{Z})$ との合成

$$\pi_1(C, x) \xrightarrow{\alpha} H_1(C; \mathbb{Z}) \xrightarrow{\mathrm{mod}_2} \mathbb{Z}/2\mathbb{Z}$$

を考える. 定理 3.2 より, $\mathrm{Ker}(\mathrm{mod}_2 \circ \alpha)_*$ に対応した二重被覆空間 $\tilde{C}$ が一意的に決まる.

この空間は, 例 3.6 で構成した $S^1 \vee S^1$ の二重被覆空間 $\widehat{S^1 \vee S^1}$ に, 2 枚の D^2 を

$$\tilde{a}_1'\tilde{b}_2'\tilde{a}_1'\tilde{b}_1'^{-1}\tilde{a}_2'^{-1}\tilde{b}_1'^{-1}, \quad \tilde{a}_2'\tilde{b}_1'\tilde{a}_2'\tilde{b}_2'^{-1}\tilde{a}_1'^{-1}\tilde{b}_2'^{-1}$$

で貼り付けたものとなる(1 番目の式は図 3.7 の鎖線, 2 番目の式は図 3.7 の点線で表されている).

よって,

$\pi_1(\tilde{C}, x_1')$

$= \langle \tilde{a}_1'\tilde{a}_2', \ \tilde{b}_1'\tilde{b}_2', \ \tilde{b}_1'\tilde{a}_2' \mid \tilde{a}_1'\tilde{b}_2'\tilde{a}_1'\tilde{b}_1'^{-1}\tilde{a}_2'^{-1}\tilde{b}_1'^{-1}, \ \tilde{a}_2'^{-1}\left(\tilde{a}_2'\tilde{b}_1'\tilde{a}_2'\tilde{b}_2'^{-1}\tilde{a}_1'^{-1}\tilde{b}_2'^{-1}\right)\tilde{a}_2' \rangle$

になる(2 番目の関係式を $\tilde{a}_2'^{-1}$ と $\tilde{a}_2'$ ではさんでいるのは, 基点を x_1' に替えるため). 正確には, 関係式を生成元の語で表す必要がある.

$$\tilde{a}_1'\tilde{b}_2'\tilde{a}_1'\tilde{b}_1'^{-1}\tilde{a}_2'^{-1}\tilde{b}_1'^{-1} = (\tilde{a}_1'\tilde{a}_2')\left(\tilde{b}_1'\tilde{a}_2'\right)^{-1}\left(\tilde{b}_1'\tilde{b}_2'\right)(\tilde{a}_1'\tilde{a}_2')\left(\tilde{b}_1'\tilde{a}_2'\right)^{-1}\left(\tilde{b}_1'\tilde{a}_2'\right)^{-1},$$

$$\tilde{a}_2'^{-1}\left(\tilde{a}_2'\tilde{b}_1'\tilde{a}_2'\tilde{b}_2'^{-1}\tilde{a}_1'^{-1}\tilde{b}_2'^{-1}\right)\tilde{a}_2' = \left(\tilde{b}_1'\tilde{a}_2'\right)\left(\tilde{b}_1'\tilde{b}_2'\right)^{-1}\left(\tilde{b}_1'\tilde{a}_2'\right)(\tilde{a}_1'\tilde{a}_2')^{-1}\left(\tilde{b}_1'\tilde{b}_2'\right)^{-1}\left(\tilde{b}_1'\tilde{a}_2'\right)$$

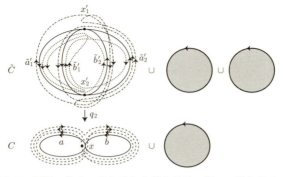

図 3.7 円板 2 枚を，それぞれ点線と鎖線に沿って貼り付ける．

であるから，

$$\pi_1(\tilde{C}, x'_1)$$
$$= \left\langle \tilde{a}'_1\tilde{a}'_2, \ \tilde{b}'_1\tilde{b}'_2, \ \tilde{b}'_1\tilde{a}'_2 \ \middle| \ (\tilde{a}'_1\tilde{a}'_2)\left(\tilde{b}'_1\tilde{a}'_2\right)^{-1}\left(\tilde{b}'_1\tilde{b}'_2\right)(\tilde{a}'_1\tilde{a}'_2)\left(\tilde{b}'_1\tilde{a}'_2\right)^{-1}\left(\tilde{b}'_1\tilde{b}'_2\right)^{-1}, \right.$$
$$\left. \left(\tilde{b}'_1\tilde{a}'_2\right)\left(\tilde{b}'_1\tilde{b}'_2\right)^{-1}\left(\tilde{b}'_1\tilde{a}'_2\right)(\tilde{a}'_1\tilde{a}'_2)^{-1}\left(\tilde{b}'_1\tilde{b}'_2\right)^{-1}\left(\tilde{b}'_1\tilde{a}'_2\right) \right\rangle$$

となる．これを可換化して $H_1(\tilde{C}; \mathbb{Z})$ を求めよう．$X := \alpha(\tilde{a}'_1\tilde{a}'_2)$，$Y := \alpha(\tilde{b}'_1\tilde{b}'_2)$，$Z := \alpha(\tilde{b}'_1\tilde{a}'_2)$ とおくと

$$H_1(\tilde{C}; \mathbb{Z}) = \langle\langle X, Y, Z \mid X - Z + Y + X - Z - Z, \ Z - Y + Z - X - Y + Z \rangle\rangle$$
$$\cong \langle\langle X, Y, Z \mid 2X + Y - 3Z, \ -X - 2Y + 3Z \rangle\rangle$$
$$= \langle\langle X, Y, Z \mid \begin{pmatrix} 2 & 1 & -3 \\ -1 & -2 & 3 \end{pmatrix} \begin{pmatrix} X \\ Y \\ Z \end{pmatrix} = \begin{pmatrix} 0 \\ 0 \end{pmatrix} \rangle\rangle$$

である．つまり，この可換群は，次の 2×3 行列で表示される（この行列の表す線型写像の余核となる）．

$$\begin{pmatrix} 2 & 1 & -3 \\ -1 & -2 & 3 \end{pmatrix}.$$

整数上の，行の基本変形（行を入れ替える，ある行に他の行の整数倍を加える，ある行の符号を変える）で，行列の表示する可換群は変わらないので，

$$\begin{pmatrix} 2 & 1 & -3 \\ -1 & -2 & 3 \end{pmatrix} \xrightarrow{\text{1 行目を 2 行目に加える}} \begin{pmatrix} 2 & 1 & -3 \\ 1 & -1 & 0 \end{pmatrix}$$

$$\xrightarrow{\text{2 行目を 1 行目に加える}} \begin{pmatrix} 3 & 0 & -3 \\ 1 & -1 & 0 \end{pmatrix}$$

のような変形をしても表示する可換群は変わらない. 最後の行列は, $3X = 3Z$, $X = Y$ を表しているので

$$H_1(\tilde{C}; \mathbb{Z}) \cong \langle\langle X, Z \mid 3X = 3Z \rangle\rangle$$

となる. $W := X - Z$ とおくと,

$$H_1(\tilde{C}; \mathbb{Z}) \cong \langle\langle X, W \mid 3W = 0 \rangle\rangle \cong \mathbb{Z} \oplus (\mathbb{Z}/3\mathbb{Z})$$

がわかる. □

注意 3.9 可換群を行列で表示したとき, 列の基本変形を行なっても対応する可換群は変わらない. つまり, 上の例で最後まで行列の基本変形を行ない

$$\begin{pmatrix} 3 & 0 & -3 \\ 1 & -1 & 0 \end{pmatrix} \xrightarrow{\text{2 列目を 1 列目に加える}} \begin{pmatrix} 3 & 0 & -3 \\ 0 & -1 & 0 \end{pmatrix}$$

$$\xrightarrow{\text{1 列目を 3 列目に加える}} \begin{pmatrix} 3 & 0 & 0 \\ 0 & -1 & 0 \end{pmatrix}$$

として, 可換群 $\mathbb{Z} \oplus (\mathbb{Z}/3\mathbb{Z})$ を求めてもよい(これが, 有限生成 Abel 群の基本定理の証明の概略である).

しかし, 列の基本変形では生成元を置き換えているため, 生成元を明確に知りたいときには利用しない方がよい場合もある.

例 3.3 で構成した二重被覆も $\pi_1(S^1, 1) \xrightarrow{\alpha} H_1(S^1; \mathbb{Z}) \to \mathbb{Z}/2\mathbb{Z}$ に対応しているので($1 \in S^1$), もし C が S^1 と同相であれば $\tilde{C}$ と $\tilde{S}^1$ は同相になるはずである. ところが $H_1(\tilde{S}^1; \mathbb{Z}) \cong \mathbb{Z}$ となり $H_1(\tilde{C}; \mathbb{Z})$ とは同型ではない. つまり, C は S^1 と同相ではないことがわかった.

このように, 2 つの空間が同型なホモロジー群を持つ場合でも, 共通する二重被覆空間のホモロジー群で区別できる場合がある.

図 3.8 結び目の図式 D.   図 3.9 交差を無視した結び目の図 $\overline{D}$.

3.2 結び目群の Wirtinger 表示

結び目 K の補空間 $S^3 \setminus K$ の基本群 $\pi_1(S^3 \setminus K, O)$ のことを**結び目群**と呼び $\pi_1(K)$ と書くことにする.ただし,基点 O は,結び目図式の描かれている紙の手前側(読者の目の位置)にとっておく.

正確には,S^3 から K の正則近傍の内部を除いた空間 $S^3 \setminus \mathrm{Int}\, N(K)$(結び目の外部)の基本群を計算する.補題 1.11 より,$S^3 \setminus K$ と $S^3 \setminus \mathrm{Int}\, N(K)$ はホモトピー同値だから,$\pi_1(S^3 \setminus K) \cong \pi_1(S^3 \setminus \mathrm{Int}\, N(K))$ である(基点は $S^3 \setminus \mathrm{Int}\, N(K)$ 内にとる).

K には向きが付いているとする.K の図式を D とし,D の交差の上下関係を忘れた図(つまり,K の射影図(定義 1.14))を $\overline{D}$ とする(図 3.8,図 3.9).D には交差が少なくとも 1 つは存在すると仮定する.

S^3 を 2 つの 3 次元球体の和 $D^3_+ \cup D^3_-$ とみなし,$\overline{D}$ は $D^3_+ \cap D^3_- = S^2$ に含まれているとする.また,基点 O は D^3_+ の中心であるとし,D^3_- の中心を ∞ とおく.

$\overline{D}$ の二重点を $v_1, v_2, \ldots, v_n$ とし,(向きの付いた)辺を $a_1, a_2, \ldots, a_{2n}$ とする(辺の数は二重点の数の 2 倍であることに注意.これは各二重点の周りには 4 本の辺が集まることによる).また,D^3_- の中心 ∞ と v_i を結ぶ線分(半径)を s_i とする(図 3.10).

$W := \overline{D} \cup \left(\bigcup_{i=1}^{n} s_i \right)$ とおき,W の(S^3 における)正則近傍を $N(W)$ とする.

補題 3.10 辺 a_i の周りを一周する閉道を h_i とする.ただし,一周するときは a_i の向きに対し右ねじの回転する方向にまわるものとする.O を出発し,h_i を一周し O に戻る閉道を l_i とする(図 3.11 参照).

そのとき,$\pi_1\bigl(S^3 \setminus \mathrm{Int}(N(W))\bigr)$ は $l_1, l_2, \ldots, l_{2n}$ で生成された自由群である.

76　3　結び目補空間の被覆空間

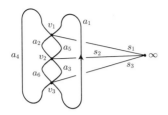

図 3.10 $\overline{D}$ の各頂点と ∞ をつないで W を作る.

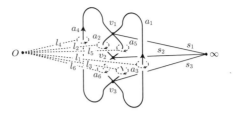

図 3.11 $\pi_1(S^3 \setminus \mathrm{Int}(N(W)))$ の生成元.

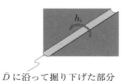

$\overline{D}$ に沿って掘り下げた部分

図 3.12 $\overline{D}$ に沿った溝を, h_i がまたいでいる.

つまり,
$$\pi_1\left(S^3 \setminus \mathrm{Int}(N(W))\right) \cong \langle l_1, l_2, \ldots, l_{2n} \mid - \rangle$$
となる.　　　　　　　　　　　　　　　　　　　　　　　　　　　　□

[**証明**]　D_+^3 の表面を $\overline{D}$ に沿って掘り下げた空間に, h_i を付け加えたものを U とおく (図 3.12).

正確に書くと
$$U := \left(D_+^3 \setminus (D_+^3 \cap \mathrm{Int}(N(\overline{D})))\right) \cup \left(\bigcup_{i=1}^{2n} h_i\right)$$
である. ただし, $N(\overline{D})$ は $\overline{D}$ の (S^3 における) 正則近傍である. W の ∞ に対応する部分を大きくし, s_i に対応する部分を太くすることで, $S^3 \setminus \mathrm{Int}(N(W))$ は, U とホモトピー同値であることがわかる.

これは, 次のように考えるとわかりやすいであろう. まず, $S^3 \setminus \mathrm{Int}(N(\overline{D}))$ から, ∞ の (S^3 における) 正則近傍 $N(\infty)$ の内部を取り除く. このとき, $N(\infty)$ を大きくとることで, $(S^3 \setminus \mathrm{Int}(N(\overline{D}))) \setminus \mathrm{Int}(N(\infty))$ は $(D_+^3 \setminus (D_+^3 \cap \mathrm{Int}(N(\overline{D})))) \cup (\partial N(\overline{D}))$ と同相 ($\partial N(\overline{D})$ の「厚み」を考慮すると, 正確にはホモトピー同値) になる. この空間から $s_i \cap \partial N(\overline{D})$ の ($\partial N(\overline{D})$ における) 正則近傍の内部を取り除くことにより, $\partial N(\overline{D})$ の各二重点に対応する部分に「穴」があく. この「穴」

3.2 結び目群の Wirtinger 表示   77

図 3.13 頂点 v_i のまわりの 4 辺.

図 3.14 辺は 3 つの名前を持つ.

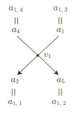 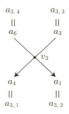

図 3.15 v_1 と v_3 のまわりの辺の名前の付け方.

を各辺の方向に広げることで $\bigcup_{i=1}^{2n} h_i$ が残り，結局 U が得られる．

D_+^3 を一点 O に縮めることで，U は h_i の端点をすべて O と同一視した空間 (S^1 の $2n$ 個の一点和) とホモトピー同値になる．$\pi_1(U, O)$ は $l_1, l_2, \ldots, l_{2n}$ で生成される自由群であるから，補題が証明された． ∎

次に，$\pi_1(S^3 \setminus \mathrm{Int}(N(\overline{D})), O)$ を計算する．

$\overline{D}$ の二重点 v_i のまわりに集まる辺を $a_{i,1}$，$a_{i,2}$，$a_{i,3}$，$a_{i,4}$ とする．ただし，(D の向きに従って) v_i から出る 2 本の辺を右から順に $a_{i,1}$，$a_{i,2}$ とし，以下反時計回りに $a_{i,3}$，$a_{i,4}$ と名付ける (図 3.13)．各辺は，その両端の頂点から名前をもらうことに注意しよう (1 つの頂点から出た辺が同じ頂点に帰るときは，同じ頂点から 2 つ名前をもらうことになる)．このとき，最初につけた名前 a_1，$a_2, \ldots, a_{2n}$ も覚えておくことにする．つまり，各辺は便宜上 3 つの名前を持つことになる．

たとえば，図 3.14 では，辺 a_1 は，$a_{1,3}$ という名前 (頂点 v_1 から名付けられた) と $a_{3,2}$ という名前 (頂点 v_3 から名付けられた) を持つ (図 3.15 参照)．図 3.14 では，頂点のまわりの辺は下向きになっていることに注意しよう (図 3.13 では，上向き)．

補題 3.11 $\pi_1(S^3 \setminus \mathrm{Int}(N(\overline{D})), O)$ は l_i $(i = 1, 2, \ldots, 2n)$ を生成元とし，関係式 $l_{i,1} l_{i,2} l_{i,3}^{-1} l_{i,4}^{-1}$ を持つ群となる．つまり，

78   3 結び目補空間の被覆空間

図 3.16 頂点から名づけられた関係式.

図 3.17 交差 v_i から出発する弧を x_i とする.

$$\pi_1\left(S^3\setminus\mathrm{Int}(N(\overline{D})),O\right)$$
$$=\langle l_1,l_2,\ldots,l_{2n}\mid l_{1,1}l_{1,2}l_{1,3}^{-1}l_{1,4}^{-1},\ l_{2,1}l_{2,2}l_{2,3}^{-1}l_{2,4}^{-1},\ \ldots,\ l_{n,1}l_{n,2}l_{n,3}^{-1}l_{n,4}^{-1}\rangle$$

が成り立つ．ただし，右辺の関係式の名前は，頂点から名付けられたものである（図 3.16）．それらの名前は，生成元 $l_1,l_2,\ldots,l_{2n}$ に読み替えるものとする．□

注意 3.12 この群表示は「各辺をまわる閉道で生成されて，各二重点のまわりの 4 本の辺に対応する閉道の積が 1 となるような関係式を持つ」とみなした方がわかりやすい．

[証明] $S^3\setminus\mathrm{Int}(N(\overline{D}))$ は $S^3\setminus\mathrm{Int}(N(W))$ に s_i の正則近傍 $N(s_i)$ ($i=1,2,\ldots,n$) と ∞ の正則近傍 $N(\infty)$ を貼り合わせたものである．$N(s_i)$ と $S^3\setminus\mathrm{Int}(N(W))$ の交わりは円環であり，その基本群は $l_{i,1}l_{i,2}l_{i,3}^{-1}l_{i,4}^{-1}$ で生成される自由群である．また，$N(\infty)$ を貼り合わせることによって基本群は変わらない．よって，van Kampen の定理より求める表示が得られる．■

最後に $\pi_1(K)$ ($=\pi_1(S^3\setminus\mathrm{Int}N(K),O)$) を計算しよう．

$\overline{D}$ の二重点 v_i に対応する D の交差を同じ記号 v_i ($i=1,2,\ldots,n$) で書くことにする．結び目の図式 D において，交差の上側を通る辺をつないで得られる曲線を**弧**と呼ぶことにし，それらを $x_1,x_2,\ldots,x_n$ とする．ただし，交差 v_i から始まる弧を x_i とする（図 3.17）．

定理 3.13 各交差 v_i に対し，次のように語 r_i を定義する．
- v_i の符号が正のとき：$r_i:=x_jx_ix_j^{-1}x_k^{-1}$．ただし，$x_j,x_k$ は図 3.18 に示された弧である．
- v_i の符号が負のとき：$r_i:=x_ix_jx_k^{-1}x_j^{-1}$．ただし，$x_j,x_k$ は図 3.19 に示された弧である．

そのとき，$\pi_1(K)$ は，$x_1,x_2,\ldots,x_n$ を生成元とし，$r_1,r_2,\ldots,r_n$ を関係式とする表示を持つ．つまり，

3.2 結び目群の Wirtinger 表示　79

図 3.18 正の交差 v_i における関係式は $x_j x_i x_j^{-1} x_k^{-1}$.

図 3.19 負の交差 v_i における関係式は $x_i x_j x_k^{-1} x_j^{-1}$.

図 3.20 二重点を交差に替える.

図 3.21 柱を一周する閉道 p_i が新たな関係式を与える(左が正の交差の場合, 右が負の交差の場合).

$$\pi_1(K) = \langle x_1, x_2, \ldots, x_n \mid r_1, r_2, \ldots, r_n \rangle$$

となる. □

[証明] 図 3.20 のように, $\overline{D}$ の各二重点を交差に替えることで D が得られる. つまり, 各二重点 v_i に対して, 語 p_i を

- 符号が正のとき：$p_i := l_{i,1} l_{i,3}^{-1}$,
- 符号が負のとき：$p_i := l_{i,2} l_{i,4}^{-1}$

で定義したとき, $\pi_1\bigl(S^3 \setminus \mathrm{Int}(N(\overline{D}))\bigr)$ の関係式に $p_1, p_2, \ldots, p_n$ という関係式を加えたものが $\pi_1(K)$ の表示を与えることが, (厳密には, van Kampen の定理より)わかる(図 3.21). つまり,

$\pi_1(K)$
$= \langle l_1, l_2, \ldots, l_{2n} \mid l_{1,1} l_{1,2} l_{1,3}^{-1} l_{1,4}^{-1},\ l_{2,1} l_{2,2} l_{2,3}^{-1} l_{2,4}^{-1},\ \ldots,\ l_{n,1} l_{n,2} l_{n,3}^{-1} l_{n,4}^{-1},$
$$p_1, p_2, \ldots, p_n \rangle$$

となる. ここで, v_i の符号が正のとき, p_i は v_i において上側を通る弧に対応した閉道 $l_{i,1}$ と $l_{i,3}$ を同一視するという関係を表しており, 符号が負のときは $l_{i,2}$ と $l_{i,4}$ を同一視するという関係を表している. よって, l_i の名前を付け替えることで定理の表示を得る. ■

図 3.22 $\pi_1(T)$ の生成元.

例として(左)三つ葉結び目の結び目群を求めよう．

例 3.14 左三つ葉結び目を $T \subset S^3$ とすると

(3.2) $\quad \pi_1(T) = \langle x, y, z \mid xzy^{-1}z^{-1},\ yxz^{-1}x^{-1},\ zyx^{-1}y^{-1} \rangle$

である．ただし，x, y, z は，O から図 3.22 で示された矢印を通って O に戻ってくる閉道である．

ここで，すべての関係式を掛け合わせた語 $zyx^{-1}y^{-1} \times yxz^{-1}x^{-1} \times xzy^{-1}z^{-1}$ は(語の簡略化のみを用いて)1 となることに注意しよう．つまり，(たとえば)最後の関係式は他の関係式から導かれるため省略してもよいことがわかる．

(3.3) $\quad \pi_1(T) = \langle x, y, z \mid xzy^{-1}z^{-1},\ yxz^{-1}x^{-1} \rangle.$ □

上の例で注意したように，一般の結び目 K に対しても，定理 3.13 の関係式は 1 つ省略できることがわかる．

系 3.15 定理 3.13 で与えられた表示において，1 つの関係式は省略することができる．(必要なら交差の番号を付け加えて)省略する関係式を r_n とすれば，

$$\pi_1(K) = \langle x_1, x_2, \ldots, x_n \mid r_1, r_2, \ldots, r_{n-1} \rangle$$

となる．

この群表示を **Wirtinger 表示** という． □

[証明] 交差 v_n から得られる関係式は，図 3.20 の垂直な円柱のまわりを一周する閉道に対応している．結び目図式は，(交差の近傍を除いて)2 次元球面 S^2 の上にのっているので，この閉道を S^2 上で円柱の外側に広げることで，他の円柱をまわる閉道の積で書けることがわかる．これは r_n が $r_1, r_2, \ldots, r_{n-1}$ (およびその逆)を適当に並べ替えたものの積で書けることを示している． ■

例 3.14 の応用として，左三つ葉結び目 T が自明でないことを示してみよう．

例 3.16 T を左三つ葉結び目とする．$\pi_1(T)$ は可換群でないことが次のよう

にしてわかる.

$\mathfrak{S}_3$ を 3 次置換群とし,写像 $\rho\colon \pi_1(T) \to \mathfrak{S}_3$ を次のように定める:

$$\rho(x) := (1\,2), \quad \rho(y) := (2\,3), \quad \rho(z) := (1\,3).$$

ただし,x, y, z は,例 3.14 の生成元,$(i\,j)$ は i と j を入れ替える互換を表す.

$\rho(xzy^{-1}z^{-1})$, $\rho(yxz^{-1}x^{-1})$ はともに単位元であることがわかるので,(3.3) より ρ は矛盾なく定義された準同型写像となる.また,$(1\,2)$, $(2\,3)$, $(1\,3)$ は $\mathfrak{S}_3$ を生成するので ρ は全射である.

$\mathfrak{S}_3$ は非可換群であり,ρ が全射であることから,$\pi_1(T)$ が非可換群であることがわかる.ほどけた結び目 U_1 の結び目群 $\pi_1(U_1)$ は無限巡回群 $\mathbb{Z}$ であることから,左三つ葉結び目はほどけないことが示された. □

注意 3.17 結び目群 $\pi_1(K)$ が可換なら(このとき,結び目群は $\mathbb{Z}$ に同型),その結び目 K はほどけることが知られている.これは,**Dehn の補題**の応用の 1 つである.詳しくは,たとえば [53, 4B1] を参照(この本の Appendix B には Dehn の補題の証明も載っている).

第 1 章で計算したように,任意の結び目 K に対して $H_1(S^3 \setminus K; \mathbb{Z}) \cong \mathbb{Z}$ であった.基本群を可換化して得られる可換群は 1 次元ホモロジー群に等しいはずである([75, 定理 7.13]).これを確認しておこう.

定理 3.13 の表示に現れた生成元 x_i を可換化したときの生成元を X_i とする.また,関係式 r_i を可換化すると次の R_i となる.

- v_i の符号が正のとき:$R_i := X_j + X_i - X_j - X_k$.
- v_i の符号が負のとき:$R_i := X_i + X_j - X_k - X_j$.

いずれの場合も $X_i = X_k$ という関係がでてくるので,$\pi_1(K)$ を可換化した群は,$X_1, X_2, \ldots, X_n$ を生成元とし,関係式 $X_1 = X_2 = \cdots = X_n$ を持つ.この群は X_1 で生成された無限巡回群 $\mathbb{Z}$ と同型である(第 1.2 節参照).

注意 3.18 定理 3.13 で使った表示(Wirtinger 表示)の生成元は,すべて結び目の弧を正の方向にまわっていることに注意しよう.これにより,可換化したときに,すべての生成元が $\mathbb{Z}$ の同じ生成元に移される.

3.3 二重被覆空間のホモロジー群(結び目群による)

前節では,結び目群の Wirtinger 表示を求め,ほどけない結び目の存在を示

した．また，注意 3.17 で述べたように，結び目がほどけるかどうかの判定は基本群が可換でないかどうかを示せばよい．つまり，結び目図式が与えられたときにそれがほどけるかどうかを調べるには Wirtinger 表示で表される群が可換かどうかを調べればよいことになる．ところが，実際，任意に与えられた結び目に対しこれを行なうのは不可能に近い．

そこで，この節ではもう少し簡単に結び目がほどけないかどうかを調べる方法，あるいは一般に 2 つの結び目を区別する方法を説明しよう．

前節で確認したように，結び目 K の補空間（あるいは，外部）の基本群 $\pi_1(K)$ を可換化すると無限巡回群になる．2 を法とする写像 $\mathrm{mod}_2 : \mathbb{Z} \to \mathbb{Z}/2\mathbb{Z}$ を合成することで写像 $p_2 : \pi_1(K) \to \mathbb{Z}/2\mathbb{Z}$ が定義される．$\mathrm{Ker}(p_2)$ に対応した，K の外部の被覆空間 $\Sigma_2(K)$ のことを，結び目の（外部の）**二重被覆空間**と呼ぶ．定理 3.2 より，$\Sigma_2(K)$ は結び目 K のみによることがわかる．

結び目の二重被覆空間の 1 次元ホモロジー群を計算しよう．

1 次元ホモロジー群は，基本群の可換化として得られること，また，複体の基本群は 2 骨格で決まることを考え合わせると，結び目群を，ある 2 次元複体の基本群で表し，その 2 次元複体の二重被覆空間の 1 次元ホモロジー群を求めればよいことがわかる．

例 3.19 例 3.14 を使って，左三つ葉結び目 T の二重被覆空間の 1 次元ホモロジー群を求めよう．(3.3) の，2 番目の関係式 $yxz^{-1}x^{-1}=1$ の両辺に右から xzx^{-1} を掛けることで $y=xzx^{-1}$ が得られる．よって，生成元 y を消すことができて

$$\pi_1(T) = \langle x, z \mid xzxz^{-1}x^{-1}z^{-1} \rangle$$

が得られる．$x \mapsto a$, $z \mapsto b$ とすることで，これは例 3.8 で考えた $\pi_1(C, x)$ と一致することがわかる（(3.1) 参照）．よって，T の二重被覆空間の 1 次元ホモロジー群は $\mathbb{Z} \oplus (\mathbb{Z}/3\mathbb{Z})$ となる．

一方，ほどけた結び目 U_1 の基本群は $\mathbb{Z}$ であるから，例 3.3 で考えたように，U_1 の二重被覆空間の 1 次元ホモロジー群は $\mathbb{Z}$ である．

二重被覆空間のホモロジー群が異なっているので T と U_1 は異なる結び目であることがわかる． $\square$

一般の結び目の場合を考えよう．まず，$\pi_1(K)$ は系 3.15 のような表示（Wirtinger 表示）を持つとする．この表示に対応して次のような 2 次元複体

$C(K)$ を

$$C(K) := \left(\bigvee_{i=1}^{n} S_i^1\right) \cup \left(\bigcup_{j=1}^{n-1} D_j^2\right)$$

で定める.ただし,$\bigvee_{i=1}^{n} S_i^1$ は n 個の S^1 の複製 S_i^1 $(i=1,2,\ldots,n)$ を 1 点 v で貼り合わせたものであり,各 S_i^1 には向きが付いている.S_i^1 を一周する(v を基点とする)閉道を x_i とおく.また,D_j^2 は,境界が r_j と同一視されるように $\bigvee_{i=1}^{n} S_i^1$ に貼り付ける($j=1,2,\ldots,n-1$).van Kampen の定理より $\pi_1(C(K),v)$ $=\pi_1(K)$ になることがすぐにわかる.

よって,上の考察により,$C(K)$ の二重被覆空間を構成し,その 1 次元ホモロジー群を計算すれば,それは K の二重被覆空間の 1 次元ホモロジー群と一致するはずである.

例 3.8 に倣って $C(K)$ の二重被覆空間を構成する.

$\Sigma_2(C(K))$ を次のような 2 次元複体とする.

- 0 胞体:$\{v_1, v_2\}$.
- 1 胞体:$\{x_{1,1}, x_{2,1}, \ldots, x_{n,1}, x_{1,2}, x_{2,2}, \ldots, x_{n,2}\}$.ただし,各 $x_{i,1}$ は線分であり,v_1 を始点,v_2 を終点とする.また,各 $x_{i,2}$ も線分であり,v_2 を始点,v_1 を終点とする.
- 2 胞体:$\{D_{1,1}, D_{2,1}, \ldots, D_{n-1,1}, D_{1,2}, D_{2,2}, \ldots, D_{n-1,2}\}$.ただし,各 $D_{j,1}$,$D_{j,2}$ は 2 次元円板であり,境界は次の写像で 1 胞体に貼り付けられている(図 3.18,図 3.19 のように,Wirtinger 表示の関係式 r_j には,ある交差が対応していたことを思い出そう).
  - r_j に対応する交差が正のとき,つまり,$r_j = x_k x_j x_k^{-1} x_l^{-1}$ のとき:$D_{j,1}$ の境界を $x_{k,1} x_{j,2} x_{k,2}^{-1} x_{l,1}^{-1}$ に,$D_{j,2}$ の境界を $x_{k,2} x_{j,1} x_{k,1}^{-1} x_{l,2}^{-1}$ に貼り付ける.
  - r_j に対応する交差が負のとき,つまり,$r_j = x_j x_k x_l^{-1} x_k^{-1}$ のとき:$D_{j,1}$ の境界を $x_{j,1} x_{k,2} x_{l,2}^{-1} x_{k,1}^{-1}$ に,$D_{j,2}$ の境界を $x_{j,2} x_{k,1} x_{l,1}^{-1} x_{k,2}^{-1}$ に貼り付ける.

また,写像 $p_K \colon \Sigma_2(C(K)) \to C(K)$ を

$$p_K(v_1) = p_K(v_2) = v,$$
$$p_K(x_{i,1}) = p_K(x_{i,2}) = S_i^1,$$
$$p_K(D_{j,1}) = p_K(D_{j,2}) = D_j^2$$

となるように定める. この写像が矛盾なく定義されていることは, $D_{j,1}$ の境界が p_K によって $x_k x_j x_k^{-1} x_l^{-1}$ に(r_j に対応する交差が正のとき)移されることなどによる(各自確認されたい).

構成法から $\pi_1(\Sigma_2(C(K)), v_1)$ は次の表示を持つことがわかる.

(3.4) $\quad \pi_1(\Sigma_2(C(K)), v_1)$

$$= \langle x_{1,1}x_{1,2}, \; x_{1,1}x_{2,1}^{-1}, \; x_{1,1}x_{2,2}, \; x_{1,1}x_{3,1}^{-1}, \; x_{1,1}x_{3,2}, \; \ldots, \; x_{1,1}x_{n,1}^{-1}, \; x_{1,1}x_{n,2} \; |$$

$$r_{1,1}, \; r_{1,2}, \; r_{2,1}, \; r_{2,2}, \; \ldots, \; r_{n-1,1}, \; r_{n-1,2} \rangle.$$

ただし, $r_{j,1}, r_{j,2}$ は次のように決める.

- $r_j = x_k x_j x_k^{-1} x_l^{-1}$ のとき:

$$\begin{aligned}
r_{j,1} &:= x_{k,1}x_{j,2}x_{k,2}^{-1}x_{l,1}^{-1} \\
&= \left(x_{1,1}x_{k,1}^{-1}\right)^{-1}\left(x_{1,1}x_{j,2}\right)\left(x_{1,1}x_{k,2}\right)^{-1}\left(x_{1,1}x_{l,1}^{-1}\right), \\
r_{j,2} &:= x_{1,1}\left(x_{k,2}x_{j,1}x_{k,1}^{-1}x_{l,2}^{-1}\right)x_{1,1}^{-1} \\
&= \left(x_{1,1}x_{k,2}\right)\left(x_{1,1}x_{j,1}^{-1}\right)^{-1}\left(x_{1,1}x_{k,1}^{-1}\right)\left(x_{1,1}x_{l,2}\right)^{-1}.
\end{aligned}$$

- $r_j = x_j x_k x_l^{-1} x_k^{-1}$ のとき:

$$\begin{aligned}
r_{j,1} &:= x_{j,1}x_{k,2}x_{l,2}^{-1}x_{k,1}^{-1} \\
&= \left(x_{1,1}x_{j,1}^{-1}\right)^{-1}\left(x_{1,1}x_{k,2}\right)\left(x_{1,1}x_{l,2}\right)^{-1}\left(x_{1,1}x_{k,1}^{-1}\right), \\
r_{j,2} &:= x_{1,1}\left(x_{j,2}x_{k,1}x_{l,1}^{-1}x_{k,2}^{-1}\right)x_{1,1}^{-1} \\
&= \left(x_{1,1}x_{j,2}\right)\left(x_{1,1}x_{k,1}^{-1}\right)^{-1}\left(x_{1,1}x_{l,1}^{-1}\right)\left(x_{1,1}x_{k,2}\right)^{-1}.
\end{aligned}$$

生成元 $x_{1,1}x_{i,2}$, $x_{1,1}x_{j,1}^{-1}$ は, $(p_K)_*$ によって, それぞれ $x_1 x_i$, $x_1 x_j^{-1}$ に移されるので, $\mathrm{Im}((p_K)_*)$ は, x_1^2, $x_1 x_2^{-1}$, $x_1 x_2$, $x_1 x_3^{-1}$, $x_1 x_3$, $\ldots$, $x_1 x_n^{-1}$, $x_1 x_n$ で生成される. $x_i x_j = (x_1 x_i^{-1})^{-1}(x_1 x_j)$, $x_i x_j^{-1} = (x_1 x_i^{-1})^{-1}(x_1 x_j)$ だから, $\mathrm{Im}((p_K)_*)$ は, (Wirtinger 表示による)偶数個の生成元からなる語全体と一致することがわかる(正確な証明は帰納法による).

また, 可換化 $\alpha\colon \pi_1(K) \to H_1(S^3\setminus K;\mathbb{Z})$ は, 各生成元 x_i を $1\in\mathbb{Z}$ に送ることから, $\mathrm{Ker}(\mathrm{mod}_2 \circ \alpha)$ は, $\pi_1(K)$ の偶数個の生成元からなる語全体と一致することがわかる.

以上で, $\mathrm{Im}((p_K)_*) = \mathrm{Ker}(\mathrm{mod}_2 \circ \alpha)$ がわかり, $\Sigma_2(C(K))$ は K の二重被覆

3.3 二重被覆空間のホモロジー群(結び目群による) **85**

空間であることがわかった．つまり，K の二重被覆空間の 1 次元ホモロジー群は，$\pi_1(\Sigma_2(C(K)), v_1)$ を可換化することで求められる．

(3.4)を可換化しよう．

$X_{1,2} := \alpha(x_{1,1}x_{1,2})$, $X_{2,1} := \alpha(x_{1,1}x_{2,1}^{-1})$, $X_{2,2} := \alpha(x_{1,1}x_{2,2})$, $X_{3,1} := \alpha(x_{1,1}x_{3,1}^{-1})$, $X_{3,2} := \alpha(x_{1,1}x_{3,2})$, ..., $X_{n,1} := \alpha(x_{1,1}x_{n,1}^{-1})$, $X_{n,2} := \alpha(x_{1,1}x_{n,2})$ とおくと，関係式は次のようになる．

- $r_j = x_k x_j x_k^{-1} x_l^{-1}$ のとき：

(3.5) $$\alpha(r_{j,1}) = -X_{k,1} + X_{j,2} - X_{k,2} + X_{l,1},$$

(3.6) $$\alpha(r_{j,2}) = X_{k,2} - X_{j,1} + X_{k,1} - X_{l,2}.$$

- $r_j = x_j x_k x_l^{-1} x_k^{-1}$ のとき：

(3.7) $$\alpha(r_{j,1}) := -X_{j,1} + X_{k,2} - X_{l,2} + X_{k,1},$$

(3.8) $$\alpha(r_{j,2}) := X_{j,2} - X_{k,1} + X_{l,1} - X_{k,2}.$$

ただし，たとえば(3.5)において $k=1$ のとき，関係式は $X_{j,2} - X_{1,2} + X_{l,1}$ となる．このような面倒を避けるため，形式的に $X_{1,1}$ という生成元と，$X_{1,1}$ という関係式を入れておく(これは $X_{1,1} := \alpha(x_{1,1}x_{1,1}^{-1})$ とおいたことに対応する)．

関係式(3.5)と(3.8)は同じ，関係式(3.6)と(3.7)は同じであり，関係式(3.5)と(3.6)から $X_{k,1} + X_{k,2} = X_{j,2} + X_{l,1} = X_{j,1} + X_{l,2}$ が得られるので

$$X_{j,1} - X_{j,2} = X_{l,1} - X_{l,2}$$

が任意の j, l に対して成り立つ．よって，任意の m に対して

$$X_{m,1} = X_{m,2} + X_{1,1} - X_{1,2} = X_{m,2} - X_{1,2}$$

となる．これを(m を適宜入れ替えて)，(3.5)と(3.6)に代入すると

$$-(X_{k,2} - X_{1,2}) + X_{j,2} - X_{k,2} + (X_{l,2} - X_{1,2}) = -2X_{k,2} + X_{j,2} + X_{l,2},$$

$$X_{k,2} - (X_{j,2} - X_{1,2}) + (X_{k,2} - X_{1,2}) - X_{l,2} = 2X_{k,2} - X_{j,2} - X_{l,2}$$

という同値な関係式が得られる．

$X_j := X_{j,2}$ とおいてまとめると $H_1(\Sigma_2(C(K)); \mathbb{Z})$ は，各弧に対応する生成元 $\{X_1, X_2, \ldots, X_n\}$ と，各交差に対応する関係式 $2X_k = X_j + X_l$ を持つ可換群であることがわかる．ただし，X_j, X_k, X_l は交差に集まる弧であり，X_k が上を通

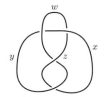

図 3.23 8の字結び目と,その外部の二重被覆空間の1次元ホモロジー群の生成元.

っている.

以上で次の定理が得られた.

定理 3.20 結び目 K の結び目図式を考え,交差を $v_1, v_2, \ldots, v_n$ とする.結び目図式の弧に $X_1, X_2, \ldots, X_n$ の変数を対応させ,交差 v_j には,3つの弧 X_{j_0}, X_{j_1}, X_{j_2} が現れているとする.ただし,X_{j_0} が上を通る弧であるとする.また,交差 v_j で次のような式 R_j を考える.

$$R_j:\ 2X_{j_0} - X_{j_1} - X_{j_2}.$$

そのとき,K の外部の二重被覆空間の1次元ホモロジー群は,次の表示を持つ.

$$\langle\langle X_1, X_2, \ldots, X_n \mid R_1, R_2, \ldots, R_{n-1} \rangle\rangle.$$

ただし,上の式は $X_1, X_2, \ldots, X_n$ で生成され,関係式 $R_1, R_2, \ldots, R_{n-1}$ を持つ可換群を表している. □

例 3.21 8の字結び目 E の場合,図 3.23 のように変数 x, y, z, w ととれば,その外部の二重被覆空間 $\Sigma_2(E)$ の1次元ホモロジー群は,次の表示を持つ.

$$H_1(\Sigma_2(E); \mathbb{Z}) = \langle\langle x, y, z, w \mid 2x - z - w,\ -x - y + 2w,\ -x + 2y - z \rangle\rangle.$$

よって,この可換群の表示行列は

$$\begin{pmatrix} 2 & 0 & -1 & -1 \\ -1 & -1 & 0 & 2 \\ -1 & 2 & -1 & 0 \end{pmatrix}$$

となる(一般の加群の表示行列については,定義 4.4 で述べる).整数上の(行と列の)基本変形によりこれは

$$\begin{pmatrix} 1 & 0 & 0 & 0 \\ 0 & 1 & 0 & 0 \\ 0 & 0 & 5 & 0 \end{pmatrix}$$

となるので，$H_1(\Sigma_2(E);\mathbb{Z})\cong\mathbb{Z}\oplus(\mathbb{Z}/5\mathbb{Z})$ となることがわかる．

ほどけた結び目の外部の二重被覆空間の 1 次元ホモロジー群は $\mathbb{Z}$ であるから，8 の字結び目がほどけないことがわかる．また，例 3.19 と合わせると，ほどけた結び目，左三つ葉結び目，8 の字結び目はすべて別の結び目であることが結論付けられる． $\qquad\Box$

注意 3.22 例 3.21 のように，定理 3.20 で得られた群表示を行列で表したものを M と書くことにすると，M は $(n-1)\times n$ 行列になる．また，各列は弧に，各行は交差に対応している．交差 v_j に対応した関係式 R_j の係数の和は 0 であるから，各行の成分の和は 0 になる．

よって，M の表す可換群は，M の左から $n-1$ 個の列を取りだして得られる $(n-1)$ 次正方行列 $\tilde{M}$ の表す可換群 G と $\mathbb{Z}$ の直和になることがわかる．また，$\tilde{M}$ の行列式の絶対値 $|\det(\tilde{M})|$ は結び目の不変量である（定義 3.47 参照）．

ここで，ホモロジー群の係数を $\mathbb{Z}/p\mathbb{Z}$ にしてみよう（p は 2 以上の整数）．定理 3.20 より，$\#H_1(\Sigma_2(K);\mathbb{Z}/p\mathbb{Z})$ は，次のように計算できる．

結び目図式の各弧に $x_1, x_2, \ldots, x_n$ という未知数を割り振る．各交差の周りに $2x_{j_0}=x_{j_1}+x_{j_2}$ という方程式を対応させ，n 個の方程式からなる連立方程式を考える．この連立方程式の解の個数が，$\#H_1(\Sigma_2(K);\mathbb{Z}/p\mathbb{Z})$ と一致する．

これを，結び目 K の p 色による**彩色数**と呼ぶ[*4]．

3.4 無限巡回被覆空間のホモロジー群（結び目群による）

可換化写像 $\alpha\colon \pi_1(K)=\pi_1(S^3\setminus\mathrm{Int}\,N(K),O)\to H_1(S^3\setminus\mathrm{Int}\,N(K);\mathbb{Z})$ の核 $\mathrm{Ker}(\alpha)$ に対応した被覆空間のことを $S^3\setminus\mathrm{Int}\,N(K)$ （あるいは，$S^3\setminus K$）の**無限巡回被覆空間**と呼び $\Sigma_\infty(K)$ で表す．$\Sigma_\infty(K)$ の 1 次元ホモロジー群を計算しよう．

二重被覆空間の場合と同様に，基本群の Wirtinger 表示（系 3.15）を使って計

[*4] この不変量は拙著[82]でも説明している．

88   3 結び目補空間の被覆空間

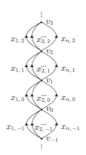

図 3.24 $\Sigma_\infty(C(K))$ の 1 胞体.

算する．Wirtinger 表示に対応した 2 次元複体 $C(K)$ を

$$C(K) := \left(\bigvee_{i=1}^{n} S_i^1\right) \cup \left(\bigcup_{j=1}^{n-1} D_j^2\right)$$

とする．ただし，$\bigvee_{i=1}^{n} S_i^1$ は n 個の S_i^1 $(i=1,2,\ldots,n)$ を 1 点 v で貼り合わせたものであり，各 S_i^1 には向きが付いており，S_i^1 を一周する(v を基点とする)閉道を x_i とおく．また，$\Sigma_\infty(C(K))$ を次のような 2 次元複体とする．

- 0 胞体：$\{v_i \mid i \in \mathbb{Z}\}$．
- 1 胞体：$\{x_{1,m}, x_{2,m}, \ldots, x_{n,m} \mid m \in \mathbb{Z}\}$．ただし，各 $x_{i,m}$ は線分であり，v_m を始点，v_{m+1} を終点とする (図 3.24)．
- 2 胞体：$\{D_{1,m}, D_{2,m}, \ldots, D_{n-1,m} \mid m \in \mathbb{Z}\}$．ただし，各 $D_{j,m}$ は 2 次元円板であり，境界は次の写像で 1 胞体に貼り付けられている．
  ◦ r_j に対応する交差が正のとき，つまり，$r_j = x_k x_j x_k^{-1} x_l^{-1}$ のとき：$D_{j,m}$ の境界を $x_{k,m} x_{j,m+1} x_{k,m+1}^{-1} x_{l,m}^{-1}$ に貼り付ける．
  ◦ r_j に対応する交差が負のとき，つまり，$r_j = x_j x_k x_l^{-1} x_k^{-1}$ のとき：$D_{j,m}$ の境界を $x_{j,m} x_{k,m+1} x_{l,m+1}^{-1} x_{k,m}^{-1}$ に貼り付ける．

また，写像 $p_\infty: \Sigma_\infty(C(K)) \to C(K)$ を

$$p_\infty(v_i) = v, \quad p_\infty(x_{i,m}) = S_i^1, \quad p_\infty(D_{j,m}) = D_j^2$$

となるように定める．この写像が矛盾なく定義されていることは，二重被覆空間の場合と同様に確認できる．

よって，$\pi_1(\Sigma_\infty(C(K)), v_0)$ は次の表示を持つ．

$$(3.9) \quad \pi_1(\Sigma_\infty(C(K)), v_0)$$
$$= \langle \tilde{x}_{i,m} \, (m \in \mathbb{Z}, i = 1, 2, \ldots, n) \mid \tilde{x}_{1,m}, r_{j,m} \, (m \in \mathbb{Z}, j = 1, 2, \ldots, n-1) \rangle.$$

ただし，$\tilde{x}_{i,m}$ は，v_0 を始点として，S_1^1 の持ち上げを通って v_i に到り，$x_{1,m} x_{i,m}$ をまわり，S_1^1 の持ち上げを通って v_0 に帰ってくる閉道，すなわち

$$\tilde{x}_{i,m} := \begin{cases} (x_{1,0} x_{1,1} \cdots x_{1,m-1})(x_{1,m} x_{i,m}^{-1})(x_{1,0} x_{1,1} \cdots x_{1,m-1})^{-1} & m \geqq 1, \\ x_{1,0} x_{i,0}^{-1} & m = 0, \\ (x_{1,-1}^{-1} \cdots x_{1,m}^{-1})(x_{1,m} x_{i,m}^{-1})(x_{1,-1}^{-1} \cdots x_{1,m}^{-1})^{-1} & m \leqq -1 \end{cases}$$

である．$r_{j,m}$ は次のように決める．

・$r_j = x_k x_j x_k^{-1} x_l^{-1}$ のとき：

$$r_{j,m} := (x_{1,0} x_{1,1} \cdots x_{1,m-1}) x_{k,m} x_{j,m+1} x_{k,m+1}^{-1} x_{l,m}^{-1} (x_{1,0} x_{1,1} \cdots x_{1,m-1})^{-1}$$
$$= \tilde{x}_{k,m}^{-1} \tilde{x}_{j,m+1}^{-1} \tilde{x}_{k,m+1} \tilde{x}_{l,m},$$

・$r_j = x_j x_k x_l^{-1} x_k^{-1}$ のとき：

$$r_{j,m} := (x_{1,0} x_{1,1} \cdots x_{1,m-1}) x_{j,m} x_{k,m+1} x_{l,m+1}^{-1} x_{k,m}^{-1} (x_{1,0} x_{1,1} \cdots x_{1,m-1})^{-1}$$
$$= \tilde{x}_{j,m}^{-1} \tilde{x}_{k,m+1}^{-1} \tilde{x}_{l,m+1} \tilde{x}_{k,m}.$$

注意 3.23 定義から $\tilde{x}_{1,m}$ は 1 であることがわかる．これが，(3.9)の生成元と関係式に $\tilde{x}_{1,m}$ が現れている理由である．

$\mathrm{Im}\,(p_\infty)_* = \mathrm{Ker}\,\alpha$ であることを確かめよう．

$x_i^{(m)} := (p_\infty)_*(\tilde{x}_{i,m}) = x_1^{m+1} x_i^{-1} x_1^{-m}$ とおく．

$\alpha(x_i^{(m)}) = \alpha(x_1) - \alpha(x_i)$ であり，関係式 r_j を可換化することにより，すべての x_i が等しくなることから，これは 0 となる．よって，$\mathrm{Im}\,(p_\infty)_* \subset \mathrm{Ker}\,\alpha$ がわかる．

また，$\mathrm{Ker}\,\alpha$ は x_i の指数の総和が 0 であるような元からなる．このような元は $x_i^{(m)}$ の積となることを示そう．

そのために，一般に $\pi_1(C(K), v)$ の元 w は，$x_i^{(m)}$ の積に $x_1^{e(w)}$ を掛けた形で表されることを示そう．ただし，$e(w)$ は w に現れる指数の総和である．

w の長さ l（w に現れる生成元の数．ただし，x_i^p の長さは $|p|$ とする）についての帰納法で示そう．$l = 0$ のときは自明であるから l まで正しいと仮定して $l+1$

のときを考える. 帰納法の仮定より

$$\prod_{i=1}^{l+1} x_i^{\varepsilon_i} = (x_i^{(m)} \text{ の積}) \times x_1^{e_l} \times x_{i_{l+1}}^{\varepsilon_{l+1}}$$

となる. ただし, $e_l := \sum_{i=1}^{l} \varepsilon_i$ である. ところが, $x_i^{(m)}$ の定義より

$$x_1^{e_l} x_{l+1}^{\varepsilon_{l+1}} = \begin{cases} \left(x_{l+1}^{(e_l)}\right)^{-1} x_1^{e_l+1} & \varepsilon_{k+1} = 1 \text{ のとき}, \\ x_{l+1}^{(e_l-1)} x_1^{e_l-1} & \varepsilon_{k+1} = -1 \text{ のとき} \end{cases}$$

がわかるので

$$\prod_{i=1}^{l+1} x_i^{\varepsilon_i} = (x_i^{(m)} \text{ の積}) \times x_1^{e_l+\varepsilon_{l+1}}$$

となり, $l+1$ のときも正しい.

よって, 指数の総和が 0 になるような元は $\mathrm{Im}\,(p_\infty)_*$ に含まれる. つまり, $\mathrm{Im}\,(p_\infty)_* \supset \mathrm{Ker}\,\alpha$ がわかった.

次に, $\pi_1(\Sigma_\infty(C(K)), v_0)$ を可換化する. $X_{i,m} := \alpha(\tilde{x}_{i,m})$ とすると

$$H_1(\Sigma_\infty(K); \mathbb{Z})$$

$$\cong \langle\langle X_{i,m}\,(m \in \mathbb{Z}, i = 1, 2, \ldots, n) \mid X_{1,m}, \alpha(r_{j,m})\,(m \in \mathbb{Z}, j = 1, 2, \ldots, n-1)\rangle\rangle$$

となる. ただし, 関係式は

- $r_j = x_k x_j x_k^{-1} x_l^{-1}$ のとき :

$$\alpha(r_{j,m}) := -X_{k,m} - X_{j,m+1} + X_{k,m+1} + X_{l,m},$$

- $r_j = x_j x_k x_l^{-1} x_k^{-1}$ のとき :

$$\alpha(r_{j,m}) := -X_{j,m} - X_{k,m+1} + X_{l,m+1} + X_{k,m}$$

である.

このままでは, 生成元も無限個, 関係式も無限個なので不便である. そこで, $H_1(\Sigma_\infty(K); \mathbb{Z})$ を $\mathbb{Z}[t, t^{-1}]$ 加群とみなす.

定義 3.24（Alexander 加群）　向 き の 付 い た 結 び 目 K に 対 し て, $H_1(\Sigma_\infty(K); \mathbb{Z})$ を $\mathbb{Z}[t, t^{-1}]$ 加群とみなしたものを, K の **Alexander 加群**と呼ぶ. ただし, t は $\Sigma_\infty(K)$ に**被覆変換**として作用する.　　　　□

ここで, t の作用を調べてみよう. 第 3.1 節で説明したように, 被覆

3.4 無限巡回被覆空間のホモロジー群（結び目群による） 91

$(p_\infty, \Sigma_\infty(C(K)), C(K))$ の被覆変換群は，$\pi_1(C(K), v_0)/\operatorname{Im}(p_\infty)_*$ であった．$\operatorname{Im}(p_\infty)_* = \operatorname{Ker}\alpha$ であるから，これは $\pi_1(C(K), v_0)/\operatorname{Ker}\alpha = \pi_1(K)/\operatorname{Ker}\alpha = H_1(S^3 \setminus \operatorname{Int} N(K); \mathbb{Z}) = \mathbb{Z}$ となる．$H_1(S^3 \setminus \operatorname{Int} N(K); \mathbb{Z})$ の生成元として，結び目の周りを一周回る閉曲線 μ を取ることにする（第1.2節参照）．ただし，結び目の向きに従って右ねじの回る方向に一周するものとする．

被覆変換群の定義によると，$x \in \Sigma_\infty(C(K))$ に対し v_0 から x へ到る道 η に対し $\mu \cdot p_\infty(\eta)$ の持ち上げの終点を $t \cdot x$ とするのであった．これは，図 3.24 を一段上に持ち上げる（つまり，v_m を v_{m+1} に $x_{i,m}$ を $x_{i,m+1}$ に移す）写像になっている．つまり，$H_1(\Sigma_\infty(K); \mathbb{Z})$ は，次のようにして $\mathbb{Z}[t, t^{-1}]$ 加群とみなせる．

$$t(X_{i,m}) = X_{i,m+1},$$
$$t(\alpha(r_{j,m})) = \alpha(r_{j,m+1}).$$

t の作用は定理 3.2 に現れる同相写像 φ と可換だから，Alexander 加群は向きの付いた結び目の不変量である．

これで，次の定理を述べる準備ができた．証明は，これまで述べてきたことからわかるであろう．

定理 3.25 向きの付いた結び目 K の Alexander 加群の（$\mathbb{Z}[t, t^{-1}]$ 加群としての）表示は

$$H_1(\Sigma_\infty(K); \mathbb{Z}) \underset{\mathbb{Z}[t,\,t^{-1}]\,\text{加群として}}{\cong} \langle\langle X_1, X_2, X_3, \ldots, X_n \mid R_1, R_2, \ldots, R_{n-1} \rangle\rangle$$

となる．ただし，$X_i := X_{i,0}$, $R_j := \alpha(r_{j,0})$ であり，

- $r_j = x_k x_j x_k^{-1} x_l^{-1}$ のとき：

$$R_j := -X_k - tX_j + tX_k + X_l,$$

- $r_j = x_j x_k x_l^{-1} x_k^{-1}$ のとき：

$$R_j := -X_j - tX_k + tX_l + X_k$$

である． □

例 3.26 左三つ葉結び目 T の Alexander 加群を求める．
(3.3) より

(3.10) $$\pi_1(T) = \langle x, y, z \mid xzy^{-1}z^{-1}, \ yxz^{-1}x^{-1} \rangle$$

である. X, Y, Z をそれぞれ x, y, z を持ち上げたものとする. すると, $xzy^{-1}z^{-1}$, $yxz^{-1}x^{-1}$ という関係式はそれぞれ

$$-X - tZ + tY + Z, \quad -Y - tX + tZ + X$$

となる. つまり,

$$H_1(\Sigma_\infty(T); \mathbb{Z}) \cong \langle\langle X, Y, Z \mid X, \ -X + tY + (1-t)Z, \ (1-t)X - Y + tZ\rangle\rangle$$

となる. よって, $\mathbb{Z}[t, t^{-1}]$ 加群としての表示行列は

$$\begin{pmatrix} 1 & 0 & 0 \\ -1 & t & 1-t \\ 1-t & -1 & t \end{pmatrix}$$

となる. $\mathbb{Z}[t, t^{-1}]$ 上の基本変形をすることで, これは

$$\begin{pmatrix} 1 & 0 & 0 \\ 0 & 1 & 0 \\ 0 & 0 & t^2 - t + 1 \end{pmatrix}$$

にできるので, T の Alexander 加群は $\mathbb{Z}[t, t^{-1}]/(t^2 - t + 1)$ となることがわかる.

比較のために, $H_1(\Sigma_\infty(T); \mathbb{Z})$ を単なる可換群とみなしたとき, どのような群になるかを調べよう. $\mathbb{Z}[t, t^{-1}]$ としては生成元をただ 1 つ持ち (g としよう), 関係式は $(t^2 - t + 1)g = 0$ のみである. よって, 可換群としては, 無限個の生成元 $\{g_i\}_{i \in \mathbb{Z}}$ と無限個の関係式 $\{g_{i+2} - g_{i+1} + g_i = 0\}_{i \in \mathbb{Z}}$ を持っている. つまり, 生成元として g_0, g_1 を選べば十分であることがわかる. また, これらの生成元の間には関係がないので, 結局 $H_1(\Sigma_\infty(T); \mathbb{Z})$ は階数が 2 の可換群となることがわかった. $\square$

3.5 二重被覆空間のホモロジー群（Seifert 曲面による）

これまでは, 基本群と群論的手法を使って, 結び目外部の被覆空間の 1 次元ホモロジー群を計算してきた. この節では, 幾何的手法を使った計算法を説明する.

第 1 章で定義した Seifert 曲面を使って, 結び目外部の二重被覆空間を構成し

3.5 二重被覆空間のホモロジー群（Seifert 曲面による） 93

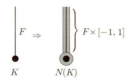

図 3.25 結び目 K の Seifert 曲面 F に厚みを付ける．

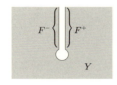

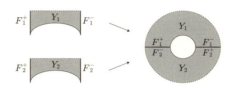

図 3.26 Y の境界に含まれる F^+ と F^-．

図 3.27 Y_1 と Y_2 を貼り合わせる（概念図）．

よう．

結び目 $K \subset S^3$ とその Seifert 曲面 F を考え，S^3 を F で"切り開く"．正確には次のようにする．まず，K の (S^3 における) 正則近傍を $N(K)$ とする．$F \cap (S^3 \setminus \operatorname{Int} N(K))$ の，$(S^3 \setminus \operatorname{Int} N(K)$ での) 正則近傍を $F \times [-1, 1]$ とみなす．ここでは，$F \times \{0\} \subset F \times [-1, 1]$ を F と同一視している (図 3.25 参照)．

そこで $Y := S^3 \setminus \operatorname{Int}(N(K) \cup (F \times [-1, 1]))$ とする．∂Y のうち $F \times \{-1\}$ を F^-，$F \times \{1\}$ を F^+ とおく (図 3.26)．

Y において F^+ と F^- を同一視した空間は $S^3 \setminus \operatorname{Int} N(K)$ と同相となることに注意しよう．また，F^+ には F と同じ向きを入れるとすると F^- には逆の向きが付いていることに注意しよう[*5]．

Y を使って $S^3 \setminus \operatorname{Int} N(K)$ の二重被覆空間を構成する．

Y の複製を 2 個用意し Y_1, Y_2 とする．$F_1^{\pm} \subset \partial Y_1$，$F_2^{\pm} \subset \partial Y_2$ をそれぞれ $F^{\pm} \subset \partial Y$ に対応する部分とする．

$S^3 \setminus \operatorname{Int} N(K)$ の二重被覆空間 $\Sigma_2(K)$ は Y_1 と Y_2 から，F_1^+ と F_2^-，および，F_1^- と F_2^+ を貼り合わせることで得られる (図 3.27 参照)．

具体的には，Y_1 と Y_2 を Y と同一視する写像を p_2 とすると，$(p_2, \Sigma_2(K), S^3 \setminus N(K))$ は被覆となる．これが，実際に二重被覆空間となっていることは演習問題とする (問題 3.4)．

[*5] F の表側に進むと右ねじの回る向きが F の向きである．

94   3   結び目補空間の被覆空間

$\Sigma_2(K)$ のホモロジー群を計算しよう.そのために,まず $H_1(Y;\mathbb{Z})$ について調べてみよう.

補題 3.27   Seifert 曲面の種数を g とする.Y のホモロジー群は次のようになる.

$$H_i(Y;\mathbb{Z}) \cong \begin{cases} \mathbb{Z}^{2g} & i = 1, \\ \mathbb{Z} & i = 0, \\ \{0\} & それ以外. \end{cases}$$ □

[証明]   まず,Y は境界を持つ連結な 3 次元多様体なので,$H_0(Y;\mathbb{Z}) \cong \mathbb{Z}$ と $H_i(Y;\mathbb{Z}) \cong \{0\}$ $(i \geqq 3)$ がわかる.

$N(K) \cup (F \times [-1,1])$ は,F とホモトピー同値なので

$$H_i(N(K) \cup (F \times [-1,1]);\mathbb{Z}) \cong \begin{cases} \mathbb{Z}^{2g} & i = 1, \\ \mathbb{Z} & i = 0, \\ \{0\} & それ以外 \end{cases}$$

である.また,$Y \cap \bigl(N(K) \cup (F \times [-1,1])\bigr) = \partial Y$ であり,$N(K) \cup (F \times [-1,1])$ は種数 $2g$ の**ハンドル体**($\mathbb{R}^3$ に埋め込まれた $2g$ 個の S^1 の一点和の正則近傍と同相な空間.3 次元球体に,$2g$ 個の 1 ハンドルを貼り付けたものと同相.図 3.28 参照)と同相だから,∂Y は種数 $2g$ の閉曲面である.よって

$$H_i(\partial Y;\mathbb{Z}) \cong \begin{cases} \mathbb{Z}^{4g} & i = 1, \\ \mathbb{Z} & i = 0, 2, \\ \{0\} & それ以外 \end{cases}$$

である.

S^3 のホモロジー群は 0, 3 次元のとき $\mathbb{Z}$,それ以外 $\{0\}$ であることから,$S^3 = Y \cup \bigl(N(K) \cup (F \times [-1,1])\bigr)$,$Y$,$N(K) \cup (F \times [-1,1])$,$\partial Y$ に対応する Mayer-Vietoris 完全列は次のようになる.

3.5 二重被覆空間のホモロジー群(Seifert 曲面による)　95

図 3.28　種数 3 のハンドル体.

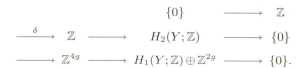

$H_1(Y;\mathbb{Z}) \cong \mathbb{Z}^{2g}$ であり, 連結準同型 δ は同型だから, $H_2(Y;\mathbb{Z}) \cong \{0\}$ となる. ∎

さらに, $H_1(Y;\mathbb{Z})$ と $H_1(F;\mathbb{Z})$ の間には双対関係がある. それを説明するために, 絡み数を定義しよう.

定義 3.28（絡み数）　U, V を S^3 内の向きの付いた互いに交わらない閉曲線とし, U は単純である(自分自身と交わらない)とする. $H_1(S^3 \setminus U;\mathbb{Z}) \cong \mathbb{Z}$ の生成元 u を, U の周りを正の向きに回る円周で表されているものとして選ぶ.

ここで, $[V] \in H_1(S^3 \setminus U;\mathbb{Z})$ を V の表す元とすると, $[V] = \lambda \cdot u$ $(\lambda \in \mathbb{Z})$ となる. $\mathrm{lk}(V,U) := \lambda$ とおき, これを V と U の**絡み数**という. つまり, $[V] = \mathrm{lk}(V,U)u \in H_1(S^3 \setminus U;\mathbb{Z})$ である. □

V は単純である必要はない(つまり, 自分自身と交わってもよい)ことに注意しよう. もし U, V ともに単純な閉曲線であれば, 絡み数は次の対称性を持つ.

補題 3.29　S^3 内の向きの付いた互いに交わらない単純閉曲線 U, V に対して, $\mathrm{lk}(U,V) = \mathrm{lk}(V,U)$ が成り立つ. □

[証明]　まず, $H_1(S^3 \setminus U;\mathbb{Z})$ の生成元 u は, U の周りをまわる小さな円周で表されることに注意しよう. ただし, この円周は, 右ねじの回る方向に向き付けられている.

$U \cup V$ の射影図を考える. U と V の交差のうち, V が U の下を通っているところの交差の上下を入れ替えることで, V を射影面から"持ち上げる"ことができる. 持ち上げることで得られる閉曲線を $\tilde{V}$ とすると, $\tilde{V}$ は $S^3 \setminus U$ 内で向き付けられた曲面を張るので($\tilde{V}$ の図式と U の図式は別の平面にあるので, $\tilde{V}$ が描かれている平面で第 1.7 節の Seifert のアルゴリズムを適用すればよい), $[\tilde{V}] = 0 \in H_1(S^3 \setminus U;\mathbb{Z})$ である(図 3.29〜図 3.31).

交差の上下を入れ替えるときに"残された"円周を $c_1^+, c_2^+, \ldots, c_{m_+}^+, c_1^-, c_2^-,$

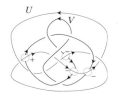

図 3.29 V が U の下を通っているところを点線の○で囲っている.

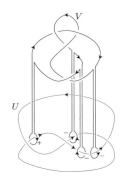
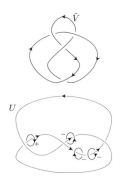

図 3.30 V を持ち上げる.　　**図 3.31** V が U の上を通るように交差を入れ替えたとき, U の周りに円周が残る.

図 3.32 V が U の下を正の方向に横切る交差(左)と, 負の方向に横切る交差(右).

$\dots, c_{m_-}^-$ とする. ただし, c_i^+ は U の周りを正の方向(右ねじの回る方向)に回っており, c_j^- は負の方向に回っている. c_i^+ は, V が U の下を正の方向に通る交差に現れ, c_j^- は, V が U の下を負の方向に通る交差に現れていることに注意しよう(図 3.32).

これまでに説明したことを $H_1(S^3 \setminus U; \mathbb{Z})$ の言葉で書くと次のようになる.

$$[V] = [\tilde{V}] + \sum_{i=1}^{m_+} [c_i^+] + \sum_{j=1}^{m_-} [c_j^-] = \sum_{i=1}^{m_+} [c_i^+] + \sum_{j=1}^{m_-} [c_j^-] \in H_1(S^3 \setminus U; \mathbb{Z}).$$

ここで, $[c_i^+] = u$, $[c_j^-] = -u$ だから, $\mathrm{lk}(V, U) = m_+ - m_-$ となる.

同様に考えると, $\mathrm{lk}(U, V)$ は, U が V の下を正の方向に通る回数 n_+ から U が V の下を負の方向に通る回数 n_- を引いたものである.

図 3.33 U が V を右から左に横切る(左). U が V を左から右に横切る(右).

図 3.34 U が V の下を通ると正の交差,上を通ると負の交差.

ところが,上下関係をなくして考えると,U が V を右から左に横切る数と,U が V を左から右に横切る数は等しい(図 3.33).

また,上下関係を思い出してみると,U が V を右から左に横切る場合,U が下(上)を通れば正(負)の交差,U が V を左から右に横切るとき,U が下(上)を通れば負(正)の交差になるので $n_+ + m_- = n_- + m_+$ となる(図 3.34 参照).

よって,$\mathrm{lk}(V, U) = m_+ - m_- = n_+ - n_- = \mathrm{lk}(U, V)$ となる. ∎

絡み数を使うと,$H_1(F; \mathbb{Z})$ と $H_1(Y; \mathbb{Z})$ の双対性は次のように与えられる.

命題 3.30 絡み数で定義される双線型写像

$$\mathrm{lk} \colon H_1(F; \mathbb{Z}) \times H_1(Y; \mathbb{Z}) \to \mathbb{Z}$$

は,同型 $\mathrm{ad}_{\mathrm{lk}} \colon H_1(Y; \mathbb{Z}) \cong \mathrm{Hom}\bigl(H_1(F; \mathbb{Z}); \mathbb{Z}\bigr)$ を導く.ただし,絡み数は $H_1(F; \mathbb{Z})$ と $H_1(Y; \mathbb{Z})$ の元に線型に拡張しておく.また,上の同型写像 $\mathrm{ad}_{\mathrm{lk}}$ は,$(\mathrm{ad}_{\mathrm{lk}}(x))(a) := \mathrm{lk}(a, x)$ で与えられる. □

[**証明**] F は,境界を円周とする種数 g の曲面だから,円板に $2g$ 本の帯を貼り付けて得られる(図 3.35).$H_1(F; \mathbb{Z})$ の生成元 $\xi_1, \xi_2, \ldots, \xi_{2g}$ を,図 3.36 のように選ぶ.各帯のまわりを一周する $2g$ 個の円周の表す $H_1(Y; \mathbb{Z})$ の元を,$\alpha_1, \alpha_2, \ldots, \alpha_{2g}$ とする(図 3.37).このとき,α_i は ξ_i と右ねじが回る方向に絡んでいるものとする.

$\alpha_1, \alpha_2, \ldots, \alpha_{2g}$ と $\xi_1, \xi_2, \ldots, \xi_{2g}$ を(少しずらして)$H_1(\partial Y; \mathbb{Z})$ の元とみなせば,これら $4g$ 個の元が $H_1(\partial Y; \mathbb{Z})$ の生成元となっていることから,$\alpha_1, \alpha_2, \ldots, \alpha_{2g}$ が $H_1(Y; \mathbb{Z})$ の生成元となることがわかる(第 1.2 節と同様の議論による).このとき,$\mathrm{lk}(\xi_i, \alpha_j) = \delta_{i,j}$ となることがわかる(ここでは,単純閉曲線と,それ

図 3.35 境界が円周であるような種数 g の曲面(一般には，図の帯は複雑にもつれていることに注意).

図 3.36 境界が円周であるような種数 g の曲面の 1 次元ホモロジー群の生成元.

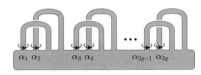

図 3.37 境界が円周であるような種数 g の曲面の外部の 1 次元ホモロジー群の生成元.

らの表すホモロジー類を同じ記号で表している)．

F 内の単純閉曲線 c と Y 内の単純閉曲線 ℓ が与えられたとする．それらのホモロジー類 $[c] \in H_1(F;\mathbb{Z})$, $[\ell] \in H_1(Y;\mathbb{Z})$ を $[c] = \sum_{k=1}^{2g} a_k \xi_k$, $[\ell] = \sum_{j=1}^{2g} x_j \alpha_j$ と表したとき，$\mathrm{lk}(c,\ell) = \sum_{j=1}^{2g} a_j x_j$ となる．$\mathrm{lk}([c],[\ell]) := \mathrm{lk}(c,\ell)$ とおき，一般のホモロジー類に線型に拡張すれば，これが同型写像 $\mathrm{ad}_{\mathrm{lk}} \colon H_1(Y;\mathbb{Z}) \to \mathrm{Hom}(H_1(F;\mathbb{Z});\mathbb{Z})$ を導くことは簡単に確認することができる． ∎

系 3.31 $\{\eta_1, \eta_2, \ldots, \eta_{2g}\}$ を $H_1(F;\mathbb{Z})$ の基底とすると，$H_1(Y;\mathbb{Z})$ の任意の元 y は

$$\sum_{k=1}^{2g} \mathrm{lk}(\eta_k, y) \eta_k^*$$

と表すことができる．ここで，$\eta_k^* \in \mathrm{Hom}(H_1(F;\mathbb{Z});\mathbb{Z})$ は η_k の双対元である．つまり，$\eta_k^*(\eta_j) = \delta_{k,j}$ をみたしている．また，上の式では，命題 3.30 によって $H_1(Y;\mathbb{Z})$ と $\mathrm{Hom}(H_1(F;\mathbb{Z});\mathbb{Z})$ を同一視している． ∎

[証明] $\mathrm{ad}_{\mathrm{lk}}(y) = \sum_{k=1}^{2g} y_k \eta_k^* \in \mathrm{Hom}(H_1(F;\mathbb{Z});\mathbb{Z})$ とおくと，$\mathrm{ad}_{\mathrm{lk}}$ の定義より

$$\mathrm{lk}(\eta_j, y) = (\mathrm{ad}_{\mathrm{lk}}(y))(\eta_j) = \left(\sum_{k=1}^{2g} y_k \eta_k^*\right)(\eta_j) = y_j$$

だから，$\mathrm{ad}_{\mathrm{lk}}(y) = \sum_{k=1}^{2g} \mathrm{lk}(\eta_k, y)\eta_k^*$ となる．y と $\mathrm{ad}_{\mathrm{lk}}(y)$ を同一視すれば，求める式が得られる． ∎

$\Sigma_2(K)$ の計算に戻る．

$\Sigma_2(K) = Y_1 \cup Y_2$, Y_1, Y_2, $Y_1 \cap Y_2 = F^+ \cup F^-$ に関する Mayer–Vietoris 完全列を考える．ただし，F_1^+ と F_2^- を同一視したものを F^+，F_1^- と F_2^+ を同一視したものを F^- とする．Y_i, $\Sigma_2(K)$ は境界を持つ 3 次元多様体であることより，3 次元以上のホモロジーは消えるので

$$\{0\}$$

$$\longrightarrow H_2(F^+\cup F^-;\mathbb{Z}) \longrightarrow H_2(Y_1;\mathbb{Z})\oplus H_2(Y_2;\mathbb{Z}) \longrightarrow H_2(\Sigma_2(K);\mathbb{Z})$$

$$\longrightarrow H_1(F^+\cup F^-;\mathbb{Z}) \xrightarrow{\ \varphi\ } H_1(Y_1;\mathbb{Z})\oplus H_1(Y_2;\mathbb{Z}) \longrightarrow H_1(\Sigma_2(K);\mathbb{Z})$$

$$\xrightarrow{\ f\ } H_0(F^+\cup F^-;\mathbb{Z}) \xrightarrow{\ h\ } H_0(Y_1;\mathbb{Z})\oplus H_0(Y_2;\mathbb{Z}) \longrightarrow H_0(\Sigma_2(K);\mathbb{Z})$$

が得られる．H_0 は，連結成分の数だけの $\mathbb{Z}$ の直和だから，一番下の列は

$$\xrightarrow{f} \mathbb{Z}^2 \xrightarrow{h} \mathbb{Z}^2 \to \mathbb{Z}$$

となる．それぞれの生成元（各連結成分に含まれる一点）を考えることで $\mathrm{Ker}\, h = \mathbb{Z}$ となる（F^+ 内の一点 v_+ と，F^- 内の 1 点 v_- の差 $[v_+]-[v_-]$ で生成される）．

また，$H_i(F^+\cup F^-;\mathbb{Z}) \cong H_i(F^+;\mathbb{Z})\oplus H_i(F^-;\mathbb{Z})$ だから，

$$H_i(F^+\cup F^-;\mathbb{Z}) = \begin{cases} \mathbb{Z}^2 & i=0, \\ \mathbb{Z}^{4g} & i=1, \\ \{0\} & \text{それ以外} \end{cases}$$

となる．よって，補題 3.27 より

$$\{0\} \to H_2(\Sigma_2(K);\mathbb{Z}) \to \mathbb{Z}^{4g} \xrightarrow{\ \varphi\ } \mathbb{Z}^{4g} \to H_1(\Sigma_2(K);\mathbb{Z}) \to \mathbb{Z} \to \{0\}$$

が完全となる．これから，$H_1(\Sigma_2(K);\mathbb{Z}) \cong \mathrm{Coker}\,\varphi \oplus \mathbb{Z}$ がわかる．ただし，$\mathrm{Coker}\,\varphi = \mathbb{Z}^{4g}/\mathrm{Im}\,\varphi$ である．また，$\mathbb{Z}$ の生成元は，連結準同型写像 f によって

$\operatorname{Ker} g = \mathbb{Z}$ の生成元に移される元なので,$\partial a_1 = [v_+] - [v_-]$ となる Y_1 の 1 次元鎖 a_1 と $\partial a_2 = [v_-] - [v_+]$ となる Y_2 の 1 次元鎖 a_2 を用いて $[a_1] + [a_2]$ と表される.これは,結び目 K の meridian の持ち上げともみなせる.

$\varphi \colon H_1(F^+ \cup F^-; \mathbb{Z}) \to H_1(Y_1; \mathbb{Z}) \oplus H_1(Y_2; \mathbb{Z})$ を計算する.

$H_1(F; \mathbb{Z})$ の基底を $\{\eta_1, \eta_2, \ldots, \eta_{2g}\}$ とし,$H_1(Y; \mathbb{Z})$ の基底を(命題 3.30 の同一視の下で)$\{\eta_1^*, \eta_2^*, \ldots, \eta_{2g}^*\}$ とする.η_k を $H_1(F^\pm; \mathbb{Z})$ の元とみなしたものを $\eta_k^\pm$ とする.$F_i^\pm$,Y_i はそれぞれ,F,Y の複製だから $H_1(F_i^\pm; \mathbb{Z})$,$H_1(Y_i; \mathbb{Z})$ の基底を,それぞれ $H_1(F; \mathbb{Z})$,$H_1(Y; \mathbb{Z})$ の基底の複製 $\{\eta_{i,1}^\pm, \eta_{i,2}^\pm, \ldots, \eta_{i,2g}^\pm\}$,$\{\eta_{i,1}^*, \eta_{i,2}^*, \ldots, \eta_{i,2g}^*\}$ で定義する.

包含写像 $F^\pm \to Y_i$ を $\iota_i^\pm$ とおくと,$H_1(F^+; \mathbb{Z}) \oplus H_1(F^-; \mathbb{Z})$ の基底 $\{\eta_1^+, \eta_2^+, \ldots, \eta_{2g}^+, \eta_1^-, \eta_2^-, \ldots, \eta_{2g}^-\}$ と $H_1(Y_1; \mathbb{Z}) \oplus H_1(Y_2; \mathbb{Z})$ の基底 $\{\eta_{1,1}^*, \eta_{1,2}^*, \ldots, \eta_{1,2g}^*, \eta_{2,1}^*, \eta_{2,2}^*, \ldots, \eta_{2,2g}^*\}$ に関する φ の表示行列は

$$\begin{pmatrix} \iota_{1\,*}^+ & -\iota_{2\,*}^+ \\ -\iota_{1\,*}^- & \iota_{2\,*}^- \end{pmatrix}$$

となる.ここで,$\iota_1^+ \colon F^+ \to Y_1$ は,F を正の方向にずらして Y に埋め込む写像であり,$\iota_1^- \colon F^- \to Y_1$ は,F を負の方向にずらして Y に埋め込む写像であるから,Y の境界としてみたとき向きが逆である.よって,$\iota_{1\,*}^-$ にマイナスがついている.$\iota_{2\,*}^+$ の符号も同様の理由による.

行列 $\iota_{i\,*}^\pm$ を求めよう.

F^+ は F_1^+ と F_2^- を同一視したものであり,F^- は F_1^- と F_2^+ を同一視したものだから,$\iota_{1\,*}^\pm(\eta_k^\pm) \in H_1(Y_1; \mathbb{Z})$ は $\eta_{1,k}^\pm \in H_1(F_1^\pm; \mathbb{Z})$ を $H_1(Y_1; \mathbb{Z})$ の元とみなしたものであり,$\iota_{2\,*}^\pm(\eta_k^\pm) \in H_1(Y_2; \mathbb{Z})$ は $\eta_{2,k}^\mp \in H_1(F_2^\mp; \mathbb{Z})$ を $H_1(Y_2; \mathbb{Z})$ の元とみなしたものである.

系 3.31 より,

$$\iota_{1\,*}^\pm(\eta_k^\pm) = \operatorname{lk}(\eta_{i,1}, \eta_{i,j}^\pm)\eta_{i,1}^* + \operatorname{lk}(\eta_{i,2}, \eta_{i,j}^\pm)\eta_{i,2}^* + \cdots + \operatorname{lk}(\eta_{i,2g}, \eta_{i,j}^\pm)\eta_{i,2g}^*$$

となる.Y_i は Y の複製だから $\operatorname{lk}(\eta_{i,k}, \eta_{i,j}^\pm) = \operatorname{lk}(\eta_k, \eta_j^\pm)$ である.よって,$\{\eta_1^\pm, \eta_2^\pm, \ldots, \eta_{2g}^\pm\}$,$\{\eta_1^*, \eta_2^*, \ldots, \eta_{2g}^*\}$ に関する $\iota_{1\,*}^\pm$ の表示行列は

$$L^{\pm} := \begin{pmatrix} \mathrm{lk}(\eta_1, \eta_1^{\pm}) & \mathrm{lk}(\eta_1, \eta_2^{\pm}) & \cdots & \mathrm{lk}(\eta_1, \eta_{2g}^{\pm}) \\ \mathrm{lk}(\eta_2, \eta_1^{\pm}) & \mathrm{lk}(\eta_2, \eta_2^{\pm}) & \cdots & \mathrm{lk}(\eta_2, \eta_{2g}^{\pm}) \\ \vdots & \vdots & \ddots & \vdots \\ \mathrm{lk}(\eta_{2g}, \eta_1^{\pm}) & \mathrm{lk}(\eta_{2g}, \eta_2^{\pm}) & \cdots & \mathrm{lk}(\eta_{2g}, \eta_{2g}^{\pm}) \end{pmatrix}$$

で与えられる．また，$\iota_{2*}^{\pm}$ は $\iota_{1*}^{\mp}$ と一致するので，その表示行列は $L^{\mp}$ である（$\iota_2^{\pm}: F^{\pm}=F_2^{\mp} \to Y_2$ に注意）．

η_i^{+} と η_i の相対的な位置関係は，η_i と η_i^{-} の相対的な位置関係と同じなので（第2成分方向に -1 だけずらせばよい），$\mathrm{lk}(\eta_j^{+}, \eta_k)=\mathrm{lk}(\eta_j, \eta_k^{-})$ が成り立つ．さらに，絡み数の対称性（補題 3.29）より $\mathrm{lk}(\eta_j, \eta_k^{-})=\mathrm{lk}(\eta_j^{+}, \eta_k)=\mathrm{lk}(\eta_k, \eta_j^{+})$ となる．よって ι_{1*}^{-} の表示行列は ${}^{\top}L^{+}$ となる．ただし，${}^{\top}$ は転置行列を表す．

結局，行列 L^{+} がわかれば $H_1(\Sigma_2(K);\mathbb{Z})$ が得られることがわかった．

定義 3.32（Seifert 行列） ここに現れる $2g \times 2g$ 行列 L^{+} のことを，結び目 K の（F に対応した）**Seifert 行列**という．つまり，K の Seifert 行列とは，次の $2g \times 2g$ 行列のことである．

$$\begin{pmatrix} \mathrm{lk}(\eta_1, \eta_1^{+}) & \mathrm{lk}(\eta_1, \eta_2^{+}) & \cdots & \mathrm{lk}(\eta_1, \eta_{2g}^{+}) \\ \mathrm{lk}(\eta_2, \eta_1^{+}) & \mathrm{lk}(\eta_2, \eta_2^{+}) & \cdots & \mathrm{lk}(\eta_2, \eta_{2g}^{+}) \\ \vdots & \vdots & \ddots & \vdots \\ \mathrm{lk}(\eta_{2g}, \eta_1^{+}) & \mathrm{lk}(\eta_{2g}, \eta_2^{+}) & \cdots & \mathrm{lk}(\eta_{2g}, \eta_{2g}^{+}) \end{pmatrix}.$$

注意 3.33 結び目に対して，Seifert 曲面の取り方はいろいろある．また，Seifert 曲面を決めても，基底の取り方により Seifert 行列は変わってしまう．

以上のことから，F に対応する Seifert 行列 を $V := L^{+}$ とすると，φ は

$$\begin{pmatrix} V & -{}^{\top}V \\ -{}^{\top}V & V \end{pmatrix}$$

という表示行列を持つことがわかった．

よって，次の定理が得られる．

定理 3.34 結び目 K の Seifert 行列を V とすると，$H_1(\Sigma_2(K);\mathbb{Z})$ は

$$\begin{pmatrix} V & -{}^{\top}V \\ -{}^{\top}V & V \end{pmatrix}$$

102   3 結び目補空間の被覆空間

で表示される可換群と $\mathbb{Z}$ との直和となる．また，$\mathbb{Z}$ は，K の meridian の持ち上げで生成される． □

結び目 K の二重被覆空間 $\Sigma_2(K)$ は境界付きコンパクト 3 次元多様体であるため扱いにくいところがある．$\Sigma_2(K)$ から閉多様体(コンパクトで境界のない多様体)を構成しよう．

まず，$\Sigma_2(K)$ の境界 $\partial\Sigma_2(K)$ がどのようになっているかを見てみよう．$\partial\left(S^3\setminus N(K)\right)=\partial N(K)\cong S^1\times S^1$ (最初の S^1 が longitude，後の S^1 が meridian)であるから，$\Sigma_2(K)$ の定義から，$\partial\Sigma_2(K)$ は $S^1\times S^1$ の，$\mathbb{Z}\times(2\mathbb{Z})\subset\pi_1(S^1\times S^1)$ $\cong\mathbb{Z}\times\mathbb{Z}$ に対応した二重被覆空間となっている．これは，例 3.3 で考えた被覆空間 $\Sigma_2(S^1)$ を用いて $S^1\times\Sigma_2(S^1)$ と書くことができる．つまり，被覆 $\mathrm{Id}_{S^1}\times p_2\colon S^1\times\Sigma_2(S^1)\to S^1\times S^1$ は，被覆 $p_K\colon\Sigma_2(K)\to S^3\setminus K$ の境界であると言える．二重被覆 $\mathrm{Id}_{S^1}\times p_2\colon S^1\times\Sigma_2(S^1)\to S^1\times S^1$ を境界とする，別の単純な二重被覆を考えよう．

例 3.35 D^2 を複素平面内の単位円板(絶対値が 1 以下の複素数の集合)とみなし，$\hat{\Sigma}_2(D^2)\cong D^2$ とする．$\hat{p}_2\colon\hat{\Sigma}_2(D^2)\to D^2$ を $\hat{p}_2(z):=z^2$ とする．

$\hat{p}_2\big|_{\hat{\Sigma}_2(D^2)\setminus\{0\}}\colon\hat{\Sigma}_2(D^2)\setminus\{0\}\to D^2\setminus\{0\}$ は，二重被覆であることがすぐにわかる(特に，$\left(\hat{p}_2\big|_{\partial\hat{\Sigma}_2(D^2)},\partial\hat{\Sigma}_2(D^2),S^1\right)$ は $(p_2,\Sigma_2(S^1),S^1)$ と一致する)．このように考えた時，$\hat{\Sigma}_2(D^2)$ を $0\in D^2$ で分岐する D^2 の**二重分岐被覆空間**と呼ぶ．

同様に $\mathrm{Id}_{S^1}\times\hat{p}_2\colon S^1\times\hat{\Sigma}_2(D^2)\to S^1\times D^2$ を考えることにより，$S^1\times\hat{\Sigma}_2(D^2)$ を，$S^1\times\{0\}$ で分岐する $S^1\times D^2$ の二重分岐被覆空間を構成することができる． □

定義 3.36(二重分岐被覆空間) $K\subset S^3$ を向きの付いた結び目とする．

$\Sigma_2(K)$ と $S^1\times\hat{\Sigma}_2(D^2)$ を，境界 $S^1\times\Sigma_2(S^1)$ で貼り合わせた空間を，K で分岐する S^3 の**二重分岐被覆空間**といい，$\hat{\Sigma}_2(K)$ で表す． □

写像 $\hat{p}_K\colon\hat{\Sigma}_2(K)\to S^3$ を，$\Sigma_2(K)$ 上では p_K，$S^1\times\hat{\Sigma}_2(D^2)$ 上では $\mathrm{Id}_{S^1}\times\hat{p}_2$ で定義する．$\hat{p}_K\colon\hat{\Sigma}_2(K)\to S^3$ を，K 上で分岐する S^3 の二重分岐被覆と呼ぶ．$\tilde{K}:=S^1\times\{0\}\subset S^1\times\hat{\Sigma}_2(D^2)$ とおくと，$\hat{p}_K\big|_{\hat{\Sigma}_2(K)\setminus\tilde{K}}\colon\hat{\Sigma}_2(K)\setminus\tilde{K}\to S^2\setminus K$ は二重被覆であることがわかる．

定理 3.34 より，次の系が成り立つ．

系 3.37 $H_1(\hat{\Sigma}_2(K);\mathbb{Z})$ は

3.5 二重被覆空間のホモロジー群（Seifert 曲面による） 103

図 3.38 8 の字結び目の Seifert 曲面．

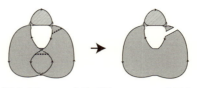

図 3.39 8 の字結び目の Seifert 曲面を破線で切ると円板になる．

$$\begin{pmatrix} V & -{}^\top V \\ -{}^\top V & V \end{pmatrix}$$

で表示される． □

［証明］ Mayer-Vietoris 完全列より

$$H_1(S^1 \times \Sigma_2(S^1); \mathbb{Z}) \xrightarrow{f} H_1(S^1 \times \hat{\Sigma}_2(D^2); \mathbb{Z}) \oplus H_1(\Sigma_2(K); \mathbb{Z}) \to H_1(\hat{\Sigma}_2(K); \mathbb{Z})$$
$$\to H_0(S^1 \times \Sigma_2(S^1); \mathbb{Z}) \to H_0(S^1 \times \hat{\Sigma}_2(D^2); \mathbb{Z}) \oplus H_1(\Sigma_2(K); \mathbb{Z}) \to H_0(\hat{\Sigma}_2(K); \mathbb{Z})$$

が得られる．2 行目は $\mathbb{Z} \to \mathbb{Z}^2 \to \mathbb{Z}$ となるが，$\mathbb{Z} \to \mathbb{Z}^2$ は単射だから

$$H_1(S^1 \times \Sigma_2(S^1); \mathbb{Z}) \xrightarrow{f} H_1(S^1 \times \hat{\Sigma}_2(D^2); \mathbb{Z}) \oplus H_1(\Sigma_2(K); \mathbb{Z}) \to H_1(\hat{\Sigma}_2(K); \mathbb{Z}) \to \{0\}$$

が完全となる．よって，$H_1(\hat{\Sigma}_2(K); \mathbb{Z}) \cong \mathrm{Coker}(f)$ となる．$H_1(S^1 \times \Sigma_2(S^1); \mathbb{Z}) \cong H_1(S^1; \mathbb{Z}) \oplus H_1(\Sigma_2(S^1); \mathbb{Z})$ であり，$H_1(S^1; \mathbb{Z})$ の生成元を λ，$H_1(\Sigma_2(S^1); \mathbb{Z})$ の生成元を $\hat{\mu}$ とすると，$f(\lambda) = (\lambda, 0), f(\hat{\mu}) = (0, \hat{\mu})$ である．よって，$\mathrm{Coker}(f)$ は，$H_1(\Sigma_2(K); \mathbb{Z})$ を $\hat{\mu}$ で生成される無限巡回群で割ったものとなる．ところが，$\hat{\mu}$ は定理 3.34 で示された meridian の持ち上げと一致する．よって $\hat{\Sigma}_2(K)$ は，

$$\begin{pmatrix} V & -{}^\top V \\ -{}^\top V & V \end{pmatrix}$$

で表示される． ■

例 3.38 8 の字結び目 E の Seifert 曲面 F は図 3.38 のようになるのであった．

図 3.39 のような 2 本の破線で切ると F は円板になるので，F の種数 $g(F)$ は 1 である．

図 3.40　8 の字結び目の Seifert 曲面の 1 次元ホモロジー群の生成元 ξ, ζ.

図 3.41　ξ^+ と ξ.　　図 3.42　ξ^+ と ζ.　　図 3.43　ζ^+ と ξ.　　図 3.44　ζ^+ と ζ.

そして，各破線と一度だけ交わるような閉曲線を 2 つ選ぶと，それらが $H_1(F; \mathbb{Z})$ の生成元となる (図 3.40)．

この生成元 $\{\xi, \zeta\}$ に対応する Seifert 行列を計算しよう．

図 3.41 より $\mathrm{lk}(\xi, \xi^+) = -1$，図 3.42 より $\mathrm{lk}(\zeta, \xi^+) = -1$ がわかる．
図 3.43 より $\mathrm{lk}(\xi, \zeta^+) = 0$，図 3.44 より $\mathrm{lk}(\zeta, \zeta^+) = 1$ であることがわかる．
よって，8 の字結び目 E の Seifert 行列 $V(E)$ は

$$(3.11) \quad V(E) = \begin{pmatrix} \mathrm{lk}(\xi, \xi^+) & \mathrm{lk}(\xi, \zeta^+) \\ \mathrm{lk}(\zeta, \xi^+) & \mathrm{lk}(\zeta, \zeta^+) \end{pmatrix} = \begin{pmatrix} -1 & 0 \\ -1 & 1 \end{pmatrix}$$

となり，$H_1(\hat{\Sigma}_2(E); \mathbb{Z})$ は

$$\begin{pmatrix} -1 & 0 & 1 & 1 \\ -1 & 1 & 0 & -1 \\ 1 & 1 & -1 & 0 \\ 0 & -1 & -1 & 1 \end{pmatrix}$$

で表される可換群となる．この行列に行と列の基本変形を施すと

3.6 無限巡回被覆空間のホモロジー群（Seifert 曲面による）　　105

図 3.45 無限巡回被覆空間.

$$\begin{pmatrix} -1 & 0 & 1 & 1 \\ -1 & 1 & 0 & -1 \\ 1 & 1 & -1 & 0 \\ 0 & -1 & -1 & 1 \end{pmatrix} \sim \begin{pmatrix} -1 & 0 & 1 & 1 \\ 0 & 1 & -1 & -2 \\ 0 & 1 & 0 & 1 \\ 0 & -1 & -1 & 1 \end{pmatrix} \sim \begin{pmatrix} -1 & 0 & 1 & 1 \\ 0 & 1 & -1 & -2 \\ 0 & 0 & 1 & 3 \\ 0 & 0 & -2 & -1 \end{pmatrix}$$

$$\sim \begin{pmatrix} -1 & 0 & 1 & 1 \\ 0 & 1 & -1 & -2 \\ 0 & 0 & 1 & 3 \\ 0 & 0 & 0 & 5 \end{pmatrix} \sim \begin{pmatrix} 1 & 0 & 0 & 0 \\ 0 & 1 & 0 & 0 \\ 0 & 0 & 1 & 0 \\ 0 & 0 & 0 & 5 \end{pmatrix}$$

となるので，$H_1(\hat{\Sigma}_2(E);\mathbb{Z}) \equiv \mathbb{Z}/5\mathbb{Z}$ である． □

3.6　無限巡回被覆空間のホモロジー群（Seifert 曲面による）

次に Seifert 行列を使って，無限巡回被覆空間のホモロジー群を計算しよう．二重被覆空間と同様に $j \in \mathbb{Z}$ に対して $\{Y_j\}$ を Y の複製，$F_j^+ := F_j \times \{1\}$, $F_j^- := F_j \times \{-1\}$ とする．

図 3.45 のように，F_j^- と F_{j+1}^+ を貼り合わせることによってできる空間が $S^3 \setminus \mathrm{Int}\, N(K)$ の無限巡回被覆空間 $\Sigma_\infty(K)$ になることがわかる（問題 3.7）．$\Sigma_\infty(K)$ の，$\mathbb{Z}[t, t^{-1}]$ 加群としてのホモロジー群を求めよう．

$Y_{\mathrm{odd}} := \bigcup_{j=-\infty}^{\infty} Y_{2j+1}$, $Y_{\mathrm{even}} := \bigcup_{j=-\infty}^{\infty} Y_{2j}$ とおくと，

$$Y_{\mathrm{odd}} \cup Y_{\mathrm{even}} = \Sigma_\infty(K), \quad Y_{\mathrm{odd}} \cap Y_{\mathrm{even}} = \bigcup_{j=-\infty}^{\infty} F_j^0$$

となる．ただし，$F_j^0 = F_j^- = F_{j+1}^+$ である．

Mayer-Vietoris 完全列より，次の（$\mathbb{Z}[t, t^{-1}]$ 加群としての）完全列が得られる．

$$\longrightarrow \qquad\qquad \{0\} \qquad\qquad \longrightarrow H_2(\varSigma_\infty(K);\mathbb{Z})$$

$$\longrightarrow H_1\left(\bigcup_{j=-\infty}^{\infty} F_j^0;\mathbb{Z}\right) \xrightarrow{\ \varphi_1\ } H_1\left(Y_{\mathrm{odd}};\mathbb{Z}\right)\oplus H_1\left(Y_{\mathrm{even}};\mathbb{Z}\right) \xrightarrow{\ \psi_1\ } H_1\left(\varSigma_\infty(K);\mathbb{Z}\right)$$

$$\longrightarrow H_0\left(\bigcup_{j=-\infty}^{\infty} F_j^0;\mathbb{Z}\right) \xrightarrow{\ \varphi_0\ } H_0\left(Y_{\mathrm{odd}};\mathbb{Z}\right)\oplus H_0\left(Y_{\mathrm{even}};\mathbb{Z}\right) \xrightarrow{\ \psi_0\ } H_0\left(\varSigma_\infty(K);\mathbb{Z}\right).$$

ただし, $\varphi_k:=\left(i_{\mathrm{odd}*},-i_{\mathrm{even}*}\right)$, $\psi_k:=j_{\mathrm{odd}}+j_{\mathrm{even}}$ である($k=0,1$). ここで, $i_{\mathrm{odd}}\colon \bigcup_{j=-\infty}^{\infty} F_j^0 \to Y_{\mathrm{odd}}$ は, F_{2j+1}^0 を F_{2j+1}^- と同一視して Y_{2j+1} の元とみなし, F_{2j}^0 を F_{2j+1}^+ と同一視して Y_{2j+1} の元とみなす写像とする. また, $i_{\mathrm{even}}\colon \bigcup_{j=-\infty}^{\infty} F_j^0 \to Y_{\mathrm{even}}$ は, F_{2j}^0 を F_{2j}^- と同一視して Y_{2j} の元とみなし, F_{2j+1}^0 を F_{2j+2}^+ と同一視して Y_{2j+2} の元とみなす写像とする. さらに, $j_{\mathrm{odd}}\colon Y_{\mathrm{odd}} \to \varSigma_\infty(K)$, $j_{\mathrm{even}}\colon Y_{\mathrm{even}} \to \varSigma_\infty(K)$ は包含写像である.

被覆変換 t は Y_{odd} と Y_{even} を入れ替えるので, $H_*\left(Y_{\mathrm{odd}};\mathbb{Z}\right)\oplus H_*\left(Y_{\mathrm{even}};\mathbb{Z}\right)$ は $\mathbb{Z}[t,t^{-1}]$ 加群になっている($Y_{\mathrm{odd}},Y_{\mathrm{even}}$ 自体では $\mathbb{Z}[t,t^{-1}]$ 加群にはならない)ことに注意しよう.

まず, $\varSigma_\infty(K)$ は連結であるから $H_0\left(\varSigma_\infty(K);\mathbb{Z}\right)\cong\mathbb{Z}$ であり, $\mathbb{Z}[t,t^{-1}]$ 加群とみなすと $\mathbb{Z}[t,t^{-1}]/(t-1)$ と書ける.

$H_0\left(\bigcup_{j=-\infty}^{\infty} F_j^0;\mathbb{Z}\right)$ は, $\mathbb{Z}[t,t^{-1}]$ 加群としては1つの元で生成されている(t の冪乗を掛けることで, 任意の F_j^0 の点は F_0^0 の元となるから). $p\in F_0^0$ とし, $[p]$ をそのホモロジー類とすると $H_0\left(\bigcup_{j=-\infty}^{\infty} F_j^0;\mathbb{Z}\right)$ は $[p]$ で生成されている. 同様に, $H_0\left(Y_{\mathrm{odd}};\mathbb{Z}\right)\oplus H_0\left(Y_{\mathrm{even}};\mathbb{Z}\right)$ は, $\mathbb{Z}[t,t^{-1}]$ 加群として1つの元で生成されている. $q\in Y_0$ とし, $[q]$ をそのホモロジー類とすると $H_0\left(Y_{\mathrm{odd}};\mathbb{Z}\right)\oplus H_0\left(Y_{\mathrm{even}};\mathbb{Z}\right)$ は $[q]$ で生成されている.

$H_0\left(\bigcup_{j=-\infty}^{\infty} F_j^0;\mathbb{Z}\right)$ の元は $\left(\sum_j a_{2j+1}t^{2j+1}+\sum_j a_{2j}t^{2j}\right)[p]$ と表すことができ,

$$\varphi_0\left(\left(\sum_j a_{2j+1}t^{2j+1}+\sum_j a_{2j}t^{2j}\right)[p]\right)$$

$$=\left(\left(\sum_j a_{2j+1}t^{2j+1}+\sum_j a_{2j}t^{2j+1}\right)[q],-\left(\sum_j a_{2j+1}t^{2j+2}+\sum_j a_{2j}t^{2j}\right)[q]\right)$$

$$=\left(\sum_j (a_{2j+1}+a_{2j})t^{2j+1}-\sum_j (a_{2j-1}+a_{2j})t^{2j}\right)[q]$$

3.6 無限巡回被覆空間のホモロジー群（Seifert 曲面による） 107

となる．最後の式では $H_0(Y_{\mathrm{odd}};\mathbb{Z})\oplus H_0(Y_{\mathrm{even}};\mathbb{Z})$ を $H_0\left(\bigcup_{j=-\infty}^{\infty}Y_j;\mathbb{Z}\right)$ とみなしている．よって，

$$\mathrm{Ker}\,\varphi_0 = \left\{\left(\sum_j a_{2j+1}t^{2j+1}+\sum_j a_{2j}t^{2j}\right)[p]\,\middle|\,a_{2j+1}+a_{2j}=0,\ a_{2j-1}+a_{2j}=0\right\}$$

$$= \left\{\left(a_1\sum_j t^{2j+1}-a_1\sum_j t^{2j}\right)[p]\,\middle|\,a_1\in\mathbb{Z}\right\}$$

となる．ところが，ホモロジー群の元は有限和であったから，$a_1=0$ でなければならない．よって φ_0 は単射となり，$H_1(\Sigma_\infty(K);\mathbb{Z})\cong\mathrm{Coker}\,\varphi_1$ となる．

$H_1(F;\mathbb{Z})$ の生成元を $\{\xi_1,\xi_2,\ldots,\xi_{2g}\}$ とする．F_0^0 を F と同一視することで，$\xi_j\in H_1(F_0^0;\mathbb{Z})$ とみなす．すると，$\{\xi_1,\xi_2,\ldots,\xi_{2g}\}$ は $H_1\left(\bigcup_{j=-\infty}^{\infty}F_j^0;\mathbb{Z}\right)$ の $\mathbb{Z}[t,t^{-1}]$ 加群としての生成元となる．また，命題 3.30 の同一視により，$H_1(Y;\mathbb{Z})$ の生成元を $\{\xi_1^*,\xi_2^*,\ldots,\xi_{2g}^*\}$ とすることができる．Y_0 を Y と同一視することで，$\{\xi_1^*,\xi_2^*,\ldots,\xi_{2g}^*\}$ は $H_1(Y_{\mathrm{odd}};\mathbb{Z})\oplus H_1(Y_{\mathrm{even}};\mathbb{Z})\cong H_1\left(\bigcup_{j=-\infty}^{\infty}Y_j;\mathbb{Z}\right)$ の $\mathbb{Z}[t,t^{-1}]$ 加群としての生成元となる．

これらの生成元に対する φ_1 の表示行列を求めよう．

$i_{\mathrm{odd}*}$ は，$\xi_j\in H_1(F_0^0;\mathbb{Z})$ を $H_1(F_1^+;\mathbb{Z})$ の元とみなしてから $H_1(Y_1;\mathbb{Z})$ の元と思うので $i_{\mathrm{odd}*}(\xi_j)=t\xi_j^+$ となる．よって，系 3.31 より

$$i_{\mathrm{odd}*}(\xi_j) = t(\mathrm{lk}(\xi_1,\xi_j^+))\xi_1^* + t(\mathrm{lk}(\xi_2,\xi_j^+))\xi_2^* + \cdots + t(\mathrm{lk}(\xi_{2g},\xi_j^+))\xi_{2g}^*$$

となる．また，$i_{\mathrm{even}*}$ は，$\xi_j\in H_1(F_0^0;\mathbb{Z})$ を $H_1(F_0^-;\mathbb{Z})$ の元とみなしてから $H_1(Y_0;\mathbb{Z})$ の元と思うので $i_{\mathrm{even}*}(\xi_j)=\xi_j^-$ となる．よって

$$i_{\mathrm{even}*}(\xi_j) = \mathrm{lk}(\xi_1,\xi_j^-)\xi_1^* + \mathrm{lk}(\xi_2,\xi_j^-)\xi_2^* + \cdots + \mathrm{lk}(\xi_{2g},\xi_j^-)\xi_{2g}^*$$

$$= \mathrm{lk}(\xi_1^+,\xi_j)\xi_1^* + \mathrm{lk}(\xi_2^+,\xi_j)\xi_2^* + \cdots + \mathrm{lk}(\xi_{2g}^+,\xi_j)\xi_{2g}^*$$

となり，$H_1(\Sigma_\infty(K);\mathbb{Z})$ の表示行列は次のようになる．

$$\begin{pmatrix} t\,\mathrm{lk}(\xi_1,\xi_1^+)-\mathrm{lk}(\xi_1^+,\xi_1) & t\,\mathrm{lk}(\xi_1,\xi_2^+)-\mathrm{lk}(\xi_1^+,\xi_2) & \cdots & t\,\mathrm{lk}(\xi_1,\xi_{2g}^+)-\mathrm{lk}(\xi_1^+,\xi_{2g}) \\ t\,\mathrm{lk}(\xi_2,\xi_1^+)-\mathrm{lk}(\xi_2^+,\xi_1) & t\,\mathrm{lk}(\xi_2,\xi_2^+)-\mathrm{lk}(\xi_2^+,\xi_2) & \cdots & t\,\mathrm{lk}(\xi_2,\xi_{2g}^+)-\mathrm{lk}(\xi_2^+,\xi_{2g}) \\ \vdots & \vdots & \ddots & \vdots \\ t\,\mathrm{lk}(\xi_{2g},\xi_1^+)-\mathrm{lk}(\xi_{2g}^+,\xi_1) & t\,\mathrm{lk}(\xi_{2g},\xi_2^+)-\mathrm{lk}(\xi_{2g}^+,\xi_2) & \cdots & t\,\mathrm{lk}(\xi_{2g},\xi_{2g}^+)-\mathrm{lk}(\xi_{2g}^+,\xi_{2g}) \end{pmatrix}$$

$$= tV(K) - {}^{\mathrm{T}}V(K).$$

よって，$H_1(\Sigma_\infty(K);\mathbb{Z})$ は $\mathbb{Z}[t,t^{-1}]$ 加群として表示行列 $tV(K)-{}^\top V(K)$ を持つことがわかった．

定理 3.39 K を向きの付いた結び目，$V(K)$ を（ある Seifert 曲面の 1 次元ホモロジー群のある基底に対応する）Seifert 行列とする．そのとき，$S^3\setminus\operatorname{Int}N(K)$ の無限巡回被覆空間 $\Sigma_\infty(K)$ の 1 次元ホモロジー群は，$\mathbb{Z}[t,t^{-1}]$ 加群として $tV(K)-{}^\top V(K)$ で表示される． $\quad\square$

例 3.40 (3.11) より，8 の字結び目 E の Seifert 行列 $V(E)$ は

$$V(E)=\begin{pmatrix}-1 & 0\\ -1 & 1\end{pmatrix}$$

であった．これから，$H_1(\Sigma_\infty(E);\mathbb{Z})$ は $\mathbb{Z}[t,t^{-1}]$ 加群として次の行列で表示されることがわかる．

$$tV(E)-{}^\top V(E)=\begin{pmatrix}-t+1 & 1\\ -t & t-1\end{pmatrix}.$$

$\mathbb{Z}[t,t^{-1}]$ を成分に持つ行列の基本変形を行なって $\mathbb{Z}[t,t^{-1}]$ 加群として簡単な表示を求めよう．

$$\begin{pmatrix}-t+1 & 1\\ -t & t-1\end{pmatrix}\underset{\substack{1\,\text{行目を }(t-1)\,\text{倍して}\\ 2\,\text{行目から引く}}}{\sim}\begin{pmatrix}-t+1 & 1\\ t^2-3t+1 & 0\end{pmatrix}$$

$$\underset{\substack{2\,\text{列目を }(t-1)\,\text{倍して}\\ 1\,\text{列目に足す}}}{\sim}\begin{pmatrix}0 & 1\\ t^2-3t+1 & 0\end{pmatrix}.$$

よって，$H_1(\Sigma_\infty(E);\mathbb{Z})\cong\mathbb{Z}[t,t^{-1}]/(t^2-3t+1)$ となる． $\quad\square$

例 3.41 図 3.46 で表された結び目を 5_2 結び目と呼ぶ．

Seifert のアルゴリズムに従って構成した Seifert 曲面の基底を適当にとると，この結び目の Seifert 行列 $V(5_2)$ は

$$\begin{pmatrix}1 & 0\\ 1 & 2\end{pmatrix}$$

となる．よって，$H_1(\Sigma_\infty(5_2);\mathbb{Z})$ は

図 3.46 5_2 結び目.

$$\begin{pmatrix} t-1 & -1 \\ t & 2t-2 \end{pmatrix}$$

で表示される $\mathbb{Z}[t,t^{-1}]$ 加群であり，上と同じ計算をすることで $\mathbb{Z}[t,t^{-1}]/(2t^2-3t+2)$ と同型となる. □

注意 3.42 例 3.40 より，$H_1(\Sigma_\infty(E);\mathbb{Z})$ は可換群としては，無限個の生成元 $\{g_i\}_{i\in\mathbb{Z}}$ と，無限個の関係式 $\{-g_{i+2}+3g_{i+1}-g_i=0\}_{i\in\mathbb{Z}}$ を持つ．これから，左三つ葉結び目と同様に，可換群としては $H_1(\Sigma_\infty(E);\mathbb{Z}) \cong \mathbb{Z}\oplus\mathbb{Z}$ となることがわかる．

一方，例 3.41 より，$H_1(\Sigma_\infty(5_2);\mathbb{Z})$ は可換群としては，無限個の生成元 $\{g_i\}_{i\in\mathbb{Z}}$ と，無限個の関係式 $\{2g_{i+2}-3g_{i+1}+2g_i=0\}_{i\in\mathbb{Z}}$ を持つ．この群は有限生成ではないことがわかる (問題 3.8).

3.7 Seifert 行列の性質

図 3.36 の生成元 $\{\xi_1,\xi_2,\dots,\xi_{2g}\}$ は，
- ξ_{2i-1} と ξ_{2i} は 1 回交わる
- それ以外は交わらない

という性質を持っている．一般の生成元ではどのような性質を持つか調べてみよう．

定義 3.43（曲面の交点形式） 向きの付いた結び目 K の Seifert 曲面を F とする．F 上の**交点形式** $I_F: H_1(F;\mathbb{Z})\times H_1(F;\mathbb{Z}) \to \mathbb{Z}$ を，

$$I_F([x],[y]) := x \text{ と } y \text{ の交点の符号の和}$$

で定義する．ただし，y が x の右側から左側に横切るとき交点の符号を 1，左か

図 3.47 正の交点 (左) と負の交点 (右).

ら右に横切るとき -1 と決める (図 3.47).

図より，$I_F([x],[y]) = -I_F([y],[x])$ が成り立つこと，つまり I_F は交代形式であることに注意しよう． □

図 3.36 の生成元に対しては，

$$(3.12) \begin{pmatrix} I_F(\xi_1,\xi_1) & I_F(\xi_1,\xi_2) & \cdots & I_F(\xi_1,\xi_{2g-1}) & I_F(\xi_1,\xi_{2g}) \\ I_F(\xi_2,\xi_1) & I_F(\xi_2,\xi_2) & \cdots & I_F(\xi_2,\xi_{2g-1}) & I_F(\xi_2,\xi_{2g}) \\ \vdots & \vdots & \ddots & \vdots & \vdots \\ I_F(\xi_{2g-1},\xi_1) & I_F(\xi_{2g-1},\xi_2) & \cdots & I_F(\xi_{2g-1},\xi_{2g-1}) & I_F(\xi_{2g-1},\xi_{2g}) \\ I_F(\xi_{2g},\xi_1) & I_F(\xi_{2g},\xi_2) & \cdots & I_F(\xi_{2g},\xi_{2g-1}) & I_F(\xi_{2g},\xi_{2g}) \end{pmatrix}$$

$$= \begin{pmatrix} 0 & -1 & \cdots & 0 & 0 \\ 1 & 0 & \cdots & 0 & 0 \\ \vdots & \vdots & \ddots & \vdots & \vdots \\ 0 & 0 & \cdots & 0 & -1 \\ 0 & 0 & \cdots & 1 & 0 \end{pmatrix}$$

となる．これを，基底 $\{\xi_1,\xi_2,\ldots,\xi_{2g}\}$ に関する I_F の**表示行列**と呼ぶことにしよう．特に，この場合表示行列の行列式は 1 となる．

Seifert 曲面 F の 1 次元ホモロジー群 $H_1(F;\mathbb{Z})$ の別の生成元を $\{\eta_1,\eta_2,\ldots,\eta_{2g}\}$ とする．このとき，ある整数上の可逆行列 (行列式が ± 1 であるような整数正方行列) P が存在して

$$(3.13) \begin{pmatrix} \eta_1 & \eta_2 & \cdots & \eta_{2g} \end{pmatrix} = \begin{pmatrix} \xi_1 & \xi_2 & \cdots & \xi_{2g} \end{pmatrix} P$$

が成り立つ (P は基底変換行列)．このとき，表示行列は

$$\begin{pmatrix} I_F(\eta_1,\eta_1) & I_F(\eta_1,\eta_2) & \cdots & I_F(\eta_1,\eta_{2g-1}) & I_F(\eta_1,\eta_{2g}) \\ I_F(\eta_2,\eta_1) & I_F(\eta_2,\eta_2) & & I_F(\eta_2,\eta_{2g-1}) & I_F(\eta_2,\eta_{2g}) \\ \vdots & \vdots & \ddots & \vdots & \vdots \\ I_F(\eta_{2g-1},\eta_1) & I_F(\eta_{2g-1},\eta_2) & \cdots & I_F(\eta_{2g-1},\eta_{2g-1}) & I_F(\eta_{2g-1},\eta_{2g}) \\ I_F(\eta_{2g},\eta_1) & I_F(\eta_{2g},\eta_2) & \cdots & I_F(\eta_{2g},\eta_{2g-1}) & I_F(\eta_{2g},\eta_{2g}) \end{pmatrix}$$

$$= {}^{\top}P \begin{pmatrix} I_F(\xi_1,\xi_1) & I_F(\xi_1,\xi_2) & \cdots & I_F(\xi_1,\xi_{2g-1}) & I_F(\xi_1,\xi_{2g}) \\ I_F(\xi_2,\xi_1) & I_F(\xi_2,\xi_2) & \cdots & I_F(\xi_2,\xi_{2g-1}) & I_F(\xi_2,\xi_{2g}) \\ \vdots & \vdots & \ddots & \vdots & \vdots \\ I_F(\xi_{2g-1},\xi_1) & I_F(\xi_{2g-1},\xi_2) & \cdots & I_F(\xi_{2g-1},\xi_{2g-1}) & I_F(\xi_{2g-1},\xi_{2g}) \\ I_F(\xi_{2g},\xi_1) & I_F(\xi_{2g},\xi_2) & \cdots & I_F(\xi_{2g},\xi_{2g-1}) & I_F(\xi_{2g},\xi_{2g}) \end{pmatrix} P$$

となることがわかる. よって, どのような生成元をとっても I_F の表示行列の行列式は 1 であることがわかった.

注意 3.44 F に 2 次元円板を貼り付けて閉曲面にしたものを $\hat{F}$ とする. このとき, カップ積を使って $H^1(\hat{F};\mathbb{Z}) \times H^1(\hat{F};\mathbb{Z}) \to H^2(\hat{F};\mathbb{Z}) \cong \mathbb{Z}$ が定義される. Poincaré 双対定理 (たとえば [66], [71], [76] 参照) より, $H^1(\hat{F};\mathbb{Z}) \cong H_1(\hat{F};\mathbb{Z})$ だから, $x, y \in H_1(\hat{F};\mathbb{Z})$ に対して $D(x) \cup D(y)$ が定義される. ここで, $\cup : H^1(\hat{F};\mathbb{Z}) \times H^1(\hat{F};\mathbb{Z}) \to \mathbb{Z}$ はカップ積, $D : H_1(\hat{F};\mathbb{Z}) \to H^1(\hat{F};\mathbb{Z})$ は Poincaré 双対写像である. $H_1(F;\mathbb{Z}) \cong H_1(\hat{F};\mathbb{Z})$ を使うことで

$$H_1(F;\mathbb{Z}) \times H_1(F;\mathbb{Z}) \to \mathbb{Z}$$

が定義されるが, これは上で定義した交点形式と一致することが知られている.

次に Seifert 行列と交点形式の表示行列の関係を考えよう.

補題 3.45 $\{\eta_1, \eta_2, \ldots, \eta_{2g}\}$ を $H_1(F;\mathbb{Z})$ の任意の基底とする. この基底に対応する Seifert 行列を V とすると, F 上の交点形式 I_F の表示行列は

$$\qquad {}^{\top}V - V$$

となる. $\qquad\qquad\qquad\qquad\qquad\qquad\qquad\qquad\qquad\qquad\qquad\qquad\qquad$ □

[証明] ${}^{\top}V - V$ の (i,j) 成分は $\mathrm{lk}(\eta_j, \eta_i^+) - \mathrm{lk}(\eta_i, \eta_j^+)$ であり,

$$\mathrm{lk}(\eta_j, \eta_i^+) - \mathrm{lk}(\eta_i, \eta_j^+) = \mathrm{lk}(\eta_j, \eta_i^+) - \mathrm{lk}(\eta_j^+, \eta_i) = \mathrm{lk}(\eta_j, \eta_i^+) - \mathrm{lk}(\eta_j, \eta_i^-)$$

がわかる. ここで, 円環 B を $\partial B = \eta_i^+ \cup (-\eta_i^-)$ となるようにとる (図 3.48). ただし, $-\eta_i^-$ は η_i^- の向きを変えたものである.

B を, 図 3.49 のように, η_i^+ と $-\eta_i^-$ をつなぐ小さな帯で切ると 2 次元円板 B' が得られる. $\mathrm{lk}(\eta_j, \eta_i^+) - \mathrm{lk}(\eta_j, \eta_i^-) = \mathrm{lk}(\eta_j, \partial B')$ に注意しよう.

問題 3.5 より, $\mathrm{lk}(\eta_j, \partial B')$ は, B' と η_j の交点の符号の和となる. ところが,

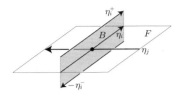 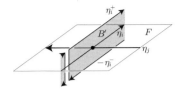

図 3.48 $\partial B = \eta_i^+ \cup (-\eta_i^-)$ となる円環.

図 3.49 B を切ることで円板 B' ができる.

各交点において，B' と η_j の交点の符号は，η_i と η_j の交点の符号に等しい．つまり，$\mathrm{lk}(\eta_j, \partial B') = I_F(\eta_i, \eta_j)$ となる．よって，${}^\top V - V$ の (i,j) 成分は I_F の表現行列の (i,j) 成分と一致する． ∎

結び目の Seifert 行列は偶数次の正方行列だから $\det(V - {}^\top V) = 1$ がわかる．実は $\det(V - {}^\top V) = 1$ が，結び目の Seifert 行列を特徴付けることもわかる（問題 3.10）．

$V - {}^\top V$ が可逆であることから，次の定理が得られる．

定理 3.46 K を向きの付いた結び目，V を任意の Seifert 行列とする．K で分岐する S^3 の二重分岐被覆空間 $\hat{\Sigma}_2(K)$ の 1 次元ホモロジー群 $H_1(\hat{\Sigma}_2(K); \mathbb{Z})$ は $V + {}^\top V$ という表示行列を持つ． □

[証明] 系 3.37 より

$$\begin{pmatrix} V & -{}^\top V \\ -{}^\top V & V \end{pmatrix}$$

が $H_1(\hat{\Sigma}_2(K); \mathbb{Z})$ の表示行列となる．ところが，行列の基本変形により

$$\begin{pmatrix} V & -{}^\top V \\ -{}^\top V & V \end{pmatrix} \underset{\text{上のブロックを下のブロックに足す}}{\sim} \begin{pmatrix} V & -{}^\top V \\ V - {}^\top V & V - {}^\top V \end{pmatrix}$$

$$\underset{\text{右のブロックを左のブロックから引く}}{\sim} \begin{pmatrix} V + {}^\top V & -{}^\top V \\ O_{2g} & V - {}^\top V \end{pmatrix}$$

となるが，右下のブロックの行列式は 1 なので，$\mathbb{Z}$ 上の逆元 D を持つ．$\begin{pmatrix} I_{2g} & {}^\top V D \\ O_{2g} & I_{2g} \end{pmatrix}$ を左から掛けることで上の行列は

$$\begin{pmatrix} V + {}^{\top}V & O_{2g} \\ O_{2g} & V - {}^{\top}V \end{pmatrix}$$

に変形できる(V は $2g$ 次正方行列).

$\begin{pmatrix} I_{2g} & O_{2g} \\ O_{2g} & D \end{pmatrix}$ を左から掛けることで,$\begin{pmatrix} V + {}^{\top}V & O_{2g} \\ O_{2g} & I_{2g} \end{pmatrix}$ になるので,$V + {}^{\top}V$ が表示行列になることがわかる. ∎

定理 3.46 より,$|\det(V + {}^{\top}V)|$ は結び目の不変量であることがわかる(注意 3.22).

定義 3.47(結び目の行列式) $\det(K) := |\det(V + {}^{\top}V)|$ とおき,結び目 K の **行列式**と呼ぶ. □

$\det(K)$ は $\#H_1(\Sigma_2(K); \mathbb{Z})$(位数)に等しい.

3.8 問 題

問題 3.1 例 3.4 で定義した $\operatorname{Im} q_*$ が,$\pi_1(S^1 \vee S^1, x)$ の,a の指数の和が偶数であるような語からなる,指数 2 の正規部分群であることを示せ. また,被覆変換群($\mathbb{Z}/2\mathbb{Z}$ と同型)の生成元は,図 3.4 の $\widehat{S^1 \vee S^1}$ の 180 度回転に対応することを示せ. □

問題 3.2 例 3.6 で定義した $\operatorname{Im} q'_*$ が,$\pi_1(S^1 \vee S^1, x)$ の,長さが偶数であるような語からなる,指数 2 の正規部分群であることを示せ. また,被覆変換群($\mathbb{Z}/2\mathbb{Z}$ と同型)の生成元は,図 3.5 の $\widehat{S^1 \vee S^1}$ の 180 度回転に対応することを示せ. □

問題 3.3 定理 3.20 のように,変数と関係式を定める. 可換群

$$\langle\langle X_1, X_2, \ldots, X_n \mid R_1, R_2, \ldots, R_{n-1} \rangle\rangle$$

が結び目の不変量になることを,(結び目群を使わずに)Reidemeister の定理(定理 2.2)を使って証明せよ. □

問題 3.4 $(p_2, \Sigma_2(K), S^3 \setminus \operatorname{Int} N(K))$ が $\operatorname{mod}_2 \circ \alpha : \pi_1(S^3 \setminus \operatorname{Int} N(K)) \to \mathbb{Z}/2\mathbb{Z}$ の核に対応した被覆空間であることを示せ. □

問題 3.5 S^3 の中の,互いに交わらない,向きの付いた単純閉曲線 U, V を

考える．U を結び目とみなし，その Seifert 曲面を F とする．ただし，F は V と有限個の点で横断的に交わっているとする．

F と V の交点を $c_1, c_2, \ldots, c_m$ とし，c_i における交点の符号を ε_i とする $(i = 1, 2, \ldots, m)$．ここで，V が F の裏から表に向かって通過するとき $\varepsilon_i = 1$，表から裏に向かって通過するときは $\varepsilon_i = -1$ とする．

このとき

$$(3.14) \qquad \mathrm{lk}(U, V) = \sum_{i=1}^{m} \varepsilon_i$$

となることを示せ． □

問題 3.6 K を向きの付いた結び目とし，V をその Seifert 行列とする．写像 $\mathrm{mod}_n \circ \alpha\colon S^3 \setminus \mathrm{Int}\, N(K) \to \mathbb{Z}/n\mathbb{Z}$ の核に付随した分岐被覆空間の 1 次元ホモロジー群は，次の表示行列で表されることを示せ．

$$\begin{pmatrix} V & -{}^{\mathsf{T}}V & O & \cdots & O & O \\ O & V & -{}^{\mathsf{T}}V & \cdots & O & O \\ O & O & V & \cdots & O & O \\ \vdots & \vdots & \vdots & \ddots & \vdots & \vdots \\ O & O & O & \cdots & -{}^{\mathsf{T}}V & O \\ O & O & O & \cdots & V & -{}^{\mathsf{T}}V \\ -{}^{\mathsf{T}}V & O & O & \cdots & O & V \end{pmatrix}.$$ □

問題 3.7 105 ページで定義した $\Sigma_\infty(K)$ が，$S^3 \setminus \mathrm{Int}\, N(K)$ の無限巡回被覆空間であることを示せ． □

問題 3.8 5_2 結び目の外部の無限巡回被覆空間の 1 次元ホモロジー群は，(可換群として)有限生成ではないことを示せ． □

問題 3.9 結び目 K の Alexander 加群を表示する正方行列の，最小次数を**中西指数**と呼ぶ．8_{18} と 9_{35} の中西指数を求めよ． □

問題 3.10 V を偶数次数の正方行列で $\det(V - {}^{\mathsf{T}}V) = 1$ をみたすものとする．そのとき V を Seifert 行列とするような結び目が存在することを示せ． □

3.9 文献案内

被覆空間の一般論は，たとえば[66]に詳しく書かれている．また，[35, Chapter 7]にも簡単にまとめられている.

その他この章に関しては，［53］，［7］，［35］なども参照されたい.

中西指数は［46］で導入された.

4 Alexander多項式

前章では，結び目補空間の被覆空間を考えて，結び目不変量をいくつか導入した．その中でも，Alexander 加群は重要な不変量であるが，残念ながらあまり計算しやすいとは言えない．

この章では，Alexander 加群に関連した不変量として Alexander 多項式について説明する．この不変量は Seifert 行列からすぐに計算できる量である．さらに，綾関係式と呼ばれる方法を使うことで Seifert 行列を経由せずに，図式だけで計算できる．この方法は，第6章で定義する Jones 多項式とも関係が深く，近年の結び目理論では欠かせない技術である．

4.1 Seifert 行列を使った定義

絡み目の場合も結び目と同様に無限巡回被覆空間を構成することができる．

$L := K_1 \cup K_2 \cup \cdots \cup K_n$ を n 成分の向きの付いた絡み目とすると $H_1(S^3 \setminus L; \mathbb{Z}) \cong \mathbb{Z}^n$ であり，meridian $\{\mu_1, \mu_2, \ldots, \mu_n\}$ で生成されている．ただし，μ_i は K_i のまわりを正の方向に一周する閉道である．基本群の可換化を $\alpha: \pi_1(S^3 \setminus L) \to H_1(S^3 \setminus L; \mathbb{Z}) \cong \mathbb{Z}^n$ とし，$p: H_1(S^3 \setminus L; \mathbb{Z}) \to \mathbb{Z}$ を $p(k_1\mu_1 + k_2\mu_2 + \cdots + k_n\mu_n) := k_1 + k_2 + \cdots + k_n \in \mathbb{Z}$ とする．$\mathrm{Ker}(p \circ \alpha) \lhd \pi_1(S^3 \setminus L)$ に対応した被覆空間を $\Sigma_\infty(L)$ とおく．ただし，$\lhd$ は正規部分群を表す．

結び目の場合と同様に，$\Sigma_\infty(L)$ を Seifert 曲面を使って構成することができる．ただし，絡み目の成分数 n が1より大きい場合，Seifert 曲面は連結であるものとする．次の補題は，問題 3.7 と同様に証明できる．

補題 4.1 $L \subset S^3$ を向きの付いた絡み目，F を L の Seifert 曲面，つまり，$\partial F = L$ となるような連結な向き付け可能曲面，$Y := S^3 \setminus \mathrm{Int}(F \times [-1, 1])$ とおく（第 3.5 節参照．特に，Y は，正確に言うと図 3.25 のように，$S^3 \setminus \mathrm{Int}(N(L) \cup$

118   4 Alexander 多項式

$(F \times [-1, 1]))$ である). Y_j を Y の複製 $(j \in \mathbb{Z})$, $F_j^{\pm} := F_j \times \{\pm 1\} \subset \partial Y_j$ とする. ただし, $F_j \times \{\pm 1\}$ は $F \times \{\pm 1\} \subset \partial Y$ の複製である. F_{j-1}^+ と F_j^- を貼り合わせてできる空間を $\Sigma_\infty(L)$ とおく.

そのとき, $\Sigma_\infty(L)$ は $\mathrm{Ker}(p \circ \alpha)$ に対応した $S^3 \setminus L$ の被覆空間である.   □

定理 3.39 と同様に, 次の定理が得られる.

定理 4.2　L を向きの付いた絡み目, V を(ある連結な Seifert 曲面の 1 次元ホモロジー群のある基底に対応する) Seifert 行列とする. そのとき, $S^3 \setminus L$ の無限巡回被覆空間 $\Sigma_\infty(L)$ の 1 次元ホモロジー群は, $\mathbb{Z}[t, t^{-1}]$ 加群として $tV - {}^{\mathsf{T}}V$ で表示される.   □

$\mathbb{Z}[t, t^{-1}]$ は主イデアル整域(任意のイデアルが単項イデアルとなるような整域)ではないので, $H_1(\Sigma_\infty(L); \mathbb{Z})$ が具体的にどのような加群になるかを調べるのは難しい.

注意 4.3　もし, $\mathbb{Z}[t, t^{-1}]$ が主イデアル整域であれば, (有限生成 Abel 群の基本定理と同様に)任意の $\mathbb{Z}[t, t^{-1}]$ 加群は, $\mathbb{Z}[t, t^{-1}]/(f_i(t))$ の形の加群の直和に分かれるので, $f_i(t)$ の積を考えることで, 加群の性質を調べることができる.

上の注意にある「$f_i(t)$ の積」に対応するものを定義しよう. 一般の(単位元 1 を持つ)可換環 R に対する定義として述べておく.

定義 4.4(加群の表示行列)　R を(単位元 1 を持つ)可換環, M を有限表示 R 加群とする. つまり, M は

$$M = \langle\!\langle g_1, g_2, \ldots, g_m \mid r_1, r_2, \ldots, r_k \rangle\!\rangle$$

と表示されるとする. ただし, r_j は $g_1, g_2, \ldots, g_m$ の一次結合として

$$r_j = \sum_{i=1}^m a_{ij} g_i$$

のように表されているとする. R^k を, $h_1, h_2, \ldots, h_k$ で生成される自由 R 加群, R^m を, $g_1, g_2, \ldots, g_m$ で生成される自由 R 加群とみなす. 準同型写像 $\alpha : R^k \to R^m$ を

$$\alpha(h_j) := \sum_{i=1}^m a_{ij} g_i$$

とおけば, M は次の完全列をみたす.

(4.1) $$R^k \xrightarrow{\alpha} R^m \to M \to \{0\}$$

$m \times k$ 行列 A を (a_{ij}) で定義する．このような A を，α に対応した R 加群 M の **表示行列**という．　　　　　　　　　　　　　　　　　　　　　　　　□

これは，次のように表すとわかりやすいかもしれない．

$$\alpha \left(\begin{pmatrix} h_1 & h_2 & \cdots & h_k \end{pmatrix} \right) = \begin{pmatrix} g_1 & g_2 & \cdots & g_m \end{pmatrix} A.$$

もちろん，加群が与えられたからと言って，表示行列が一意に決まるわけではない．しかし，同じ加群に対する表示行列は，以下に述べる「基本変形」で移り合うことがわかる（可換群の場合はすでに第 3 章で用いていることである）．

命題 4.5　M を有限表示 R 加群，A, B をその表示行列とする．そのとき，A と B は次の変形およびその逆を有限回施すことで互いに移り合う．

(1) 2 つの行を入れ替える，または 2 つの列を入れ替える．

(2) ある行（列）を（R の元で）何倍かして他の行（列）に加える．

(3) 0 のみからなる列を付け加える．

(4) 行列 C を $\begin{pmatrix} C & O \\ O & 1 \end{pmatrix}$ にする．ただし，O は適当な大きさの零行列であり，$1 \in R$ である．　　　　　　　　　　　　　　　　　　　　　　　　　　　　　□

注意 4.6　(1), (2) は基底変換，(3) は自明な関係式を付け加えること，(4) は生成元を付け加えると同時にそれが 0 であるという関係式を付け加えることに対応している．

[証明]　まず，次の操作 (2-a), (2-b) は (2) を繰り返すことで得られることに注意する．

(2-a) 区分された行列

$$\begin{pmatrix} X_{11} & \cdots & X_{1t} \\ \vdots & \ddots & \vdots \\ X_{s1} & \cdots & X_{st} \end{pmatrix}$$

の 1 つの区分行に，ある行列を左から掛けて他の区分行に加える．

(2-b) 区分された行列の 1 つの区分列に，ある行列を右から掛けて他の区分列に加える．

(2-a) が (2) の操作を繰り返して得られることは，(2) の操作のうち第 j 行を λ 倍して第 i 行に加える操作が，対角成分が全て 1，(i, j) 成分が λ，他の成分がすべて 0 という行列を左から掛けることで得られることからわかる．同様に (2-b) は，(2) の列に関する操作が，ある行列を右から掛けることで得られることから

120   4 Alexander 多項式

わかる.

α を表示行列 A に対応した準同型写像, β を表示行列 B に対応した準同型写像とすると, (4.1) より次の2つの完全列が得られる.

$$R^k \xrightarrow{\alpha} R^m \xrightarrow{p} M \to \{0\},$$
$$R^l \xrightarrow{\beta} R^n \xrightarrow{q} M \to \{0\}.$$

ここで, p, q はともに商写像を表している.

まず, q は全射であるから $p = q \circ \gamma$ となるような準同型写像 $\gamma\colon R^m \to R^n$ が存在する(まず, R^m の基底 $\{g_1, g_2, \ldots, g_m\}$ を選ぶ. q は全射なので, 各 g_i に対して R^n の元 x_i で $p(g_i) = q(x_i)$ となるものが存在する. 対応 $g_i \mapsto x_i$ $(1 \leqq i \leqq m)$ を拡張して得られる準同型写像 $\gamma\colon R^m \to R^n$ は $p = q \circ \gamma$ をみたす).

$$
\begin{array}{ccccccc}
R^k & \xrightarrow{\alpha} & R^m & \xrightarrow{p} & M & \longrightarrow & \{0\} \\
& & \gamma\downarrow & & \downarrow{\rm Id}_M & & \\
R^l & \xrightarrow{\beta} & R^n & \xrightarrow{q} & M & \longrightarrow & \{0\}
\end{array}
$$

また, $q \circ \gamma \circ \alpha = p \circ \alpha = 0$ だから, 下の行の完全性より $\beta \circ \delta = \gamma \circ \alpha$ となるような, 準同型写像 δ が存在する(R^k の基底 $\{h_1, h_2, \ldots, h_k\}$ を選び, 各 h_j に対して $\gamma(\alpha(h_j)) \in R^n$ を考えると, R^n における完全性より $\beta(y_j) = \gamma(\alpha(h_j))$ となる $y_j \in R^l$ がとれる. 対応 $h_j \mapsto y_j$ を拡張して準同型写像 $\delta\colon R^k \to R^l$ を定義する).

$$
\begin{array}{ccccccc}
R^k & \xrightarrow{\alpha} & R^m & \xrightarrow{p} & M & \longrightarrow & \{0\} \\
\delta\downarrow & & \gamma\downarrow & & \downarrow{\rm Id}_M & & \\
R^l & \xrightarrow{\beta} & R^n & \xrightarrow{q} & M & \longrightarrow & \{0\}
\end{array}
$$

ここで, R^n の生成元を $f_1, f_2, \ldots, f_n$ とし γ の表示行列を $C = (c_{li})$, α の表示行列を $A = (a_{ij})$ とおくと

$$\gamma \circ \alpha(h_j) = \gamma\left(\sum_{i=1}^{m} a_{ij} g_i\right) = \sum_{l=1}^{n} \sum_{i=1}^{m} c_{li} a_{ij} f_l$$

つまり,

$$\gamma \circ \alpha\left(\begin{pmatrix} h_1 & h_2 & \cdots & h_k \end{pmatrix}\right) = \begin{pmatrix} f_1 & f_2 & \cdots & f_n \end{pmatrix} CA$$

となるので, $\gamma \circ \alpha$ に対応した表示行列は CA となる. また, β, δ に対応した表示行列を, それぞれ B, D とすると $\beta \circ \delta$ に対応した表示行列は BD となる. $\gamma \circ$

$\alpha = \beta \circ \delta$ だから $CA = BD$ である.

同様にして，次の可換図式をみたすような準同型写像 κ, φ が存在する.

$$
\begin{array}{ccccccc}
R^k & \xrightarrow{\ \alpha\ } & R^m & \xrightarrow{\ p\ } & M & \longrightarrow & \{0\} \\
\Big\uparrow{\varphi} & & \kappa\Big\uparrow & & \Big\uparrow{\mathrm{Id}_M} & & \\
R^l & \xrightarrow{\ \beta\ } & R^n & \xrightarrow{\ q\ } & M & \longrightarrow & \{0\}
\end{array}
$$

また，κ, φ に対応する表示行列を，それぞれ K, F とすると，$\alpha \circ \varphi, \kappa \circ \beta$ に対応した表示行列は，それぞれ AF, KB となる．図式の可換性から $AF = KB$ である.

そこで，行列 A を次のように変形する（I_n は n 次単位行列，$O_{n,l}$ は $n \times l$ 零行列）.

$$
A \xrightarrow{\text{(4)を } n \text{ 回施す}} \begin{pmatrix} A & O_{m,n} \\ O_{n,k} & I_n \end{pmatrix}
$$

$$
\xrightarrow[\text{上の区分行に足す(2-a)}]{\text{下の区分行に左から } K \text{ を掛けて，}} \begin{pmatrix} A & K \\ O_{n,k} & I_n \end{pmatrix}
$$

$$
\xrightarrow{\text{(3)を } l \text{ 回繰り返す}} \begin{pmatrix} A & K & O_{m,l} \\ O_{n,k} & I_n & O_{n,l} \end{pmatrix}
$$

$$
\xrightarrow[\text{右端の区分列に足す(2-b)}]{\text{真ん中の区分列に右から } B \text{ を掛けて，}} \begin{pmatrix} A & K & KB \\ O_{n,k} & I_n & B \end{pmatrix}
$$

$$
\xrightarrow{KB = AF \text{ より}} \begin{pmatrix} A & K & AF \\ O_{n,k} & I_n & B \end{pmatrix}
$$

$$
\xrightarrow[\text{右端の区分列に足す(2-b)}]{\text{左端の区分列に右から } -F \text{ を掛けて，}} \begin{pmatrix} A & K & O_{m,l} \\ O_{n,k} & I_n & B \end{pmatrix}
$$

$$
\xrightarrow{\text{(3)を } m \text{ 回繰り返す}} \begin{pmatrix} A & K & O_{m,l} & O_{m,m} \\ O_{n,k} & I_n & B & O_{n,m} \end{pmatrix}
$$

$$
\xrightarrow[\text{右端の区分列に足す(2-b)}]{\text{左から 2 つ目の区分列に右から } C \text{ を掛けて，}} \begin{pmatrix} A & K & O_{m,l} & KC \\ O_{n,k} & I_n & B & C \end{pmatrix}
$$

ここで，$AL = KC - I_m$ をみたす $k \times m$ 行列 L が存在することを示す．そのためには $\alpha \circ \lambda = \kappa \circ \gamma - \mathrm{Id}_{R^m}$ となる準同型写像 $\lambda \colon R^m \to R^k$ が存在することを示せ

ばよい.

$p \circ \kappa \circ \gamma = q \circ \gamma = p$ だ か ら, $p \circ (\kappa \circ \gamma - \mathrm{Id}_{R^m}) = 0$ と な り, $\mathrm{Im}(\kappa \circ \gamma - \mathrm{Id}_{R^m}) \subset$ $\mathrm{Ker}\, p = \mathrm{Im}\, \alpha$ がわかる. つまり, R^m の基底 $\{g_1, g_2, \ldots, g_m\}$ の元 g_i に対し $(\kappa \circ \gamma - \mathrm{Id}_{R^m})(g_i) \in \mathrm{Im}\, \alpha$ ということだから, $(\kappa \circ \gamma - \mathrm{Id}_{R^m})(g_i) = \alpha(z_i)$ となるような $z_i \in R^k$ が存在する. 対応 $g_i \mapsto z_i$ を拡張した準同型写像を $\lambda \colon R^m \to R^k$ とおけばよい.

行列の変形を続ける.

$$\begin{pmatrix} A & K & O_{m,l} & KC \\ O_{n,k} & I_n & B & C \end{pmatrix}$$

$$\xrightarrow[\text{右端の区分列に足す(2-b)}]{\text{左端の区分列に右から } -L \text{ を掛け,}} \begin{pmatrix} A & K & O_{m,l} & KC-AL \\ O_{n,k} & I_n & B & C \end{pmatrix}$$

$$\xrightarrow{KC-AL = I_m} \begin{pmatrix} A & K & O_{m,l} & I_m \\ O_{n,k} & I_n & B & C \end{pmatrix}$$

つまり, A は, (1), (2), (3), (4)を有限回施すことで $\begin{pmatrix} A & K & O_{m,l} & I_m \\ O_{n,k} & I_n & B & C \end{pmatrix}$ という行列に変形できた. 同様の変形を B に適用すると(A と B, C と K, m と n, k と l がそれぞれ入れ替わる), B は $\begin{pmatrix} B & C & O_{n,k} & I_n \\ O_{m,l} & I_m & A & K \end{pmatrix}$ という行列に変形できる. また,

$$\begin{pmatrix} A & K & O_{m,l} & I_m \\ O_{n,k} & I_n & B & C \end{pmatrix}$$

$$\xrightarrow{\text{上と下の区分行を入れ替える(1)}} \begin{pmatrix} O_{n,k} & I_n & B & C \\ A & K & O_{m,l} & I_m \end{pmatrix}$$

$$\xrightarrow[\text{右端の区分列と左から 2 番目の区分列を入れ替える(1)}]{\text{左端の区分列と左から 3 番目の区分列を入れ替え,}} \begin{pmatrix} B & C & O_{n,k} & I_n \\ O_{m,l} & I_m & A & K \end{pmatrix}$$

であるから, B から $\begin{pmatrix} B & C & O_{n,k} & I_n \\ O_{m,l} & I_m & A & K \end{pmatrix}$ への変形を逆にたどることで A を B に変形できる. ∎

系 4.7 M を有限表示 R 加群とする. M の表示行列 A の行の数を m とするとき, A の m 次小行列式全体で生成されるイデアルは, 表示行列の取り方によ

らない. ただし, 列の数の方が行の数より少ないときは $\{0\}$ とする. □

[証明] 命題 4.5 の操作でこのイデアルが変わらないことを示せばよい. (1),
(2), (3)で不変となるのは明らかである. (4)で不変であるのは, $\begin{pmatrix} C & O \\ O & 1 \end{pmatrix}$ の右
下の 1 を含まない小行列式は 0 であることからわかる. ■

定義 4.8(基本イデアル) 系 4.7 で定めたイデアルを, M の**基本イデアル**と
いう. □

特に, R 加群 M が正方行列 A を表示行列に持つとき, 基本イデアルは $\det(A)$
で生成される単項イデアルとなる.

絡み目 L の無限巡回被覆空間の 1 次元ホモロジー群は正方行列 $tV - {}^{\mathsf{T}}V$ を表
示行列に持ったので $\det(tV - {}^{\mathsf{T}}V)$ で生成される単項イデアルは, 絡み目の不変
量になる.

定義 4.9(Alexander 多項式) L を向きの付いた絡み目, V を(連結な Seifert
曲面に対応する)Seifert 行列とする. $\det(tV - {}^{\mathsf{T}}V)$ を L の **Alexander 多項式**
といい $\Delta(L; t)$ と書く.

$\Delta(L; t)$ は $\mathbb{Z}[t, t^{-1}]$ の単元倍のあいまいさを無視すると一意的に定義されてい
る. つまり, 別の Seifert 行列から定義された Alexander 多項式を $\Delta'(L; t)$ とす
ると, $\Delta'(L; t) \overset{\circ}{=} \Delta(L; t)$ が成り立つ. ここで, t の Laurent 多項式 $f(t)$ と $g(t)$
が, ある $n \in \mathbb{Z}$ に対して $f(t) = \pm t^n g(t)$ をみたしているとき, $f(t) \overset{\circ}{=} g(t)$ と書く
ことにする. □

例 4.10 (3.11)より, 8 の字結び目 E の Seifert 行列は $\begin{pmatrix} -1 & 0 \\ -1 & 1 \end{pmatrix}$ であった.
よって,

$$\Delta(E; t) = \det \left(t \begin{pmatrix} -1 & 0 \\ -1 & 1 \end{pmatrix} - \begin{pmatrix} -1 & -1 \\ 0 & 1 \end{pmatrix} \right) = -t^2 + 3t - 1$$

となる.

例 3.40 より, $H_1(\Sigma_\infty(E); \mathbb{Z})$ は $\mathbb{Z}[t, t^{-1}]$ 加群として $\mathbb{Z}[t, t^{-1}]/(t^2 - 3t + 1)$ で
あったことに注意しよう. □

Alexander 多項式は, 絡み目の種数を評価するのに有効である.

命題 4.11 成分数 $\#(L)$ の向き付けられた絡み目 L に対して,

124　4 Alexander 多項式

$$g(L) \geqq \frac{1}{2} \left(\deg \Delta(L;t) - \#(L) + 1 \right)$$

が成り立つ．ただし，deg は多項式の最高次数と最低次数の差を表す．これは，同値関係 $\doteq$ に矛盾しないことに注意しよう．また，絡み目 L の種数 $g(L)$ も，結び目のとき（定義 1.38）と同様に，L を境界とする連結で向き付け可能な曲面の最小種数として定義する．　□

[証明]　F を L の連結な Seifert 曲面，V を F から定まる Seifert 行列とする．F の種数を g とすると，$H_1(F;\mathbb{Z}) \cong \mathbb{Z}^{2g+\#(L)-1}$ であるから，V は $(2g+\#(L)-1) \times (2g+\#(L)-1)$ 行列である．定義 4.9 より，（負冪を含まない）$\Delta(L;t)$ の次数は $2g+\#(L)-1$ 以下となる．$\pm t^n$ を掛けても deg は変わらないので命題が従う．　■

4.2　円環面絡み目と衛星結び目の Alexander 多項式

この節では，円環面絡み目と衛星結び目の Alexander 多項式を計算する．

まず，円環面絡み目を考える．

定理 4.12　p, q を正の整数とし，$T(p,q)$ を円環面絡み目とする（第 1.4 節）．そのとき，

$$\Delta(T(p,q);t) \doteq \frac{(t^{pq/d}-1)^d(t-1)}{(t^p-1)(t^q-1)}$$

が成り立つ．ただし，d は p と q の最大公約数である．　□

[証明]　図 4.1 のような，$T(p,q)$ の Seifert 曲面 F を考える．

$H_1(F;\mathbb{Z})$ の生成元を，図 4.2 のように $\{g_{1,1}, \ldots, g_{1,q-1}, g_{2,1}, \ldots, g_{2,q-1}, \ldots, g_{p-1,1}, \ldots, g_{p-1,q-1}\}$ とする．すると，この生成元に対応する Seifert 行列は次のような $(q-1)(p-1)$ 次正方行列になる．

$$(4.2) \quad \begin{pmatrix} U & {}^\top U & O & \cdots & O & O \\ O & U & {}^\top U & \cdots & O & O \\ O & O & U & \cdots & O & O \\ \vdots & \vdots & \vdots & \ddots & \vdots & \vdots \\ O & O & O & \cdots & U & {}^\top U \\ O & O & O & \cdots & O & U \end{pmatrix}.$$

4.2 円環面絡み目と衛星結び目の Alexander 多項式 125

図 4.1 $T(4,5)$ の Seifert 曲面.

図 4.2 Seifert 曲面の 1 次元ホモロジー群の生成元.

ただし, U は $(q-1)$ 次正方行列

$$U := \begin{pmatrix} -1 & 1 & 0 & \cdots & 0 & 0 \\ 0 & -1 & 1 & \cdots & 0 & 0 \\ 0 & 0 & -1 & \cdots & 0 & 0 \\ \vdots & \vdots & \vdots & \ddots & \vdots & \vdots \\ 0 & 0 & 0 & \cdots & -1 & 1 \\ 0 & 0 & 0 & \cdots & 0 & -1 \end{pmatrix}$$

であり, O は $(q-1)$ 次正方零行列である. また, 区分行列は縦横に $(p-1)$ ずつ集まっている. よって, Alexander 多項式は

$$\Delta(T(p,q);t) = \det \begin{pmatrix} tU - {}^\top U & t^\top U & O & \cdots & O & O \\ -U & tU - {}^\top U & t^\top U & \cdots & O & O \\ O & -U & tU - {}^\top U & \cdots & O & O \\ \vdots & \vdots & \vdots & \ddots & \vdots & \vdots \\ O & O & O & \cdots & tU - {}^\top U & t^\top U \\ O & O & O & \cdots & -U & tU - {}^\top U \end{pmatrix}$$

となる. ここで, すべての $j \geqq 2$ に対して j 列目の区分を t^{1-j} 倍して 1 列目の区分に加えると

126   4 Alexander 多項式

$$
\det \begin{pmatrix}
tU & t^\top U & O & \cdots & O & O \\
O & tU - {}^\top U & t^\top U & \cdots & O & O \\
O & -U & tU - {}^\top U & \cdots & O & O \\
\vdots & \vdots & \vdots & \ddots & \vdots & \vdots \\
O & O & O & \cdots & tU - {}^\top U & t^\top U \\
-t^{2-p}{}^\top U & O & O & \cdots & -U & tU - {}^\top U
\end{pmatrix}
$$

が得られる.

ここで，次の区分行列の行列式の公式を使う.

補題 4.13　A, D が正方行列で A が正則のとき

$$
\det \begin{pmatrix} A & B \\ C & D \end{pmatrix} = \det A \det(D - C\, A^{-1}\, B)
$$

が成り立つ.　　　　　　　　　　　　　　　　　　　　　　□

$\det tU = (-t)^{q-1}$ で tU は正則だから，この補題を使うと

$\Delta(T(p, q); t)$

$$
= (-t)^{q-1} \det \left(\begin{pmatrix}
tU - {}^\top U & t^\top U & \cdots & O & O \\
-U & tU - {}^\top U & \cdots & O & O \\
\vdots & \vdots & \ddots & \vdots & \vdots \\
O & O & \cdots & tU - {}^\top U & t^\top U \\
O & O & \cdots & -U & tU - {}^\top U
\end{pmatrix} \right.
$$

$$
\left. - \begin{pmatrix} O \\ O \\ \vdots \\ O \\ -t^{2-p}{}^\top U \end{pmatrix} t^{-1}U^{-1} \begin{pmatrix} t^\top U & O & \cdots & O & O \end{pmatrix} \right)
$$

$$
= (-t)^{q-1} \det \begin{pmatrix} tU - {}^\top U & t\,{}^\top U & \cdots & O & O \\ -U & tU - {}^\top U & \cdots & O & O \\ \vdots & \vdots & \ddots & \vdots & \vdots \\ O & O & \cdots & tU - {}^\top U & t\,{}^\top U \\ t^{2-p}\,{}^\top U U^{-1}\,{}^\top U & O & \cdots & -U & tU - {}^\top U \end{pmatrix}
$$

となる. 同様にして

$\Delta(T(p,q);t)$

$= (-t)^{q-1}$

$$
\times \det \begin{pmatrix} tU & {}^\top U & \cdots & O & O \\ O & tU - {}^\top U & \cdots & O & O \\ \vdots & \vdots & \ddots & \vdots & \vdots \\ O & O & \cdots & tU - {}^\top U & {}^\top U \\ t^{2-p}\,{}^\top U U^{-1}\,{}^\top U - t^{3-p}\,{}^\top U & O & \cdots & -U & tU - {}^\top U \end{pmatrix}
$$

$= (-t)^{2(q-1)}$

$$
\times \det \begin{pmatrix} tU - {}^\top U & \cdots & O & O \\ \vdots & \ddots & \vdots & \vdots \\ O & \cdots & tU - {}^\top U & {}^\top U \\ -t^{2-p}\,{}^\top U U^{-1}\,{}^\top U U^{-1}\,{}^\top U + t^{3-p}\,{}^\top U U^{-1}\,{}^\top U & \cdots & -U & tU - {}^\top U \end{pmatrix}
$$

$= \cdots$

$= (-t)^{(p-2)(q-1)}$

$\quad \times \det \left(tU - {}^\top U + t^{-1}\,{}^\top U U^{-1}\,{}^\top U + \cdots + (-1)^{2-p} t^{2-p}\,{}^\top U \left(U^{-1}\,{}^\top U \right)^{p-2} \right)$

$= (-t)^{(p-2)(q-1)} \det(tU)$

$\quad \times \det \left(I_{q-1} - t^{-1} U^{-1}\,{}^\top U + t^{-2} U^{-1}\,{}^\top U U^{-1}\,{}^\top U + \cdots + (-1)^{1-p} t^{1-p} U^{-1}\,{}^\top U \left(U^{-1}\,{}^\top U \right)^{p-2} \right)$

$= (-t)^{(p-1)(q-1)} \det \left(\sum_{i=0}^{p-1} (-1)^i t^{-i} (U^{-1}\,{}^\top U)^i \right)$

が得られる.

$$
\left(\sum_{i=0}^{p-1} (-1)^i t^{-i} (U^{-1}\,{}^\top U)^i \right) \left(I_{q-1} + t^{-1} U^{-1}\,{}^\top U \right) = I_{q-1} - t^{-p} (-U^{-1}\,{}^\top U)^p
$$

だから

$$\Delta(T(p,q);t) = (-t)^{(p-1)(q-1)} \frac{\det\left(I_{q-1} - t^{-p}(-U^{-1\top}U)^p\right)}{\det\left(I_{q-1} + t^{-1}U^{-1\top}U\right)}$$

である.

$$U^{-1\top}U = \begin{pmatrix} 0 & 0 & 0 & \cdots & 0 & 1 \\ -1 & 0 & 0 & \cdots & 0 & 1 \\ 0 & -1 & 0 & \cdots & 0 & 1 \\ \vdots & \vdots & \vdots & \ddots & \vdots & \vdots \\ 0 & 0 & 0 & \cdots & 0 & 1 \\ 0 & 0 & 0 & \cdots & -1 & 1 \end{pmatrix}$$

であるから,

$$I_{q-1} + t^{-1}U^{-1\top}U = \begin{pmatrix} 1 & 0 & 0 & \cdots & 0 & t^{-1} \\ -t^{-1} & 1 & 0 & \cdots & 0 & t^{-1} \\ 0 & -t^{-1} & 1 & \cdots & 0 & t^{-1} \\ \vdots & \vdots & \vdots & \ddots & \vdots & \vdots \\ 0 & 0 & 0 & \cdots & 1 & t^{-1} \\ 0 & 0 & 0 & \cdots & -t^{-1} & 1+t^{-1} \end{pmatrix}$$

$$= t^{-1}\begin{pmatrix} t & 0 & 0 & \cdots & 0 & 1 \\ -1 & t & 0 & \cdots & 0 & 1 \\ 0 & -1 & t & \cdots & 0 & 1 \\ \vdots & \vdots & \vdots & \ddots & \vdots & \vdots \\ 0 & 0 & 0 & \cdots & t & 1 \\ 0 & 0 & 0 & \cdots & -1 & t+1 \end{pmatrix}$$

となり, よく知られた行列式の公式より

$$\det\left(I_{q-1} + t^{-1}U^{-1\top}U\right) = 1 + t^{-1} + t^{-2} + \cdots + t^{2-q} + t^{1-q} = \frac{t^{-q}-1}{t^{-1}-1}$$

がわかる. また, $-U^{-1\top}U$ の固有多項式は $\det\left(tI_{q-1} + U^{-1\top}U\right) = 1 + t + t^2 + \cdots + t^{q-2} + t^{q-1}$ だから, $-U^{-1\top}U$ の固有値は ζ^k $(k=1,2,\ldots,q-1)$ となる. ただし, $\zeta := e^{2\pi\sqrt{-1}/q}$ である. よって, $-U^{-1\top}U$ は対角化可能であり,

4.2 円環面絡み目と衛星結び目の Alexander 多項式　129

$$-P^{-1}(U^{-1\top}U)P = \begin{pmatrix} \zeta & 0 & 0 & \cdots & 0 & 0 \\ 0 & \zeta^2 & 0 & \cdots & 0 & 0 \\ 0 & 0 & \zeta^3 & \cdots & 0 & 0 \\ \vdots & \vdots & \vdots & \ddots & \vdots & \vdots \\ 0 & 0 & 0 & \cdots & \zeta^{q-2} & 0 \\ 0 & 0 & 0 & \cdots & 0 & \zeta^{q-1} \end{pmatrix}$$

となる正則行列 P が存在する．よって，

$$\det(I_{q-1} - t^{-p}(-U^{-1\top}U)^p)$$

$$= t^{-p(q-1)} \det \begin{pmatrix} t^p - \zeta^p & 0 & 0 & \cdots & 0 & 0 \\ 0 & t^p - \zeta^{2p} & 0 & \cdots & 0 & 0 \\ 0 & 0 & t^p - \zeta^{3p} & \cdots & 0 & 0 \\ \vdots & \vdots & \vdots & \ddots & \vdots & \vdots \\ 0 & 0 & 0 & \cdots & t^p - \zeta^{(q-2)p} & 0 \\ 0 & 0 & 0 & \cdots & 0 & t^p - \zeta^{(q-1)p} \end{pmatrix}$$

$$= t^{-p(q-1)} \prod_{k=1}^{q-1} \left(t^p - \zeta^{kp} \right)$$

となる．p と q の最大公約数 d を用いて，$p = dp'$, $q = dq'$, $\zeta' := e^{2\pi\sqrt{-1}/q'}$ とおくと，$\zeta^p = \zeta'^{p'}$ だから最後の式は

$$t^{-p(q-1)} \prod_{k=1}^{q-1} \left(t^p - \zeta'^{kp'} \right)$$

$$= t^{-p(q-1)} \prod_{k=1}^{q'-1} \left(t^p - \zeta'^{kp'} \right) \times \prod_{k=1}^{q'-1} \left(t^p - \zeta'^{(k+q')p'} \right) \times \cdots \times \prod_{k=1}^{q'-1} \left(t^p - \zeta'^{(k+(d-1)q')p'} \right)$$

$$\times \left(t^p - \zeta'^{q'p'} \right) \left(t^p - \zeta'^{2q'p'} \right) \times \cdots \times \left(t^p - \zeta'^{(d-1)q'p'} \right)$$

$$= t^{-p(q-1)} (t^p - 1)^{d-1} \left(\prod_{k=1}^{q'-1} \left(t^p - \zeta'^{kp'} \right) \right)^d$$

$$= t^{-p(q-1)} (t^p - 1)^{d-1} \left(1 + t^p + t^{2p} + \cdots + t^{(q'-2)p} + t^{(q'-1)p} \right)^d$$

$$= t^{-p(q-1)} \frac{\left(t^{pq'} - 1 \right)^d}{t^p - 1}$$

に等しい．よって，

130   4 Alexander 多項式

$$\Delta(T(p,q);t) = (-1)^{(p-1)(q-1)} \frac{(t^{pq/d}-1)^d(t-1)}{(t^p-1)(t^q-1)}$$

がわかった.   ■

これを使うと, 円環面結び目を分類することができる(問題 4.3).

次に, 衛星結び目の Alexander 多項式を計算してみよう.

定理 4.14 K を向きの付いた衛星結び目とし, その伴星結び目を C, 模様を P とする(第 1.4 節). そのとき

$$\Delta(K;t) \overset{\circ}{=} \Delta(C;t^w)\Delta(P;t)$$

が成り立つ. ただし, P がほどけた円環体 S に含まれているとき, $[P] \in H_1(S;\mathbb{Z}) \cong \mathbb{Z}$ は生成元の w 倍となっているとする(必要なら生成元の向きを変えて $w \geqq 0$ としておく).   □

[証明] C に適当に向きを付けておく. V を C の管状近傍とし, 衛星結び目を定義するときの同相写像を $f\colon S \to V$ とする.

K に次のようにして Seifert 曲面を張る.

まず, P の射影図を考え, Seifert のアルゴリズム(第 1.7 節参照)で Seifert 曲面 F を構成する. このとき S の射影は自明な円環となっているものとする. すると, Seifert 円周は, この円環の中で円板を張るか, 円環と平行な円周となるかのどちらかである(図 4.3).

よって, $F \cap \partial S$ は S の longitude (S を $S^1 \times D^2$ とみなしたとき, S^1 方向を longitude と呼ぶ)と平行な何本かの円周となる. これらの円周は, F の中で円板 $B_1, B_2, \ldots, B_{w+2r}$ の境界となっている. $b_i := \partial B_i \subset \partial S$ $(i=1,2,\ldots,w+2r)$ とおく. ここで, $b_1,\ldots,b_w,b_{w+1},\ldots,b_{w+r}$ は C と同じ向き, $b_{w+r+1},b_{w+r+2}, \ldots,b_{w+2r}$ は逆向きになっているとしてよい.

次に, 伴星結び目 C に Seifert 曲面 G を張り, それを G と直交する方向にずらすこと(G は向き付け可能だからずらすことができる)で, $w+2r$ 枚の複製を作り $G_1, G_2, \ldots, G_w, G_{w+1}, \ldots, G_{w+r}, -G_{w+r+1}, \ldots, -G_{w+2r}$ とする(図 4.4 参照). ただし, $-G_{w+k}$ は G の向きを変えたものの複製である. また, $l_i := G_i \cap \partial V$ とする. $l_1,\ldots,l_{w+r}$ には, それぞれ $G_1,\ldots,G_{w+r}$ から導かれる向きを, $l_{w+r+1},\ldots,l_{w+2r}$ には, それぞれ $-G_{w+r+1},\ldots,-G_{w+2r}$ から導かれる向きを付けておく.

$\tilde{l}_i := f^{-1}(l_i)$ は円環体 S に含まれているので, $P \sqcup (-\tilde{l}_1) \sqcup (-\tilde{l}_2) \sqcup \cdots \sqcup (-\tilde{l}_{w+2r})$

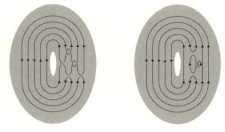

図 4.3 $S \supset P$ の射影図(左)とその Seifert 円周(右).

図 4.4 伴星結び目 C の Seifert 曲面 G の $w+2r$ 枚の複製.

は，S の中の絡み目となっている．ただし，$-\tilde{l}_i$ は $\tilde{l}_i$ の向きを変えたものである．衛星結び目の定義より，$\tilde{l}_i$ は S が含まれる $\mathbb{R}^3$ 内の xy 平面に平行であることがわかる．

そこで $\check{F} := F \setminus \left(\bigcup_{i=1}^{w+2r} \operatorname{Int} B_i \right)$ とおき，
$$F' := f(\check{F}) \cup \left(\bigcup_{j=1}^{w+r} G_j \right) \cup \left(\bigcup_{k=1}^{r} -G_{w+r+k} \right)$$
とする．ただし，必要なら G_j をずらして，$l_j = f(b_j)$ となるようにする．F' は向き付け可能な曲面で K を境界として持つ．

次に，F' に付随した Seifert 行列を計算しよう．

F' は，F から円板を除いてその代わりに G_i を境界に沿って貼り付けたものと同相だから，$H_1(F'; \mathbb{Z})$ の種数は F の種数と G_i の種数の和に等しい．また，$H_1(F'; \mathbb{Z})$ の生成元は，$f(F \cap S)$ に含まれる単純閉曲線と G_i に含まれる単純閉曲線から選べる．$f(F \cap S)$ に対応した Seifert 行列を W とする．また，G_j に対応した Seifert 行列はすべて等しいのでそれを U とする．

円環体 S に埋め込まれた 2 つの円周 α と β の絡み数は，$f(\alpha)$ と $f(\beta)$ の絡み数に等しい．これは次のような理由による．S 内の円周 α を境界とする曲面 Q を Seifert のアルゴリズムで作り，$f(\alpha) \subset f(S)$ を境界とする曲面 Q' を上述のように作ると，Q と β の交点の符号の和は Q' と $f(\beta)$ との交点の符号の和と一致

132   4 Alexander 多項式

するから（交点は $f(S)$ 内にしかないから），問題 3.5 より，$\mathrm{lk}(\alpha,\beta)=\mathrm{lk}(f(\alpha),f(\beta))$ となる．よって，W は $\breve{F}$ の Seifert 行列と一致する．

また，G_j に埋め込まれた円周と $f(S)$ に埋め込まれた円周の絡み数は常に 0 である．これは $f(S)$ に埋め込まれた円周 γ は上述のようにある向き付け可能な曲面の境界になるが，その曲面は G と平行にとれるからである．

$H_1(G;\mathbb{Z})$ の生成元を $\xi_1,\xi_2,\ldots,\xi_{2g}$，それに対応する $H_1(G_j;\mathbb{Z})$ の生成元を $\xi_{j,1},\xi_{j,2},\ldots,\xi_{j,2g}$ とする．$j<k$ のとき G_k は G_j の表側にあると仮定する．$\mathrm{lk}(\xi_{j,p},\xi_{k,q}^+)$ は次のようになる．

- $j=k$ かつ $j\leqq w+r$ のとき，$\mathrm{lk}(\xi_{j,p},\xi_{j,q}^+)=\mathrm{lk}(\xi_p,\xi_q^+)$ が成り立つ．
- $j=k$ かつ $w+r<j$ のとき，G_j は裏返しになっているので，$\mathrm{lk}(\xi_{j,p},\xi_{j,q}^+)=\mathrm{lk}(\xi_p,\xi_q^-)=\mathrm{lk}(\xi_q,\xi_p^+)$ が成り立つ．
- $j<k$ のとき，G_k は G_j の表側にあるので，$\mathrm{lk}(\xi_{j,p},\xi_{k,q}^+)=\mathrm{lk}(\xi_p,\xi_q^+)$ が成り立つ．
- $j>k$ のとき，G_j は G_k の表側にあるので，$\mathrm{lk}(\xi_{j,p},\xi_{k,q}^+)=\mathrm{lk}(\xi_p^+,\xi_q)$ が成り立つ．

よって F' に付随した Seifert 行列は

$$
\left(
\begin{array}{ccccc:cccc}
W & O & O & \cdots & O & O & O & \cdots & O \\ \hdashline
O & U & U & \cdots & U & U & U & \cdots & U \\
O & {}^\top U & U & \cdots & U & U & U & \cdots & U \\
\vdots & \vdots & \vdots & \ddots & \vdots & \vdots & \vdots & \ddots & \vdots \\
O & {}^\top U & {}^\top U & \cdots & U & U & U & \cdots & U \\ \hdashline
O & {}^\top U & {}^\top U & \cdots & {}^\top U & {}^\top U & U & \cdots & U \\
O & {}^\top U & {}^\top U & \cdots & {}^\top U & {}^\top U & {}^\top U & \cdots & U \\
\vdots & \vdots & \vdots & \ddots & \vdots & \vdots & \vdots & \ddots & \vdots \\
O & {}^\top U & {}^\top U & \cdots & {}^\top U & {}^\top U & {}^\top U & \cdots & {}^\top U \\
\end{array}
\right)
\begin{array}{l}
\left.\vphantom{\begin{array}{c}U\\U\\ \vdots\\U\end{array}}\right\}w+r \\
\left.\vphantom{\begin{array}{c}U\\U\\ \vdots\\U\end{array}}\right\}r
\end{array}
$$

$$\underbrace{\hphantom{W\quad O\quad O\quad\cdots\quad O}}_{w+r}\quad\underbrace{\hphantom{O\quad O\quad\cdots\quad O}}_{r}$$

となる．

よって，K の Alexander 多項式は

$$(4.3) \quad \det(tW - {}^{\top}W)$$

$$\times \det \left(t \begin{pmatrix} \begin{pmatrix} U & U & \cdots & U & U & U & \cdots & U \\ {}^{\top}U & U & \cdots & U & U & U & \cdots & U \\ \vdots & \vdots & \ddots & \vdots & \vdots & \vdots & \ddots & \vdots \\ {}^{\top}U & {}^{\top}U & \cdots & U & U & U & \cdots & U \\ \hline {}^{\top}U & {}^{\top}U & \cdots & {}^{\top}U & U & U & \cdots & U \\ {}^{\top}U & {}^{\top}U & \cdots & {}^{\top}U & {}^{\top}U & U & \cdots & U \\ \vdots & \vdots & \ddots & \vdots & \vdots & \vdots & \ddots & \vdots \\ {}^{\top}U & {}^{\top}U & \cdots & {}^{\top}U & {}^{\top}U & {}^{\top}U & \cdots & {}^{\top}U \end{pmatrix} \\ - \begin{pmatrix} {}^{\top}U & U & \cdots & U & U & U & \cdots & U \\ {}^{\top}U & {}^{\top}U & \cdots & U & U & U & \cdots & U \\ \vdots & \vdots & \ddots & \vdots & \vdots & \vdots & \ddots & \vdots \\ {}^{\top}U & {}^{\top}U & \cdots & {}^{\top}U & U & U & \cdots & U \\ \hline {}^{\top}U & {}^{\top}U & \cdots & {}^{\top}U & {}^{\top}U & U & \cdots & U \\ {}^{\top}U & {}^{\top}U & \cdots & {}^{\top}U & {}^{\top}U & U & \cdots & U \\ \vdots & \vdots & \ddots & \vdots & \vdots & \vdots & \ddots & \vdots \\ {}^{\top}U & {}^{\top}U & \cdots & {}^{\top}U & {}^{\top}U & {}^{\top}U & \cdots & U \end{pmatrix} \end{pmatrix} \right)$$

で与えられる．最初の行列式は $\Delta(P;t)$ を与える．2 番目の行列式は

$$\det \left(\begin{array}{cccc|cccc} tU - {}^{\top}U & (t-1)U & \cdots & (t-1)U & (t-1)U & (t-1)U & \cdots & (t-1)U \\ (t-1){}^{\top}U & tU - {}^{\top}U & \cdots & (t-1)U & (t-1)U & (t-1)U & \cdots & (t-1)U \\ \vdots & \vdots & \ddots & \vdots & \vdots & \vdots & \ddots & \vdots \\ (t-1){}^{\top}U & (t-1){}^{\top}U & \cdots & tU - {}^{\top}U & (t-1)U & (t-1)U & \cdots & (t-1)U \\ \hline (t-1){}^{\top}U & (t-1){}^{\top}U & \cdots & (t-1){}^{\top}U & t{}^{\top}U - U & (t-1)U & \cdots & (t-1)U \\ (t-1){}^{\top}U & (t-1){}^{\top}U & \cdots & (t-1){}^{\top}U & (t-1){}^{\top}U & t{}^{\top}U - U & \cdots & (t-1)U \\ \vdots & \vdots & \ddots & \vdots & \vdots & \vdots & \ddots & \vdots \\ (t-1){}^{\top}U & (t-1){}^{\top}U & \cdots & (t-1){}^{\top}U & (t-1){}^{\top}U & (t-1){}^{\top}U & \cdots & t{}^{\top}U - U \end{array} \right) \begin{matrix} \left.\begin{matrix} \\ \\ \\ \\ \end{matrix}\right\} w+r \\ \left.\begin{matrix} \\ \\ \\ \\ \end{matrix}\right\} r \end{matrix}$$

$$\underbrace{\hphantom{(t-1){}^{\top}U \quad (t-1){}^{\top}U \quad \cdots \quad (t-1){}^{\top}U}}_{w+r} \quad \underbrace{\hphantom{(t-1)U \quad (t-1)U \quad \cdots \quad (t-1)U}}_{r}$$

となる．区分行と区分列の後の $2r$ 個を並べ替えて，対角線上に $tU - {}^{\top}U$ と $t{}^{\top}U - U$ が交互に現れるようにする．U は $2g$ 次正方行列（g は G の種数）だから行列式の符号は変わらないことに注意すると，上の行列式は

$$\det\left(
\begin{array}{cccc|cccc}
tU-{}^{\top}U & (t-1)U & \cdots & (t-1)U & (t-1)U & (t-1)U & \cdots & (t-1)U & (t-1)U \\
(t-1){}^{\top}U & tU-{}^{\top}U & \cdots & (t-1)U & (t-1)U & (t-1)U & \cdots & (t-1)U & (t-1)U \\
\vdots & \vdots & \ddots & \vdots & \vdots & \vdots & \ddots & \vdots & \vdots \\
(t-1){}^{\top}U & (t-1){}^{\top}U & \cdots & tU-{}^{\top}U & (t-1)U & (t-1)U & \cdots & (t-1)U & (t-1)U \\
\hline
(t-1){}^{\top}U & (t-1){}^{\top}U & \cdots & (t-1){}^{\top}U & tU-{}^{\top}U & (t-1)U & \cdots & (t-1)U & (t-1)U \\
(t-1){}^{\top}U & (t-1){}^{\top}U & \cdots & (t-1){}^{\top}U & (t-1){}^{\top}U & t{}^{\top}U-U & \cdots & (t-1)U & (t-1)U \\
\vdots & \vdots & \ddots & \vdots & \vdots & \vdots & \ddots & \vdots & \vdots \\
(t-1){}^{\top}U & (t-1){}^{\top}U & \cdots & (t-1){}^{\top}U & (t-1){}^{\top}U & (t-1){}^{\top}U & \cdots & tU-{}^{\top}U & (t-1)U \\
(t-1){}^{\top}U & (t-1){}^{\top}U & \cdots & (t-1){}^{\top}U & (t-1){}^{\top}U & (t-1){}^{\top}U & \cdots & (t-1){}^{\top}U & t{}^{\top}U-U
\end{array}
\right)
\begin{array}{c} \left.\vphantom{\begin{array}{c}a\\a\\a\\a\end{array}}\right\}w \\[2em] \left.\vphantom{\begin{array}{c}a\\a\\a\\a\\a\end{array}}\right\}2r \end{array}$$

$$\underbrace{\phantom{tU-{}^{\top}U \quad (t-1)U \quad \cdots \quad (t-1)U}}_{w} \qquad \underbrace{}_{2r}$$

に等しい. 1 番下の区分行を, 下から 2 番目の区分行から引くと

$$\det\left(
\begin{array}{cccc|cccc}
tU-{}^{\top}U & (t-1)U & \cdots & (t-1)U & (t-1)U & (t-1)U & \cdots & (t-1)U & (t-1)U \\
(t-1){}^{\top}U & tU-{}^{\top}U & \cdots & (t-1)U & (t-1)U & (t-1)U & \cdots & (t-1)U & (t-1)U \\
\vdots & \vdots & \ddots & \vdots & \vdots & \vdots & \ddots & \vdots & \vdots \\
(t-1){}^{\top}U & (t-1){}^{\top}U & \cdots & tU-{}^{\top}U & (t-1)U & (t-1)U & \cdots & (t-1)U & (t-1)U \\
\hline
(t-1){}^{\top}U & (t-1){}^{\top}U & \cdots & (t-1){}^{\top}U & tU-{}^{\top}U & (t-1)U & \cdots & (t-1)U & (t-1)U \\
(t-1){}^{\top}U & (t-1){}^{\top}U & \cdots & (t-1){}^{\top}U & (t-1){}^{\top}U & t{}^{\top}U-U & \cdots & (t-1)U & (t-1)U \\
\vdots & \vdots & \ddots & \vdots & \vdots & \vdots & \ddots & \vdots & \vdots \\
O & O & \cdots & O & O & O & \cdots & t(U-{}^{\top}U) & t(U-{}^{\top}U) \\
(t-1){}^{\top}U & (t-1){}^{\top}U & \cdots & (t-1){}^{\top}U & (t-1){}^{\top}U & (t-1){}^{\top}U & \cdots & (t-1){}^{\top}U & t{}^{\top}U-U
\end{array}
\right)$$

となり, 右端の区分列を右から 2 番目の区分列から引くと

$$\det\left(
\begin{array}{cccc|cccc}
tU-{}^{\top}U & (t-1)U & \cdots & (t-1)U & (t-1)U & (t-1)U & \cdots & O & (t-1)U \\
(t-1){}^{\top}U & tU-{}^{\top}U & \cdots & (t-1)U & (t-1)U & (t-1)U & \cdots & O & (t-1)U \\
\vdots & \vdots & \ddots & \vdots & \vdots & \vdots & \ddots & \vdots & \vdots \\
(t-1){}^{\top}U & (t-1){}^{\top}U & \cdots & tU-{}^{\top}U & (t-1)U & (t-1)U & \cdots & O & (t-1)U \\
\hline
(t-1){}^{\top}U & (t-1){}^{\top}U & \cdots & (t-1){}^{\top}U & tU-{}^{\top}U & (t-1)U & \cdots & O & (t-1)U \\
(t-1){}^{\top}U & (t-1){}^{\top}U & \cdots & (t-1){}^{\top}U & (t-1){}^{\top}U & t{}^{\top}U-U & \cdots & O & (t-1)U \\
\vdots & \vdots & \ddots & \vdots & \vdots & \vdots & \ddots & \vdots & \vdots \\
O & O & \cdots & O & O & O & \cdots & O & t(U-{}^{\top}U) \\
(t-1){}^{\top}U & (t-1){}^{\top}U & \cdots & (t-1){}^{\top}U & (t-1){}^{\top}U & (t-1){}^{\top}U & \cdots & U-{}^{\top}U & t{}^{\top}U-U
\end{array}
\right)$$

となる. $\det(U-{}^{\top}U)=1$ だから, 最後の区分行と最後の区分列で展開することで, これは

4.2 円環面絡み目と衛星結び目の Alexander 多項式　　135

$$
t\det\left(\begin{array}{cccc:cccc}
tU - {}^\top U & (t-1)U & \cdots & (t-1)U & (t-1)U & (t-1)U & \cdots & (t-1)U & (t-1)U \\
(t-1){}^\top U & tU - {}^\top U & \cdots & (t-1)U & (t-1)U & (t-1)U & \cdots & (t-1)U & (t-1)U \\
\vdots & \vdots & \ddots & \vdots & \vdots & \vdots & \ddots & \vdots & \vdots \\
(t-1){}^\top U & (t-1){}^\top U & \cdots & tU - {}^\top U & (t-1)U & (t-1)U & \cdots & (t-1)U & (t-1)U \\ \hdashline
(t-1){}^\top U & (t-1){}^\top U & \cdots & (t-1){}^\top U & tU - {}^\top U & (t-1)U & \cdots & (t-1)U & (t-1)U \\
(t-1){}^\top U & (t-1){}^\top U & \cdots & (t-1){}^\top U & (t-1){}^\top U & t{}^\top U - U & \cdots & (t-1)U & (t-1)U \\
\vdots & \vdots & \ddots & \vdots & \vdots & \vdots & \ddots & \vdots & \vdots \\
(t-1){}^\top U & (t-1){}^\top U & \cdots & (t-1){}^\top U & (t-1){}^\top U & (t-1){}^\top U & \cdots & tU - {}^\top U & (t-1)U \\
(t-1){}^\top U & (t-1){}^\top U & \cdots & (t-1){}^\top U & (t-1){}^\top U & (t-1){}^\top U & \cdots & (t-1){}^\top U & t{}^\top U - U
\end{array}\right)
\left.\begin{array}{c} \\ \\ \\ \\ \end{array}\right\}w
\left.\begin{array}{c} \\ \\ \\ \\ \\ \end{array}\right\}2(r-1)
$$

$$\underbrace{}_{w}\quad\underbrace{}_{2(r-1)}$$

と等しくなる（区分行と区分列の数がともに 2 減っていることに注意）．これを
繰り返すことで，

$$
t^r \det\begin{pmatrix}
tU - {}^\top U & (t-1)U & \cdots & (t-1)U \\
(t-1){}^\top U & tU - {}^\top U & \cdots & (t-1)U \\
\vdots & \vdots & \ddots & \vdots \\
(t-1){}^\top U & (t-1){}^\top U & \cdots & tU - {}^\top U
\end{pmatrix}
$$

となる．

$$
t^{w-j}(tU - {}^\top U) + \left(\sum_{i<j} t^{w-i}\right)(t-1)U + \left(\sum_{i>j} t^{w-i}\right)(t-1){}^\top U
$$
$$
= t^w U - {}^\top U
$$

となることに注意して，1 番上の区分行に，i 番目の区分行を t^{w-i} 倍して足し合
わせると，上の式は

$$
t^r \det\begin{pmatrix}
t^w U - {}^\top U & t^w U - {}^\top U & t^w U - {}^\top U & \cdots & t^w U - {}^\top U & t^w U - {}^\top U \\
(t-1){}^\top U & tU - {}^\top U & (t-1)U & \cdots & (t-1)U & (t-1)U \\
(t-1){}^\top U & (t-1){}^\top U & tU - {}^\top U & \cdots & (t-1)U & (t-1)U \\
\vdots & \vdots & \vdots & \ddots & \vdots & \vdots \\
(t-1){}^\top U & (t-1){}^\top U & (t-1){}^\top U & \cdots & tU - {}^\top U & (t-1)U \\
(t-1){}^\top U & (t-1){}^\top U & (t-1){}^\top U & \cdots & (t-1){}^\top U & tU - {}^\top U
\end{pmatrix}
$$

となる．1 番目の区分列を他の区分列から引くと

136　4　Alexander 多項式

$$t^r \det \begin{pmatrix} t^w U - {}^\top U & O & O & \cdots & O & O \\ (t-1){}^\top U & t(U - {}^\top U) & (t-1)(U - {}^\top U) & \cdots & (t-1)(U - {}^\top U) & (t-1)(U - {}^\top U) \\ (t-1){}^\top U & O & t(U - {}^\top U) & \cdots & (t-1)(U - {}^\top U) & (t-1)(U - {}^\top U) \\ \vdots & \vdots & \vdots & \ddots & \vdots & \vdots \\ (t-1){}^\top U & O & O & \cdots & t(U - {}^\top U) & (t-1)(U - {}^\top U) \\ (t-1){}^\top U & O & O & \cdots & O & t(U - {}^\top U) \end{pmatrix}$$

$$= t^{r+(w-1)g} \det(t^w U - {}^\top U)(\det(U - {}^\top U))^{w-1}$$

となる．ところが，$\det(U - {}^\top U) = 1$ だから，これは

$$t^{r+(w-1)g} \det(t^w U - {}^\top U) \overset{\circ}{=} \Delta(C; t^w)$$

と等しくなる．(4.3)より求める式が得られた．　∎

4.3　綾関係式を使った定義

ここまでは，Alexander 多項式 $\Delta(K; t)$ は $\pm t^m$ というあいまいさを持っていた．このあいまいさをなくすために次のような正規化を考える．

定義 4.15（Conway により正規化された Alexander 多項式）　L を向きの付いた絡み目，V をその（連結な Seifert 曲面に対応した）Seifert 行列とする．そのとき

$$\det\bigl(t^{1/2} V - t^{-1/2}({}^\top V)\bigr)$$

を，**Conway により正規化された Alexander 多項式**という．また，特に混乱がないときは，Conway により正規化された Alexander 多項式も $\Delta(L; t)$ と書く．　□

注意 4.16　L の成分数が奇数のとき，V は偶数次の正方行列だから，$\det\bigl(t^{1/2} V - t^{-1/2}({}^\top V)\bigr)$ には t の整数冪しか現れない．また，L の成分数が偶数のとき V は奇数次の正方行列だから $\det\bigl(t^{1/2} V - t^{-1/2}({}^\top V)\bigr)$ には t の半整数（整数$+\dfrac{1}{2}$ の形の数）冪しか現れない．

例 4.17　$T(p, q)$ を円環面絡み目とする（$p > 0$, $q > 0$）．定理 4.12 の証明で使った Seifert 行列を V とする．V は $(p-1)(q-1)$ 次正方行列だから，Conway により正規化された Alexander 多項式 $\Delta(T(p, q); t)$ は

$$\Delta(T(p,q);t) = \det\left(t^{1/2}V - t^{-1/2}({}^{\top}V)\right)$$
$$= t^{-(p-1)(q-1)/2}\det(tV - {}^{\top}V)$$
$$= (-1)^{(p-1)(q-1)}\frac{(t^{pq/(2d)} - t^{-pq/(2d)})^d(t^{1/2} - t^{-1/2})}{(t^{p/2} - t^{-p/2})(t^{q/2} - t^{-q/2})}$$

となる. □

結び目の場合, この正規化が(Seifert 行列の取り方によらず)矛盾なく定義されていることは, 次の補題からわかる.

補題 4.18 K を結び目, $\Delta(K;t)$ を Conway により正規化された Alexander 多項式とする. $\Delta(K;t)$ は次の性質を持つ.

(1) $\Delta(K;1) = 1$.

(2) $\Delta(K;t^{-1}) = \Delta(K;t)$.

逆に, これらの性質を持つように $\Delta(K;t)$ に $\pm t^n$ を掛けることで, 正規化が矛盾なく定義できる. □

[**証明**] (1) V を K の Seifert 行列とすると, 補題 3.45 より

$$\Delta(K;1) = \det(V - {}^{\top}V) = 1$$

となる.

(2) (1)と同様に Seifert 行列を V とすると

$$\Delta(K;t^{-1}) = \det(t^{-1/2}V - t^{1/2}({}^{\top}V)) = \det\left(-{}^{\top}(t^{1/2}V - t^{-1/2}({}^{\top}V))\right)$$

であるが, V は偶数次の正方行列であるから, 最後の式は $\Delta(K;t)$ と一致する. ∎

絡み目の場合, 補題 4.18(1)に対応する主張がないので, 正規性に矛盾がないことの証明には, 次の **S 同値**の概念を使う.

定義 4.19 (S 同値) 整数上の正方行列は, 次の操作, およびその逆を有限回施すことで移り合うとき S 同値であるという.

(a) 整数上の可逆行列 P に対して A を ${}^{\top}PAP$ に変える.

(b) n 次正方行列 A を $\begin{pmatrix} A & M & O_{n,1} \\ O_{1,n} & 0 & 1 \\ O_{1,n} & 0 & 0 \end{pmatrix}$ に変える. ただし, M は $n\times 1$ 行列である.

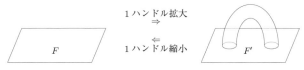

図 4.5 1 ハンドル拡大(左から右)と 1 ハンドル縮小(右から左).

(c) n 次正方行列 A を $\begin{pmatrix} A & O_{n,1} & O_{n,1} \\ N & 0 & 0 \\ O_{1,n} & 1 & 0 \end{pmatrix}$ に変える．ただし，N は $1 \times n$ 行列である．

(b)の操作を**列拡大**(その逆を**列縮小**)，(c)の操作を**行拡大**(その逆を**行縮小**)と呼ぶ． □

定理 4.20 L を向きの付いた絡み目，V と W を連結な Seifert 曲面に対応した L の Seifert 行列とする．そのとき，V と W は S 同値である． □

この定理を証明するために，列拡大(列縮小)や行拡大(行縮小)に対応した幾何的操作を導入しよう．

定義 4.21 (1 ハンドル拡大，1 ハンドル縮小)　向きの付いた曲面 F と 1 ハンドル $D^2 \times [0,1]$ が次の条件をみたすとする．

- $D^2 \times [0,1] \cap F = D^2 \times \{0,1\}$，
- $D^2 \times [0,1]$ は F の一方の側(裏か表)から貼り付いている．

1 ハンドル拡大とは，F と $D^2 \times [0,1]$ から新たな曲面 $F' := F \setminus (\operatorname{Int}(D^2 \times \{0\}) \cup \operatorname{Int}(D^2 \times \{1\})) \cup (\partial D^2 \times [0,1])$ を作ることである．また，**1 ハンドル縮小**とはこの逆の操作である(図 4.5)．2 番目の条件は，F' が向き付け可能になるための条件である． □

次の命題は，定理 4.20 の幾何版とも言える．

命題 4.22　F_1 と F_2 を向きの付いた絡み目 L の連結な Seifert 曲面とする．そのとき，1 ハンドル拡大か 1 ハンドル縮小を F_1 に有限回施すことで F_2 を得ることができる． □

命題の証明の前に，**単体的複体**に関して基礎的な事実をまとめておく(たとえば，[66]を参照)．

定義 4.23 (i 骨格)　$\mathcal{T}$ を単体的複体とする．$\mathcal{T}$ に含まれる i 次元以下の単体を集めてできる単体的複体を $\mathcal{T}$ の **i 骨格**と呼ぶ． □

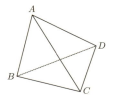

図 4.6 3次元単体 $\sigma = |A, B, C, D|$ (左), 3次元単体 σ の重心細分 $D(\sigma)$ (中), 2回重心細分 $D^2(\sigma)$ (右). ただし, 2回重心細分は煩雑になるため表面しか描いていない.

図 4.7 3次元単体 σ の 1 骨格 $\sigma^{(1)}$ (太線)と, 双対 1 骨格 $\sigma^{(*)}$ (破線).

定義 4.24(双対 1 骨格) σ を 3 次元単体とする. また, $D(\sigma)$ を σ の重心細分とする. つまり, $\sigma \succ \tau_1 \succeq \tau_2 \succeq \cdots \succeq \tau_k$ をみたすような単体の列 $\tau_1, \tau_2, \ldots, \tau_k$ に対して, それらの重心 $\hat{\tau}_1, \hat{\tau}_2, \ldots, \hat{\tau}_k$ を頂点とする $k-1$ 次元単体をすべて集めたものが $D(\sigma)$ である. ここで, $\sigma \succ \tau$ は, τ が σ の部分単体であることを表す. たとえば, 図 4.6 は, 頂点を A, B, C, D とする 3 次元単体 $\sigma = |A, B, C, D|$ と, その重心細分 $D(\sigma)$ および 2 回重心細分 $D^2(\sigma)$ を示している.

σ に含まれる 2 次元単体の重心と σ の重心を結ぶ 1 次元部分単体 4 本(および, それらの頂点)からなる, $D(\sigma)$ の部分複体を σ の**双対 1 骨格**と呼ぶ(図 4.7). □

定義 4.25(星状近傍) $\mathcal{T}$ を単体的複体, $\mathcal{S}$ を $\mathcal{T}$ の部分複体とする. $\mathcal{S}$ と共通部分を持つ $\mathcal{T}$ の単体とその面をすべて集めた複体を $\mathrm{St}(\mathcal{S}; \mathcal{T})$ と書き $\mathcal{S}$ の($\mathcal{T}$ における)**星状近傍**と呼ぶ. □

例 4.26 3次元単体 σ の 1 骨格を $\sigma^{(1)}$, 双対 1 骨格を $\sigma^{(*)}$ とする(図 4.7). $\mathrm{St}(\sigma^{(1)}; D^2(\sigma))$, $\mathrm{St}(\sigma^{(*)}; D^2(\sigma))$ は, 図 4.8 のようになる. ただし, 実際は, 図 4.9 のように $\mathrm{St}(\sigma^{(1)}; D^2(\sigma))$ と $\mathrm{St}(\sigma^{(*)}; D^2(\sigma))$ は σ を埋め尽くしている. □

命題 4.22 の証明を始めよう.

[**命題 4.22 の証明**] まず, $F_1 \cap F_2 = L$ の場合, つまり, F_1 と F_2 が L 以外で

図 4.8 3 次元単体 σ の 1 骨格 $\sigma^{(1)}$ の星状近傍(左)と，双対 1 骨格 $\sigma^{(*)}$ の星状近傍(右).

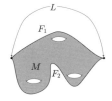

図 4.9 図 4.8 の概念図． **図 4.10** $F_1 \cup F_2$ を境界とする 3 次元多様体 M．

は交わらない場合に命題を示す．

$F_1 \cup F_2$ は閉曲面だから，S^3 内のある 3 次元多様体 M の境界となる ($S^3 \setminus (F_1 \cup F_2)$ の連結成分の一方を M とすればよい．図 4.10 参照)．

ここで，M を三角形分割したものを $\mathcal{M}$ とする．$\mathcal{M}$ を重心細分したものを $D(\mathcal{M})$，それをもう一度重心細分したものを $D^2(\mathcal{M})$ とする．

以下の証明の流れは次のようになる．

$\mathcal{M}$ の 1 骨格 $\mathcal{M}^{(1)}$ の $D^2(\mathcal{M})$ での**星状近傍** $\mathrm{St}(\mathcal{M}^{(1)}; D^2(\mathcal{M}))$ と F_1 の和集合を $\widetilde{H(F_1)}$，$\mathcal{M}$ に含まれる 3 単体の双対 1 骨格 $\mathcal{M}^*$ の $D^2(\mathcal{M})$ での星状近傍 $\mathrm{St}(\mathcal{M}^*; D^2(\mathcal{M}))$ と F_2 の和集合を $\widetilde{H(F_2)}$ とする．$\widetilde{H(F_1)} \cup \widetilde{H(F_2)}$ は「ほぼ」M であり，$\widetilde{H(F_1)} \cap \widetilde{H(F_2)}$ は「ほぼ」曲面 $\tilde{F}$ となる．F_1 から $\tilde{F}$ を得るには，$\mathcal{M}^{(1)}$ の 1 単体の星状近傍を付け加えてゆけばよい．よって，F_1 から $\tilde{F}$ は 1 ハンドル拡大を繰り返すことで得られる．同様に，F_2 から $\tilde{F}$ も 1 ハンドル拡大を繰り返して得られる．つまり，F_1 から F_2 は 1 ハンドル拡大と 1 ハンドル縮小を繰り返して得られる．

さて，厳密な証明を与えよう．

$C(F_1) := \mathrm{St}(F_1; D^2(\mathcal{M}))$ とおく．ただし，ここでは F_1 は $D^2(\mathcal{M})$ に従って細分されているものとする．$C(F_1)$ は F_1 の正則近傍となるので，$F_1 \times [0,1]$ と同相となる．$\mathcal{M}$ の 1 骨格の $D^2(\mathcal{M})$ における星状近傍を，$C(F_1)$ に付け加えたも

図 4.11 6本の1単体を太くしたものの集まり(左)と，2単体の重心 4つと σ の重心をつなぐ 4本の線分を太くしたものの集まり(右).

のを $H(F_1)$ とおく．

また，$\mathcal{M}$ に含まれる 3単体の双対 1骨格のうち $C(F_1)$ と共通部分がないものの $D^2(\mathcal{M})$ における星状近傍を $H(F_2)$ とおく．

$H(F_1) \cup H(F_2) = M$ となり $H(F_1) \cap H(F_2)$ は曲面となることが，次のようにしてわかる（ここでは単体的複体とその多面体を同じものとみなしている）．以下この曲面を F で表す．

$\mathcal{M}$ の 3単体 σ が F_1 とどのように交わっているかで場合分けを行なう．

- $\sigma \cap F_1 = \emptyset$ の場合：$H(F_1) \cap \sigma$ は，σ の 6本の 1単体を太くしたものの集まりである．また，$H(F_2) \cap \sigma$ は，σ の 2単体の重心 4つと，σ の重心をつなぐ 4本の線分を太くしたものの集まりである（図 4.11）．

  よって，σ は $H(F_1)$ と $H(F_2)$ で分けられ，$\sigma \cap H(F_1) \cap H(F_2)$ は曲面であることがわかる．

- $\sigma \cap F_1 \neq \emptyset$ の場合：
  - $\sigma \cap F_1$ が 2単体を含まないとき：$H(F_1) \cap \sigma$ は，σ の 6本の 1単体を太くしたものの集まりである．また，$H(F_2) \cap \sigma$ は，σ の 2単体の重心 4つと σ の重心をつなぐ 4本の線分を太くしたものの集まりである（図 4.11）．
  - $\sigma \cap F_1$ が 2単体を 1枚含むとき：$H(F_1) \cap \sigma$ は，その 2単体に厚みを付けたものと，その 2単体に含まれない 3本の 1単体を太くしたものの集まりである．また，$H(F_2) \cap \sigma$ は，F_1 に含まれない 3枚の 2単体の重心と σ の重心をつなぐ 3本の線分を太くしたものの集まりである（図 4.12）．
  - $\sigma \cap F_1$ が 2単体を 2枚含むとき：$H(F_1) \cap \sigma$ は，それら 2枚の 2単体に厚みを付けたものの集まりと，それらの 2単体に含まれない 1本の 1単体を太くしたものの集まりである．また，$H(F_2) \cap \sigma$ は，F_1 に含まれない 2枚の 2単体の重心と σ の重心をつなぐ 2本の線分を太くしたものの集まりである（図 4.13）．

142　4 Alexander 多項式

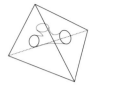

図 4.12　2 単体(底面)に厚みを付けたものと，その 2 単体に含まれない 3 本の 1 単体を太くしたものの集まり(左)，および，3 枚の 2 単体(底面以外)の重心と σ の重心をつなぐ 3 本の線分を太くしたものの集まり(右)．

図 4.13　2 枚の 2 単体(底面と向こう側の面)に厚みを付けたものの集まりと，それらの 2 単体に含まれない 1 本の 1 単体を太くしたものの集まり(左)，および，2 枚の 2 単体(見えている面 2 枚)の重心と σ の重心をつなぐ 2 本の線分を太くしたものの集まり(右)．

図 4.14　3 枚の 2 単体(底面，向こう側の面，左側の面)に厚みを付けたものの集まり(左)と，1 枚の 2 単体(右側の面)の重心と σ の重心をつなぐ 1 本の線分を太くしたものの集まり(右)．

- $\sigma \cap F_1$ が 2 単体を 3 枚含むとき：$H(F_1) \cap \sigma$ は，それら 3 枚の 2 単体に厚みを付けたものの集まりである．また，$H(F_2) \cap \sigma$ は，F_1 に含まれない 1 枚の 2 単体の重心と σ の重心をつなぐ 1 本の線分を太くしたものの集まりである(図 4.14)．

いずれの場合も σ は $H(F_1)$ と $H(F_2)$ で分けられ，$\sigma \cap H(F_1) \cap H(F_2)$ は曲面であることがわかる．

また，$H(F_2)$ と F_2 の交わりは次のようになる．$\mathcal{M}$ の 3 単体 σ と F_2 の交わり方で場合分けを行なう．

- $\sigma \cap F_2 = \emptyset$ の場合：もちろん $H(F_2) \cap F_2 \cap \sigma = \emptyset$ である．

4.3 綾関係式を使った定義 143

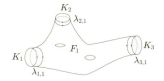

図 4.15 $\lambda_{1,1}$ と $-(K_2 \cup K_3)$ は，$S^3 \setminus K_1$ で homologous となる．

- $\sigma \cap F_2$ が 2 単体を含まないとき：この場合も，$H(F_2) \cap F_2 \cap \sigma = \emptyset$ である．
- $\sigma \cap F_2$ が 2 単体を含むとき：$H(F_2) \cap F_2 \cap \sigma$ は，その 2 単体の重心を含む円板である．

以上のことから，F_1 から F は次のようにして得られる．

(1) F_1 を $C(F_1) \cong F_1 \times [0,1]$ を使ってずらす．すなわち，F_1 を $F_1 \times \{0\}$ とみなし，全同位で $F_1' := F_1 \times \{1\}$ に移す．
(2) $\mathcal{M}$ の 1 単体の集まり $\mathcal{T}$ を，F_1' が $F_1' \cup \mathcal{T}$ の変位レトラクトであり，かつ 0 単体をすべて含んでいるものとする．$F_1' \cup \mathrm{St}(\mathcal{T}; D^2(\mathcal{M}))$ は，F_1' と 3 次元球体を，境界に含まれる円板で順に貼り合わせたものである．このとき，新たに得られる境界（貼り付ける円板の内部を除いて，3 次元球体の残りの境界（円板）を貼り付けたもの）は F_1' と全同位である．また，$\mathcal{M}^{(1)}$ に含まれる $\mathcal{T}$ 以外の 1 単体の星状近傍を付け加えることは，1 ハンドルを貼り付けることに対応している．よって，F_1' に 1 ハンドル拡大を何度か行なうことで F が得られる．

また，同様に，3 単体の双対 1 骨格の正則近傍を使って 1 ハンドル拡大を行なうことで F_2 から F が得られる．

つまり，F_2 は F_1 から 1 ハンドル拡大と 1 ハンドル縮小を繰り返すことで得られることがわかった．

次に，F_1 と F_2 が L 以外で交わる場合を考える．

まず，$(F_1 \cap F_2) \setminus L$ は，F_1 内の単純閉曲線の非交和と仮定できることを示す．L の成分を $K_1, K_2, \ldots, K_n$ とし，K_i の正則近傍の境界 $\partial N(K_i)$ と F_1 の交わりを $\lambda_{i,1}$，$\partial N(K_i)$ と F_2 の交わりを $\lambda_{i,2}$ とする．このとき，$k=1,2$ に対して，$\lambda_{i,k} \cup (L \setminus K_i)$ は，K_i の外部に埋め込まれた向き付け可能な曲面の境界になっているので，$\lambda_{i,k}$ と $-(L \setminus K_i)$ は $S^3 \setminus K_i$ で homologous である（図 4.15）．

よって，$[\lambda_{i,k}] = -[L \setminus K_i] \in H_1(S^3 \setminus K_i; \mathbb{Z})$ となる．絡み数の定義（定義 3.28）より，$\mathrm{lk}(K_i, \lambda_{i,k})$ は，$\lambda_{i,k}$ が表す $H_1(S^3 \setminus K_i)$ の元 $[\lambda_{i,k}]$ で決まる．よって，

144   4 Alexander 多項式

図 4.16　F_1 を F_1' に替えると交わりの数を減らせる.

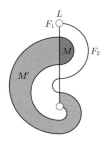

図 4.17　M は，F_1, F_2 それぞれに片側からしかぶつかっていない．ところが，M' は F_1 に両側からぶつかっている．

$\mathrm{lk}(K_i, \lambda_{i,1}) = \mathrm{lk}(K_i, \lambda_{i,2})$ となる．これは，$\lambda_{i,1}$ と $\lambda_{i,2}$ が $\partial N(K_i)$ 上で代数的に 0 回交わっていることを表している．ゆえに，必要なら K_i の近傍における全同位により F_2 を動かすことで，$\lambda_{i,1}$ と $\lambda_{i,2}$ が交わらないようにできる．つまり，F_1 と F_2 の，L 以外の交わり $(F_1 \cap F_2) \setminus L$ は F_1 内の単純閉曲線の非交和にできる．

$(F_1 \cap F_2) \setminus L \neq \emptyset$ のとき，これらの単純閉曲線を，1 ハンドル拡大・縮小を使って減らしてゆく．

$S^3 \setminus (F_1 \cup F_2)$ の連結成分は 3 次元多様体であるが，その中に F_1 と F_2 のそれぞれに片側からのみ接触しているもの M が存在すると仮定しよう．先程の議論（$(F_1 \cap F_2) \setminus L = \emptyset$ の場合）を使い，F_1 に 1 ハンドル拡大・縮小を何度か適用することで $(F_1 \setminus \mathrm{Int}(\partial M \cap F_1)) \cup (\partial M \cap F_2)$ に変形する（図 4.16）[*1]と単純閉曲線の数を減らせるので，数学的帰納法で証明が終わる．

よって，後は $S^3 \setminus (F_1 \cup F_2)$ の連結成分の中に，F_1 と F_2 に片側からのみ接触するものが存在することを示せばよい（図 4.17）．

そのために，補題 4.1 で構成した $S^3 \setminus L$ の被覆空間 $\Sigma_\infty(L)$ を考える．正確には，$S^3 \setminus \mathrm{Int}\,N(L)$ の無限巡回被覆空間を考え，この空間も同じ記号 $\Sigma_\infty(L)$

[*1] 厳密に言うと $\partial M \cap F_2$ の近くでずらす必要がある．

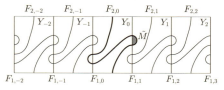

図 4.18 $S^3 \setminus \text{Int } N(L)$ の無限巡回被覆空間 $\Sigma_\infty(L)$. $F_{2,0}$ は太線で描かれており, $\tilde{M}$ は網掛けで示されている.

で表すことにする. $\partial \Sigma_\infty(L)$ は, $\partial N(L)$ の無限巡回被覆空間であり, $\underbrace{(S^1 \sqcup S^1 \sqcup \cdots \sqcup S^1)}_{\#(L)} \times \mathbb{R}$ であること, また, $S^3 \setminus (F_1 \cup F_2)$ の連結成分ではなく, $(S^3 \setminus \text{Int } N(L)) \setminus (F_1 \cup F_2)$ の連結成分を考えることに注意する.

被覆空間の性質から, F_1 を使っても F_2 を使っても同じ $\Sigma_\infty(L)$ を構成することができる. よって, $\Sigma_\infty(L)$ の中には F_1 の持ち上げ $F_{1,j}$ と F_2 の持ち上げ $F_{2,k}$ が, 図 4.18 のように埋め込まれている. ここで, 添え字 j と k は, まず, 適当に $F_{1,0}, F_{2,0}$ を定めた後, 被覆変換 t を使って $F_{1,j+1}=t(F_{1,j})$, $F_{2,k+1}=t(F_{2,k})$ となるように定める.

また, $F_{1,i}$ と $F_{1,i+1}$ の間にある部分(境界を含む)を Y_i (図 4.18 では長方形で表されている), $F_{2,i}$ と $F_{2,i+1}$ の間にある部分(境界を含む)を Z_i とする. さらに, $Z_- := \bigcup_{i<0} Z_i$, $Z_+ := \bigcup_{i \geqq 0} Z_i$ とおく. Z_- は $F_{2,0}$ の左にある部分, Z_+ は右にある部分であり, $Z_- \cup Z_+ = \Sigma_\infty(L)$, $Z_- \cap Z_+ = F_{2,0}$ である.

$F_{1,j} \cap F_{2,0} \neq \emptyset$ となるような j の内最大のものを N とおく(図 4.18 では $N=1$). $Z_- \cap Y_N$ の 1 つの連結成分を $\tilde{M}$ とすると, $\tilde{M}$ は $F_{1,N}$ の "右側" ($\tilde{M} \subset Y_N$ だから), $F_{2,0}$ の "左側" にある($\tilde{M} \subset Z_-$ だから). また, $\partial \tilde{M} \subset F_{2,0} \cup F_{1,N} \cup \partial \Sigma_\infty(L)$ である.

また, 射影 $p: \Sigma_\infty(L) \to S^3 \setminus \text{Int } N(L)$ を $Y_N \setminus F_{1,N+1}$ に制限したもの($F_{1,N+1}$ は, Y_N の "右側" の境界)は単射であるから, $\tilde{M}$ は, $S^3 \setminus \text{Int } N(K)$ 内の 3 次元多様体 M に射影される.

M が求めるものであることが, 次のようにしてわかる.

証明の前に, もし, N より小さな N' をとって M を定義すると図 4.19 の $\tilde{M}'$ のように $F_{2,j}$ ($j \neq N$) を含んだり, $\tilde{M}''$ のように, $F_{1,j}$ に両側から接触したりすることになることに注意しよう.

146   4 Alexander 多項式

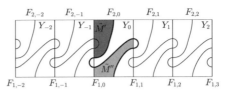

図 4.19 $Z_- \cap Y_0$ の連結成分 $\tilde{M}'$ (濃い灰色) と $\tilde{M}''$ (薄い灰色).

これらを念頭に置いて証明を始めよう.

(1) M は $(S^3 \setminus \mathrm{Int}\, N(L)) \setminus (F_1 \cup F_2)$ のある連結成分の閉包である，つまり，$\mathrm{Int}\, M$ には F_1 や F_2 は含まれない．

まず，$\mathrm{Int}\, \tilde{M} \subset \mathrm{Int}\, Y_N$ であり，$p\big|_{\mathrm{Int}\, Y_N}$ が単射であることから，$\mathrm{Int}\, M$ は F_1 を含まない．

$\mathrm{Int}\, M$ が，ある F_2 を含むとしよう．このとき，$F_{2,k}$ ($k \neq 0$) が $\mathrm{Int}\, \tilde{M}$ と交わることになるが，そのようなことは起こらないことが次のようにしてわかる．

- $k > 0$ なら，$F_{2,k}$ は $F_{2,0}$ の "右側" にあり，Z_- とは交わらないので $\tilde{M}$ とも交わらない．
- $k < 0$ なら，$F_{2,k} \cap F_{1,N}$ は (t^{-k} で移動させることで) $F_{2,0} \cap F_{1,N-k}$ と同相となる．N の最大性から $F_{2,0} \cap F_{1,N-k} = \emptyset$ だが ($N-k > N$ に注意)，これは不合理である．

(2) M は，F_1 と F_2 に片側からのみ接触する．

(1) で示したように，$j \neq 0$ なら $\tilde{M} \cap F_{2,j} = \emptyset$ である．よって，$\tilde{M}$ と $F_{1,j}$ や $F_{2,k}$ は，境界のみで交わる．また，上で注意したように，$\tilde{M}$ は $F_{1,N}$ の右側，$F_{2,0}$ の左側にあるので，M は F_1 と F_2 の片側からしか接触しない．

よって，M が求めるものであることがわかった． ■

[定理 4.20 の証明] V, W を，L の連結な Seifert 曲面 F, F' から定まる Seifert 行列とする．命題 4.22 より，F と F' は 1 ハンドル拡大や 1 ハンドル縮小を繰り返すことで移り合う．1 ハンドル縮小は 1 ハンドル拡大の逆の操作であるから，F' は F から 1 ハンドル拡大 1 回で得られたと仮定して，定義 4.19 の (a), (b), (c) を有限回施すことで V から W が得られることを示せば十分である．

付け加えられた 1 ハンドルを通過する $H_1(F'; \mathbb{Z})$ の生成元を α，1 ハンドルを

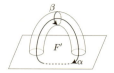

図 4.20 1 ハンドル上に現れる生成元(α はハンドルに沿って絡んだりねじれたりしている).

一周回る生成元を β とする (図 4.20). $H_1(F; \mathbb{Z})$ の基底 $\{\gamma_1, \gamma_2, \ldots, \gamma_n\}$ に $\{\alpha, \beta\}$ を付け加えることで $H_1(F'; \mathbb{Z})$ の基底ができる.

F の Seifert 行列 V は $V = \left(\mathrm{lk}(\gamma_i, \gamma_j^+)\right)$ で与えられる.

・図 4.20 で, F' の見えている側が表のとき:

$$\mathrm{lk}(\beta, \beta^+) = 0, \quad \mathrm{lk}(\alpha, \beta^+) = 1, \quad \mathrm{lk}(\beta, \alpha^+) = 0,$$
$$\mathrm{lk}(\gamma_i, \beta^+) = 0, \quad \mathrm{lk}(\beta, \gamma_i^+) = 0$$

がわかる ($i = 1, 2, \ldots, n$). また, 必要であれば α を 1 ハンドルに巻き付けることで $\mathrm{lk}(\alpha, \alpha^+) = 0$ とできる. よって, F' の, 基底 $\{\gamma_1, \gamma_2, \ldots, \gamma_n, \alpha, \beta\}$ に関する Seifert 行列は

$$\begin{pmatrix} & & V & & & \mathrm{lk}(\gamma_1, \alpha^+) & \mathrm{lk}(\gamma_1, \beta^+) \\ & & & & & \mathrm{lk}(\gamma_2, \alpha^+) & \mathrm{lk}(\gamma_2, \beta^+) \\ & & & & & \vdots & \vdots \\ & & & & & \mathrm{lk}(\gamma_n, \alpha^+) & \mathrm{lk}(\gamma_n, \beta^+) \\ \hline \mathrm{lk}(\alpha, \gamma_1^+) & \mathrm{lk}(\alpha, \gamma_2^+) & \cdots & \mathrm{lk}(\alpha, \gamma_n^+) & \mathrm{lk}(\alpha, \alpha^+) & \mathrm{lk}(\alpha, \beta^+) \\ \mathrm{lk}(\beta, \gamma_1^+) & \mathrm{lk}(\beta, \gamma_2^+) & \cdots & \mathrm{lk}(\beta, \gamma_n^+) & \mathrm{lk}(\beta, \alpha^+) & \mathrm{lk}(\beta, \beta^+) \end{pmatrix}$$

$$= \begin{pmatrix} & & V & & & \mathrm{lk}(\gamma_1, \alpha^+) & 0 \\ & & & & & \mathrm{lk}(\gamma_2, \alpha^+) & 0 \\ & & & & & \vdots & \vdots \\ & & & & & \mathrm{lk}(\gamma_n, \alpha^+) & 0 \\ \hline \mathrm{lk}(\alpha, \gamma_1^+) & \mathrm{lk}(\alpha, \gamma_2^+) & \cdots & \mathrm{lk}(\alpha, \gamma_n^+) & 0 & 1 \\ 0 & 0 & \cdots & 0 & 0 & 0 \end{pmatrix}$$

となる.

ここで, $H_1(F'; \mathbb{Z})$ の基底を $\{\gamma_1 - \mathrm{lk}(\alpha, \gamma_1^+)\beta, \ \gamma_2 - \mathrm{lk}(\alpha, \gamma_2^+)\beta, \ \ldots, \ \gamma_n -$

148   4 Alexander 多項式

$\mathrm{lk}(\alpha, \gamma_n^+)\beta,\ \alpha,\ \beta\}$ と取り替えることによって，Seifert 行列は

$$\begin{pmatrix} & & & & \mathrm{lk}(\gamma_1, \alpha^+) & 0 \\ & & & & \mathrm{lk}(\gamma_2, \alpha^+) & 0 \\ & & V & & \vdots & \vdots \\ & & & & \mathrm{lk}(\gamma_n, \alpha^+) & 0 \\ \hline 0 & 0 & \cdots & 0 & 0 & 1 \\ 0 & 0 & \cdots & 0 & 0 & 0 \end{pmatrix}$$

となる．

・図 4.20 で，F' の見えている側が裏のとき：

$$\mathrm{lk}(\beta, \beta^+) = 0, \quad \mathrm{lk}(\alpha, \beta^+) = 0, \quad \mathrm{lk}(\beta, \alpha^+) = 1,$$
$$\mathrm{lk}(\gamma_i, \beta^+) = 0, \quad \mathrm{lk}(\beta, \gamma_i^+) = 0$$

となる $(i = 1, 2, \ldots, n)$．また，上の場合と同様に $\mathrm{lk}(\alpha, \alpha^+) = 0$ とできる．よって，F' の，基底 $\{\gamma_1, \gamma_2, \ldots, \gamma_n, \alpha, \beta\}$ に関する Seifert 行列は

$$\begin{pmatrix} & & & & & \mathrm{lk}(\gamma_1, \alpha^+) & 0 \\ & & & & & \mathrm{lk}(\gamma_2, \alpha^+) & 0 \\ & & V & & & \vdots & \vdots \\ & & & & & \mathrm{lk}(\gamma_n, \alpha^+) & 0 \\ \hline \mathrm{lk}(\alpha, \gamma_1^+) & \mathrm{lk}(\alpha, \gamma_2^+) & \cdots & \mathrm{lk}(\alpha, \gamma_n^+) & 0 & 0 \\ 0 & 0 & \cdots & 0 & 1 & 0 \end{pmatrix}$$

となる．
ここで，$H_1(F'; \mathbb{Z})$ の基底を $\{\gamma_1 - \mathrm{lk}(\gamma_1, \alpha^+)\beta, \gamma_2 - \mathrm{lk}(\gamma_2, \alpha^+)\beta, \ldots, \gamma_n - \mathrm{lk}(\gamma_n, \alpha^+)\beta, \alpha, \beta\}$ と取り替えることによって，Seifert 行列は

$$\begin{pmatrix} & & & & & 0 & 0 \\ & & & & & 0 & 0 \\ & & V & & & \vdots & \vdots \\ & & & & & 0 & 0 \\ \hline \mathrm{lk}(\alpha, \gamma_1^+) & \mathrm{lk}(\alpha, \gamma_2^+) & \cdots & \mathrm{lk}(\alpha, \gamma_n^+) & 0 & 0 \\ 0 & 0 & \cdots & 0 & 1 & 0 \end{pmatrix}$$

となる.

以上のことから $H_1(F';\mathbb{Z})$ の基底をうまくとれば,その基底に関する Seifert 行列は V の行拡大か列拡大になることがわかった.

最後に,基底の取り替えにより Seifert 行列がどのように変わるかを考えよう.$\{\xi_1,\xi_2,\ldots,\xi_m\}$,$\{\eta_1,\eta_2,\ldots,\eta_m\}$ を,ともに $H_1(F;\mathbb{Z})$ の基底とし,$P:=(p_{ij})$ を基底変換行列とする.つまり,

$$\xi_j = \sum_{i=1}^{m} p_{ij}\eta_i$$

が成り立っているとする.$\{\eta_1,\eta_2,\ldots,\eta_m\}$ に関する Seifert 行列を U とすれば,$\{\xi_1,\xi_2,\ldots,\xi_m\}$ に関する Seifert 行列 W の (k,l) 成分は

$$\mathrm{lk}(\xi_k,\xi_l^+) = \mathrm{lk}\left(\sum_i p_{ik}\eta_i,\ \sum_j p_{jl}\eta_j^+\right) = \sum_{i,j} p_{ik}p_{jl}\,\mathrm{lk}(\eta_i,\eta_j^+)$$

で与えられるので $W = {}^{\top}PUP$ がわかった.

よって,W は V から (a),(b),(c) の操作を施すことで得られる. ∎

定理 4.20 を使うと,絡み目に対しても Alexander 多項式の定義から単元倍のあいまいさを取り除き,正規化されたものを定めることができる.

定理 4.27 L を向きの付いた絡み目,V と W を L の連結な Seifert 曲面に対する Seifert 行列とする.そのとき $\det(t^{1/2}V - t^{-1/2}({}^{\top}V)) = \det(t^{1/2}W - t^{-1/2}({}^{\top}W))$ となる.つまり,L の,Conway により正規化された Alexander 多項式は一意的に決まる. □

[証明] V と W が,定義 4.19 で与えられた変形一度で移り合うときに $\det(t^{1/2}V - t^{-1/2}({}^{\top}V)) = \det(t^{1/2}W - t^{-1/2}({}^{\top}W))$ であることを示せば十分である.

(a) 整数上の可逆行列 P に対して $W = {}^{\top}PVP$ のとき:

$$\det\!\big(t^{1/2}W - t^{-1/2}({}^{\top}W)\big) = \det\!\big(t^{1/2}({}^{\top}PVP) - t^{-1/2}({}^{\top}({}^{\top}PVP))\big)$$
$$= \det\!\big({}^{\top}P\big(t^{1/2}V - t^{-1/2}({}^{\top}V)\big)P\big)$$
$$= \det\!\big(t^{1/2}V - t^{-1/2}({}^{\top}V)\big).$$

(b) $W = \begin{pmatrix} V & M & O_{n,1} \\ O_{1,n} & 0 & 1 \\ O_{1,n} & 0 & 0 \end{pmatrix}$ のとき:

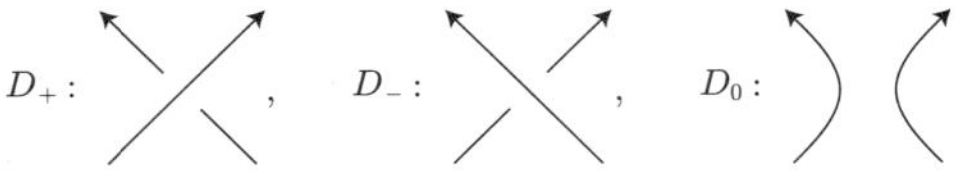

150   4 Alexander 多項式

図 4.21 綾三つ組.

$$\det\left(t^{1/2}W - t^{-1/2}(^{\top}W)\right)$$

$$= \det\left(t^{1/2}\begin{pmatrix} V & M & O_{n,1} \\ O_{1,n} & 0 & 1 \\ O_{1,n} & 0 & 0 \end{pmatrix} - t^{-1/2}\begin{pmatrix} ^{\top}V & O_{n,1} & O_{n,1} \\ ^{\top}M & 0 & 0 \\ O_{1,n} & 1 & 0 \end{pmatrix} \right)$$

$$= \det\begin{pmatrix} t^{1/2}V - t^{-1/2}(^{\top}V) & t^{1/2}M & O_{n,1} \\ -t^{-1/2}(^{\top}M) & 0 & t^{1/2} \\ O_{1,n} & -t^{-1/2} & 0 \end{pmatrix}$$

（最後の行で展開）

$$= t^{-1/2}\det\begin{pmatrix} t^{1/2}V - t^{-1/2}(^{\top}V) & O_{n,1} \\ -t^{-1/2}(^{\top}M) & t^{1/2} \end{pmatrix}$$

（最後の列で展開）

$$= \det\left(t^{1/2}V - t^{-1/2}(^{\top}V)\right).$$

(c) $W = \begin{pmatrix} V & O_{n,1} & O_{n,1} \\ N & 0 & 0 \\ O_{1,n} & 1 & 0 \end{pmatrix}$ のとき：(b)と同様に証明できる. ∎

Conway による正規化は，単に Alexander 多項式をあいまいさなしに定義するだけではなく，ある種の再帰的な計算方法も与える.

定義 4.28（綾三つ組）　向きの付いた絡み目の図式で，ある部分のみが図 4.21 のように異なっているものを D_+, D_-, D_0 とし，それらの表す絡み目をそれぞれ L_+, L_-, L_0 とする.

(D_+, D_-, D_0) や (L_+, L_-, L_0) を，**綾三つ組**と呼ぶ．また，D_0 は，D_+ や D_- を**平滑化**して得られたという（38 ページでも定義した）．同様に L_0 は，$L_\pm$ から平滑化して得られたという. ☐

命題 4.29　(L_+, L_-, L_0) を綾三つ組とする．Conway により正規化された Alexander 多項式に関して

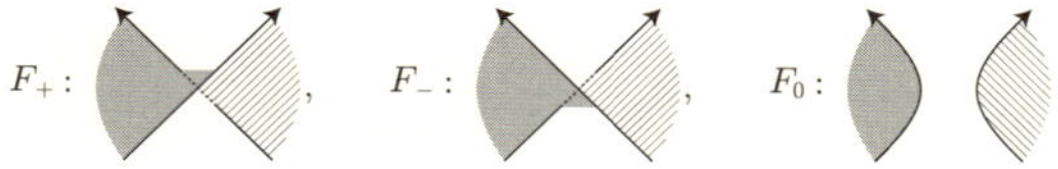

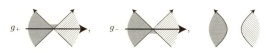

図 4.22 D_+, D_-, D_0 の Seifert 曲面.

図 4.23 $H_1(F_+; \mathbb{Z}), H_1(F_-; \mathbb{Z})$ の生成元.

(4.4) $$\Delta(L_+;t) - \Delta(L_-;t) = -(t^{1/2} - t^{-1/2})\Delta(L_0;t)$$

が成り立つ．この式を，**Alexander 多項式に関する綾関係式**という． □

[**証明**] 図 4.22 のような Seifert 曲面 F_+, F_-, F_0 を綾三つ組に張る．ただし，この図に現れた部分以外は同じ曲面であるとし，すべて連結であると仮定する (F_0 を連結とすればよい)．

$H_1(F_0; \mathbb{Z})$ の基底を $\{g_1, g_2, \ldots, g_k\}$ とすると，F_0 が連結であることから，F_+, F_- 上に図 4.23 のような元 g_+, g_- を付け加えることにより，$\{g_\pm, g_1, g_2, \ldots, g_k\}$ は $H_1(F_\pm; \mathbb{Z})$ の基底となることがわかる．

$$\begin{cases} \mathrm{lk}(g_+, g_+^+) = \mathrm{lk}(g_-, g_-^+) - 1, \\ \mathrm{lk}(g_+, g_i^+) = \mathrm{lk}(g_-, g_i^+), \\ \mathrm{lk}(g_i, g_+^+) = \mathrm{lk}(g_i, g_-^+) \end{cases}$$

であるから，基底 $\{g_1, g_2, \ldots, g_k\}$ に関する F_0 の Seifert 行列を V_0，基底 $\{g_\pm, g_1, g_2, \ldots, g_k\}$ に関する $F_\pm$ の Seifert 行列を $V_\pm$ とおくと

$$\begin{cases} V_+ = \begin{pmatrix} a-1 & M \\ N & V_0 \end{pmatrix}, \\ V_- = \begin{pmatrix} a & M \\ N & V_0 \end{pmatrix} \end{cases}$$

となる．ただし，$a := \mathrm{lk}(g_-, g_-^+)$ であり，M は $1 \times k$ 行列，N は $k \times 1$ 行列である．

よって，

$$\Delta(L_+;t) - \Delta(L_-;t)$$

$$= \det\left(t^{1/2}\begin{pmatrix} a-1 & M \\ N & V_0 \end{pmatrix} - t^{-1/2}\begin{pmatrix} a-1 & {}^\top N \\ {}^\top M & {}^\top V_0 \end{pmatrix}\right)$$

$$\quad - \det\left(t^{1/2}\begin{pmatrix} a & M \\ N & V_0 \end{pmatrix} - t^{-1/2}\begin{pmatrix} a & {}^\top N \\ {}^\top M & {}^\top V_0 \end{pmatrix}\right)$$

$$= \det\begin{pmatrix} (t^{1/2}-t^{-1/2})(a-1) & t^{1/2}M - t^{-1/2}({}^\top N) \\ t^{1/2}N - t^{-1/2}({}^\top M) & t^{1/2}V_0 - t^{-1/2}({}^\top V_0) \end{pmatrix}$$

$$\quad - \det\begin{pmatrix} (t^{1/2}-t^{-1/2})a & t^{1/2}M - t^{-1/2}({}^\top N) \\ t^{1/2}N - t^{-1/2}({}^\top M) & t^{1/2}V_0 - t^{-1/2}({}^\top V_0) \end{pmatrix}$$

となる．最後の式の2つの行列式をそれぞれ第1行で展開すると，第2項目以降は一致するので，初項の差のみが残る．つまり

$$\Delta(L_+;t) - \Delta(L_-;t)$$

$$= (t^{1/2}-t^{-1/2})(a-1)\det\left(t^{1/2}V_0 - t^{-1/2}({}^\top V_0)\right)$$

$$\quad - (t^{1/2}-t^{-1/2})a\det\left(t^{1/2}V_0 - t^{-1/2}({}^\top V_0)\right)$$

$$= -(t^{1/2}-t^{-1/2})\det\left(t^{1/2}V_0 - t^{-1/2}({}^\top V_0)\right)$$

$$= -(t^{1/2}-t^{-1/2})\Delta(L_0;t)$$

がわかった． ∎

　この命題により，Conway により正規化された Alexander 多項式が再帰的に計算できる．

　定理 4.30　Conway により正規化された Alexander 多項式は，次の2つの式を使うことで再帰的に計算できる．

（A0）ほどけた結び目 U_1 に対し $\Delta(U_1;t)=1$,

（A1）図 4.21 のような綾三つ組 L_+, L_-, L_0 に対し

$$\Delta(L_+;t) - \Delta(L_-;t) = -(t^{1/2}-t^{-1/2})\Delta(L_0;t).$$
□

　証明の前に（A0）が成り立つことを確認する．ほどけた結び目 U_1 に対しては Seifert 曲面として円板がとれるので，Seifert 行列は 0×0 正方行列であり，こ

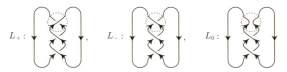

図 4.24 左三つ葉結び目 T を L_- とみなすと, L_+, L_0 はこのようになる.

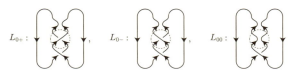

図 4.25 L_0 を L_{0-} とみなすと, L_{0+}, L_{00} はこのようになる.

れから計算される Alexander 多項式は 1 である. これで (A0) が成り立つことがわかった.

(A0), (A1) を使って再帰的に計算できることを示す前に, 例を挙げる.

例 4.31 左三つ葉結び目 T を考える. 図 4.24 の真ん中のように, 一番上の交差に着目する.

この交差は負だから, 綾三つ組の L_- とみなすと, 対応する L_+, L_0 は, 図 4.24 の左端, 右端のようになる. よって,

$$(4.5) \quad \Delta\left(\vcenter{\hbox{\includegraphics[height=1em]{}}}\right) - \Delta\left(\vcenter{\hbox{\includegraphics[height=1em]{}}}\right) = -(t^{1/2} - t^{-1/2})\Delta\left(\vcenter{\hbox{\includegraphics[height=1em]{}}}\right)$$

となる ($\Delta(L; t)$ の t は省略している). ところが, L_+ はほどけているので, (正規化された) Alexander 多項式は 1 である. 一方 L_0 の真ん中の交差に着目すると, 図 4.25 のような綾三つ組が得られる.

よって,

$$(4.6) \quad \Delta\left(\vcenter{\hbox{\includegraphics[height=1em]{}}}\right) - \Delta\left(\vcenter{\hbox{\includegraphics[height=1em]{}}}\right) = -(t^{1/2} - t^{-1/2})\Delta\left(\vcenter{\hbox{\includegraphics[height=1em]{}}}\right)$$

となる. ところで, L_{0+} はほどけた 2 成分絡み目である. 図 4.26 のような綾三つ組を考えると,

$$(4.7) \quad \Delta\left(\vcenter{\hbox{\includegraphics[height=1em]{}}}\right) - \Delta\left(\vcenter{\hbox{\includegraphics[height=1em]{}}}\right) = -(t^{1/2} - t^{-1/2})\Delta\left(\vcenter{\hbox{\includegraphics[height=1em]{}}}\right)$$

がわかる. 左辺に現れた L_{0++}, L_{0+-} はともにほどけた結び目だから, 左辺は 0

図 4.26 L_{0+} を L_{0+0} とみなすと，L_{0++}, L_{0+-} はこのようになる．

となり，ほどけた 2 成分絡み目の Alexander 多項式は 0 であることがわかる[*2]．(4.5), (4.6) と合わせると

$$\Delta\left(\vcenter{\hbox{⦵}}\right)$$
$$= \Delta\left(\vcenter{\hbox{⦵}}\right) + (t^{1/2} - t^{-1/2})\Delta\left(\vcenter{\hbox{⦵}}\right)$$
$$= 1 + (t^{1/2} - t^{-1/2})\left(\Delta\left(\vcenter{\hbox{⦵}}\right) + (t^{1/2} - t^{-1/2})\Delta\left(\vcenter{\hbox{⦵}}\right)\right)$$
$$= 1 + (t^{1/2} - t^{-1/2})^2 = t - 1 + t^{-1}$$

となり，$\Delta(T; t) = t - 1 + t^{-1}$ がわかった． □

この例の計算は次のような図に従っている．

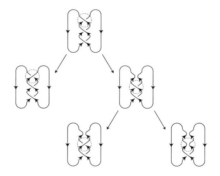

これは，次のような図として模式的に表すこともできる．

[*2] これは，もちろん U_2 に Seifert 曲面(円環)を張ることでもわかる．ここでは，綾関係式のみから導出したことに注意．

4.3 綾関係式を使った定義　155

この考えをもとに証明を与えよう．

[定理 4.30 の証明]　絡み目 L が絡み目図式 D で与えられたとする．まず，どの絡み目図式もいくつかの交差を入れ替えることでほどけた絡み目の図式にできることに注意する（定理 1.30）．D から始めて，n 回交差を入れ替えることでほどけた絡み目の図式 D_n が得られたとする．交差を入れ替えるごとに得られた絡み目図式を順に $D_1, D_2, \ldots, D_n$ とする．$D_0 := D$ とし，D_i と D_{i+1} の関係を見ると，この 2 つの図式はある綾三つ組の D_+，D_- とみなすことができる（どちらが D_+ に対応しているかは問わない．つまり，集合として $\{D_i, D_{i+1}\} = \{D_+, D_-\}$ となるということ）．このとき，D_i の平滑化で得られる絡み目図式を $D_{i+1,0}$ と書くことにする（D_{i+1} の平滑化と考えてもよい）．

ここまでの作業で得られた絡み目図式を模式図で書くと次のようになる．

(4.8)
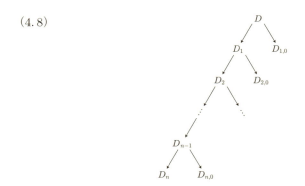

ここで，$D_{i,0}$ は，D_i に比べて交差の数が 1 個減っていることに注意しよう．

次に，各 $D_{i,0}$ に交差の入れ替えを施し，ほどけた絡み目を作る操作を行なう．また，それぞれの交差の入れ替えに付随して平滑化も行なう．このようにして，(4.8) の右下に新たな模式図が付け加えられることになる．その結果右側に付け加えられた絡み目は，D_i に比べて交差の数が 2 個減っていることになる．

以上の操作を繰り返すと，左下に行く枝は絡み目がほどかれていき，右下に行

156   4 Alexander 多項式

く枝は絡み目図式の交差が減っていくような木ができあがる．最初の絡み目図式 D の交差は有限個だから，この分解木の右下に行く枝は有限回で終了する（交差のない絡み目図式はほどけているから）．

この結果できあがった木の1番下に現れる絡み目図式はすべてほどけた絡み目を表している．このような図を**分解木**と呼ぶ．

次の補題 4.32 より，成分数が 2 以上のほどけた絡み目の Alexander 多項式は 0 だから，分解木を下から上にたどっていくことで D の Alexander 多項式の計算ができる． ∎

補題 4.32 U_n を，成分数が n のほどけた絡み目とする．そのとき

$$\Delta(U_n; t) = \begin{cases} 1 & n = 1, \\ 0 & n > 1 \end{cases}$$

となる． □

[**証明**] $\Delta(U_1; t) = 1$ はわかっているので，$n \geqq 2$ と仮定する．例 4.31 の式 (4.7) と同様に次の式が成り立つ．

$$\Delta\left(\underset{n-2}{\bigcirc\hspace{-0.3em}\bigcirc\hspace{0.5em}\circ\cdots\circ}\right) - \Delta\left(\underset{n-2}{\bigcirc\hspace{-0.3em}\bigcirc\hspace{0.5em}\circ\cdots\circ}\right) = -(t^{1/2} - t^{-1/2})\Delta\left(\underset{n-2}{\bigcirc\hspace{-0.3em}\bigcirc\hspace{0.5em}\circ\cdots\circ}\right).$$

左辺に現れる絡み目図式はどちらも $n-1$ 成分のほどけた絡み目を表すので，左辺の値は 0 となる．つまり，$\Delta(U_n; t) = 0$ がわかった． ∎

Conway によって正規化された Alexander 多項式において，別の変数 z を導入して $z := t^{1/2} - t^{-1/2}$ とおいたものを，Conway 多項式といい $\nabla(L; z)$ と書く．

定義 4.33（Conway 多項式の綾関係式）　向きの付いた絡み目に対して，次の 2 つの式を使うことで再帰的に定義される z に関する多項式を **Conway 多項式**という．

(C0) ほどけた結び目 U_1 に対し $\nabla(U_1; z) = 1$,

(C1) 図 4.21 のような綾三つ組 L_+, L_-, L_0 に対し

$$\nabla(L_+; z) - \nabla(L_-; z) = -z\nabla(L_0; z).$$

(C1) を **Conway 多項式に関する綾関係式**と呼ぶ． □

注意 4.34　(C1) の右辺の符号を $+$ としている文献も多いので注意が必要である．これらの文献は [10], [26] などに従ったものである．

分解木を使った計算法から $\nabla(L; z)$ は z の（負冪を含まない）多項式であるこ

4.3 綾関係式を使った定義   157

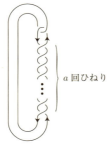

図 4.27 $a<0$ のときは逆のひねりになる．また，ひねりの部分の交差は $2|a|$ 個ある（図式全体では $2|a|+2$ 個）．

図 4.28 正の Hopf 絡み目．

とがわかる．また，次の補題もすぐにわかる．

補題 4.35 L を $\#(L)$ 成分の向きの付いた絡み目とする．そのとき $\nabla(L;z)$ の z の指数はすべて 2 を法として $\#(L)-1$ と合同である． □

綾関係式を使った計算例を挙げておこう．

定義 4.36（ひねり結び目） $Q(a)$ を図 4.27 で表された結び目とする．これを**ひねり結び目**と呼ぶ．ただし，a はひねりの回数であり（交差の数は $2|a|$），$a<0$ のときは逆方向のひねりである．$a=0$ のときはほどけており，$a=1$ のとき 8 の字結び目，$a=-1$ のとき右三つ葉結び目である． □

例 4.37 ひねり結び目 $Q(a)$ の Conway 多項式を，綾関係式を使って計算しよう．

$a>0$ のとき，ひねりの部分の交差は負であることに注意すると，綾関係式から

$$\nabla(Q(a-1);z) - \nabla(Q(a);z) = -z\nabla(H_+;z)$$

となる．ただし，H_+ は正の Hopf 絡み目である（図 4.28）．(H_+, U_2, U_1) は綾三つ組で，$\nabla(U_2;z)=0$, $\nabla(U_1;z)=1$ だから $\nabla(H_+;z)=-z$ となる．よって

$$\nabla(Q(a);z) = \nabla(Q(a-1);z) - z^2 = \cdots = \nabla(Q(0);z) - az^2 = 1 - az^2$$

が得られる．ここで，$Q(0)$ がほどけた結び目であることを使った．

これから，$\Delta(Q(1);t) = \nabla(Q(1);t^{1/2}-t^{-1/2}) = 1 - (t^{1/2}-t^{-1/2})^2 = -t+3+t^{-1}$, $\Delta(Q(-1);t) = 1 + (t^{1/2}-t^{-1/2})^2 = t - 1 + t^{-1}$ などを確認することができ

158   4 Alexander 多項式

る.   □

4.4 様々な性質

この節では Alexander 多項式, Conway 多項式の様々な性質を述べる.

命題 4.38 L を向きの付いた絡み目, $-L$ をそのすべての成分の向きを変えた絡み目とする. そのとき, Conway により正規化された Alexander 多項式に関して $\Delta(-L;t)=\Delta(L;t)$ が成り立つ.   □

[証明] Seifert のアルゴリズムに従って Seifert 曲面を構成すると, $-L$ の Seifert 曲面は L の Seifert 曲面 F の表裏をひっくり返したものとなる. $\{\xi_1, \xi_2,\ldots,\xi_n\}$ を $H_1(F;\mathbb{Z})$ の基底とすると L の Seifert 行列 V の (i,j) 成分は $\mathrm{lk}(\xi_i,\xi_j^+)$ で与えられる. 一方同じ基底に対する $-L$ の Seifert 行列の (i,j) 成分は(表裏が入れ替わっているので) $\mathrm{lk}(\xi_i,\xi_j^-)=\mathrm{lk}(\xi_i^+,\xi_j)$ となる. つまり, $-L$ の Seifert 行列は ${}^\top V$ で与えられる. よって, $\Delta(-L;t)=\det\left(t^{1/2}({}^\top V)-t^{-1/2}V\right)=\Delta(L;t)$ となる.   ∎

命題 4.39 L を向きの付いた n 成分絡み目とし, $\overline{L}$ をその鏡像とする. そのとき, Conway により正規化された Alexander 多項式に関して $\Delta(\overline{L};t)=(-1)^{n-1}\Delta(L;t)$ が成り立つ.   □

[証明] $\overline{L}$ の向きを変えたものを $-\overline{L}$ とする. F を L の Seifert 曲面, $\overline{F}$ を F の鏡像とすると, $\overline{F}$ の境界は $-\overline{L}$ となる(図 4.29 参照. 図では紙面に垂直な方向の向きを変えている. よって, F の裏表を変えても L の向きは変わらない. $\overline{F}$ の裏表に対応する境界の向きに従うと $-\overline{L}$ が得られる).

命題 4.38 の証明のように $H_1(F;\mathbb{Z})$ の基底を選び, $\overline{\xi}_i$ を ξ_i に対応する $H_1(\overline{F};\mathbb{Z})$ の生成元とする. (ξ_i,ξ_j^+) の対の鏡像は $(\overline{\xi}_i,\overline{\xi}_j^+)$ であり $\mathrm{lk}(\xi_i,\xi_j^+)=-\mathrm{lk}(\overline{\xi}_i,\overline{\xi}_j^+)$ であるから, $\overline{F}$ に対応する Seifert 行列の (i,j) 成分は $-\mathrm{lk}(\xi_i,\xi_j^+)$ で与えられる(図 4.30 参照). つまり, $-\overline{L}$ の Seifert 行列は $-V$ となる. 命題 4.38 より, $\overline{L}$ の Seifert 行列は $-{}^\top V$ となる.

F の種数を g とすると V の大きさは $2g+n-1$ であるから,

$$\Delta(\overline{L};t)=\det\left(t^{1/2}(-{}^\top V)-t^{-1/2}(-V)\right)=(-1)^{n-1}\det\left(t^{1/2}({}^\top V)-t^{-1/2}V\right)$$
$$=(-1)^{n-1}\Delta(L;t)$$

となる.   ∎

図 4.29 左三つ葉結び目(左)と右三つ葉結び目(右).

図 4.30 $\mathrm{lk}(\alpha, \alpha^+)$ (左)と $\mathrm{lk}(\bar{\alpha}, \bar{\alpha}^+)$ (右).

証明の途中で出てきたことであるが,系として述べておく.

系 4.40 向きの付いた n 成分絡み目 L の鏡像の向きを変えたものを $-\overline{L}$ とすると,Conway により正規化された Alexander 多項式に関して $\Delta(-\overline{L};t) = (-1)^{n-1}\Delta(L;t)$ が成り立つ. □

命題 4.41 L_1 と L_2 を絡み目とし,$L_1 \circ L_2$ をそれらの**分離和**とする.つまり,3 次元球体 $D^3 \subset S^3$ が存在して $L_1 \subset \mathrm{Int}\, D^3$, $L_2 \cap D^3 = \emptyset$ となっている.そのとき,$\Delta(L_1 \circ L_2; t) = \nabla(L_1 \circ L_2; z) = 0$ である. □

[証明] D_1, D_2 をそれぞれ L_1, L_2 の絡み目図式とすると,$L_1 \circ L_2$ は

$$\boxed{D_1}\ \mathcal{S}\ \boxed{D_2}$$

のように表すことができる.そこで,綾関係式

$$\nabla\left(\boxed{D_1}\bowtie\boxed{D_2}\right) - \nabla\left(\boxed{D_1}\bowtie\boxed{D_2}\right) = -z\nabla\left(\boxed{D_1}\,\mathcal{S}\,\boxed{D_2}\right)$$

を考えると,左辺の 2 項は同じ絡み目を表しているので,右辺は 0 となる. ■

結び目の場合と同様に,絡み目の場合にも連結和が定義できる.ただし,この場合はつなぐべき成分を指定しない限り正確には定義できないことに注意しよう.

命題 4.42 L_1, L_2 を向きの付いた絡み目とすると,どのような成分をつなぐ連結和 $L_1 \# L_2$ に関しても

$$\Delta(L_1 \# L_2; t) = \Delta(L_1; t) \times \Delta(L_2; t)$$

が成り立つ.同様に

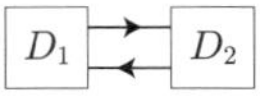

160　4　Alexander 多項式

図 4.31　$L_1 \# L_2$ の図式.

$$\nabla(L_1 \# L_2; z) = \nabla(L_1; z) \times \nabla(L_2; z)$$

が成り立つ.　□

　[**証明**]　図 4.31 のような絡み目図式を考える.

　ただし，D_1 は L_1 に，D_2 は L_2 に対応しているものとする. 定理 4.30 で説明したような分解木を，まず D_1 に適用する. するとこの分解木の一番下に現れる図式の左側の四角の中には，交差はまったくなく，1 本の弧といくつかの円周だけが現れている. 円周が 1 つでもあると（右側の四角を含めた図の）Conway（Alexander）多項式は 0 であり，また，円周がないときは 1 となる.

　1 となったものに対して，さらに D_2 に対する分解木をとることで $L_1 \# L_2$ の分解木が得られる. D_2 に対する分解木をさかのぼって計算すると，D_1 の分解木の一番下に現れた 1 の代わりに $\nabla(L_2; z)$ が得られる. さらに D_1 の分解木をさかのぼって計算することで $\nabla(L_1; z)\nabla(L_2; z)$ が得られるが，これは $\nabla(L_1 \# L_2; z)$ に他ならない.　■

　注意 4.43　L_i の連結な Seifert 曲面を F_i とする（$i = 1, 2$）. $F_1 \natural F_2$ をそれらの境界連結和（$\partial(F_1)$ 内の弧と $\partial(F_2)$ 内の弧で貼り合わせたもの. 定理 1.40 の証明参照）とすると，$F_1 \natural F_2$ は $L_1 \# L_2$ の連結な Seifert 曲面となる. V_1, V_2 をそれぞれ F_1, F_2 の Seifert 行列とすると，$F_1 \natural F_2$ の Seifert 行列は $\begin{pmatrix} V_1 & O \\ O & V_2 \end{pmatrix}$ となる. ただし，O は適当な大きさの零行列である. このことからも，命題 4.42 が証明できる.

　系 4.44　K が結び目であれば $\Delta(K; -1)$ は奇数である.　□

　[**証明**]　K が結び目であれば，補題 4.18 より，$\Delta(K; -1) \equiv \Delta(K; 1) = 1 \pmod 2$ となるので，$\Delta(K; -1)$ は奇数となる.　■

　命題 4.45　向きの付いた絡み目 L に対して

$$\Delta(L; t) = (-1)^{\#(L)+1} \Delta(L; t^{-1})$$

が成り立つ. ただし，$\#(L)$ は L の成分数である.　□

　[**証明**]　補題 4.35 より，$\#(L)$ が奇数のとき $\Delta(L; t)$ は $(t^{1/2} - t^{-1/2})$ に関する偶数次の Laurent 多項式である. また，$\#(L)$ が偶数のときは奇数次の Laurent 多項式である. このことから命題が従う. ∎

命題 4.46 L を n 成分の絡み目とする. そのとき $\nabla(L; z)$ は z^{n-1} で割り切れる. ☐

[証明] n に関する帰納法による.

$n = 1$ のとき, 結び目の Conway 多項式は z の(負冪を含まない)多項式だから正しい.

任意の n 成分絡み目 ℓ に対して, $\nabla(\ell; z)$ は z^{n-1} で割り切れると仮定する.

L を, $n+1$ 成分絡み目とし, L の図式を考える(以下図式と絡み目を同一視する). L の成分の 1 つを K とする. どの交差においても, K が他の成分の下を通っているとすると, L は K と $L \setminus K$ の分離和だから命題 4.41 より, $\nabla(K \circ (L \setminus K); z) = 0$ である. よって, この場合主張は正しい.

K が他の成分の上を通る交差が 1 か所だけのとき, L' をその交差を入れ替えて得られる絡み目, L_0 をその交差で平滑化して得られる絡み目とする. 綾関係式より

$$\nabla(L; z) - \nabla(L'; z) = \pm z \nabla(L_0; z)$$

となる. ところが, L' は**分離絡み目**(非自明な分離和として得られる絡み目)だから, $\nabla(L'; z) = 0$ であり, $\nabla(L; z) = \pm z \nabla(L_0; z)$ となる.

また, L_0 は L の異なる成分をつないで得られるので L_0 の成分数は n である. よって, 帰納法の仮定より $\nabla(L_0; z)$ は z^{n-1} で割り切れるので, $\nabla(L; z)$ は z^n で割り切れる.

あとは K が他の成分の上を通っている交差の数による帰納法で証明が終わる. ∎

系として次のことが成り立つ. 結び目の場合は, 補題 4.18 の拡張である.

系 4.47 L を向きの付いた絡み目とする. そのとき,

$$\nabla(L; z) \text{ の定数項} = \begin{cases} 1 & \#(L) = 1, \\ 0 & \#(L) > 1 \end{cases}$$

が成り立つ.

これを Alexander 多項式の言葉でいうと,

162   4 Alexander 多項式

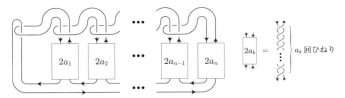

図 4.32 $2a_k$ と書かれた長方形は，a_k 回のひねりを表す（交差の数は $2a_k$）．ただし，数字が負のときは逆向きのひねりである．

$$\Delta(L;1) = \begin{cases} 1 & \#(L) = 1, \\ 0 & \#(L) > 1 \end{cases}$$

となる． □

注意 4.48 結び目 K に対して $\nabla(K;z)$ の定数項が 1 であることは，綾関係式と分解木の深さによる帰納法でも簡単に証明できる．

実は補題 4.35 と系 4.47 が，結び目の Alexander (Conway) 多項式を特徴付けることがわかる．

定理 4.49 $F(z)$ を，定数項が 1 であるような，偶数冪のみを持つ z に関する多項式とする．ただし，$F(z) \neq 1$ とする．そのとき，$\nabla(K;z) = F(z)$ となる結び目 K で，結び解消数 $u(K) = 1$ となるものが存在する． □

[証明] 図 4.32 で与えられた結び目を $Q(a_1, a_2, \ldots, a_n)$ とする（$n=1$ のときは，ひねり結び目である）．一番左にある交差を入れ替えればほどくことができるので，$u(Q(a_1, a_2, \ldots, a_n)) \leqq 1$ である．

そのとき

$$(4.9) \quad \nabla(Q(a_1, a_2, \ldots, a_n); z) = 1 + \sum_{k=1}^{n-1} (-1)^k (a_k + 1) z^{2k} + (-1)^n a_n z^{2n}$$

となることを数学的帰納法で示す．ただし，$n=1$ のとき，右辺は $1 - a_1 z^2$ を表すとする．

$n=1$ のときは，例 4.37 により正しい．$n-1$ まで，(4.9) が成り立つと仮定する．

$a_n > 0$ のとき，交差は負であることに注意すると，綾関係式より

$$(4.10) \quad \nabla(Q(a_1, a_2, \ldots, a_n - 1); z) - \nabla(Q(a_1, a_2, \ldots, a_n); z)$$
$$= -z \nabla(L(a_1, a_2, \ldots, a_{n-1}); z)$$

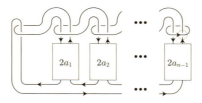

図 4.33 右上の円内の交差を入れ替えると $Q(a_1, a_2, \ldots, a_{n-1})$ と負の Hopf 絡み目 H_- の連結和になる.

図 4.34 負の Hopf 絡み目.

となる.ただし,$L(a_1, a_2, \ldots, a_{n-1})$ は図 4.33 で表された 2 成分絡み目である.また,図 4.33 の右上の交差(丸で囲った部分)で綾関係式を考えることで

$$\nabla(L(a_1, a_2, \ldots, a_{n-1}); z) - \nabla(Q(a_1, a_2, \ldots, a_{n-1}) \# H_-; z)$$
$$= -z \nabla(Q(a_1, a_2, \ldots, a_{n-1} + 1); z)$$

となる.ここで,H_- は負の Hopf 絡み目である(図 4.34).

例 4.37 における正の Hopf 絡み目と同様の計算で $\nabla(H_-; z) = z$ がわかるので,命題 4.42 より

$$\nabla(L(a_1, a_2, \ldots, a_{n-1}); z) = z\,(\nabla(Q(a_1, a_2, \ldots, a_{n-1}); z)$$
$$- \nabla(Q(a_1, a_2, \ldots, a_{n-1} + 1); z))$$

である.(4.10) より

$$\nabla(Q(a_1, a_2, \ldots, a_n); z)$$
$$= \nabla(Q(a_1, a_2, \ldots, a_{n-1}, a_n - 1); z) - z^2 (\nabla(Q(a_1, a_2, \ldots, a_{n-1} + 1); z)$$
$$\quad - \nabla(Q(a_1, a_2, \ldots, a_{n-1}); z))$$
$$= \cdots$$
$$= \nabla(Q(a_1, a_2, \ldots, a_{n-1}, 0); z) - a_n z^2 (\nabla(Q(a_1, a_2, \ldots, a_{n-1} + 1); z)$$
$$\quad - \nabla(Q(a_1, a_2, \ldots, a_{n-1}); z))$$

が得られる.最後の式に,帰納法の仮定を適用すると

164 4 Alexander 多項式

$$\nabla(Q(a_1, a_2, \ldots, a_{n-1}+1); z) - \nabla(Q(a_1, a_2, \ldots, a_{n-1}); z)$$

$$= \left(1 + \sum_{k=1}^{n-2} (-1)^k (a_k+1) z^{2k} + (-1)^{n-1} (a_{n-1}+1) z^{2(n-1)}\right)$$

$$- \left(1 + \sum_{k=1}^{n-2} (-1)^k (a_k+1) z^{2k} + (-1)^{n-1} a_{n-1} z^{2(n-1)}\right)$$

$$= (-1)^{n-1} z^{2(n-1)}.$$

よって,

$$\nabla(Q(a_1, a_2, \ldots, a_n); z) = \nabla(Q(a_1, a_2, \ldots, a_{n-1}, 0); z) + (-1)^n a_n z^{2n}$$

がわかる. ところが, $Q(a_1, a_2, \ldots, a_{n-1}, 0) = Q(a_1, a_2, \ldots, a_{n-1}+1)$ だから, 再び帰納法の仮定を使えば

$$\nabla(Q(a_1, a_2, \ldots, a_n); z)$$

$$= 1 + \sum_{k=1}^{n-2} (-1)^k (a_k+1) z^{2k} + (-1)^{n-1} (a_{n-1}+1) z^{2(n-1)} + (-1)^n a_n z^{2n}$$

$$= 1 + \sum_{k=1}^{n-1} (-1)^k (a_k+1) z^{2k} + (-1)^n a_n z^{2n}$$

となり, n の場合にも正しいことが示された.

以上より, 定数項が 1 であるような, 任意の z^2 の多項式 $F(z) \neq 1$ に対し, $u(K) \leqq 1$ で $\nabla(K; z) = F(z)$ となるような結び目 K が存在する. $F(z) \neq 1$ だから K はほどけていない. よって $u(K) = 1$ がわかる. ∎

$\nabla(L; z)$ の z^k の係数を $a_k(L)$ と書くことにする.

定理 4.50 $L = K_1 \cup K_2$ を 2 成分絡み目とする. そのとき, $a_1(L) = -\mathrm{lk}(K_1, K_2)$ である. □

[証明] K_1 が K_2 の上を通っている交差をすべて入れ替えて, K_1 が K_2 の下を通るようにすると, 得られた絡み目は分離絡み目であり, その Conway 多項式は 0 である. このとき得られる分解木の深さによる帰納法で証明が終わる. ∎

4.5 纏れ糸を使った計算

この節では, 結び目図式をいくつかの「部品」に分けて Conway 多項式を計算する方法を紹介する.

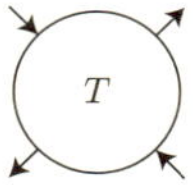

4.5 縺れ糸を使った計算　165

図 4.35　縺れ糸.

図 4.35 のように，結び目図式の一部を円で切り取った図式を**縺れ糸**と呼ぶ．

定理 4.51　次の式が成り立つ．ただし，この式では z を省略している．

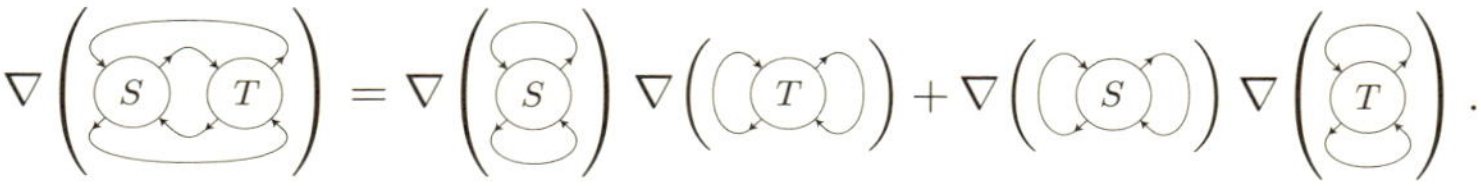

$$\nabla\left(\begin{array}{c}S \ T\end{array}\right) = \nabla\left(\begin{array}{c}S\end{array}\right) \nabla\left(\begin{array}{c}T\end{array}\right) + \nabla\left(\begin{array}{c}S\end{array}\right) \nabla\left(\begin{array}{c}T\end{array}\right).$$

[**証明**]　分解木を使って，左辺の縺れ糸 S をほどく．すると分解木の一番下には，S を囲んでいる円周の内側に交差のない図式のみが現れる．そのような図式は，◯◯ か ◯◯ のいずれか，あるいはそれらと自明な絡み目の分離和である．自明な絡み目の分離和があるとき Conway 多項式は 0 だから，分解木の一番下には ◯◯ か ◯◯ のみがあると思ってよい．

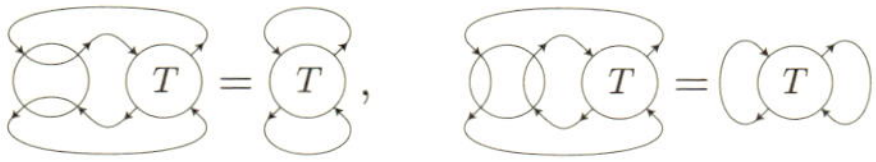

$$\left(\begin{array}{c}T\end{array}\right) = \left(\begin{array}{c}T\end{array}\right), \quad \left(\begin{array}{c}T\end{array}\right) = \left(\begin{array}{c}T\end{array}\right)$$

だから，

$$\nabla\left(\begin{array}{c}S \ T\end{array}\right) = f(z) \nabla\left(\begin{array}{c}T\end{array}\right) + g(z) \nabla\left(\begin{array}{c}T\end{array}\right)$$

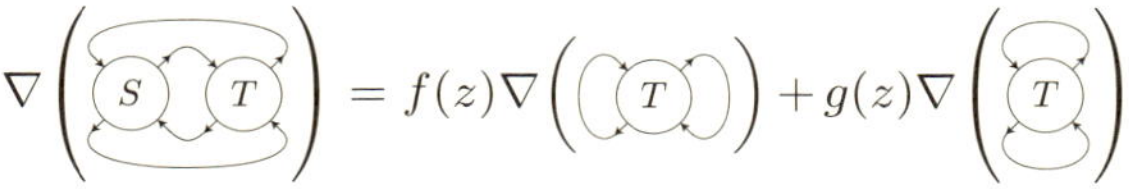

をみたす（T に依存しない）多項式 $f(z), g(z)$ が存在する．

T に ◯◯ を代入すると，自明な 2 成分絡み目の Conway 多項式は 0 だから

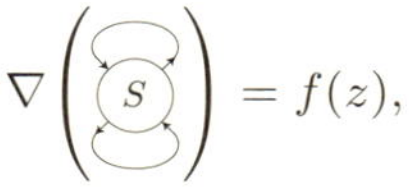

$$\nabla\left(\begin{array}{c}S\end{array}\right) = f(z),$$

T に ◯◯ を代入すると

$$\nabla\left(\begin{array}{c}S\end{array}\right) = g(z)$$

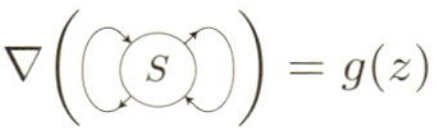

が得られる．■

縺れ糸を使った具体的な計算は，問題 4.6, 問題 4.7 を見よ．また，問題 6.8, 問題 6.9 では，他の多項式不変量に関して同様の考察をしている．

166   4 Alexander 多項式

4.6 Arf 不変量

S 同値の概念を使って，$\{1, -1, 0\}$ に値をとるような，向きの付いた絡み目の不変量を導入しよう.

定義 4.52 L を向きの付いた絡み目，V をその Seifert 行列とする. V が $m \times m$ 行列のとき，

$$G(V) := \frac{1}{\sqrt{2}^m} \left(\sum_{\vec{x} \in (\mathbb{Z}/2\mathbb{Z})^m} (-1)^{\top \vec{x} V \vec{x}} \right)$$

とおく. ここで，$\vec{x}$ は縦ベクトルである.   □

$G(V)$ は絡み目の不変量を定義することがわかる.

定理 4.53 V と V' が S 同値のとき $G(V) = G(V')$ となる.   □

[証明]

(1) $V' = {}^{\top}PVP$ となる，整数上の可逆行列 P が存在するとき：V' と V は同じ次数なので，

$$\sum_{\vec{x} \in (\mathbb{Z}/2\mathbb{Z})^m} (-1)^{\top \vec{x} V' \vec{x}} = \sum_{\vec{x} \in (\mathbb{Z}/2\mathbb{Z})^m} (-1)^{\top \vec{x} V \vec{x}}$$

となることを示せばよい(V と V' は m 次正方行列とする). $V' = {}^{\top}PVP$ より

$$\sum_{\vec{x} \in (\mathbb{Z}/2\mathbb{Z})^m} (-1)^{\top \vec{x} V' \vec{x}} = \sum_{\vec{x} \in (\mathbb{Z}/2\mathbb{Z})^m} (-1)^{\top \vec{x} {}^{\top}P V P \vec{x}} = \sum_{\vec{x} \in (\mathbb{Z}/2\mathbb{Z})^m} (-1)^{\top (P\vec{x}) V (P\vec{x})}$$

である. $\vec{x}$ が $(\mathbb{Z}/2\mathbb{Z})^m$ の元をすべて動くとき $P\vec{x}$ も $(\mathbb{Z}/2\mathbb{Z})^m$ の元をすべて動くので，$G(V) = G(V')$ である.

(2) V' が V から行拡大で得られるとき：V を $m \times m$ 行列とし，$V' = \begin{pmatrix} V & M & O_{m,1} \\ O_{1,m} & 0 & 1 \\ O_{1,m} & 0 & 0 \end{pmatrix}$ とする.

$$\sum_{\vec{x}' \in (\mathbb{Z}/2\mathbb{Z})^{m+2}} (-1)^{\top \vec{x}' V' \vec{x}'}$$

$$= \sum_{\vec{x} \in (\mathbb{Z}/2\mathbb{Z})^m} \sum_{(s,t) \in (\mathbb{Z}/2\mathbb{Z})^2} (-1)^{(\top\vec{x} \quad s \quad t) \begin{pmatrix} V & M & O_{m,1} \\ O_{1,m} & 0 & 1 \\ O_{1,m} & 0 & 0 \end{pmatrix} \begin{pmatrix} \vec{x} \\ s \\ t \end{pmatrix}}$$

$$= \sum_{\vec{x} \in (\mathbb{Z}/2\mathbb{Z})^m} \sum_{(s,t) \in (\mathbb{Z}/2\mathbb{Z})^2} (-1)^{\top\vec{x}V\vec{x} + s\top\vec{x}M + st}$$

$$= \sum_{\vec{x} \in (\mathbb{Z}/2\mathbb{Z})^m} \left((-1)^{\top\vec{x}V\vec{x}} + (-1)^{\top\vec{x}V\vec{x}} + (-1)^{\top\vec{x}V\vec{x} + \top\vec{x}M} + (-1)^{\top\vec{x}V\vec{x} + \top\vec{x}M + 1} \right)$$

（第 3 項目と第 4 項目が相殺）

$$= 2 \sum_{\vec{x} \in (\mathbb{Z}/2\mathbb{Z})^m} (-1)^{\top\vec{x}V\vec{x}}$$

となる．V' は $(m+2) \times (m+2)$ 行列だから，$G(V) = G(V')$ がわかる．

(3) 列拡大の場合も同様である．

以上より $G(V)$ は S 同値によって不変である．∎

よって，$G(V)$ は絡み目の不変量であることがわかる．成分数を用いて $G(V)$ を次のように正規化する．

定義 4.54（Arf 不変量）　向きの付いた n 成分絡み目 L に対して

(4.11) $$\mathrm{Arf}(L) := \frac{G(V)}{\sqrt{2}^{\,n-1}}$$

とおく．ただし，V は L の Seifert 行列である．これを L の **Arf 不変量**と呼ぶ．□

実は，$\mathrm{Arf}(L) \in \{1, -1, 0\}$ となることがわかるが，その前に Arf 不変量を使って，絡み目全体をある同値関係で分類してみよう．

定義 4.55（通路変形）　次のような局所変形を**通路変形**と呼ぶ．

□

命題 4.56　$\mathrm{Arf}(L)$ は通路変形で不変である．□

[**証明**]　図 4.36 のように Seifert 曲面を張る．このとき，まず，左端のように連結で向き付けられる曲面を張っておき，それに真ん中と右端のような帯を付ける．

真ん中と右端の曲面の 1 次元ホモロジーの生成元として，図 4.37 のようなものが選べる．各図において，2 本の矢印は別の生成元を表している．

図 4.36 左端のような連結で向き付けられる曲面に帯を付けることで，真ん中と右端のような曲面を構成する．

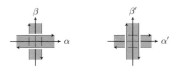

図 4.37 α, β および α', β' は別の生成元になっている．

図 4.36 左の Seifert 曲面に対応した Seifert 行列を V ($m \times m$ 行列)とする．また，$\mathrm{lk}(\alpha, \alpha^+) = a$, $\mathrm{lk}(\beta, \beta^+) = b$, $\mathrm{lk}(\alpha, \beta^+) = c$, $\mathrm{lk}(\beta, \alpha^+) = d$ とおくと，$\mathrm{lk}(\alpha', \alpha'^+) = a$, $\mathrm{lk}(\beta', \beta'^+) = b$, $\mathrm{lk}(\alpha', \beta'^+) = c-1$, $\mathrm{lk}(\beta', \alpha'^+) = d-1$ となるので，図 4.37 に対応する Seifert 行列は，それぞれ

$$W := \begin{pmatrix} a & c & R \\ d & b & S \\ T & U & V \end{pmatrix}, \quad W' := \begin{pmatrix} a & c-1 & R \\ d-1 & b & S \\ T & U & V \end{pmatrix}$$

となる．ただし，R, S は $1 \times m$ 行列，T, U は $m \times 1$ 行列である．よって，

$$\begin{aligned}
&\sqrt{2}^{m+2} G(W') \\
&= \sum_{(x,y) \in (\mathbb{Z}/2\mathbb{Z})^2,\, \vec{z} \in (\mathbb{Z}/2\mathbb{Z})^m} (-1)^{\begin{pmatrix} x & y & \top \vec{z} \end{pmatrix} \begin{pmatrix} a & c-1 & R \\ d-1 & b & S \\ T & U & V \end{pmatrix} \begin{pmatrix} x \\ y \\ \vec{z} \end{pmatrix}} \\
&= \sum_{(x,y) \in (\mathbb{Z}/2\mathbb{Z})^2,\, \vec{z} \in (\mathbb{Z}/2\mathbb{Z})^m} (-1)^{ax^2 + by^2 + (c+d-2)xy + x\top\vec{z}T + y\top\vec{z}U + xR\vec{z} + yS\vec{z} + \top\vec{z}V\vec{z}} \\
&= \sum_{(x,y) \in (\mathbb{Z}/2\mathbb{Z})^2,\, \vec{z} \in (\mathbb{Z}/2\mathbb{Z})^m} (-1)^{ax^2 + by^2 + (c+d)xy + x\top\vec{z}T + y\top\vec{z}U + xR\vec{z} + yS\vec{z} + \top\vec{z}V\vec{z}} \\
&= \sum_{(x,y) \in (\mathbb{Z}/2\mathbb{Z})^2,\, \vec{z} \in (\mathbb{Z}/2\mathbb{Z})^m} (-1)^{\begin{pmatrix} x & y & \top\vec{z} \end{pmatrix} \begin{pmatrix} a & c & R \\ d & b & S \\ T & U & V \end{pmatrix} \begin{pmatrix} x \\ y \\ \vec{z} \end{pmatrix}} \\
&= \sqrt{2}^{m+2} G(W).
\end{aligned}$$

通路変形で絡み目の成分数は変わらないので，上式により通路変形によって $\mathrm{Arf}(L)$ は不変である． ∎

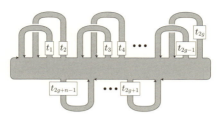

図 4.38 通路変形によって，帯をほどくことができる．t_i はひねりの数．

定義 4.57（通路同値） 2 つの向き付けられた絡み目 L, L' を考える．D, D' をそれぞれ L, L' の絡み目図式とする．D を D' に移すような（Reidemeister 移動，全同位および）通路変形の列 $D \to D_1 \to \cdots \to D_k \to D'$ が存在するとき L と L' は**通路同値**であるという． □

補題 4.58 向きの付いた n 成分絡み目は，次のいずれかの絡み目と通路同値である．

- 自明な n 成分絡み目 U_n．
- 左三つ葉結び目 T と，自明な $(n-1)$ 成分絡み目の分離和 $T \circ U_{n-1}$．
- l 個の負の Hopf 絡み目 H_- と，自明な $(n-2l)$ 成分絡み目の分離和 $\underbrace{(H_- \circ H_- \circ \cdots \circ H_-)}_{l} \circ U_{n-2l}$ ($0 < 2l \leq n$). □

[証明] 最初に，次のような変形は通路変形で実現できることに注意しよう（定義 4.55 の図とは向きが違う）．

これは，次の図からわかる．

向きの付いた絡み目に連結な Seifert 曲面を張る．この曲面を，円板に帯を付けたものとみなす（図 3.35 参照）．上の注意から，通路変形により帯の上下を入れ替えることができるので，すべての帯はほどくことができる．よって，任意の絡み目は，図 4.38 で示された曲面の境界の表す絡み目と通路同値である．

この絡み目を $L^{(g,n)}(t_1, t_2, \ldots, t_{2g}, t_{2g+1}, t_{2g+2}, \ldots, t_{2g+n-1})$ で表すことにす

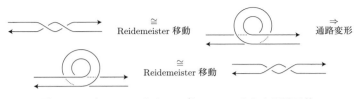

図 4.39 正の 1 回ひねりは，負の 1 回ひねりと通路同値．

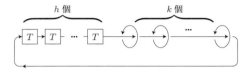

図 4.40 h 個の左三つ葉結び目と，k 個の負の Hopf 絡み目の連結和．

る（g は Seifert 曲面の種数，n は絡み目の成分数）．ただし，t_i は帯のひねりの回数を表している．また，これは，結び目 $L^{(g,1)}(t_1, t_2, \ldots, t_{2g})$ と，n 成分絡み目 $L^{(0,n)}(t_{2g+1}, t_{2g+2}, \ldots, t_{2g+n-1})$ の連結和とみなすこともできる．

また，図 4.39 からわかるように，通路変形を使って帯のひねりは 2 を法として変形できる．

よって，通路変形で t_i は 0 または 1 にできる（$i=1,2,\ldots,2g+n-1$）．$L^{(1,1)}(1,0) \cong L^{(1,1)}(0,1) \cong L^{(1,1)}(0,0)$ はほどけた結び目，$L^{(1,1)}(1,1)$ は左三つ葉結び目 T，$L^{(0,2)}(0)$ は自明な 2 成分絡み目 U_2，$L^{(0,2)}(1)$ は負の Hopf 絡み目 H_- であるから，$L^{(g,n)}(t_1, t_2, \ldots, t_{2g}, t_{2g+1}, t_{2g+2}, \ldots, t_{2g+n-1})$ は，図 4.40 のような，h 個の T と k 個の負の Hopf 絡み目 H_k の連結和 $\underbrace{(T \# T \# \cdots \# T)}_{h \text{ 個}} \# H_k$ と[*3]，自明な $n-k-1$ 成分絡み目 U_{n-k-1} との分離和 $\underbrace{(T \# T \# \cdots \# T)}_{h \text{ 個}} \# H_k \circ U_{n-k-1}$ と同値である．

$L^{(1,1)}(1,1)$（左三つ葉結び目）は $L^{(1,1)}(-1,-1)$（右三つ葉結び目）と通路同値であり，(4.12) からわかるように，$L^{(1,1)}(1,1) \# L^{(1,1)}(-1,-1)$ はほどけた結び目と通路同値である．

[*3] 絡み目の場合，連結和は一意に定まらないので，この表示にはあいまいさがあることに注意．ここでは，図 4.40 で指定した連結和を意味する．

(4.12)
$$L^{(1,1)}(1,1)\#L^{(1,1)}(-1,-1)$$

また，$L^{(0,2)}(1)$（負の Hopf 絡み目）は $L^{(0,2)}(-1)$（正の Hopf 絡み目）と通路同値であり，$L^{(1,1)}(1,1)\#L^{(0,2)}(-1)$ は次のように，正の Hopf 絡み目と通路同値である．

$$L^{(1,1)}(1,1)\#L^{(0,2)}(-1) = \cdots \underset{通路変形}{\Rightarrow} \cdots = L^{(0,2)}(-1)$$

よって，$\underbrace{(T\#T\#\cdots\#T)}_{h\text{ 個}}\#H_k\circ U_{n-k-1}$ に含まれる T の数 h は高々 1 であり，Hopf 絡み目が 1 つでも含まれていれば，T 成分は除くことができる．これで，任意の n 成分絡み目は U_n, $T\circ U_{n-1}$, あるいは $H_k\circ U_{n-k-1}$ $(k>0)$ と通路同値である．

最後に，任意の絡み目 L と，負の Hopf 絡み目 2 個の連結和は，L と，負の Hopf 絡み目の分離和に通路同値である．

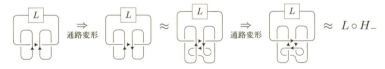

この操作を繰り返し使うと

$$H_k\circ U_{n-k-1} \underset{通路変形}{\Rightarrow} H_{k-2}\circ H_-\circ U_{n-k-1}$$

$$\Rightarrow \cdots \Rightarrow \begin{cases} \underbrace{(H_-\circ\cdots\circ H_-)}_{k/2}\circ U_{n-k} & k \text{ が偶数}, \\ \underbrace{(H_-\circ\cdots\circ H_-)}_{(k+1)/2}\circ U_{n-k-1} & k \text{ が奇数} \end{cases}$$

となる．

172   4 Alexander 多項式

以上より，補題が示された.

補題 4.58 で得られた絡み目の Arf 不変量を計算してみよう.

補題 4.59 絡 み 目 L_1 と L_2 の 分 離 和 $L_1 \circ L_2$ に 対 し て $\mathrm{Arf}(L_1 \circ L_2) = \mathrm{Arf}(L_1)\mathrm{Arf}(L_2)$ が成り立つ. □

[証明] F_1, F_2 をそれぞれ L_1, L_2 の連結な Seifert 曲面とすると，$L_1 \circ L_2$ の連結な Seifert 曲面は，L_1 と L_2 の内部にそれぞれ小さな穴をあけて，それらを円環でつなぐことで得られる.

n_1, n_2 をそれぞれ L_1, L_2 の成分数とし，V_1, V_2 を，それぞれ L_1, L_2 の Seifert 行列とする．V_1 を $m_1 \times m_1$ 行列，V_2 を $m_2 \times m_2$ 行列とすると，$L_1 \circ L_2$ の

Seifert 行列は $\begin{pmatrix} V_1 & O_{m_1,m_2} & O_{m_1,1} \\ O_{m_2,m_1} & V_2 & O_{m_2,1} \\ O_{1,m_1} & O_{1,m_2} & 0 \end{pmatrix}$ で得られる．ここで，最後の行と列

は，上で述べた円環を一周する生成元に対応している.

$L_1 \circ L_2$ の成分数は $n_1 + n_2$ だから，

$\mathrm{Arf}(L_1 \circ L_2)$

$= \dfrac{1}{\sqrt{2}^{\,n_1+n_2-1+m_1+m_2+1}}$

$\times \left(\displaystyle\sum_{\substack{\vec{x}_1 \in (\mathbb{Z}/2\mathbb{Z})^{m_1} \\ \vec{x}_2 \in (\mathbb{Z}/2\mathbb{Z})^{m_2} \\ y \in \mathbb{Z}/2\mathbb{Z}}} (-1)^{\left({}^\top\vec{x}_1 \quad {}^\top\vec{x}_2 \quad y \right) \begin{pmatrix} V_1 & O_{m_1,m_2} & O_{m_1,1} \\ O_{m_2,m_1} & V_2 & O_{m_2,1} \\ O_{1,m_1} & O_{1,m_2} & 0 \end{pmatrix} \begin{pmatrix} \vec{x}_1 \\ \vec{x}_2 \\ y \end{pmatrix}} \right)$

$= \dfrac{2}{\sqrt{2}^{\,n_1+n_2+m_1+m_2}} \left(\displaystyle\sum_{\vec{x}_1 \in (\mathbb{Z}/2\mathbb{Z})^{m_1}} (-1)^{{}^\top\vec{x}_1 V_1 \vec{x}_1} \right) \left(\displaystyle\sum_{\vec{x}_2 \in (\mathbb{Z}/2\mathbb{Z})^{m_2}} (-1)^{{}^\top\vec{x}_2 V_2 \vec{x}_2} \right)$

$= \dfrac{1}{\sqrt{2}^{\,n_1+m_1-1}} \left(\displaystyle\sum_{\vec{x}_1 \in (\mathbb{Z}/2\mathbb{Z})^{m_1}} (-1)^{{}^\top\vec{x}_1 V_1 \vec{x}_1} \right) \dfrac{1}{\sqrt{2}^{\,n_2+m_2-1}} \left(\displaystyle\sum_{\vec{x}_2 \in (\mathbb{Z}/2\mathbb{Z})^{m_2}} (-1)^{{}^\top\vec{x}_2 V_2 \vec{x}_2} \right)$

$= \mathrm{Arf}(L_1)\mathrm{Arf}(L_2).$

よって，補題が成り立つ. ■

補題 4.60 $\mathrm{Arf}(U_1) = 1$, $\mathrm{Arf}(T) = -1$, $\mathrm{Arf}(H_-) = 0$ が成り立つ．よって，補題 4.59 より，

$$\mathrm{Arf}(U_n) = 1,$$
$$\mathrm{Arf}(T \circ U_{n-1}) = -1,$$
$$\mathrm{Arf}\left((\underbrace{H_- \circ H_- \circ \cdots \circ H_-}_{l}) \circ U_{n-2l} \right) = 0$$

がわかる $(0 < 2l \leqq n)$. □

[証明] ほどけた結び目 U_1 の Seifert 行列は $\begin{pmatrix} 0 & 1 \\ 0 & 0 \end{pmatrix}$ となる. よって,

$$\mathrm{Arf}(U_1) = \frac{1}{\sqrt{2}^2} \left(\sum_{x,y \in \mathbb{Z}/2\mathbb{Z}} (-1)^{xy} \right) = 1$$

がわかる(ほどけた結び目の Seifert 行列を 0×0 行列だと思っても同じ結果が得られる).

左三つ葉結び目 T は,円環面結び目 $T(2,-3)$ だから,(4.2) より,Seifert 行列は $\begin{pmatrix} 1 & -1 \\ 0 & 1 \end{pmatrix}$ である. よって,

$$\mathrm{Arf}(T) = \frac{1}{\sqrt{2}^2} \left(\sum_{x,y \in \mathbb{Z}/2\mathbb{Z}} (-1)^{x^2 - xy + y^2} \right) = -1$$

がわかる.

負の Hopf 絡み目 H_- の Seifert 行列は $\begin{pmatrix} 1 \end{pmatrix}$ となる. よって,

$$\mathrm{Arf}(H_-) = \frac{1}{\sqrt{2}^{1+1}} \left(\sum_{x \in \mathbb{Z}/2\mathbb{Z}} (-1)^{x^2} \right) = 0$$

となる. ∎

絡み目の 1 つの成分に着目すると,その成分と他の成分との絡み数の偶奇は通路変形で不変であることがわかる. 実際,次の補題が証明できる.

補題 4.61 L を向きの付いた絡み目とする. 任意の成分 K に対し

$$\mathrm{lk}(K, L \setminus K) \quad (\mathrm{mod} \ 2)$$

は通路変形によって不変である. □

174   4 Alexander 多項式

図 4.41 通路同型に現れる弧.

[**証明**] L に図 4.41 のような通路変形を施して L' が得られたとする．また，K は K' に移るものとする．通路変形に現れる 4 本の弧に図 4.41 のように名前を付ける．

どの 4 本の弧も K に属していないなら，明らかに

$$\mathrm{lk}(K, L\setminus K) = \mathrm{lk}(K', L'\setminus K')$$

である．

以下，p_1 は K に属していると仮定する (p_1 でないときも同様に証明できる)．

(1) p_2, p_3, p_4 がすべて K に属するとき：明らかに $\mathrm{lk}(K, L\setminus K) = \mathrm{lk}(K', L'\setminus K')$ である．

(2) p_2, p_3 が K に属し，p_4 は K に属さないとき：図 4.41 に現れる部分において，p_4 は K の下を 2 度くぐっているが，向きが逆なので $\mathrm{lk}(K, L\setminus K) = \mathrm{lk}(K', L'\setminus K')$ である．

(3) p_2, p_4 が K に属し，p_3 は K に属さないとき：(2) と同様である．

(4) p_3, p_4 が K に属し，p_2 は K に属さないとき：(2) と同様である．

(5) p_2 が K に属し，p_3, p_4 は K に属さないとき：(2) と同様である．

(6) p_3 が K に属し，p_2, p_4 は K に属さないとき：図 4.41 に現れる左側の部分において，p_3 は K 以外の成分の下を 1 度負の向きにくぐり，右側において，p_1' は K 以外の成分の下を 1 度正の向きにくぐるので，$\mathrm{lk}(K, L\setminus K) = \mathrm{lk}(K', L'\setminus K') - 2$ である．

(7) p_4 が K に属し，p_2, p_3 は K に属さないとき：(6) と同様である．

(8) p_2, p_3, p_4 が K に属さないとき：(2) と同様である．

よって，いずれの場合も $\mathrm{lk}(K, L\setminus K) \equiv \mathrm{lk}(K', L'\setminus K') \pmod{2}$ である． ∎

補題 4.58，補題 4.60，補題 4.61 より，絡み目の通路同値による分類ができる．

定義 4.62（偶絡み目） $L = K_1 \cup K_2 \cup \cdots \cup K_n$ を，n 成分の向き付けられた絡み目とする．すべての $i = 1, 2, \ldots, n$ に対して $\mathrm{lk}(K_i, L\setminus K_i) \equiv 0 \pmod{2}$ のと

き，L を **偶絡み目**[*4] と呼ぶ．

定理 4.63 向き付けられた絡み目 L と L' が通路同値であるための必要十分条件は，その 2 つが次に示した集合 I_n $(n=1,2,\dots)$, II_n $(n=1,2,\dots)$, $\mathrm{III}_{n,l}$ $(n=2,3,\dots, 0<2l\leqq n)$ のどれかに共に属することである．

$$\mathrm{I}_n := \{L \mid \#(L)=n,\ \mathrm{Arf}(L)=1\},$$

$$\mathrm{II}_n := \{L \mid \#(L)=n,\ \mathrm{Arf}(L)=-1\},$$

$$\mathrm{III}_{n,l} := \{L \mid \#(L)=n,\ \#\{K \mid \mathrm{lk}(K, L\setminus K)\equiv 1 \pmod 2\}=2l\}.$$

[証明] まず，補題 4.60 より，$U_n\in\mathrm{I}_n$, $T\circ U_{n-1}\in\mathrm{II}_n$, $\underbrace{(H_-\circ H_-\circ\cdots\circ H_-)}_{l}\circ U_{n-2l}\in\mathrm{III}_{n,l}$ がわかる．また，補題 4.58 より，任意の絡み目は $\mathrm{I}_n, \mathrm{II}_n, \mathrm{III}_{n,l}$ のいずれかと通路同値である．よって，U_n, $T\circ U_{n-1}$, $\underbrace{(H_-\circ H_-\circ\cdots\circ H_-)}_{l}\circ U_{n-2l}$ が互いに通路同値ではないことを示せば証明は終わる．Arf 不変量を比較することで U_n と $T\circ U_{n-1}$, U_n と $\underbrace{(H_-\circ H_-\circ\cdots\circ H_-)}_{l}\circ U_{n-2l}$, $T\circ U_{n-1}$ と $\underbrace{(H_-\circ H_-\circ\cdots\circ H_-)}_{l}\circ U_{n-2l}$ は通路同値ではない．

よって，後は $l\neq l'$ なら $\underbrace{(H_-\circ H_-\circ\cdots\circ H_-)}_{l}\circ U_{n-2l}$ と $\underbrace{(H_-\circ H_-\circ\cdots\circ H_-)}_{l'}\circ U_{n-2l}$ が通路同値ではないことを示せばよい．ところが，これは通路同値によって，$\mathrm{lk}(K,L\setminus K)\equiv 1 \pmod 2$ が不変であること（補題 4.61）からわかる． ∎

注意 4.64 $\mathrm{I}_n, \mathrm{II}_n$ に属する絡み目は偶絡み目である．また，偶絡み目であるための必要十分条件は $\mathrm{Arf}(L)\neq 0$ である．

結び目の場合には，Conway 多項式から Arf 不変量が簡単に計算できる．

定理 4.65 K を結び目とする．K の Conway 多項式の z^2 の係数を $a_2(K)$ とすると，$\mathrm{Arf}(K)\equiv(-1)^{a_2(K)}$ である．

[証明] (L_+, L_-, L_0) を綾三つ組とする．

それぞれの，Seifert 行列 V_+, V_-, V_0 を命題 4.29 の証明のようにとる．$V_\pm$ の次数を m とすると

[*4] ここでは偶絡み目と呼ぶことにするが，[52]では proper と呼ばれている．

$$\sqrt{2}^{\,m} G(V_+) + \sqrt{2}^{\,m} G(V_-)$$

$$= \sum_{y\in\mathbb{Z}/2\mathbb{Z},\ \vec{x}\in(\mathbb{Z}/2\mathbb{Z})^{m-1}} (-1)^{\begin{pmatrix} y & {}^{\top}\vec{x} \end{pmatrix}\begin{pmatrix} a-1 & M \\ N & V_0 \end{pmatrix}\begin{pmatrix} y \\ \vec{x} \end{pmatrix}}$$

$$+ \sum_{y\in\mathbb{Z}/2\mathbb{Z},\ \vec{x}\in(\mathbb{Z}/2\mathbb{Z})^{m-1}} (-1)^{\begin{pmatrix} y & {}^{\top}\vec{x} \end{pmatrix}\begin{pmatrix} a & M \\ N & V_0 \end{pmatrix}\begin{pmatrix} y \\ \vec{x} \end{pmatrix}}$$

$$= \sum_{y\in\mathbb{Z}/2\mathbb{Z},\ \vec{x}\in(\mathbb{Z}/2\mathbb{Z})^{m-1}} (-1)^{(a-1)y^2 + {}^{\top}\vec{x}Ny + yM\vec{x} + {}^{\top}\vec{x}V_0\vec{x}}$$

$$+ \sum_{y\in\mathbb{Z}/2\mathbb{Z},\ \vec{x}\in(\mathbb{Z}/2\mathbb{Z})^{m-1}} (-1)^{ay^2 + {}^{\top}\vec{x}Ny + yM\vec{x} + {}^{\top}\vec{x}V_0\vec{x}}$$

（y で和をとる）

$$= \sum_{\vec{x}\in(\mathbb{Z}/2\mathbb{Z})^{m-1}} (-1)^{{}^{\top}\vec{x}V_0\vec{x}} + \sum_{\vec{x}\in(\mathbb{Z}/2\mathbb{Z})^{m-1}} (-1)^{(a-1) + {}^{\top}\vec{x}N + M\vec{x} + {}^{\top}\vec{x}V_0\vec{x}}$$

$$+ \sum_{\vec{x}\in(\mathbb{Z}/2\mathbb{Z})^{m-1}} (-1)^{{}^{\top}\vec{x}V_0\vec{x}} + \sum_{\vec{x}\in(\mathbb{Z}/2\mathbb{Z})^{m-1}} (-1)^{a + {}^{\top}\vec{x}N + M\vec{x} + {}^{\top}\vec{x}V_0\vec{x}}$$

$$= 2\sum_{\vec{x}\in(\mathbb{Z}/2\mathbb{Z})^{m-1}} (-1)^{{}^{\top}\vec{x}V_0\vec{x}}$$

$$= 2 \times \sqrt{2}^{\,m-1} G(V_0)$$

となる．よって

$$G(V_+) + G(V_-) = \sqrt{2}\, G(V_0)$$

が得られる．これから，

(4.13)

$$\mathrm{Arf}(L_+) + \mathrm{Arf}(L_-) = \begin{cases} 2\mathrm{Arf}(L_0) & L_{\pm} \text{ の成分数が } L_0 \text{ の成分数より少ない,} \\ \mathrm{Arf}(L_0) & L_{\pm} \text{ の成分数が } L_0 \text{ の成分数より多い} \end{cases}$$

がわかる．

$L_{\pm}$ が結び目のときを考えよう．$K_{\pm} := L_{\pm}$ とおく．このとき L_0 は 2 成分の絡み目だから

$$\mathrm{Arf}(K_+) + \mathrm{Arf}(K_-) = 2\mathrm{Arf}(L_0)$$

となる.

よって,

(1) L_0 が偶絡み目のとき：$\mathrm{Arf}(L_0) = \pm 1$ である．結び目の Arf 不変量は ± 1 なので，$\mathrm{Arf}(K_+) = \mathrm{Arf}(K_-) = \mathrm{Arf}(L_0)$ である．

(2) L_0 が偶絡み目でないとき：$\mathrm{Arf}(L_0) = 0$ だから $\mathrm{Arf}(K_+) = -\mathrm{Arf}(K_-)$

がわかる.

一方，Conway 多項式に関する綾関係式 (C1)（定義 4.33）より，

$$a_2(K_+) - a_2(K_-) = -a_1(L_0)$$

となる．定理 4.50 より，

(1) L_0 が偶絡み目のとき：$a_1(L_0) \equiv 0 \pmod 2$ だから，$a_2(K_+) \equiv a_2(K_-)$ $\pmod 2$.

(2) L_0 が偶絡み目でないとき：$a_1(L_0) \equiv 1 \pmod 2$ だから，$a_2(K_+) \not\equiv a_2(K_-)$ $\pmod 2$

となる.

さて，定理を結び目 K の結び解消数 $u(K)$ に関する数学的帰納法で証明しよう．

$u(K) = 0$ のとき，K はほどけているから $a_2(K) = 0$ で $\mathrm{Arf}(K) = 1$ だから正しい．

結び解消数が n より小さい結び目について定理が正しいと仮定する．

K を $u(K) = n$ となるような結び目とする．K の交差を入れ替えて $u(K') = n-1$ となるような結び目 K' が得られたとする．(K, K', L) あるいは (K', K, L) が綾三つ組になるような L をとる．

(1) L が偶結び目のとき：上の考察より，$\mathrm{Arf}(K) = \mathrm{Arf}(K')$ かつ $a_2(K) \equiv a_2(K')$ となる．帰納法の仮定より $\mathrm{Arf}(K) = \mathrm{Arf}(K') = (-1)^{a_2(K')} = (-1)^{a_2(K)}$ がわかる．

(2) L が偶結び目でないとき：上の考察より，$\mathrm{Arf}(K) = -\mathrm{Arf}(K')$ かつ $a_2(K) \not\equiv a_2(K')$ となる．帰納法の仮定より $\mathrm{Arf}(K) = -\mathrm{Arf}(K') = -(-1)^{a_2(K')} = (-1)^{a_2(K)}$ がわかる．∎

178   4　Alexander 多項式

4.7　問　題

問題 4.1　分離絡み目でないが $\Delta(L;t)=0$ となるような絡み目 L の例を挙げよ. □

問題 4.2　$L=K_1\cup K_2\cup\cdots\cup K_n$ を向きの付いた n 成分絡み目とする.
L の**絡み行列** $\Lambda(L)$ を, 次のように定義される $n\times n$ 対称行列とする.

$$\Lambda(L) \text{ の } (i,j) \text{ 成分} := \begin{cases} \mathrm{lk}(K_i,K_j) & i\neq j, \\ -\sum_{k\neq i}\mathrm{lk}(K_i,K_k) & i=j \end{cases}$$

$\Lambda(L)$ の第 i 行と第 j 列を取り除いてできる $(n-1)\times(n-1)$ 行列を $\check{\Lambda}(L)_{i,j}$ と書き, (i,j) 余因子を $\lambda(L)_{i,j}:=(-1)^{i+j}\det\check{\Lambda}(L)_{i,j}$ と書くことにする.

(1) $\lambda(L)_{i,j}$ は (i,j) によらず一定であることを示せ.

(2) Conway 多項式 $\nabla(L;z)$ の z^{n-1} 次の係数 $a_{n-1}(L)$ は, $\lambda(L)_{1,1}$ に等しいことを示せ(任意の (i,j) に対し, これは $\lambda(L)_{i,j}$ に等しい). □

問題 4.3　p,q,p',q' を 2 以上の整数とする. $\gcd(p,q)=\gcd(p',q')=1$ のとき, 円環面結び目 $T(p,q)$ と $T(p',q')$ が同値であるための必要十分条件は $\gcd(p,q)=\gcd(p',q')$ または $\gcd(p,q)=\gcd(q',p')$ であることを示せ. □

問題 4.4　$\gcd(p,q)=1$ とする. 円環面結び目 $T(p,q)$ の種数を求めよ. □

問題 4.5　整数 a,b,c に対してプレッツェル結び目 $P(2a+1,2b+1,2c+1)$ を考える(第 1 章第 1.4 節). 次の方法で $\nabla(P(2a+1,2b+1,2c+1);z)$ を計算せよ.

(1) Seifert 行列を使った方法.

(2) 綾関係式を使った方法. □

問題 4.6　二橋結び目 $C[2a,2b]$ の Conway 多項式を計算せよ. □

問題 4.7　図 4.42 で表された結び目を**樹下・寺阪結び目**と呼び, $KT(p,2n)$ と表す. ただし, $p\geqq 2,\ n\neq 0$ である.

樹下・寺阪結び目 $KT(p,2n)$ の Conway 多項式は 1 であることを示せ($KT(p,2n)$ がほどけないことは, 問題 6.9 で確認する).

また, $KT(2,2)$ は, 交差の数を 11 にまで減らせることを確かめよ. □

問題 4.8　$i=1,2,\ldots,2n$ に対して b_i を 0 でない整数とする. 二橋結び目 $C[2b_1,2b_2,\ldots,2b_{2n}]$ の種数が n であることを示せ(問題 1.6 の解答より, 二橋

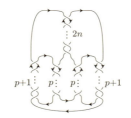

図 4.42 樹下・寺阪結び目 $KT(p, 2n)$. 数字は，この方向の交差の数を表す（数字が負なら交差が逆）.

結び目は必ずこの形に書けることに注意せよ）． □

問題 4.9 二橋結び目 $S(p, q)$ の行列式 $\det(S(p, q))$ は $|p|$ に等しいことを示せ． □

4.8 文献案内

命題 4.5 の証明は [35] に従った．

命題 4.22 の証明は [56]，[35]（邦訳 [85]）などを参考にした．

定理 4.49 の証明で使った結び目 $Q(a_1, a_2, \ldots, a_n)$ は，[48] による．結び解消数が 1 で，与えられた任意の Alexander 多項式を持つ結び目の例は [32] で最初に示された．

綾関係式や縺れ糸を使った計算は，[10] で最初に導入された．なお，この論文では証明が書かれていない．Conway 多項式の綾関係式は [26] で証明された．

多変数 Alexander 多項式の正規化も [10] で提唱された．定義と証明は，[15] で与えられた．[10] では，綾関係式のような再帰的な定義も提唱された．[43] では，新たな関係式を導入することで再帰的な定義が与えられた．また，[19] では，より単純な定義が与えられた．

Arf 不変量は，もともと $\mathbb{Z}/2\mathbb{Z}$ 上の二次形式の不変量として導入された [3]．ただし，W を $\mathbb{Z}/2\mathbb{Z}$ 上の有限次元ベクトル空間とするとき（$\mathbb{Z}/2\mathbb{Z}$ を体とみなす），$q\colon W \to \mathbb{Z}/2\mathbb{Z}$ が W 上の二次形式であるとは，

$$B(\vec{u}, \vec{v}) := q(\vec{u} + \vec{v}) + q(\vec{u}) + q(\vec{v})$$

が非退化な双一次形式となることである．ただし，双一次形式 $B\colon W \times W \to \mathbb{Z}/2\mathbb{Z}$ が**非退化**であるとは，任意の $\vec{x} \in W$（$\vec{x} \neq \vec{0}$）に対して $B(\vec{x}, \vec{y}) \neq 0$ となる

180   4 Alexander 多項式

$\bar{y} \in W$ が存在することである．また，結び目の Arf 不変量は，Seifert 行列の定める二次形式の Arf 不変量である．詳しくは，[35]参照．ちなみに C. Arf はトルコの数学者であり，2019 年現在 10 トルコ・リラ紙幣に Arf 不変量の定義式とともに肖像画が載っている．

偶絡み目の概念と，絡み目の Arf 不変量は[52]で導入された．本書での Arf 不変量の定義は[68]による．通路変形は[27]で導入された．結び目の場合，Arf 不変量が通路変形で不変であることも示されている．この関係は，（形は違うが）[52]にも見ることができる．

問題 4.2 は[17]による．[16]では，$a_{n-1}(L)$ の絶対値がこの行列式に等しいことが示されていた．

樹下・寺阪結び目は[31]で導入された．[77]の記述も興味深い．

n 成分の向きの付いた絡み目 L に対して，可換化写像 $\alpha \colon \pi_1(S^3 \setminus K) \to \mathbb{Z}^n$ の核に対応した被覆空間も考えられる．この被覆空間（普遍 Abel 被覆空間と呼ぶ）に付随した Alexander 多項式のことを多変数 Alexander 多項式と呼ぶ．これについては，[53]などを参照されたい．

5 結び目同境群

この章では，結び目を 4 次元の立場から考察する．

5.1 切片結び目と結び目同境

結び目が，3 次元空間内で円板の境界となっているとき，ほどけていると呼び，自明なものとみなしたのであった．

$\mathbb{R}^4$ の座標を x, y, z, t とし，$\mathbb{R}^3$ を $\{(x, y, z, t) \in \mathbb{R}^4 \mid t = 0\}$ とみなす．結び目 K は $t = 0$ の部分に入っているものとする．K を $\mathbb{R}^4$ 内の円周 S^1 だと思うと，すべてほどけることが次のようにしてわかる．

定理 1.30 で示したように，ある弧を別の弧に近付けて交差を入れ替えることを何度か繰り返すとほどくことができる（図 5.1）．

この「交差入れ替え」を，一方の弧を $t > 0$ の方向にずらす操作と思えば，$\mathbb{R}^4$ の中でほどくことになる．

t を時刻だと思えば，結び目の一部を未来と過去に持っていくことでほどいたことになる．これは次のように図示することができる（図 5.2）．

図で示しているのは

- $t = 1$ には，ほどけた結び目 U_1 を境界とする 2 次元円板 D,
- $0 < t < 1$ には，弧を入れ替えたことでほどけた結び目 U_1,
- $t = 0$ には，結び目 K と弧 α（一般には複数個），
- $-1 < t < 0$ には，弧の入れ替えに対応する円周 C（α の数だけある），
- $t = -1$ には，C を境界とする 2 次元円板 B（α の数だけある）

である．これらを全部合わせると

$$D \cup_{\partial D = U_1 \times \{1\}} (U_1 \times [0, 1]) \cup_\alpha (C \times [-1, 0]) \cup_{C \times \{-1\} = \partial B} B$$

5 結び目同境群

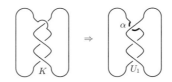

図 5.1　α を使って交差を入れ替える.

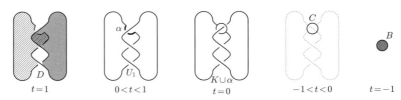

図 5.2　結び目の境界となっている 2 次元円板.

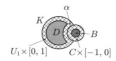

図 5.3　$D \cup_{\partial D = U_1 \times \{1\}} (U_1 \times [0,1]) \cup_\alpha (C \times [-1,0]) \cup_{C \times \{-1\} = \partial B} B$.

となる.ただし,$\alpha := U_1 \times \{0\} \cap C \times \{0\}$ である(入れ替えるときに使った弧).これは K を境界とする 2 次元円板となることがわかる(図 5.3).

つまり,$K \subset \mathbb{R}^3$ に対して $\mathbb{R}^4$ 内の 2 次元円板 E があって $K = \partial E$ となっている.

では,$\mathbb{R}^4$ 全体ではなく,$\mathbb{R}^4_+ := \{(x,y,z,t) \in \mathbb{R}^4 \mid t \geqq 0\}$ に制限したらどうなるであろうか? ただし,$\mathbb{R}^3 = \partial \mathbb{R}^4_+$ とみなしている.$\mathbb{R}^4_+$ 内に適切に埋め込まれた円板の境界となっていないような結び目は存在するのだろうか? ここで,境界のある多様体 N が,境界のある多様体 M に埋め込まれているとき,$\partial N = N \cap (\partial M)$ かつ N が ∂M と横断的に交わっているとき,N は M に**適切**に埋め込まれているという.この問題は,結び目 K を $S^3 = \partial D^4$ 内で考えたとき,K が D^4 に適切に埋め込まれた円板の境界になっているか,という問題とみなせることに注意しよう.

$K \subset \mathbb{R}^3 \times \{0\} \subset \mathbb{R}^4$ とし $\vec{x} \in \mathbb{R}^3 \times \{1\}$ とする(位置ベクトルで表している).$\vec{x}$ を頂点とする K の錐 $C(K)$ を

$$C(K) := \{(1-t)\vec{p} + t\vec{x} \mid 0 \leqq t \leqq 1,\ \vec{p} \in K\}$$

と定義する. $C(K)$ は, S^1 の錐と同相だから円板である. よって, 任意の結び目は $\mathbb{R}^4_+$ の内部で円板を張る. しかし, この円板は $\vec{x}$ においてしわくちゃになっている. 同様にして, 任意の結び目 $K \subset S^3 = \partial D^4$ は, D^4 内の(しわくちゃではあるが)円板の境界になっていることが示せる.

では, すべての点で「平坦な」円板の境界にはなれないのだろうか?

定義 5.1(局所平坦) 4次元多様体 W に埋め込まれた曲面 S が**局所平坦**であるとは, S の任意の点に対して, (W における)近傍 N で空間対 $(N, N \cap S)$ が (B^4, B^2) と同相になるものが存在することをいう. ただし, $B^4 := \{(x, y, z, w) \in \mathbb{R}^4 \mid x^2 + y^2 + z^2 + w^2 \leqq 1\}$, $B^2 := \{(x, y, 0, 0) \in \mathbb{R}^4 \mid x^2 + y^2 \leqq 1\}$ である. □

定義 5.2(切片結び目) K を3次元球面 S^3 内の結び目とする. S^3 を4次元球体 D^4 の境界であるとみなす. D^4 に, 適切かつ局所平坦に埋め込まれた2次元円板 Δ で, $\partial \Delta = \Delta \cap \partial D^4 = K$ となるものが存在するとき, K は**切片結び目**であるという. □

局所平坦に埋め込まれた曲面は, D^4 の全同位でなめらかな埋め込みにできることが知られている. 逆に, なめらかな埋め込みは局所平坦な埋め込みと思うこともできる.

注意 5.3 この本では, 区分線型もしくはなめらかな場合のみを扱っている. 「位相的に局所平坦に埋め込まれた」曲面の場合はなめらかな埋め込みにできない場合がある.

例 5.4 図5.4は 6_1 という結び目を表す. 図5.5のように帯 B を貼り付ける. この帯の内部と, 結び目に貼り付けた辺(2本ある)を取り除くことで, 2成分の絡み目 L が得られる(図5.6). このように, 結び目(一般に絡み目)から, 帯を使って新たな絡み目(結び目のときもある)を得る操作を, この帯による**手術**と呼ぶ.

図5.7より, L はほどけることがわかる.

$K := 6_1$, $K \cup B$, L を使って4次元球体 D^4 内に円板 Δ を次のように構成する.

まず D^4 から一点(中心)を取り除いた空間を $S^3 \times [0, \infty)$ と同一視する. そして, $\Delta \subset S^3 \times [0, 1]$ を

- $\Delta \cap (S^3 \times \{t\}) = K$ $(0 \leqq t < 1/2)$,
- $\Delta \cap (S^3 \times \{1/2\}) = K \cup B$,
- $\Delta \cap (S^3 \times \{t\}) = L$ $(1/2 < t < 1)$,
- $\Delta \cap (S^3 \times \{1\}) = D_1 \cup D_2$, ただし, D_1, D_2 は2次元円板であり, $\partial(D_1 \cup$

184　5　結び目同境群

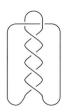

図 5.4　6_1 結び目.

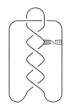

図 5.5　6_1 結び目に貼り付けた帯 B.

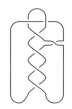

図 5.6　6_1 結び目から得られた 2 成分絡み目 L.

 ≈ 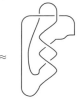 ≈ ○ ○

図 5.7　図 5.6 の絡み目 L はほどける.

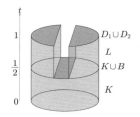

図 5.8　6_1 が切片結び目であることの概念図.

$D_2) = L$

となるようにとる（図 5.8）.

よって，6_1 は切片結び目である． □

この例で説明したように，帯 B による手術

$$L \xrightarrow{B\text{ による手術}} L'$$

に対応して，次のような曲面 F を $S^3 \times [0,1]$ 内に構成することができる．

- $F \cap (S^3 \times \{t\}) = L$ $(0 \leqq t < 1/2)$,
- $F \cap (S^3 \times \{1/2\}) = L \cup B$,
- $F \cap (S^3 \times \{t\}) = L'$ $(1/2 < t \leqq 1)$.

これを，**手術に対応した曲面**と呼ぶ．

例 5.4 の場合

$$6_1 \xrightarrow{\text{手術}} U_2$$

に対応した曲面の $S^3 \times \{1\}$ に現れた，ほどけた 2 成分絡み目 U_2 に 2 次元円板で蓋をしたと考えられる．

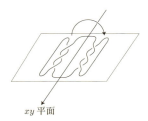

図 5.9 結び目を xy 平面の周りに回す.

例 5.5 K を向きの付いた任意の結び目とし,$-\overline{K}$ を,その向きを変えた鏡像とする.そのとき,$K\#(-\overline{K})$ は切片結び目である.

これは次のように証明できる.

$\mathbb{R}^4_+ := \{(x, y, z, w) \in \mathbb{R}^4 \mid w \geqq 0\}$ とおき,D^4 の代わりに $\mathbb{R}^4_+$ で考えることにする.まず,K を,一部の弧が x 軸上の $[0, 1]$ 区間を通り,他の部分は $\mathbb{R}^3_+ := \{(x, y, z) \in \mathbb{R}^3 \mid z \geqq 0\}$ の内部に入るように変形する.K から区間 $(0, 1)$ を除いた部分を α とすると,α は,ある写像 $F\colon [0, 1] \to \mathbb{R}^3_+$ によって表される.$F(s)$ の x, y, z 座標をそれぞれ $f_1(s)$, $f_2(s)$, $f_3(s)$ と書くことにする.$f_3(s) \geqq 0$ であり,$s \neq 0, 1$ のとき $f_3(s) > 0$ とする.$\mathbb{R}^4_+$ 内の 2 次元円板 Δ を次のように定義する.

$$\Delta := \{(f_1(s), f_2(s), f_3(s)\cos\theta, f_3(s)\sin\theta) \in \mathbb{R}^4_+ \mid 0 \leqq s \leqq 1,\ 0 \leqq \theta \leqq \pi\}.$$

すると $\Delta \cap \partial \mathbb{R}^4_+$ は

$$\{(f_1(s), f_2(s), f_3(s), 0) \in \mathbb{R}^4_+ \mid 0 \leqq s \leqq 1\} \cup \{(f_1(s), f_2(s), -f_3(s), 0) \in \mathbb{R}^4_+ \mid 0 \leqq s \leqq 1\}.$$

となる.これは $K\#(-\overline{K})$ と同値である(連結和の第 2 成分には $-$ がついていることに注意).図 5.9 は,この概念図である.

以上の構成は,次のように図で表すこともできる.$\mathbb{R}^4_+$ のうち w 座標が t ($t \geqq 0$) となる部分を $\mathbb{R}^3[t]$ と書くことにしよう.また,$h := \max\limits_{0 \leqq s \leqq 1} f_3(s)$ とする.すると $t \leqq h$ のとき

$$\Delta \cap \mathbb{R}^3[t] = \left\{ \left(f_1(s), f_2(s), \pm\sqrt{(f_3(s))^2 - s^2}\right) \in \mathbb{R}^3[t] \,\Big|\, f_3(s) \geqq t \right\}$$

となるが,これは Δ のうち z 座標が t 以上の部分を表している(図 5.10 参照). □

切片結び目は，ある意味で自明な結び目と同値であるといえる．また，例 5.5 で示したように $-\overline{K}$ を(連結和における) K の逆元とみなせる．これを正当化するために次のような同値関係を導入する．

定義 5.6（結び目同境）　K と K' を向きの付いた結び目とする．$S^3 \times [0,1]$ に適切かつ局所平坦に埋め込まれた円環 A で

- $A \cap (S^3 \times \{0\}) \subset S^3 \times \{0\}$ が K と同値，
- $A \cap (S^3 \times \{1\}) \subset S^3 \times \{1\}$ が $-K'$ と同値

となるようなものが存在するとき K と K' は **結び目同境**[*1]であるという．$\partial A = K \cup (-K')$ となっていることに注意しよう． □

明らかに「結び目同境」は同値関係である．向きの付いた結び目 K の結び目同境類を $[K]$ で表すことにする．

補題 5.7　K がほどけた結び目に結び目同境であることと，K が切片結び目であることは同値である．つまり，K が切片結び目なら $[K] = [U_1]$ である．　□

[**証明**]　K がほどけた結び目と結び目同境なら，$S^3 \times [0,1]$ に適切かつ局所平坦に埋め込まれた円環 A で

- $A \cap (S^3 \times \{0\}) \subset S^3 \times \{0\}$ が K と同値，
- $A \cap (S^3 \times \{1\}) \subset S^3 \times \{1\}$ がほどけた結び目

となるものが存在する．$S^3 \times \{1\}$ のほどけた結び目に，円板で蓋をすれば A と合わせて K を境界とする円板ができる．よって，K は切片結び目である．

次に，K が切片結び目であると仮定する．すると D^4 に局所平坦に埋め込まれた円板 Δ で $\partial \Delta = \Delta \cap \partial D^4 = K$ となるものが存在する．Δ の内部の点 p をとると，局所平坦性から p の近傍 N で対 $(N, N \cap \Delta)$ が (B^4, B^2) と同相となるものが存在する．N は 4 次元球体と同相だから D^4 から $\mathrm{Int}\, N$ を取り除くと $S^3 \times [0,1]$ と同相である．対 $(\partial N, \partial(N \cap \Delta))$ は $(\partial B^4, \partial B^2)$ と同相だから $(\partial N, \partial(N \cap \Delta))$ はほどけた結び目である．また，$\Delta \setminus \mathrm{Int}(N \cap \Delta)$ は円環であり，K とほどけた結び目を境界として持つ．よって，K はほどけた結び目と結び目同

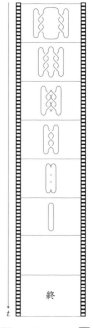

図 5.10　$K \# -\overline{K}$ は切片結び目になる（各長方形を映画の一場面と思えばよい）．

[*1]　同調（concordance）と呼んでいる文献も多い．

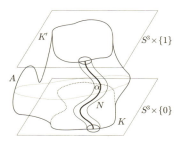

図 5.11 $\partial A = K \cup (-K')$.

同境である.

例 5.5 より $[K \# (-\overline{K})] = [U_1]$ であるが,一般に次のことが成り立つ.

補題 5.8 K と K' を向きの付いた結び目とする.$[K \# (-\overline{K'})] = [U_1]$ となるための必要十分条件は K と K' が結び目同境となることである.

[証明] まず,K と K' が結び目同境であるとする.

そのとき,定義 5.6 で述べたような円環 A が存在する.A 内の弧で K と $-K'$ を結ぶものを α とする.α の,$S^3 \times [0,1]$ での正則近傍 N と $N \cap A$ の組 $(N, N \cap A)$ は $(B^3, B^1) \times [0,1]$ と同相である(図 5.11).

$(S^3 \times [0,1]) \setminus \mathrm{Int}\, N$ は $(S^3 \setminus \mathrm{Int}\, B^3) \times [0,1]$ と同相だから 4 次元球体になる.また,$A \setminus \mathrm{Int}(N \cap A)$ は 2 次元円板である.さらに,$\partial(A \setminus \mathrm{Int}(N \cap A))$ は 3 次元球面 $\partial((S^3 \times [0,1]) \setminus \mathrm{Int}\, N)$ の中の結び目であり,$K \# (-\overline{K'})$ を表す(K' が鏡像になっているのは K' の入っている $S^3 \times \{1\}$ が裏返ったからである.$\partial(S^3 \times [0,1]) = S^3 \times \{0\} \cup (-S^3 \times \{1\})$ に注意).よって,$K \# (-\overline{K'})$ は,4 次元球体 $(S^3 \times [0,1]) \setminus \mathrm{Int}\, N$ の中で 2 次元円板 $A \setminus \mathrm{Int}(N \cap A)$ の境界となっており,切片結び目となる.

次に,$[K \# (-\overline{K'})] = [U_1]$ つまり,$K \# (-\overline{K'})$ が切片結び目であるとする.

S^3 に含まれる 3 次元球体 B^3 を考えると,$S^3 \setminus \mathrm{Int}\, B^3$ も 3 次元球体だから,$(S^3 \setminus \mathrm{Int}\, B^3) \times [0,1]$ は 4 次元球体である.さらに ∂B^3 に含まれる弧を B^1 とし,$i = 0, 1$ に対し $S_i^3 := S^3 \times \{i\}$,$B_i^3 := B^3 \times \{i\}$,$B_i^1 := B^1 \times \{i\}$ とおく.ただし,S_i^3 には S^3 から入る向きを入れる(S_1^3 の向きは,$S^3 \times [0,1]$ から入る向きとは逆である).

また,K は S_0^3 に,K' は S_1^3 にそれぞれ含まれており,K と B_0^3 は弧 B_0^1 で,K' と B_1^3 は弧 B_1^1 でそれぞれ交わっているとする.さらに,K と K' をつなぐ帯(第 1.4 節の連結和の定義で使われるもの)は $B^1 \times [0,1] \subset \partial B^3 \times [0,1]$ である

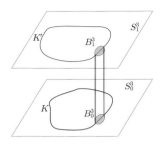
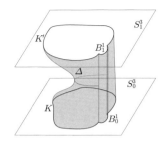

図 5.12 太線が $K\#(-\overline{K'})$, 灰色が B_i^3.

図 5.13 灰色が $\Delta \cup (B^1 \times [0,1])$ (少し出っ張った部分が $B^1 \times [0,1]$).

とする (図 5.12 参照).

これで, $K\#(-\overline{K'})$ は, $(S^3 \setminus \operatorname{Int} B^3) \times [0,1]$ の境界 $\widetilde{S^3} := ((S^3 \setminus \operatorname{Int} B^3) \times \{0\}) \cup (\partial B^3 \times [0,1]) \cup ((S^3 \setminus \operatorname{Int} B^3) \times \{1\})$ 内の結び目とみなせる (K' は S_1^3 内の結び目であるが, これを $\widetilde{S^3}$ 内の結び目とみると $\overline{K'}$ となることに注意).

$K\#(-\overline{K'}) \subset \partial((S^3 \setminus \operatorname{Int} B^3) \times [0,1])$ は切片結び目だから $(S^3 \setminus \operatorname{Int} B^3) \times [0,1]$ 内の 2 次元円板 Δ の境界となっている. $A := \Delta \cup (B^1 \times [0,1])$ は $S^3 \times [0,1]$ に埋め込まれた円環であり $A \cap (S^3 \times \{0\}) = K$, $A \cap (S^3 \times \{1\}) = -K'$ となっている (図 5.13 参照).

よって, K と K' は結び目同境である.

また, 結び目同境類は連結和に対して矛盾なく振る舞うことがわかる.

補題 5.9 K, K_1, K_2 を向きの付いた結び目とする. $[K_1] = [K_2]$ のとき $[K\#K_1] = [K\#K_2]$ である. □

[証明] 補題 5.8 より, $[K_1 \# (-\overline{K_2})] = [U_1]$ のとき $\left[(K\#K_1) \# (-\overline{(K\#K_2)})\right] = [U_1]$ を示せばよい. $-\overline{K\#K_2} = (-\overline{K}) \# (-\overline{K_2})$ であるから,

$$\begin{aligned}
\left[(K\#K_1) \# (-\overline{(K\#K_2)})\right] &= [(K\#K_1) \# ((-\overline{K}) \# (-\overline{K_2}))] \\
&= [K_1 \# (K\#(-\overline{K})) \# (-\overline{K_2})] \\
&= [K_1 \# U_1 \# (-\overline{K_2})] \\
&= [K_1 \# (-\overline{K_2})] = [U_1]
\end{aligned}$$

となる. ■

これで, 結び目同境類同士の和 $[K_1] + [K_2]$ を $[K_1 \# K_2]$ で定義することがで

きる．連結和の性質より和は可換である．

定義 5.10（結び目同境群） 結び目全体を結び目同境類で分類して，上述のように連結和で和の構造を入れたものを**結び目同境群**といい $\mathcal{C}$ で表す[*2]. $\square$

切片結び目 K の Seifert 曲面を F とする．D^4 の中で K を境界として持つ 2 次元円板 Δ と F を合わせると，閉曲面になる．結び目 K に対して Seifert 曲面を構成したように，$F \cup \Delta$ を境界として持つ 3 次元多様体を構成することができる．2 次元円板に限らずに，一般の向き付け可能な曲面の場合にも次の命題が成り立つ．

命題 5.11 K を S^3 内の結び目，F をその Seifert 曲面とする．また，S を D^4 内の局所平坦かつ適切に埋め込まれた向き付け可能な曲面で $\partial S = K$ をみたすものとする．そのとき，D^4 に埋め込まれた 3 次元多様体 M で，$\partial M = F \cup S$，$M \cap (\partial D^4) = (\partial M) \cap (\partial D^4) = F$ となるものが存在する． $\square$

証明の前に次の補題を示す．

補題 5.12 $K \subset S^3 = \partial D^4$ を結び目，$S \subset D^4$ を局所平坦かつ適切に埋め込まれた向き付け可能曲面で，$\partial S = K$ をみたすものとする．そのとき $H_1(D^4 \setminus S; \mathbb{Z}) \cong \mathbb{Z}$ となる． $\square$

[証明] $N(S)$ を S の D^4 における正則近傍とする．$N(S)$ は S 上の D^2 束であるが，$S \times D^2$ と同相になることが次のようにしてわかる．

S は境界付きの曲面だから，1 骨格 G に縮約できる．G の極大な木 T（G の部分グラフで，頂点をすべて含み，かつ，木であるようなもの）上の D^2 束は自明である．これを，次のように G 全体に拡張する．$G \setminus T$ に含まれる辺 e の重心を v とする．T 上の自明な D^2 束は，$T \cup (e \setminus v)$ 上の D^2 束に自明に拡張できる．これを $T \cup e$ 上の D^2 束に拡張するには，v に沿って 2 枚の 2 次元円板を貼り合わせればよい．貼り合わせ方は 2 種類あるが $N(S)$ が向き付けられているので，向きを入れ替えるような貼り合わせになる．これは，$T \cup e$ 上の自明な D^2 束である．これを繰り返すことで，$N(S)$ は $S \times D^2$ と同相になることがわかった．

$X := D^4 \setminus \mathrm{Int}\, N(S)$ とおき，$D^4 = X \cup N(S)$，X，$N(S)$ に Mayer-Vietoris 完全列を適用すると，$H_2(D^4; \mathbb{Z}) = H_1(D^4; \mathbb{Z}) = \{0\}$ より

$$\{0\} \to H_1(X \cap N(S); \mathbb{Z}) \to H_1(X; \mathbb{Z}) \oplus H_1(N(S); \mathbb{Z}) \to \{0\}$$

[*2] 高次元の結び目とその結び目同境を考慮に入れて $\mathcal{C}_1$ と書いている文献も多い．

が完全となる．$N(S)$ は $S \times D^2$ と同相だから $X \cap N(S)$ は $S \times \partial D^2$ と同相である．$H_1(N(S); \mathbb{Z}) = H_1(S; \mathbb{Z})$ だから，同型

$$H_1(X; \mathbb{Z}) \oplus H_1(S; \mathbb{Z}) \cong H_1(\partial D^2; \mathbb{Z}) \oplus H_1(S; \mathbb{Z})$$

が得られる．よって $H_1(X; \mathbb{Z}) \cong \mathbb{Z}$ となる．生成元は，$H_1(\partial D^2; \mathbb{Z})$ の生成元を $H_1(X; \mathbb{Z})$ の元とみなしたものである．

X と $D^4 \setminus S$ はホモトピー同値[*3]だから $H_1(D^4 \setminus S; \mathbb{Z}) \cong \mathbb{Z}$ である．∎

［命題 5.11 の証明］ 写像 $f: D^4 \setminus S \to S^1$ を構成し，$f^{-1}(p)$ が求める 3 次元多様体 M であるようにしたい．ここで p は S^1 内の点である．

まず，K の S^3 における正則近傍を $N(K)$ とし，$F \cap (S^3 \setminus \mathrm{Int}\, N(K))$ の $S^3 \setminus \mathrm{Int}\, N(K)$ での正則近傍を $N(F)$ とする（図 3.25 参照）．$N(F)$ は $F \times [-1, 1]$ と同相だから，その同相写像を $\varphi: N(F) \to F \times [-1, 1]$ とする．また，写像 $e: [-1, 1] \to S^1$ を $e(t) := \exp(t\pi\sqrt{-1})$ で定義する．ただし，S^1 は $\{z \in \mathbb{C} \mid |z| = 1\}$ と同一視している．射影 $\rho: F \times [-1, 1] \to [-1, 1]$ を使うことで $e \circ \rho \circ \varphi: N(F) \to S^1$ が構成できる．さらに，$S^3 \setminus \mathrm{Int}(N(K) \cup N(F))$ の任意の点には $-1 \in S^1$ を対応させることで $e \circ \rho \circ \varphi$ を $f': S^3 \setminus \mathrm{Int}\, N(K) \to S^1$ に拡張する．このとき $f'^{-1}(1) = F \cap (S^3 \setminus \mathrm{Int}\, N(K))$ である．

次に S の D^4 における正則近傍を $N(S)$ とすると，$N(S)$ は $S \times D^2$ と同相である（補題 5.12 の証明より）．ただし，$N(S) \cap \partial D^4$ は $N(K)$ となっているものとする．また，$\partial(D^4 \setminus \mathrm{Int}\, N(S))$ は $(S \times \partial D^2) \cup (S^3 \setminus \mathrm{Int}\, N(K))$ と同相である．$(S \times \partial D^2) \cap (S^3 \setminus \mathrm{Int}\, N(K)) = \partial N(K)$ は $K \times \partial D^2$ と同相で，f' を $K \times \partial D^2$ に制限した写像は，射影 $K \times \partial D^2 \to \partial D^2$ を経由する．よって，射影 $S \times \partial D^2 \to \partial D^2$ を使って f' を $f'': \partial(D^4 \setminus \mathrm{Int}\, N(S)) \to S^1$ に拡張することができる．このとき，$f''^{-1}(1)$ は $(F \cap (S^3 \setminus \mathrm{Int}\, N(K))) \cup (S \times \{p\})$ となる．ただし，p は，次のように定まる点である．同相 $N(S) \cong S \times D^2$ を $N(K) = N(S) \cap S^3$ に制限すると同相 $\partial N(K) \cong K \times D^2$ を得る．この同相により $S \cap \partial N(K) = F \cap \partial N(K)$ は，ある点 $p \in \partial D^2$ を用いて $\partial S \times \{p\} = \partial F \times \{p\}$ と同一視される．

この写像 f'' を $f: D^4 \setminus \mathrm{Int}\, N(S) \to S^1$ に拡張したい．$D^4 \setminus \mathrm{Int}\, N(S)$ を三角形分割し，1 骨格から順に拡張してゆく．

$\partial(D^4 \setminus \mathrm{Int}\, N(S))$ に，その三角形分割の 1 骨格の極大な木を加えたものを T

[*3] 補題 1.11 と同様に証明できる．

とする．T から $\partial(D^4 \setminus \mathrm{Int}\, N(S))$ への変位レトラクトを使って，まず f'' を T に拡張する．また，T に含まれない 1 単体に対しては，補題 5.12 の $\psi\colon H_1(D^4 \setminus \mathrm{Int}\, N(S); \mathbb{Z}) \cong \mathbb{Z} \cong H_1(S^1; \mathbb{Z})$ を使って次のように拡張する．T に含まれない 1 単体 σ を考える．σ に適当に T 内の 1 単体を加えて 1 輪体 c にする．$\psi\colon c \to S^1$ を $(f'')_*\colon [c] \mapsto \psi([c])$（$[c] \in H_1(D^4 \setminus \mathrm{Int}\, N(S); \mathbb{Z})$）となるように f'' を拡張する．これを繰り返して f'' を $D^4 \setminus \mathrm{Int}\, N(S)$ の 1 骨格全体に拡張する．この写像を $f^{(1)}$ と書くことにする．

次に 2 単体 τ を考える．$\partial\tau$ は $H_1(D^4 \setminus \mathrm{Int}\, N(S))$ で 0 を表すので $[f^{(1)}(\partial\tau)] \in H_1(S^1; \mathbb{Z})$ は 0 である．よって，（$H_1(S^1) \cong \pi_1(S^1)$ だから）$f^{(1)}(\partial\tau)$ は S^1 で可縮であり，$f^{(1)}$ を τ に拡張することができる（τ を $\partial\tau$ 錐だとみなし，可縮写像を使って拡張すればよい）．これを繰り返して 2 骨格に拡張した写像を $f^{(2)}$ とする．

$\pi_2(S^1) = \{0\}$[*4]だから，3 単体 υ の境界 $\partial\upsilon$ の $f^{(2)}$ による像は，零ホモトピックであり，$f^{(2)}$ は 3 単体にも拡張可能である．同様に $\pi_3(S^1) = \{0\}$ だから，4 単体にも拡張できる．

以上で $f\colon D^4 \setminus \mathrm{Int}\, N(S) \to S^1$ が構成できた．必要ならすこし変形することで，f は単体写像とし，$1 \in S^1$ は頂点ではないものと仮定できる．そのとき $f^{-1}(1)$ は 3 次元多様体となり[*5]，その境界は $(F \cap (S^3 \setminus \mathrm{Int}\, N(K))) \cup (S \times \{p\})$ である．これは $F \cup S$ と全同位だから，求める 3 次元多様体である．∎

5.2 代数的切片結び目

この節では，切片結び目の代数的な性質を調べる．特に，Alexander 多項式と Seifert 行列に注目する．

例 5.5 で示した切片結び目については，$\Delta(K \# (-\overline{K}); t) = \Delta(K; t)\Delta(K; t)$ のように Alexander 多項式は特殊な形をしている．また，例 5.4 の結び目 6_1 は，ひねり結び目 $Q(2)$（定義 4.36）だから，$\nabla(6_1; z) = 1 - 2z^2$，つまり $\Delta(6_1; t) = 1 - 2(t^{1/2} - t^{-1/2})^2 = -2t + 5 - 2t^{-1} = (-2t + 1)(-2t^{-1} + 1)$ と因数分解される．

[*4] $\pi_2(S^1)$ は，2 次元ホモトピー群で，S^2 から S^1 への（基点を決めた）連続写像をホモトピーで分類したもの．高次元ホモトピー群を知らない読者もいると思うが，S^2 から S^1 への連続写像は，定値写像にホモトピックであることは，直感的に納得できると思う．

[*5] f を可微分写像とし，$1 \in S^1$ を正則値と思った方がわかりやすいかもしれない．

192   5 結び目同境群

一般の切片結び目の場合も，その Alexander 多項式は $f(t)f(t^{-1})$ のように因数分解できることがわかる．

これを示すために，まず切片結び目の Seifert 行列がどのような形をしているかを考えよう．

定義 5.13（代数的切片結び目）　Seifert 行列が

$$\begin{pmatrix} A & B \\ C & O_g \end{pmatrix}$$

の形の $2g \times 2g$ 行列と S 同値な結び目を，**代数的切片結び目**と呼ぶ．ただし，A, B, C は $g \times g$ 行列，O_g は $g \times g$ 零行列である．　　□

その名の通り，次の定理が成り立つ．

定理 5.14　切片結び目は代数的切片結び目である．　　□

この定理の証明の準備をする．まず，絡み数の 4 次元的解釈をしておこう．

定義 5.15　向きの付いた 4 次元多様体内に，向き付けられたなめらかな 2 次元円板 D_1, D_2 が埋め込まれている．ただし，D_1 と D_2 はただ一点 p で横断的に交わっているとする．p における D_1 の接平面の基底を（向きに従って）$\{\vec{u}_1, \vec{u}_2\}$ とし，p における D_2 の接平面の基底を（向きに従って）$\{\vec{v}_1, \vec{v}_2\}$ とする．$\{\vec{u}_1, \vec{u}_2, \vec{v}_1, \vec{v}_2\}$ が 4 次元多様体の向きと一致するとき $D_1 \cdot D_2 = 1$，そうでないとき $D_1 \cdot D_2 = -1$ と定義し，これらを D_1 と D_2 の交点の**符号**と呼ぶ．

向き付けられた 4 次元多様体に埋め込まれた，向き付けられた曲面 F_1, F_2 がいくつかの点で横断的に交わっているとする．F_1 と F_2 の交点の符号の和を $F_1 \cdot F_2$ と書き，F_1 と F_2 の**交点数**と呼ぶ．　　□

注意 5.16　D_1, D_2 が区分線型的に埋め込まれているとき，D_1, D_2 はある 2 単体の内部で交わると仮定して同様の定義をする．

注意 5.17　D_2 と D_1 の交点の符号は，$\{\vec{v}_1, \vec{v}_2, \vec{u}_1, \vec{u}_2\}$ の向きで定まる．ところが，
- $\{\vec{v}_1, \vec{v}_2, \vec{u}_1, \vec{u}_2\}$ の向きは $\{\vec{v}_1, \vec{u}_1, \vec{v}_2, \vec{u}_2\}$ の向きと逆になり，
- $\{\vec{v}_1, \vec{u}_1, \vec{v}_2, \vec{u}_2\}$ の向きは $\{\vec{v}_1, \vec{u}_1, \vec{u}_2, \vec{v}_2\}$ の向きと逆になり，
- $\{\vec{v}_1, \vec{u}_1, \vec{u}_2, \vec{v}_2\}$ の向きは $\{\vec{u}_1, \vec{v}_1, \vec{u}_2, \vec{v}_2\}$ の向きと逆になり，
- $\{\vec{u}_1, \vec{v}_1, \vec{u}_2, \vec{v}_2\}$ の向きは $\{\vec{u}_1, \vec{u}_2, \vec{v}_1, \vec{v}_2\}$ の向きと逆になる

ことから，$\{\vec{v}_1, \vec{v}_2, \vec{u}_1, \vec{u}_2\}$ の向きは $\{\vec{u}_1, \vec{u}_2, \vec{v}_1, \vec{v}_2\}$ の向きと一致する．
よって，$D_2 \cdot D_1 = D_1 \cdot D_2$ が成り立つ．

ここで定義した符号は，次のように視覚化できる．

5.2 代数的切片結び目   193

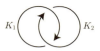

図 5.14　正の Hopf 絡み目.

例 5.18　正の Hopf 絡み目 $H_+ := K_1 \cup K_2$ を考えよう（図 5.14）．
$K_1 \cup K_2 \subset S^3 \times \{0\}$ とし，2 次元円板 $d_1, d_2 \subset S^3 \times [0,3]$ を次のように構成する．

$$(d_1 \cup d_2) \cap S^3 \times \{t\} = K_1 \quad K_2 \quad (t \in [0,1))$$

$$(d_1 \cup d_2) \cap S^3 \times \{1\} = K_1 \quad \delta_2 \quad K_2$$

$$(d_1 \cup d_2) \cap S^3 \times \{t\} = K_1 \quad (t \in (1,2))$$

$$(d_1 \cup d_2) \cap S^3 \times \{2\} = K_1 \quad \delta_1$$

$$(d_1 \cup d_2) \cap S^3 \times \{t\} = \emptyset \quad (t \in (2,3])$$

上の図で，δ_2 と書いた円板に $K_2 \times [0,1]$ を加えたものを d_2，δ_1 と書いた円板に $K_1 \times [0,2]$ を加えたものを d_1 とする．d_1, d_2 ともに 2 次元円板であり，$\partial d_1 = K_1, \partial d_2 = K_2$ となっている．また，$d_1 \cap d_2$ は $S^3 \times \{1\}$ に現れており，これは正の交点であることがわかる[*6]．つまり，この場合 $\mathrm{lk}(K_1, K_2) = d_1 \cdot d_2 = 1$ である．　□

一般に次のことが成り立つ．

補題 5.19　K_1 と K_2 を $S^3 = \partial D^4$ 内の互いに交わらない結び目とし，S_1 と S_2 を D^4 内に適切に埋め込まれた向きの付いた曲面で，$\partial S_i = K_i\ (i=1,2)$ をみたすものとする．ただし，S_1 と S_2 には，それぞれ K_1, K_2 から誘導される向きが付いており，S_1 と S_2 は有限個の点で横断的に交わっているものとする．それらの交点を $c_1, c_2, \ldots, c_r$ とおく．c_k における交点の符号を ε_k とすると，$\mathrm{lk}(K_1, K_2) = \sum_{k=1}^{r} \varepsilon_k$ となる．特に $S_1 \cap S_2 = \emptyset$ なら $\mathrm{lk}(K_1, K_2) = 0$ である．　□

[*6]　δ_2 の接平面の基底と，K_1 の接線を合わせたものは，S^3 の正の基底を構成する．これに 4 番目の座標軸を加えたものは $S^3 \times [0,3]$ の正の方向と一致する．また，K_1 の接線と 4 番目の座標軸は $K_1 \times [0,2]$（d_1 の一部）の正の方向を定める．

194   5 結び目同境群

[**証明**] K_1 の $(S^3$ での) Seifert 曲面を F_1 とする(F_1 にも K_1 から誘導される
向きを入れる)と, 命題 5.11 により $S_1 \cup F_1$ は D^4 内の 3 次元多様体 M の境界
となる. すると(必要があれば少し動かすことで) $M \cap S_2 \subset D^4$ は 1 次元多様体,
つまり, いくつかの閉曲線と弧になる[*7]. 弧の端点は $\partial M = S_1 \cup F_1$ に含まれ
ること, また, $S_1 \cap S_2$ はこれらの端点であることに注意する. 弧を $\alpha_1, \alpha_2, \ldots,$
$\alpha_p, \beta_1, \beta_2, \ldots, \beta_q, \gamma_1, \gamma_2, \ldots, \gamma_r$ とおく. ただし, α_i は両端が S_1 にあるもの,
β_j は両端が F_1 にあるもの, γ_k は片方の端が S_1 に, もう片方の端が F_1 にある
ものとする. $F_1 \cap K_2 = \left(\bigcup_{j=1}^{q} \partial(\beta_j) \right) \cup \left(\bigcup_{k=1}^{r} \partial(\gamma_k) \cap F_1 \right)$ であることに注意しよ
う.

問題 3.5 より, $\mathrm{lk}(K_1, K_2)$ は $F_1 \cap K_2$ における交点の符号の和である. これ
は, β_j の両端の符号の和と, $\partial(\gamma_k) \cap F_1$ の符号の和を加えたものに等しい. 各
j に対して, β_j の両端の交点の符号の和は 0 だから, $\mathrm{lk}(K_1, K_2)$ は $\partial(\gamma_k) \cap F_1$
の符号の和に等しい. ところで, 各 k に対して, γ_k は F_1 から入り S_1 から出る
か, S_1 から入り F_1 から出る, のどちらかである. よって, $\partial(\gamma_k) \cap F_1$ と
$\partial(\gamma_k) \cap S_1$ の符号は同じである[*8]. ところで, 例 5.18 と同様の考察より, $\partial(\gamma_k)$
$\cap S_1$ の符号は, この点における S_2 と S_1 の交点の符号と一致することがわかる.
よって, $\mathrm{lk}(K_1, K_2) = \sum_{k=1}^{r} \varepsilon_k$ が成り立つ. ∎

[**定理 5.14 の証明**] K を切片結び目とし, $F \subset S^3$ を K の Seifert 曲面とす
る. S^3 を ∂D^4 とみなす. また, $\Delta \subset D^4$ を $\partial \Delta = \Delta \cap \partial D^4 = K$ となる 2 次元円
板とする.

すると, 命題 5.11 により $\partial M = F \cup \Delta$ となるような 3 次元多様体が存在する
ことがわかる.

$\hat{F} := F \cup \Delta$ とおき, 次の有理係数のホモロジー完全列を考える($\hat{F}$ も M も連
結であるから, $H_0(\hat{F}) \to H_0(M)$ は同型写像となり, 下の式の最後は $\{0\}$ で終
わる).

[*7] 一般の位置にある m_1 次元多様体と m_2 次元多様体の n 次元多様体の中での交わりは $m_1 + m_2 - n$ 次元多様体になる.

[*8] S_1 と F_1 には, ともに K_1 から誘導された向きが入っていることに注意しよう. M の境界とし
ての向きを入れたとすると, これらの符号は異なる.

$$\{0\} \to H_3(M, \hat{F}; \mathbb{Q}) \to H_2(\hat{F}; \mathbb{Q}) \to H_2(M; \mathbb{Q}) \to H_2(M, \hat{F}; \mathbb{Q})$$
$$\to H_1(\hat{F}; \mathbb{Q}) \to H_1(M; \mathbb{Q}) \to H_1(M, \hat{F}; \mathbb{Q}) \to \{0\}.$$

$H_3(M, \hat{F}; \mathbb{Q}) \to H_2(\hat{F}; \mathbb{Q}) \cong \mathbb{Q}$ は同型写像だから,

$$\{0\} \to H_2(M; \mathbb{Q}) \to H_2(M, \hat{F}; \mathbb{Q})$$
$$\xrightarrow{\delta} H_1(\hat{F}; \mathbb{Q}) \xrightarrow{\varphi} H_1(M; \mathbb{Q}) \xrightarrow{\psi} H_1(M, \hat{F}; \mathbb{Q}) \to \{0\}$$

が完全となる.また,Poincaré-Lefschetz 双対性および普遍係数定理より

$$H_2(M, \hat{F}; \mathbb{Q}) \cong H^1(M; \mathbb{Q}) \cong H_1(M; \mathbb{Q}),$$
$$H_1(M, \hat{F}; \mathbb{Q}) \cong H^2(M; \mathbb{Q}) \cong H_2(M; \mathbb{Q})$$

である.$\psi \colon H_1(M; \mathbb{Q}) \to H_1(M, \hat{F}; \mathbb{Q})$ に関する次元公式より $\dim H_1(M; \mathbb{Q}) = \dim \operatorname{Im} \psi + \dim \operatorname{Ker} \psi$ である.$\dim \operatorname{Im} \psi = \dim H_1(M, \hat{F}; \mathbb{Q})$ であるから

$$\dim \operatorname{Ker} \psi = \dim H_1(M; \mathbb{Q}) - \dim H_1(M, \hat{F}; \mathbb{Q}) = \dim H_1(M; \mathbb{Q}) - \dim H_2(M; \mathbb{Q})$$

となる.$\delta \colon H_2(M, \hat{F}; \mathbb{Q}) \to H_1(\hat{F}; \mathbb{Q})$ に関する次元公式より

$$\dim \operatorname{Im} \delta = \dim H_2(M, \hat{F}; \mathbb{Q}) - \dim \operatorname{Ker} \delta$$
$$= \dim H_2(M, \hat{F}; \mathbb{Q}) - \dim H_2(M; \mathbb{Q})$$
$$= \dim H_1(M; \mathbb{Q}) - \dim H_2(M; \mathbb{Q})$$

となり,$\dim \operatorname{Ker} \psi = \dim \operatorname{Im} \delta$ がわかる.$\dim H_1(\hat{F}; \mathbb{Q}) = \dim \operatorname{Im} \varphi + \dim \operatorname{Ker} \varphi$ と,完全性より $\dim \operatorname{Ker} \varphi = \dim H_1(\hat{F}; \mathbb{Q})/2 = \dim H_1(F; \mathbb{Q})/2$ となる.

F の種数を g とすると $H_1(F; \mathbb{Z}) \cong \mathbb{Z}^{2g}$ である.$H_1(F; \mathbb{Z})$ の基底を $u_1, u_2, \ldots, u_{2g}$ とする.$\operatorname{Ker} \varphi$ は $H_1(F; \mathbb{Q}) = H_1(F; \mathbb{Z}) \otimes \mathbb{Q}$ の g 次元部分空間である.

$\operatorname{Ker} \varphi$ の $\mathbb{Q}$ ベクトル空間としての基底を $v_1^{\mathbb{Q}}, v_2^{\mathbb{Q}}, \ldots, v_g^{\mathbb{Q}}$ とする.すると,$j = 1, 2, \ldots, g$ に対して

$$v_j^{\mathbb{Q}} = \sum_{i=1}^{2g} r_{i,j} u_i$$

となるような $r_{i,j} \in \mathbb{Q}$ が存在する.これを,次のように表すことにする.

196   5 結び目同境群

$$
\begin{pmatrix} v_1^{\mathbb{Q}} & v_2^{\mathbb{Q}} & \cdots & v_g^{\mathbb{Q}} \end{pmatrix} = \begin{pmatrix} u_1 & u_2 & \cdots & u_{2g} \end{pmatrix} \begin{pmatrix} r_{1,1} & r_{1,2} & \cdots & r_{1,g} \\ r_{2,1} & r_{2,2} & \cdots & r_{2,g} \\ \vdots & \vdots & \ddots & \vdots \\ r_{2g,1} & r_{2g,2} & \cdots & r_{2g,g} \end{pmatrix}.
$$

左辺と右辺の左側の行列はベクトルを並べたものであることに注意. 右辺右側の行列を R とする. つまり, R の第 (i,j) 成分は $r_{i,j}$ である.

各 j に対して, R の j 列目の成分の分母の最小公倍数を j 列目に掛けることで得られる行列を $\tilde{R}$ とすると, $\tilde{R}$ は整数を成分とする行列となる. この操作は, 右から対角行列を掛けることで実現できるので, $\begin{pmatrix} u_1 & u_2 & \cdots & u_{2g} \end{pmatrix}\tilde{R}$ の各列ベクトルを集めたものは $\operatorname{Ker}\varphi$ の $\mathbb{Q}$ 上の基底になっている.

さて, $\tilde{R}$ に関する(整数上の)行や列の基本変形(行(列)を入れ替える, ある行(列)を整数倍してほかの行(列)に加える, ある行(列)の符号を一斉に変える)を考える. 行の基本変形は左から整数上の可逆行列を掛けることに, 列の基本変形は右から整数上の可逆行列を掛けることに対応している. また, 左から整数上の可逆行列を掛けることは $H_1(F;\mathbb{Z})$ の基底を入れ替えることに, 右から整数上の可逆行列を掛けることは, $\operatorname{Ker}\varphi$ の基底を入れ替えることに対応している.

必要なら最大公約数で割ることで, $\tilde{R}$ の 1 列目の成分の最大公約数は 1 と仮定できる(列を最大公約数で割ることは $\operatorname{Ker}\varphi$ の基底を取り替えることに対応している. 今は $\mathbb{Q}$ 上の基底を考えていることに注意). 行の基本変形により $\tilde{R}$ の 1 列目は $^{\top}(1,0,0,\cdots,0)$ にできる. 列の基本変形によって, $\tilde{R}$ は

$$
\begin{pmatrix} 1 & 0 & \cdots & 0 \\ 0 & r'_{2,2} & \cdots & r'_{2,g} \\ \vdots & \vdots & \ddots & \vdots \\ 0 & r'_{2g,2} & \cdots & r'_{2g,g} \end{pmatrix}
$$

になる. 同様の操作を繰り返すことで $\tilde{R}$ は

$$
\begin{pmatrix} I_g \\ O_g \end{pmatrix}
$$

に変形できる. この変形に伴って $H_1(F;\mathbb{Z})$ の基底が $w_1, w_2, \ldots, w_{2g}$ に置き換えられていたとすると, $\operatorname{Ker}\varphi$ の基底は $w_1, w_2, \ldots, w_g$ となっている.

5.2 代数的切片結び目　197

$i \leqq g$ かつ $j \leqq g$ のとき $\mathrm{lk}(w_i, w_j^+) = 0$ であることが次のようにしてわかる.

M は D^4 に埋め込まれているので, 正則近傍は $M \times [0,1]$ と同相になる. また, φ は, 包含写像 $F \hookrightarrow M$ により誘導されているので w_j は $H_1(M; \mathbb{Q})$ の元とみなしたときに 0 になる. w_j を F 上の単純閉曲線とみなすと, ある 0 でない整数 k_j に対して $k_j w_j$ は M の中で(整数係数の) 2 鎖の境界となっている[*9]. この 2 鎖は曲面 Σ_j に置き換えることができる(横断的に交わる点の近傍は Hopf 絡み目の錐となっているので, 錐を円環で置き換える. また, 局所平坦でない点は, ある結び目の錐となっているので, それは結び目の Seifert 曲面で置き換える). Σ_j を $M \times [0,1]$ の正の方向にずらしたものを Σ_j^+ とおくと Σ_j^+ の境界は w_j^+ となる. 同様に Σ_i^+ を構成すると, 補題 5.19 より $\mathrm{lk}(k_i w_i, k_j w_j^+) = \Sigma_i \cdot \Sigma_j^+ = 0$ となり, $\mathrm{lk}(w_i, w_j^+) = 0$ が従う.

基底の順番を $w_{2g}, w_{2g-1}, \ldots, w_{g+1}, w_g, \ldots, w_2, w_1$ とおくことで定理が証明できた. ∎

系 5.20 結び目 K, K' が結び目同境だと仮定し, それぞれの Seifert 行列を V, V' とする. V, V' の次数をそれぞれ $2g$, $2g'$ とすると, ある $g+g'$ 次正方行列 A, B, C が存在して, $\begin{pmatrix} V & O_{2g,2g'} \\ O_{2g',2g} & -V' \end{pmatrix}$ は $\begin{pmatrix} A & B \\ C & O_{g+g'} \end{pmatrix}$ と S 同値となる. ただし, $O_{2g,2g'}$, $O_{2g',2g}$ はそれぞれ $2g \times 2g'$ 零行列, $2g' \times 2g$ 零行列であり, $O_{g+g'}$ は $g+g'$ 次正方零行列である. □

[証明] 命題 4.39 の証明より $-\overline{K'}$ の Seifert 行列は $-V'$ となる. $K \# (-\overline{K'})$ が切片結び目であり, その Seifert 行列は $\begin{pmatrix} V & O_{2g,2g'} \\ O_{2g',2g} & -V' \end{pmatrix}$ だから主張が成り立つ(注意 4.43 参照). ∎

切片結び目に限らず, 代数的切片結び目の Alexander 多項式は, 次のような特徴的な形をしている.

定理 5.21 K を代数的切片結び目とする. そのとき, 整数係数多項式 $f(t)$ が存在して

$$\Delta(K; t) = f(t) f(t^{-1})$$

[*9] $\varphi(w_j)$ は $H_1(M; \mathbb{Q})$ の元として 0 だから, ある $s_{j,i} \in \mathbb{Q}$ と 2 鎖 Δ_i を用いて $\varphi(w_j) = \partial\left(\sum_i s_{j,i} \Delta_i\right)$ と書ける. $s_{j,i}$ の分母の最小公倍数を k_j とすると $\varphi(k_j w_j) = \partial\left(\sum_i (k_j s_{j,i}) \Delta_i\right)$ となる($k_j s_{j,i}$ は整数であることに注意).

となる. □

[**証明**] K の Seifert 行列は $\begin{pmatrix} A & B \\ C & O \end{pmatrix}$ の形をしているので

$$\Delta(K;t) = \det\left(t^{1/2}\begin{pmatrix} A & B \\ C & O \end{pmatrix} - t^{-1/2}\begin{pmatrix} {}^\top A & {}^\top C \\ {}^\top B & O \end{pmatrix}\right)$$

$$= \begin{vmatrix} t^{1/2}A - t^{-1/2}({}^\top A) & t^{1/2}B - t^{-1/2}({}^\top C) \\ t^{1/2}C - t^{-1/2}({}^\top B) & O \end{vmatrix}$$

$$= \det\left(t^{1/2}B - t^{-1/2}({}^\top C)\right)\det\left(-t^{1/2}C + t^{-1/2}({}^\top B)\right)$$

$$= \det\left(tB - {}^\top C\right)\det\left(t^{-1}({}^\top B) - C\right)$$

$$= \det\left(tB - {}^\top C\right)\det\left(t^{-1}B - {}^\top C\right)$$

となる. よって, $f(t) := \det(tB - {}^\top C)$ とおけばよい. ∎

結び目同境の定義から次のことがわかる.

系 5.22 結び目 K, K' が結び目同境なら $\Delta(K;t)\Delta(K';t) = f(t)f(t^{-1})$ となる多項式 $f(t)$ が存在する. □

Alexander 多項式で $t = -1$ とおくことで次の系が得られる.

系 5.23 切片結び目の行列式は平方数である.

また, 結び目同境な 2 つの結び目の行列式(定義 3.47)の積は平方数である. □

例 5.24 左三つ葉結び目の行列式は 3, 8 の字結び目の行列式は 5 だから, これらはともに切片結び目ではない. また, これらは結び目同境ではない. □

例 5.5 より, 任意の結び目 K に対して, $K\#(-\overline{K})$ は切片結び目である. それでは $K\#(\pm K)$ は切片結び目になるだろうか? 別の言葉で言うと, 結び目 K と $\mp\overline{K}$ は結び目同境であろうか? 命題 4.38, 命題 4.42 より, $\Delta(K\#(\pm K);t)$ $= \Delta(K;t)^2$ だから, 系 5.22 は使えない.

次の節では, 新たな結び目同境不変量を導入してこの問題に答える.

5.3 符号数

実対称行列 S の符号数(正の固有値の個数から, 負の固有値の個数を引いたもの)を $\sigma(S)$ と書くことにする.

定義 5.25(結び目の符号数) V を向きの付いた結び目 K の Seifert 行列とす

る．$V + {}^\top V$ の符号数を K の**符号数**と呼び $\sigma(K)$ と書く．　　　　　□

補題 5.26　符号数は，Seifert 行列の取り方によらない．つまり，結び目の不変量である．　　　　　　　　　　　　　　　　　　　　　　　　　　　　　□

[**証明**]　定理 4.20 より，S 同値な Seifert 行列の符号数が同じであることを示せばよい．定義 4.19 の (a)，(b)，(c) で符号数が不変であることを示す．

(a)　整数上の可逆行列 P に対して $B := {}^\top P A P$ とする．そのとき

$$
\begin{aligned}
\sigma(B + {}^\top B) &= \sigma({}^\top P A P + {}^\top P\, {}^\top A P) \\
&= \sigma({}^\top P (A + {}^\top A) P) \\
&\quad\text{（シルベスターの慣性法則）} \\
&= \sigma(A + {}^\top A)
\end{aligned}
$$

となるので，符号数はこの変形で変わらない．

(b)　$B := \begin{pmatrix} A & M & O_{n,1} \\ O_{1,n} & 0 & 1 \\ O_{1,n} & 0 & 0 \end{pmatrix}$ とおく．ただし，A は n 次正方行列，M は $n \times$ 1 行列である．

$$
\sigma(B + {}^\top B) = \sigma \begin{pmatrix} A + {}^\top A & M & O_{n,1} \\ {}^\top M & 0 & 1 \\ O_{1,n} & 1 & 0 \end{pmatrix}
$$

である．シルベスターの慣性法則から，行に関する基本操作を行なった後で同じ操作を列に対して行なっても符号は変わらない．特に，$i \neq j$ に対して，「第 i 行を c 倍して第 j 行に足し，第 i 列を c 倍して第 j 列に足す」操作をしても符号数は変わらない．この事実を使うことで，最下行の 1 を使って M を消し，右端の列の 1 を使って ${}^\top M$ を消すことができる．よって

$$
\sigma(B + {}^\top B) = \sigma \begin{pmatrix} A + {}^\top A & O_{n,1} & O_{n,1} \\ O_{1,n} & 0 & 1 \\ O_{1,n} & 1 & 0 \end{pmatrix} = \sigma(A + {}^\top A)
$$

となる．

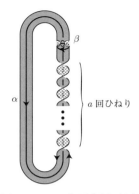

図 5.15 $Q(a)$ の Seifert 曲面(灰色が表). Seifert のアルゴリズムで作ったものとは違うことに注意.

(c) $B := \begin{pmatrix} A & O_{n,1} & O_{n,1} \\ N & 0 & 0 \\ O_{1,n} & 1 & 0 \end{pmatrix}$ とおく. ただし, N は $1 \times n$ 行列である. (b)

と同様に $\sigma(B + {}^\top B) = \sigma(A + {}^\top A)$ がわかる. ∎

例 5.27 ひねり結び目 $Q(a)$ の符号数を求めよう.

図 5.15 のように Seifert 曲面と 1 次元ホモロジー群の生成元をとると, $\text{lk}(\alpha, \alpha^+) = a$, $\text{lk}(\alpha, \beta^+) = 0$, $\text{lk}(\beta, \alpha^+) = 1$, $\text{lk}(\beta, \beta^+) = -1$ だから, Seifert 行列 V は

$$V = \begin{pmatrix} a & 0 \\ 1 & -1 \end{pmatrix}$$

となる. よって, $a \geqq 0$ のとき $\sigma(Q(a)) = 0$, $a < 0$ のとき $\sigma(Q(a)) = -2$ となる. ∎

命題 5.28 向きの付いた結び目 K の向きを変えたものを $-K$ とすると, $\sigma(-K) = \sigma(K)$ である. ∎

[証明] K の Seifert 行列を V とすると, 命題 4.38 の証明より $-K$ の Seifert 行列は ${}^\top V$ で与えられる. よって, $\sigma(-K) = \sigma({}^\top V + V) = \sigma(K)$ となる. ∎

命題 5.29 向きの付いた結び目 K の鏡像を $\overline{K}$ とすると $\sigma(\overline{K}) = -\sigma(K)$ が成り立つ. ∎

[証明] K の Seifert 行列を V とすると，命題 4.39 の証明より $\overline{K}$ の Seifert 行列は $-^{\top}V$ で与えられる．よって，$\sigma(\overline{K})=\sigma(-^{\top}V-V)=-\sigma(V+^{\top}V)=-\sigma(K)$ となる． ∎

定理 5.30 切片結び目の符号数は 0 である． □

[証明] K を切片結び目とする．切片結び目は，代数的切片結び目だから（定理 5.14），定義 5.13 よりその Seifert 行列は $\begin{pmatrix} A & B \\ C & O \end{pmatrix}$ に S 同値である．よって，補題 5.26 より $\sigma(K)=\sigma\begin{pmatrix} A+^{\top}A & B+^{\top}C \\ ^{\top}B+C & O \end{pmatrix}$ となる．ところで，$\det(K)\neq 0$ だから，右辺の行列は正則となり $\det(B+^{\top}C)$ も正則である．D を $B+^{\top}C$ の逆行列とすると

$$\sigma\begin{pmatrix} A+^{\top}A & B+^{\top}C \\ ^{\top}B+C & O \end{pmatrix}$$

$$=\sigma\left(\begin{pmatrix} I_g & -\dfrac{1}{2}(A+^{\top}A)^{\top}D \\ O & ^{\top}D \end{pmatrix}\begin{pmatrix} A+^{\top}A & B+^{\top}C \\ ^{\top}B+C & O \end{pmatrix}\begin{pmatrix} I_g & O \\ -\dfrac{1}{2}D(A+^{\top}A) & D \end{pmatrix}\right)$$

$$=\sigma\left(\begin{pmatrix} I_g & -\dfrac{1}{2}(A+^{\top}A)^{\top}D \\ O & ^{\top}D \end{pmatrix}\begin{pmatrix} \dfrac{1}{2}(A+^{\top}A) & I_g \\ ^{\top}B+C & O \end{pmatrix}\right)$$

$$=\sigma\begin{pmatrix} O & I_g \\ I_g & O \end{pmatrix}=0$$

となる． ∎

結び目 K, K' の連結和 $K\#K'$ の Seifert 行列は $\begin{pmatrix} V & O \\ O & V' \end{pmatrix}$ で得られるので（V は K の Seifert 行列，V' は K' の Seifert 行列），$\sigma(K\#K')=\sigma(K)+\sigma(K')$ となる．この事実と定理 5.30 より，次の系が得られる．

系 5.31 K と K' が結び目同境なら $\sigma(K)=\sigma(K')$ である． □

[証明] $[K]=[K']$ より，$[K\#(-\overline{K'})]$ は切片結び目である．命題 5.28，命題 5.29 より，$0=\sigma(K\#(-\overline{K'}))=\sigma(K)+\sigma(-\overline{K'})=\sigma(K)-\sigma(K')$ となり，$\sigma(K)=\sigma(K')$ となる． ∎

つまり，符号数は，結び目同境群 $\mathcal{C}$ から $\mathbb{Z}$ への準同型写像を導くことになる．結び目の符号数は偶数次数の正方行列の符号数だから偶数である．よって，

$\sigma: \mathcal{C} \to 2\mathbb{Z} \subset \mathbb{Z}$ がわかる．これが全射であることが次の例からわかる．

例 5.32 T を左三つ葉結び目，$\overline{T}$ を右三つ葉結び目とする．$\overline{T} = Q(-1)$ だから，$\sigma(\overline{T}) = -2$, $\sigma(T) = 2$ である．よって，T と $\overline{T}$ は結び目同境ではない．つまり，$[T] \neq [\overline{T}]$ である．

また，整数 n に対して，T を n 個連結和したものを nT とする．ただし，$n = 0$ のとき $nT = U_1$, $n < 0$ のときは $nT := (-n)\overline{T}$ である．そのとき，$\sigma(nT) = 2n$ であるから，$\sigma: \mathcal{C} \to 2\mathbb{Z}$ は全射である． □

上の例から $\mathcal{C}$ は $\mathbb{Z}$ を部分群として含むこともわかる．また，8の字結び目 E は，$\overline{E} \approx E$ かつ $-E \approx E^{*10}$ をみたすので $-\overline{E} \approx E$, つまり $[2E] = 0$ である．よって，$\mathcal{C} \supset (\mathbb{Z}/2\mathbb{Z})$ がわかる．実際には $\mathcal{C} \supset (\mathbb{Z})^{\infty} \oplus (\mathbb{Z}/2\mathbb{Z})^{\infty}$ が知られている．

結び目の符号数は，ある4次元多様体の符号数に一致することがわかる．

定義 5.33（4次元多様体の交点形式） W を向きの付いた4次元多様体で，境界 ∂W が有理3球面[*11]となっているものとする．このとき，対のホモロジーの完全列 $H_2(\partial W; \mathbb{Q}) \to H_2(W; \mathbb{Q}) \to H_2(W, \partial W; \mathbb{Q}) \to H_1(\partial W; \mathbb{Q})$ より，同型 $\varphi: H_2(W; \mathbb{Q}) \cong H_2(W, \partial W; \mathbb{Q})$ が得られることに注意する．

$D: H_2(W; \mathbb{Q}) \to H^2(W, \partial W; \mathbb{Q})$, $D: H_2(W, \partial W; \mathbb{Q}) \to H^2(W; \mathbb{Q})$ を Poincaré-Lefschetz 双対写像とする（たとえば[66]参照）．

対称双線型写像 $I_W: H_2(W; \mathbb{Q}) \times H_2(W; \mathbb{Q}) \to \mathbb{Q}$ を，$a, b \in H_2(W; \mathbb{Q})$ に対して $I_W(a, b) := D(\varphi(a)) \cup D(b) \in H^4(W, \partial W; \mathbb{Q}) \cong \mathbb{Q}$ で定義する．ただし，$\cup: H^2(W; \mathbb{Q}) \times H^2(W, \partial W; \mathbb{Q}) \to H^4(W, \partial W; \mathbb{Q}) \cong \mathbb{Q}$ はカップ積である．

I_W を W の**交点形式**と呼ぶ． □

注意 5.34 $a, b \in H_2(W; \mathbb{Q})$ がともに向き付けられた曲面 S, T で表されたとき $I_W(a, b)$ は S と T の交点数 $S \cdot T$（定義 5.15）と一致する．

また，4次元多様体の場合，交点形式は対称となる（定義 3.43 と比べよ．注意 5.17 も参照）．

定義 5.35（4次元多様体の符号数） 有理3球面を境界とする，向きの付い

[*10] これは，次の図のように 180 度回転させることでわかる．

[*11] $H_i(M; \mathbb{Q}) \cong H_i(S^3; \mathbb{Q})$ が任意の i について成り立つ3次元多様体 M のこと．

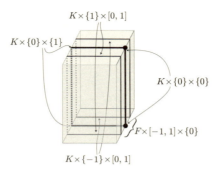

図 5.16 $F \times [-1, 1] \times [0, 1]$ の概念図. 左側面が ∂D^4.

た 4 次元多様体を W とする. 交点形式 I_W の符号数を, W の**符号数**と呼び Sign(W) で表す. □

K を結び目, F をその Seifert 曲面とする. $\sigma(K) = \text{Sign}(W(F))$ となるような 4 次元多様体 $W(F)$ を以下のように構成する.

$S^3 \times [0, 1]$ に, 4 次元球体 D^4 を, $S^3 \times \{1\} = \partial D^4$ となるように貼り付けたものを D とすると, D も 4 次元球体となる. K と F は $S^3 \times \{0\}$ に入っているものとみなす. $\tilde{F} := (F \times \{1\}) \cup (\partial F \times [0, 1]) \subset S^3 \times [0, 1]$ とおく. 補題 5.12 より, $H_1(D \setminus \tilde{F}; \mathbb{Z}) \cong \mathbb{Z}$ であるから, 第 3 章と同様に $\tilde{F}$ で分岐する D の二重分岐被覆空間 $W(F)$ が定義される. 具体的には以下のように構成できる.

まず, D を $F \times [0, 1]$ で切り開く. 正確に言うと, $(F \times [-1, 1]) \times \{0\} \subset S^3 \times \{0\}$ を第 3.5 節のようにとり, $W := D \setminus \text{Int}(F \times [-1, 1] \times [0, 1])$ とする.

$G := W \cap (F \times [-1, 1] \times [0, 1])$ とすると, G は $\partial(F \times [-1, 1] \times [0, 1])$ から $F \times [-1, 1] \times \{0\}$ を除いたものであるから, $G = (K \times [-1, 1] \times [0, 1]) \cup (F \times [-1, 1] \times \{1\}) \cup (F \times \{-1\} \times [0, 1]) \cup (F \times \{1\} \times [0, 1])$ となる (図 5.16).

また, $G_- := (K \times [-1, 0] \times [0, 1]) \cup (F \times [-1, 0] \times \{1\}) \cup (F \times \{-1\} \times [0, 1])$, $G_+ := (K \times [0, 1] \times [0, 1]) \cup (F \times [0, 1] \times \{1\}) \cup (F \times \{1\} \times [0, 1])$ とおく (G_- は図 5.16 の向こう側, G_+ はこちら側). W_1, W_2 を W の複製とし $G_1, G_{1\pm}, G_2, G_{2\pm}$ を $G, G_\pm$ に対応する部分とする. $W(F)$ は W_1 と W_2 を, G_1 と G_2 で貼り合わせたものとして定義できる. ただし, $G_{1\pm}$ が $G_{2\mp}$ と重なるように貼り合わせる.

これをもっと具体的に見よう. まず, W は D を境界 ($S^3 \times \{0\}$) から $F \times [-1, 1]$ を押し込んだものだから 4 次元球体と同相である. また, G は $F \times [-1, 1]$

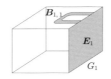
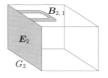

図 5.17　G_i を E_i と $B_{i,1}, B_{i,2}, \ldots, B_{i,2g}$ に分ける．

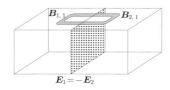

図 5.18　E_1 と E_2 を貼り合わせる．

と同相であるから[*12]，W は 4 次元球体の表面（境界）に $F \times [-1,1]$ が入っているものとみなしてもよい．つまり，$W(F)$ は，2 つの 4 次元球体を，表面に埋め込まれた $F \times [-1,1]$ で貼り合わせたものとなる（第 3.5 節との違いに注意．ここでは $F \times [-1,1]$ 全体で貼り合わせている）．

F は図 3.35 のように円板 E に $2g$ 本の帯 $B_1, B_2, \ldots, B_{2g}$ を付けて得られているものとする．G_i $(i=1,2)$ もそれぞれの対応する部分 $E_i, B_{i,1}, B_{i,2}, \ldots, B_{i,2g}$ に分かれる（図 5.17 参照）．

さて，G_1 と G_2 を貼り合わせるのであるが，まず，E_1 と E_2 だけを貼り合わせる．正確には，E_1 と $-E_2$ を同一視する（図 5.18 参照）．

各 $B_{i,k}$ は $D^2 \times [-1,1]$ と同相であるが，$D^2 \times \{-1\}, D^2 \times \{1\}$ に対応する部分をそれぞれ $\partial_-(B_{i,k}), \partial_+(B_{i,k})$ と書く．上で述べた E_1 と $-E_2$ の同一視により $\partial_\pm(B_{1,k})$ と $-\partial_\pm(B_{2,k})$ が同一視される．ここで，これまでの概念図ではなくて実際の図を描くことができる．まず，図 5.19 のような Seifert 曲面に厚みを付ける（図 5.20）．

E_1 と $-E_2$ を同一視すると図 5.21 のようになる．ただし，この時点ではまだ，帯 $B_{i,1}, B_{i,2}, \ldots, B_{i,2g}$ は貼り合わせていない．図 5.21 では，帯を S^3 に射

[*12]　G は $\partial(F \times [-1,1] \times [0,1])$ から $F \times [-1,1] \times \{0\}$ を除いたものである．$\partial(F \times [-1,1] \times [0,1]) = (\partial F \times ([-1,1] \times [0,1])) \cup (F \times \partial([-1,1] \times [0,1]))$ であり，$\partial([-1,1] \times [0,1])$ から $[-1,1] \times \{0\}$ を除いたものは $[-1,1] \times \{1\}$ と同相である．よって，G は $(\partial F \times [-1,1] \times [0,1]) \cup (F \times [-1,1] \times \{1\})$ と同相となる．ここで，第 2 成分と第 3 成分の順序を入れ替えると $((\partial F \times [0,1]) \cup (F \times \{1\})) \times [-1,1]$ となるが，$(\partial F \times [0,1]) \cup (F \times \{1\})$ は F と同相だから，G は $F \times [-1,1]$ と同相である．

図 5.19　8 の字結び目の Seifert 曲面 F.

図 5.20　$F \times [-1, 1]$.

図 5.21　E_1 と $-E_2$ を同一視する．帯は重なって見えている．

図 5.22　$B_{1,k}$ と $-B_{2,k}$ を $\partial_\pm(B_{1,k})$ と $-\partial_\pm(B_{2,k})$ で貼り合わせている ($k=1,2$).

図 5.23　$B_{2,1}, B_{2,2}$ を 4 次元方向に 180 度回転させると図 5.22 の点々の部分の（水平面による）鏡像 $\overline{B}_{2,1}, \overline{B}_{2,2}$ が現れ，灰色の部分と合わせて輪環体 T_1, T_2 ができる．

影しているので重なって見えていることに注意．E_1 と $-E_2$ を貼り合わせた部分は忘れることにすると，図 5.22 のようになる．

ここでは $\partial_\pm(B_{1,k})$ と $-\partial_\pm(B_{2,k})$ が同一視される．さらに，$B_{2,k}$（図 5.22 で点々で表された帯）を，$\partial_\pm(B_{2,k})$ がのっている平面で 4 次元方向に 180 度回転させる．すると，例 5.5 で示したように，$B_{2,k}$ の鏡像が現れる（図 5.23）．

結局，ここで得られたものは Seifert 曲面から帯 $B_{1,1}, B_{1,2}, \ldots, B_{1,2g}$ の部分だけをとりだし，それらと，それらを (3 次元空間の中で紙面上の水平軸に関して) 180 度回転させたもの $\overline{B}_{2,1}, \overline{B}_{2,2}, \ldots, \overline{B}_{2,2g}$ を貼り合わせたものからなる輪環体 $T_1 \cup T_2 \cup \cdots \cup T_{2g}$ である（一般に T_k は互いにもつれていることに注意）．つ

図 5.24　$T_1 \cup T_2$.

図 5.25　$S^2 = \partial D^3$ 上の円環 $D^1 \times S^1$.

図 5.26　$D^1 \times S^1$ に $D^1 \times D^2$ をかぶせることで $(x,t) \in D^1 \times S^1$ と $(x, 1-t) \in D^1 \times S^1$ を同一視できる.

まり，$W(F)$ は，4次元球体の境界の3次元球面内にある輪環体 $T_1 \cup T_2 \cup \cdots \cup T_{2g}$ において，$\boldsymbol{B}_{1,k}$ と $\overline{\boldsymbol{B}}_{2,k}$ を同一視することで得られる（図 5.24）.

最後の段階をもう少し詳しく見よう.

各 T_k は輪環体 $D^2 \times S^1$ と同相である．$S^1 := \{\exp(2\pi t \sqrt{-1}) \in \mathbb{C} \mid 0 \leqq t \leqq 1\}$ のように座標を入れると，$W(F)$ を得るために行なう T_k の同一視は，$(x,t) \in D^2 \times S^1$ $(0 \leqq t \leqq 1/2)$ と $(x, 1-t) \in D^2 \times S^1$ $(1/2 \leqq t \leqq 1)$ を同一視することになる．ただし，S^1 の座標は，$0 \leqq t \leqq 1/2$ が $\boldsymbol{B}_{1,k}$ に，$1/2 \leqq t \leqq 1$ が $\boldsymbol{B}_{2,k}$ に対応するようにとる.

注意 5.36　次元を下げて考えると次のようになる.

図 5.25 で示された円環 $D^1 \times S^1$ が $S^2 = \partial D^3$ の表面にあるとすると，2つに折りたたむことで $(x,t) \in D^1 \times S^1$ と $(x, 1-t) \in D^1 \times S^1$ を同一視することができる.

これは，図 5.26 のように $D^1 \times S^1$ に沿って $D^1 \times D^2$ を貼り付けたものと同相である.

今の場合も同様に，D の境界 S^3 に $2g$ 個の $D^2 \times D^2$ を，各 $1 \leqq k \leqq 2g$ に対して $D^2 \times (\partial D^2) = D^2 \times S^1$ と T_k が一致するように貼り付けることで $W(F)$ が得られる．ただし，$D^2 \times S^1$ と T_k の同一視は，上で述べたような T_k の座標による.

構成法から，$W(F)$ は $\tilde{F}$ で分岐する4次元球体 D の二重分岐被覆空間となることがわかる．また，$W(F)$ の境界 $\partial W(F)$ は K で分岐する S^3 の二重分岐被覆空間となっている．よって $\partial W(F)$ は K のみによって決まり，F の取り方によらない．ただし，$W(F)$ は F の取り方による（特に F の種数を増やすと命題 5.37 の証明で述べるように2次元ホモロジー群が変わってしまう）.

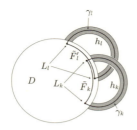

図 5.27 $c_k := \gamma_k \cup \tilde{F}_k$.

命題 5.37 結び目 K とその Seifert 曲面 F に対して，上のように構成した 4 次元多様体 $W(F)$ を考える．そのとき $\sigma(K) = \mathrm{Sign}(W(F))$ が成り立つ． □

[証明] 定義 5.35 に現れた $W(F)$ の交点形式が，F に対する Seifert 行列 V を用いて $V + {}^\top V$ で表されることを示す．

上で述べたように，$W(F)$ は，4 次元球体 D に $D^2 \times D^2$ を，$D^2 \times (\partial D^2)$ が ∂D に埋め込まれた円環体の集まり $\mathcal{T} := T_1 \cup T_2 \cup \cdots \cup T_{2g}$ と一致するように貼り付けることで得られる．T_k に貼り付けられる $D^2 \times D^2$ を h_k と書くことにし，$\mathcal{H} := h_1 \cup h_2 \cup \cdots \cup h_{2g}$ とおく．$\mathcal{H}$ の各連結成分は 4 次元球体と同相であることに注意すると $D, \mathcal{H}, D \cap \mathcal{H} = \mathcal{T}, D \cup \mathcal{H} = W(F)$ に対応する Mayer-Vietoris 完全列から

$$\{0\} \to H_2(W(F); \mathbb{Z}) \xrightarrow{\varphi} H_1(\mathcal{T}; \mathbb{Z}) \to \{0\}$$

が得られる．T_k は輪環体であり，S^1 とホモトピー同値だから，$H_2(W(F); \mathbb{Z}) \cong H_1(\mathcal{T}; \mathbb{Z}) \cong \mathbb{Z}^{2g}$ である．$H_2(W(F); \mathbb{Z}) \cong \mathbb{Z}^{2g}$ の生成系 $\{c_1, c_2, \ldots, c_{2g}\}$ を次のようにとる．各 h_k の「芯」$\{0\} \times D^2 \subset h_k$ を γ_k とおく ($0 \in D^2$ は D^2 の中心)．$\partial \gamma_k = \{0\} \times S^1 \subset S^3$ は T_k の中心線 L_k となっている．各 L_k に適当に向きを付け，その向きに従った L_k の Seifert 曲面を F_k とする (F_k 同士は交わってもよい)．また，定義 5.35 の直後 (203 ページ) で説明したように F_k を D に押し込んだ曲面を $\tilde{F}_k$ とする．そこで，c_k を $\gamma_k \cup \tilde{F}_k$ で表された 2 鎖とする (図 5.27 参照．ただし，この図の $\tilde{F}'_l$ は後ほど出てくる)．

ただし，γ_k には $\partial \gamma_k$ が L_k の向きとなるように向きを付けておき，$\tilde{F}_k$ には $\partial \tilde{F}_k$ が L_k と逆の向きとなるように向きを付けるものとする (これで c_k は 2 輪体となる)．同型写像 $\varphi: H_2(W(F); \mathbb{Z}) \to H_1(\mathcal{T}; \mathbb{Z})$ は連結準同型であるから，$\varphi(c_k)$ は L_k に移り，$\{c_1, c_2, \ldots, c_{2g}\}$ が $H_2(W(F); \mathbb{Z})$ の生成系となることがわ

図 5.28 図 3.36 の名前を付け替える.

かる（閉曲線や 2 輪体とそのホモロジー類を同じ記号で表している）．

$W(F)$ の交点形式（定義 5.33）を求めるために c_k と c_l の交点数 $c_k \cdot c_l$ を求めよう．

そのために，まず，K の Seifert 曲面 F の帯 $B_1, B_2, \ldots, B_{2g}$ は常に表が紙面のこちら側に見えるようにしておく（図 5.19 のように適当にひねりを加えることで可能である）．また $\boldsymbol{B}_{i,k} \cong B_k \times [-1,1]$（$i=1,2$, $k=1,2,\ldots,2g$）は $B_k \times \{1\}$ の表側がこちらに見えるように描いておく．これで $\mathcal{T}$ も，上半分は表が，下半分は裏が見えるようになる（図 5.24 参照）．また，T_k は $B_k \cup \overline{B}_k$ を含み（$\overline{B}_k$ は B_k を紙面上の水平軸に関して 180 度回転させたもの），$B_k \cup \overline{B}_k$ は（交差部分を除いて）紙面と平行である．定義より $\gamma_k \cap \gamma_l = \emptyset$ だから $c_k \cdot c_l$ を計算するには $\tilde{F}_k$ と $\tilde{F}_l$ の交点数を調べればよい．

まず，$k \neq l$ とする．$c_k \cdot c_l = c_l \cdot c_k$ だから $k < l$ と仮定する．$\tilde{F}_k$ と $\tilde{F}_l$ の構成法から $\tilde{F}_k \cap \tilde{F}_l$ は $F_k \cap F_l$ と同じ交わり方をしている．これは 4 次元空間では一般の位置にないので（4 次元空間の中の 2 次元の空間の交わりだから，一般の位置なら有限個の点になるはずである），$D = S^3 \times [0,1] \cup D^4$ の中で一般の位置にするために $\tilde{F}_l$ を $\tilde{F}_l' := (F_l \times \{1-\varepsilon\}) \cup (\partial F_l \times [0, 1-\varepsilon])$ のように少し低くする（ε は $0 < \varepsilon < 1$ をみたす実数）．すると，

$$\tilde{F}_k \cap \tilde{F}_l' = ((F_k \times \{1\}) \cup (\partial F_k \times [0,1])) \cap ((F_l \times \{1-\varepsilon\}) \cup (\partial F_l \times [0, 1-\varepsilon]))$$
$$= (\partial F_k \cap F_l) \times \{1-\varepsilon\} \subset S^3 \times \{1-\varepsilon\}$$

であり（図 5.27 参照），これを S^3 の中で見ると $\partial F_k \cap F_l = L_k \cap F_l$ となり，有限個の点にできる．よって，問題 3.5 より，$c_k \cdot c_l = \mathrm{lk}(L_k, L_l)$ となる（厳密には F_k, F_l にはそれらの境界が L_k, L_l の向きと逆になるように向きが付いているので $\mathrm{lk}(-L_k, -L_l)$ となるが，これは $\mathrm{lk}(L_k, L_l)$ と一致する）．

ここで，V との関係を調べるために F の各帯に対応した $H_1(F; \mathbb{Z})$ の生成元に図 5.28 のように名前を付ける（これは図 3.36 の名前を付け替えたものである）．ただし，β_k は帯 B_k に対応するものとする．

図 5.29 正の交差(左)と負の交差(右)の近傍における F_k と $\hat{L}_k$.

まず，L_k は，β_k を 180 度回転させたものと β_k をつないだものであることを思い出そう(図 5.24)．よって，$(k,l) \neq (2i-1, 2i)$ のとき，β_k と β_l は交わらないので，$\mathrm{lk}(L_k, L_l) = 2\,\mathrm{lk}(\beta_k, \beta_l^+) = \mathrm{lk}(\beta_k, \beta_l^+) + \mathrm{lk}(\beta_l, \beta_k^+)$ となる．また，$(k,l) = (2i-1, 2i)$ のとき，$\mathrm{lk}(L_k, L_l)$ は，L_k が L_l の下を通っている交差の符号を足し合わせたものに一致する．これは，β_k の帯の部分(円板を除く)が β_l の帯の部分の下を通る交差の符号の和(図 5.24 の上側の灰色の部分)と，β_l の帯の部分が β_k の帯の部分の下を通る交差の符号の和(図 5.24 の下側の点々の部分)を足したものと一致する．前者は $\mathrm{lk}(\beta_k^+, \beta_l)$，後者は $\mathrm{lk}(\beta_l^+, \beta_k)$ だから，これは，$\mathrm{lk}(\beta_k, \beta_l^+) + \mathrm{lk}(\beta_l, \beta_k^+)$ となる．よって，いずれの場合も $\mathrm{lk}(L_k, L_l)$ は $V + {}^\top V$ の (k, l) 成分と一致する．

次に，交点数 $c_k \cdot c_k$ を求めよう．
$L_k \subset T_k$ を，紙面のこちら側に少し浮かしたものを $\hat{L}_k$ とし，$L_k, \hat{L}_k$ の Seifert 曲面をそれぞれ $F_k, \hat{F}_k$ とする．ただし，これらの曲面は第 1.7 節で述べたような Seifert のアルゴリズムで構成されたものとする．また，先ほどの場合と同様に $\hat{F}_k$ を $S^3 \times [0, 1]$ に押し込んだものを $\tilde{F}_k$，F_k を $S^3 \times [0, 1-\varepsilon]$ に押し込んだものを $\tilde{F}'_k$ とする．同様の議論から $\tilde{F}_k \cap \tilde{F}'_k$ は $\hat{L}_k \cap F_k$ となる．

図 5.29 からわかるように，L_k の正の交差では $\hat{L}_k \cap F_k$ の交点は正($\hat{L}_k$ が，F_k の裏から表に向かって通過している)，負の交差では $\hat{L}_k \cap F_k$ の交点は負である．

つまり，$c_k \cdot c_k$ は $\mathcal{T}$ の図に現れた T_k の自己交差の符号付きの和となる．$l \neq k$ の場合と同様に $c_k \cdot c_k = \mathrm{lk}(L_k, \tilde{L}_k) = 2\,\mathrm{lk}(\beta_k, \beta_k^+)$ となり $V + {}^\top V$ の (k, k) 成分となる．

以上のことから，$V + {}^\top V$ は $W(F)$ の交点形式を表すことがわかる． ∎

5.4 4次元種数

定義 5.38 (4次元種数) 結び目 $K \subset S^3$ が，4次元球体 D^4 の中で張る，適切

210   5 結び目同境群

かつ局所平坦に埋め込まれた向き付け可能な曲面の最小種数を **4 次元種数**と呼び $g^*(K)$ と書く.　　　　　　　　　　　　　　　　　　　　　□

定義 5.35 の直後(203 ページ)で説明したように,S^3 における K の Seifert 曲面 F を D^4 に押し込むことにより次の補題が得られる.

補題 5.39　$g^*(K) \leqq g(K)$.　　　　　　　　　　　　　　　　　　□

この不等号においては,等号が成り立つ例と成り立たない例がある.

例 5.40　左三つ葉結び目 T の種数は 1 である.また,例 5.24 より T は切片結び目ではないので $g^*(T) > 0$ となり,補題 5.39 より $g^*(T) = 1$ となる.よって

$$g^*(T) = g(T) = 1$$

がわかった.

次に,例 5.4 より $g^*(6_1) = 0$ となるが,$g(6_1) = 1$ である.よって

$$0 = g^*(6_1) < g(6_1) = 1$$

となる.　　　　　　　　　　　　　　　　　　　　　　　　　　　□

また,符号数との間には次の不等号が成り立つ.

定理 5.41　$g^*(K) \geqq \dfrac{1}{2}|\sigma(K)|$.　　　　　　　　　　　　　□

この定理の証明のために,いくつかの補題を準備する.

S を,D^4 に適切かつ局所平坦に埋め込まれた種数 g の向き付けられた曲面で,$\partial S = K$ となるものとする.補題 5.12 より $H_1(D^4 \setminus S; \mathbb{Z}) \cong \mathbb{Z}$ だから,$D^4 \setminus S$ の二重分岐被覆空間が考えられる.それを $\Sigma_2(D^4; S)$ と書くことにする.

補題 5.42　$\Sigma_2(D^4; S)$ の有理係数ホモロジー群は次のようになる.

$$\dim H_i(\Sigma_2(D^4; S); \mathbb{Q}) = \begin{cases} 1 & i = 0, \\ 2g & i = 2, \\ 0 & \text{それ以外.} \end{cases}$$

　　　　　　　　　　　　　　　　　　　　　　　　　　　　　□

[**証明**]　$N(S)$ を,D^4 における S の正則近傍とすると,補題 5.12 の証明より $N(S) \cong S \times D^2$ である.$\widetilde{N(S)} := S \times D^2$ とおく.D^2 を $\{z \in \mathbb{C} \mid |x| \leqq 1\}$ とみなし,$p \colon \widetilde{N(S)} \to N(S)$ を $S \times D^2 \ni (x, w) \mapsto (x, w^2) \in S \times D^2$ と定義すれば,

$\widetilde{N(S)}$ は $S \times \{0\}$ で分岐する $N(S)$ の二重分岐被覆空間とみなせる.

$D^4 \setminus \operatorname{Int} \widetilde{N(S)}$ を,$D^4 \setminus \operatorname{Int} N(S)$ の,$\pi_1(D^4 \setminus \operatorname{Int} N(S)) \to H_1(D^4 \setminus \operatorname{Int} N(S); \mathbb{Z})$ $\cong \mathbb{Z} \to \mathbb{Z}/2\mathbb{Z}$ に対応する二重被覆空間とする.ただし,$\pi_1(D^4 \setminus \operatorname{Int} N(S)) \to$ $H_1(D^4 \setminus \operatorname{Int} N(S); \mathbb{Z})$ は可換化である.すると,$\Sigma_2(D^4; S)$ は $D^4 \setminus \operatorname{Int} \widetilde{N(S)}$ と $\widetilde{N(S)}$ を $S \times \partial D^2$ で貼り合わせたものとなることがわかる.

まず,$H_1(D^4 \setminus \operatorname{Int} \widetilde{N(S)}; \mathbb{Z}/2\mathbb{Z}) \cong \mathbb{Z}/2\mathbb{Z}$ であることを示す.

一般に $(p, \tilde{X}, X)$ を二重被覆とする(第 3.1 節参照).ただし,$\tilde{X}$,X は単体的複体とする.次のような鎖複体の間の短完全列を考える.

$$\{0\} \to C_i(X) \otimes (\mathbb{Z}/2\mathbb{Z}) \xrightarrow{\tau} C_i(\tilde{X}) \otimes (\mathbb{Z}/2\mathbb{Z}) \xrightarrow{p_*} C_i(X) \otimes (\mathbb{Z}/2\mathbb{Z}) \to \{0\}.$$

ただし,τ は X の i 鎖 σ を $p_*^{-1}(\sigma)$ に移す写像が誘導する準同型写像である(しばしば transfer と呼ばれる).2 を法として考えれば,これが完全列になることはすぐにわかるであろう.この短完全列から,次の長完全列が得られる.

$$\cdots \longrightarrow H_{i+1}(X; \mathbb{Z}/2\mathbb{Z})$$
$$\xrightarrow{\delta_{i+1}} H_i(X; \mathbb{Z}/2\mathbb{Z}) \xrightarrow{\tau_{i*}} H_i(\tilde{X}; \mathbb{Z}/2\mathbb{Z}) \xrightarrow{p_{i*}} H_i(X; \mathbb{Z}/2\mathbb{Z})$$
$$\xrightarrow{\delta_i} H_{i-1}(X; \mathbb{Z}/2\mathbb{Z}) \longrightarrow \cdots.$$

$X = D^4 \setminus \operatorname{Int} N(S)$ のときを考える.$H_1(D^4 \setminus \operatorname{Int} N(S); \mathbb{Z}/2\mathbb{Z}) \cong \mathbb{Z}/2\mathbb{Z}$(補題 5.12,$H_1(D^4 \setminus \operatorname{Int} N(S); \mathbb{Z}/2\mathbb{Z}) \cong H_1(D^4 \setminus S; \mathbb{Z}/2\mathbb{Z})$ に注意)および $H_0(D^4 \setminus \operatorname{Int} N(S); \mathbb{Z}/2\mathbb{Z}) \cong H_0(D^4 \setminus \operatorname{Int} \widetilde{N(S)}; \mathbb{Z}/2\mathbb{Z}) \cong \mathbb{Z}/2\mathbb{Z}$ より次の完全列が得られる($D^4 \setminus \operatorname{Int} N(S)$ は,3 次元単体的複体に縮約できることに注意).

$$\longrightarrow \mathbb{Z}/2\mathbb{Z} \xrightarrow{\tau_{1*}} H_1(D^4 \setminus \operatorname{Int} \widetilde{N(S)}; \mathbb{Z}/2\mathbb{Z}) \xrightarrow{p_{1*}} \mathbb{Z}/2\mathbb{Z}$$
$$\xrightarrow{\delta_1} \mathbb{Z}/2\mathbb{Z} \xrightarrow{\tau_{0*}} \mathbb{Z}/2\mathbb{Z} \xrightarrow{p_{0*}} \mathbb{Z}/2\mathbb{Z} \longrightarrow \{0\}.$$

p_{0*} は同型写像になるので,τ_{0*} は零写像である.よって,δ_1 は同型写像となり,p_{1*} は零写像となる.ゆえに τ_{1*} が全射となる.従って,$H_1(D^4 \setminus \operatorname{Int} \widetilde{N(S)}; \mathbb{Z}/2\mathbb{Z}) \cong \mathbb{Z}/2\mathbb{Z}$ または $H_1(D^4 \setminus \operatorname{Int} \widetilde{N(S)}; \mathbb{Z}/2\mathbb{Z}) \cong \{0\}$ である.$H_1(D^4 \setminus \operatorname{Int} \widetilde{N(S)}; \mathbb{Z}/2\mathbb{Z}) \cong \mathbb{Z}/2\mathbb{Z}$ のとき,生成元は $H_1(D^4 \setminus \operatorname{Int} N(S); \mathbb{Z}/2\mathbb{Z}) \cong \mathbb{Z}/2\mathbb{Z}$ の生成元(補題 5.12 の証明より,$\partial N(S) \cong S \times S^1$ 内の $\{1 点\} \times S^1$)を transfer で移したもの,つまり,$\partial \widetilde{N(S)} \cong S \times S^1$ 内の $\tilde{\mu} := \{1 点\} \times S^1$ であることに注意しよう.

次に $H_1(\Sigma_2(D^4; S); \mathbb{Z}/2\mathbb{Z})$ を考える.Mayer-Vietoris 完全列より

$$H_1(\partial\widetilde{N(S)};\mathbb{Z}/2\mathbb{Z}) \xrightarrow{(i_*,j_*)} H_1(D^4\setminus\mathrm{Int}\,\widetilde{N(S)};\mathbb{Z}/2\mathbb{Z})\oplus H_1(\widetilde{N(S)};\mathbb{Z}/2\mathbb{Z})$$
$$\to H_1(\Sigma_2(D^4;S);\mathbb{Z}/2\mathbb{Z})\to\{0\}$$

となる．ただし，$i\colon\partial\widetilde{N(S)}\to D^4\setminus\mathrm{Int}\,\widetilde{N(S)}$, $j\colon\partial\widetilde{N(S)}\to\widetilde{N(S)}$ はともに包含写像である．Künneth の公式より

$$H_1(\partial\widetilde{N(S)};\mathbb{Z}/2\mathbb{Z})=H_1(S\times\partial D^2;\mathbb{Z}/2\mathbb{Z})$$
$$\cong H_1(S;\mathbb{Z}/2\mathbb{Z})\otimes H_0(\partial D^2;\mathbb{Z}/2\mathbb{Z})\oplus H_0(S;\mathbb{Z}/2\mathbb{Z})\otimes H_1(\partial D^2;\mathbb{Z}/2\mathbb{Z})$$
$$=H_1(S;\mathbb{Z}/2\mathbb{Z})\oplus H_1(\partial D^2;\mathbb{Z}/2\mathbb{Z})$$

だから，上の完全列は

(5.1)

$$H_1(S;\mathbb{Z}/2\mathbb{Z})\oplus H_1(\partial D^2;\mathbb{Z}/2\mathbb{Z)} \xrightarrow{(i_*,j_*)} H_1(D^4\setminus\mathrm{Int}\,\widetilde{N(S)};\mathbb{Z}/2\mathbb{Z})\oplus H_1(S;\mathbb{Z}/2\mathbb{Z})$$
$$\to H_1(\Sigma_2(D^4;S);\mathbb{Z}/2\mathbb{Z})\to\{0\}$$

となる．$H_i(D^4\setminus\mathrm{Int}\,\widetilde{N(S)};\mathbb{Z}/2\mathbb{Z})\cong\{0\}$ のとき，(i_*,j_*) は明らかに全射だから，$H_1(\Sigma_2(D^4;S);\mathbb{Z}/2\mathbb{Z})=\{0\}$ となる．

次に，$H_1(D^4\setminus\mathrm{Int}\,N(S);\mathbb{Z}/2\mathbb{Z})\cong\mathbb{Z}/2\mathbb{Z}$ のときを考える．$H_1(S;\mathbb{Z}/2\mathbb{Z})$ の生成元を $h_1,h_2,\ldots,h_{2g}$ とし，$H_1(\partial D^2;\mathbb{Z}/2\mathbb{Z})$ の生成元を η とする．同型 $H_1(\partial\widetilde{N(S)};\mathbb{Z}/2\mathbb{Z})\cong H_1(S;\mathbb{Z}/2\mathbb{Z})\oplus H_1(\partial D^2;\mathbb{Z}/2\mathbb{Z})$ を使ってこれらの生成元を（同じ記号を使って）$H_1(\partial\widetilde{N(S)};\mathbb{Z}/2\mathbb{Z})$ の生成元とみなす．$i_*(\eta)=\tilde\mu$ だから，

$$\begin{cases} (i_*,j_*)(\eta)=(\tilde\mu,0), \\ (i_*,j_*)(h_i)=(a_i\tilde\mu,h_i) \end{cases}$$

となる（$a_i\in\mathbb{Z}/2\mathbb{Z}$）．よって，$(i_*,j_*)$ の表示行列は $\begin{pmatrix} 1 & A \\ O & I_{2g} \end{pmatrix}$ の形をしている．

この行列の行列式は 1 だから，(i_*,j_*) は全射であり，$H_1(\Sigma_2(D^4;S);\mathbb{Z}/2\mathbb{Z})=\{0\}$ となる．

一般に位相空間 X に対して $\chi(X)$ を Euler 標数とすると，$\chi(D^4\setminus\mathrm{Int}\,\widetilde{N(S)})=2\chi(D^4\setminus\mathrm{Int}\,N(S))$ である[*13]．

[*13] Euler 標数は各次元の単体の個数を，符号付きで足し合わせたものだから二重被覆であれば 2 倍になる．

D^4 を $(D^4 \setminus \operatorname{Int} N(S)) \cup N(S)$ (ただし $(D^4 \setminus N(S)) \cap N(S) = \partial N(S) \cong S \times S^1$)
と分解することで

$$\chi(D^4) = \chi(D^4 \setminus \operatorname{Int} N(S)) + \chi(N(S)) - \chi(S \times S^1)$$

が得られる[*14]. $\chi(N(S)) = \chi(S) = 1 - 2g$, また Künneth の公式より

$$H_n(S \times S^1; \mathbb{Q}) = \bigoplus_{j=0}^{n} H_{n-j}(S; \mathbb{Q}) \otimes H_j(S^1; \mathbb{Q}) = \begin{cases} \mathbb{Q} & n = 0, \\ \mathbb{Q}^{2g+1} & n = 1, \\ \mathbb{Q}^{2g} & n = 2 \end{cases}$$

となる. Euler 標数の積公式より $\chi(S \times S^1) = 0$ だから, $\chi(D^4 \setminus \operatorname{Int} N(S)) = 2g$
がわかる. よって, $\chi(D^4 \setminus \operatorname{Int} \widetilde{N(S)}) = 4g$ となる.

また, $\Sigma_2(D^4; S) = D^4 \setminus \operatorname{Int} \widetilde{N(S)} \cup \widetilde{N(S)}$, $D^4 \setminus \operatorname{Int} \widetilde{N(S)} \cap \widetilde{N(S)} = S \times S^1$ だから,

$$\chi\left(\Sigma_2(D^4; S)\right) = \chi\left(D^4 \setminus \operatorname{Int} \widetilde{N(S)}\right) + \chi\left(\widetilde{N(S)}\right) - \chi(S \times S^1)$$
$$= 2g + 1$$

となる.

ここで, $H_1(\Sigma_2(D^4; S); \mathbb{Z}/2\mathbb{Z}) = \{0\}$ より, $\dim H_1(\Sigma_2(D^4; S); \mathbb{Q}) = 0$ だか
ら, $\dim H_2(\Sigma_2(D^4; S); \mathbb{Q}) = 2g$ である. ∎

補題 5.43 S, S' を, D^4 に適切かつ局所平坦に埋め込まれた, 向き付けら
れた曲面とする. また, $\partial S = \partial S' = K \subset S^3$ を結び目とする. そのとき,
$\operatorname{Sign}\left(\Sigma_2(D^4; S)\right) = \operatorname{Sign}\left(\Sigma_2(D^4; S')\right)$ が成り立つ. □

[証明] $\partial(\Sigma_2(D^4; S)) \cong \partial(\Sigma_2(D^4; S'))$ であるから, 片方の向きを逆にして境
界同士を貼り合わせることで, 閉じた 4 次元多様体 W ができる. つまり, W
$:= \Sigma_2(D^4; S) \cup_{\Sigma_2(K)} \left(-\Sigma_2(D^4; S')\right)$ である. ただし, $-\Sigma_2(D^4; S')$ は $\Sigma_2(D^4; S')$
の向きを逆にしたものである.

Novikov の和公式 (たとえば [80, §15.1] 参照) より,

[*14] 適当に単体分割しておけば, 一般に $\chi(X \cup Y) = \chi(X) + \chi(Y) - \chi(X \cap Y)$ が成り立つことは
単体の数を数えることでわかる.

$$\mathrm{Sign}\, W = \mathrm{Sign}\left(\varSigma_2(D^4;S)\right) + \mathrm{Sign}\left(-\varSigma_2(D^4;S')\right)$$
$$= \mathrm{Sign}\left(\varSigma_2(D^4;S)\right) - \mathrm{Sign}\left(\varSigma_2(D^4;S')\right)$$

となる．W は，$T:=S\cup(-S')$ で分岐する $S^4=D^4\cup(-D^4)$ の二重分岐被覆空間だから，Atiyah-Singer の G 符号定理（たとえば [80, §14.2] 参照）より，

$$\mathrm{Sign}(W) = 2\,\mathrm{Sign}(S^4) - \frac{1}{2}e(T) = -\frac{1}{2}e(T)$$

である．ただし，$e(T)$ は $T\subset S^4$ の**法 Euler 数**である．

ところが $e(T)$ は T を法線方向に動かしたものと T との交点数であり，T が向き付け可能であることからこれは 0 である．よって，$\mathrm{Sign}\, W=0$ となり $\mathrm{Sign}\left(\varSigma_2(D^4;S)\right) = \mathrm{Sign}\left(\varSigma_2(D^4;S')\right)$ がわかった． ∎

[定理 5.41 の証明] $S\subset D^4$ を，種数が $g^*(K)$ となるような，適切かつ局所平坦に埋め込まれた向き付けられた曲面で，$\partial S=K$ となるものとする．また，F を K の Seifert 曲面とし，それを D^4 に押し込んだものを $\tilde{F}$ とする（定義 5.35 の直後参照）．補題 5.43 より，$\mathrm{Sign}\left(\varSigma_2(D^4;S)\right) = \mathrm{Sign}\left(\varSigma_2(D^4;\tilde{F})\right)$ である．

命題 5.37 より，$\sigma(K) = \mathrm{Sign}\left(\varSigma_2(D^4;\tilde{F})\right)$ だから，$\sigma(K) = \mathrm{Sign}\left(\varSigma_2(D^4;S)\right)$ となる．ここで，補題 5.42 により $\dim H_2(\varSigma_2(D^4;S)) = 2g(S) = 2g^*(K)$ となるので $|\sigma(K)| \leqq 2g^*(K)$ がわかった． ∎

符号数を使って，結び解消数の評価式を与えよう．まず，次の命題を示す．

命題 5.44 K を結び目とすると

$$g^*(K) \leqq u(K)$$

が成り立つ． □

[証明] $n:=u(K)$ とおき，

$$D = D_0 \to D_1 \to D_2 \to \cdots \to D_m$$

という結び目の列を考える．ただし，D は K を表す結び目図式，各 $\to$ は結び解消操作または Reidemeister 移動であり，D_m はほどけた結び目の射影図である．また，$\to$ の中にはちょうど n 回の結び解消操作が含まれていると仮定できる．

D_i を使って $S^3\times[0,1]$ 内に種数 n の曲面 F を以下のように張る．$0<t_1<t_2$

5.4 4次元種数   215

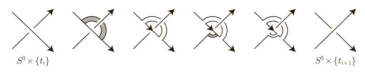

図 5.30 鞍点が 2 つあるので，種数が 1 増える．

$< \cdots < t_m < 1$ とする．

- $D_i \to D_{i+1}$ が Reidemeister 移動のとき，Reidemeister 移動に対応した S^3 の全同位を $\varphi_i \colon S^3 \times [0,1] \to S^3$ とおき，$F \cap (S^3 \times [t_i, t_{i+1}])$ を
$$F \cap (S^3 \times \{t\}) := \varphi_i\left(\tilde{D}_i, \frac{t - t_i}{t_{i+1} - t_i}\right)$$
で定める．ただし，$\tilde{D}_i$ は D_i に対応した S^3 内の結び目である．

- $D_i \to D_{i+1}$ が結び解消操作のとき，$F \cap (S^3 \times [t_i, t_{i+1}])$ を図 5.30 のように定める．

この図のように，t_i から t_{i+1} の間に鞍点が 2 つあるので，この部分で種数が 1 増えることがわかる．

$F \cap (S^3 \times \{t_m\})$ ではほどけた結び目 D_m となるので，$F \cap (S^3 \times [t_m, 1])$ で 2 次元円板を張る．

以上のようにして構成した曲面 F の種数は n だから $g^*(K) \leqq n = u(K)$ が得られた． ∎

定理 5.41 より，次の系が得られる．

系 5.45 K を結び目とすると
$$u(K) \geqq \frac{1}{2}|\sigma(K)|$$
が成り立つ． ∎

同様の考えで，次の命題もわかる．

命題 5.46 $g^*(K) \leqq u_\Delta(K)$． ∎

[証明] 命題 5.44 と同様に考える．図 5.31 で示されたような変形により，Δ 型結び解消数が n の結び目に対し，種数 n の曲面を D^4 の中で構成することができるので求める不等式が得られる． ∎

系 5.47 $u_\Delta(K) \geqq \frac{1}{2}|\sigma(K)|$． ∎

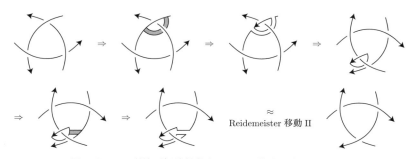

図 5.31 Δ 型結び解消操作も，2 回の鞍点で実現できる．

図 5.32 Mathematica の描いた 8_{11}．

5.5 問　題

問題 5.1　結び目の表からいくつか選び，符号数を計算せよ．　　　□

問題 5.2　結び目の表からいくつか選び，4 次元種数を求めてみよう．　□

問題 5.3　p, q を互いに素な自然数とする．円環面結び目 $T(p,q)$ の結び解消数は $\dfrac{(p-1)(q-1)}{2}$ 以下であることを示せ．　　　□

問題 5.4　円環面結び目 $T(3,5)$ の符号数を計算せよ．また，4 次元種数を求めよ．　　　□

問題 5.5　円環面結び目 $T(4,5)$ の符号数を計算せよ．また，結び解消数と 4 次元種数を求めてみよう．　　　□

問題 5.6　ひねり結び目 $Q(a)$ が代数的切片結び目となるための条件を求めよ．　　　□

問題 5.7　結び目 8_{11}（図 5.32）は左三つ葉結び目と結び目同境であることを示せ．　　　□

問題 5.8　$Q(a)$ を図 4.27 で表されたひねり結び目とする．4 次元種数

$g^*(Q(-1))$, $g^*\left(\overline{Q(-2)}\right)$, $g^*(Q(-1)\#\overline{Q(-2)})$ をそれぞれ計算せよ. ☐

問題 5.9 結び目 K に対し, $\Delta(K; t)$ を Conway により正規化された Alexander 多項式とする. $\Delta(K; -1) > 0$ のとき $\sigma(K) \equiv 0 \pmod 4$, $\Delta(K) < 0$ のとき $\sigma(K) \equiv 2 \pmod 4$ となることを示せ($\det(K) = |\Delta(K; -1)|$ に注意). ☐

5.6 文献案内

結び目同境は[12, 13]で導入された([12]は, [13]の概要を報告したもの). 4次元種数は[11]で定義されたものである. 結び目の符号数は[44, 58]による.

結び目同境についての近年の話題は[36]を参照されたい.

6 Jones多項式とHOMFLYPT多項式

第4章で導入したAlexander多項式は,

$$\Delta(L_+;t) - \Delta(L_-;t) = -(t^{1/2} - t^{-1/2})\Delta(L_0;t)$$

という関係式(綾関係式)と, ほどけた結び目の値が1であるという初期条件で特徴付けられた. この章では, 同じような関係式を持つ不変量を導入する. この不変量はJones多項式と呼ばれ, Alexander多項式が導入されてから60年もたってようやく, しかも結び目理論の専門家ではないV. Jonesによって発見された. Alexander多項式の綾関係式による定義も, 結び目理論の専門家ではないJ. Conwayにより提唱されたことを考え合わせると, (筆者を含む結び目理論の専門家の発想力不足はともかく)結び目理論の奥の深さを感じる.

6.1 Jones多項式

この節では, Jones多項式のいたって簡明な定義を行なう. これはKauffmanによる定義であり, JonesによるJones多項式の発見に劣らず, 結び目不変量の導入方法を全く変えてしまったものである.

定義6.1(接合) 向きの付いていない絡み目図式の交差を図6.1のように変形することを, それぞれ **A接合**, **B接合**と呼ぶ. □

定義6.2(Kauffman括弧式) 向きの付いた絡み目図式を D, その向きを忘れたものを $|D|$ と書く. $|D|$ は交差を n 個持っているとし, それらを $c_1, c_2, \ldots, c_n$ とする. 写像 $s\colon \{1, 2, \ldots, n\} \to \{A, B\}$ を**接合**と呼ぶ. 接合 s が与えられたとき, 交差 c_i に $s(i)$ 接合を施して得られた絡み目図式を $|D|_s$ とする $(1 \leqq i \leqq n)$. $|D|_s$ は交差を持たない図式となるので, いくつかの円周の非交和である. この円周の数を $\nu(s)$ とおく.

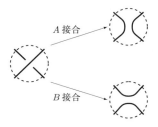

図 6.1 A 接合と B 接合.

そこで, $|D|$ の **Kauffman 括弧式** $\langle |D| \rangle$ を

(6.1) $\quad \langle |D| \rangle := \sum_{s:\,接合} A^{(A\,接合の数 - B\,接合の数)} \times (-A^2 - A^{-2})^{\nu(s)} \in \mathbb{Z}[A, A^{-1}]$

で定義する. ただし, s は接合全体 (2^n 個ある) を動くものとする. □

注意 6.3 Kauffman 括弧式が導入された論文 [28] で, A 接合, B 接合が定義された. その論文では $\sum_s A^{A\,接合の数} \times B^{B\,接合の数} \times d^{\nu(s)}$ という和をまず考え, あとで $B := A^{-1}$, $d := -A^2 - A^{-2}$ とおいている. ここでの定義では B は変数として現れないので多少不自然であるが, 習慣としてこのような用語を用いる.

例 6.4 D を左三つ葉結び目 (図 3.8) とし, $|D|$ を, 向きを忘れた図式 (図 6.2) とする. $s: \{1,2,3\} \to \{A, B\}$ に対し, $|D|(s(1), s(2), s(3)) := |D|_s$ とおくと, $|D|(A,A,A)$, $|D|(A,A,B)$, $|D|(A,B,A)$, $|D|(A,B,B)$, $|D|(B,A,A)$, $|D|(B,A,B)$, $|D|(B,B,A)$, $|D|(B,B,B)$ はそれぞれ次のようになる.

$|D|(A,A,A):$ $|D|(A,A,B):$

$|D|(A,B,A):$ $|D|(A,B,B):$

$|D|(B,A,A):$ $|D|(B,A,B):$

$|D|(B,B,A):$ $|D|(B,B,B):$

よって,

図 6.2 向きを忘れた左三つ葉結び目の射影図 $|D|$.

$$\begin{aligned}\langle |D| \rangle &= A^3(-A^2-A^{-2})^3 + A(-A^2-A^{-2})^2 + A(-A^2-A^{-2})^2 \\ &\quad + A^{-1}(-A^2-A^{-2}) + A(-A^2-A^{-2})^2 + A^{-1}(-A^2-A^{-2}) \\ &\quad + A^{-1}(-A^2-A^{-2}) + A^{-3}(-A^2-A^{-2})^2 \\ &= (-A^2-A^{-2})(A^7 - A^3 - A^{-5})\end{aligned}$$

となる. □

Kauffman 括弧式は,次のように再帰的にも定義できる.

命題 6.5(Kauffman 括弧式の再帰的定義) Kauffman 括弧式は,次の 3 つの式により再帰的に定義される.

(6.2) $\quad \left\langle \vcenter{\hbox{⧖}} \right\rangle = A \left\langle \vcenter{\hbox{)(}} \right\rangle + A^{-1} \left\langle \vcenter{\hbox{⌣⌢}} \right\rangle$,

(6.3) $\quad \langle |U_1| \sqcup |D| \rangle = (-A^2 - A^{-2})\langle |D| \rangle$,

(6.4) $\quad \langle \emptyset \rangle = 1$.

ただし, $|U_1| \sqcup |D|$ は,向きの付いていない交差のない円周 $|U_1|$ と,向きの付いていない絡み目図式 $|D|$ の非交和である. □

[証明] Kauffman 括弧式が (6.2), (6.3), (6.4) をみたすことは定義からすぐにわかる. また, (6.2) を適用するごとに交差の数が減るので, (6.2) を何度か適用すると交差のない絡み目図式になる. そこで (6.3), (6.4) を適用することで,任意の絡み目図式に対して Kauffman 括弧式が計算できることがわかる.

この計算が,矛盾なく定義できていること,つまり, (6.2), (6.3), (6.4) を適用する順番によらないことは, (6.2), (6.3), (6.4) により計算されるものが,定義 6.2 と一致することからわかる. ■

222 6 Jones 多項式と HOMFLYPT 多項式

Kauffman 括弧式から，向きの付いた絡み目の不変量を構成することができる．まず，補題を 2 つ示す．

補題 6.6 Kauffman 括弧式は Reidemeister 移動 II で不変である． □

[証明] $\left\langle \text{⧸⧹} \right\rangle$

（上の交差に命題 6.5(6.2)を適用）

$= A \left\langle \text{)(} \right\rangle + A^{-1} \left\langle \text{ ⌣⌢ } \right\rangle$

（下の交差に命題 6.5(6.2)を適用）

$= A^2 \left\langle \text{)(} \right\rangle + \left\langle \text{)(} \right\rangle + \left\langle \text{ ⌣⌢ } \right\rangle + A^{-2} \left\langle \text{ ⌣⌢ } \right\rangle$

（第 3 項に命題 6.5(6.3)を適用）

$= A^2 \left\langle \text{ ≍ } \right\rangle + \left\langle \text{)(} \right\rangle + (-A^2 - A^{-2}) \left\langle \text{ ≍ } \right\rangle + A^{-2} \left\langle \text{ ≍ } \right\rangle$

$= \left\langle \text{)(} \right\rangle .$ ∎

補題 6.7 Kauffman 括弧式は Reidemeister 移動 III で不変である． □

[証明] $\left\langle \text{⧓} \right\rangle$

（左の交差に命題 6.5(6.2)を適用）

$= A \left\langle \text{ } \right\rangle + A^{-1} \left\langle \text{ } \right\rangle$

（初項に補題 6.6 を 2 度適用）

$= A \left\langle \text{ } \right\rangle + A^{-1} \left\langle \text{ } \right\rangle$

$= \left\langle \text{⧓} \right\rangle .$ ∎

では，Reidemeister 移動 I ではどうなるだろうか？

補題 6.8 Reidemeister 移動 I に関して次の式が成り立つ．

$$\left\langle \text{ ⌽ } \right\rangle = (-A^3) \left\langle \text{ ⌣ } \right\rangle ,$$
$$\left\langle \text{ ⌽ } \right\rangle = (-A^{-3}) \left\langle \text{ ⌣ } \right\rangle .$$ □

[証明]　　　　　$\left\langle \vphantom{} \right\rangle$

　　　　　（命題 6.5(6.2) を適用）

$$= A \left\langle \vphantom{} \right\rangle + A^{-1} \left\langle \vphantom{} \right\rangle$$

　　　　　（初項に命題 6.5(6.3) を適用）

$$= \left\{ A(-A^2 - A^{-2}) + A^{-1} \right\} \left\langle \vphantom{} \right\rangle$$

$$= (-A^3) \left\langle \vphantom{} \right\rangle .$$

残りの等式も同様に示せる.　　　　　　　　　　　　　　　　　　■

　よって, Reidemeister 移動 I により変化する量で補正することで絡み目の不変量が得られる.

　定義 6.9（よじれ数）　向きの付いた絡み目図式 D に対し, 正の交差の数から負の交差の数を引いたものを**よじれ数**と呼び $w(D)$ で表す.　　　　　□

　次の補題の証明は容易である.

　補題 6.10　Reidemeister 移動 I によりよじれ数は次のように変化する.

$$w \left(\vphantom{} \right) = w \left(\vphantom{} \right) + 1,$$

$$w \left(\vphantom{} \right) = w \left(\vphantom{} \right) - 1.$$
　　　　　　　　□

　D を向きの付いた絡み目図式, $|D|$ をその図式の向きを忘れたものとする. そのとき

(6.5)　　　　　　　　$X(D; A) := (-A^3)^{-w(D)} \langle |D| \rangle$

と定義すると, $X(D; A)$ は絡み目不変量となることがわかる.

　定理 6.11　$X(D; A)$ は Reidemeister 移動で不変である. つまり, $X(D; A)$ は絡み目の不変量である.　　　　　　　　　　　　　　　　　□

　[証明]　よじれ数が Reidemeister 移動 II, III で変わらないことは容易にわかる. よって, 補題 6.6, 補題 6.7 より, $X(D; A)$ は Reidemeister 移動 II, III で不変である.

　また, 補題 6.8 より

224 6　Jones 多項式と HOMFLYPT 多項式

$$X\left(\ \raisebox{-2pt}{⌾}\ ;A\right) = (-A^3)^{-w(\raisebox{-2pt}{⌾})}\left\langle \raisebox{-2pt}{⌾} \right\rangle$$

$$= (-A^3)^{-w(\frown)-1}(-A^3)\left\langle \frown \right\rangle$$

$$= (-A^3)^{-w(\frown)}\left\langle \frown \right\rangle$$

$$= X\left(\ \frown\ ;A\right)$$

がわかる．同様に

$$X\left(\ \raisebox{-2pt}{⌾}\ ;A\right) = X\left(\ \frown\ ;A\right)$$

もわかるので，$X(D;A)$ は Reidemeister 移動 I でも不変であることがわかった．

　よって，次のように定義される Jones 多項式は絡み目不変量である．

　定義 6.12（Jones 多項式）　L を向きの付いた絡み目，D をその絡み目図式とする．そのとき

$$V(L;t) := \left.\frac{X(D;A)}{-A^2 - A^{-2}}\right|_{t:=A^{-4}}$$

とおいたものを L の **Jones 多項式**と呼ぶ．　　　　　　　　　　　　　　　□

　例 6.13　T を左三つ葉結び目とし，D を，図 3.8 で表された結び目図式とすると，$w(D) = -3$ である．例 6.4 より

$$V(T;t) = (-A^3)^3(A^7 - A^3 - A^{-5})\big|_{t:=A^{-4}} = t^{-1} + t^{-3} - t^{-4}$$

となる．　　　　　　　　　　　　　　　　　　　　　　　　　　　　　　□

　簡単にわかる Jones 多項式の性質をいくつか述べよう．

　補題 6.14　向きの付いた絡み目 L の向きを変えたものを $-L$，L の鏡像を $\overline{L}$ とする．そのとき

$$V(-L;t) = V(L;t),$$
$$V(\overline{L};t) = V(L;t^{-1})$$

が成り立つ．　　　　　　　　　　　　　　　　　　　　　　　　　　　　□

　[証明]　D を L の絡み目図式とし，$-D$ を D の向きを変えたもの，$\overline{D}$ を D の交差をすべて逆にしたものとする．

$-D$ の向きを忘れたものは $|D|$ に等しい．また，$w(-D)=w(D)$ だから，最初の式がわかる．

$\overline{D}$ の向きを忘れたものを $|\overline{D}|$ とすると，$\langle|\overline{D}|\rangle$ は $\langle|D|\rangle$ において A を A^{-1} に変えて得られる．また，$w(\overline{D})=-w(D)$ だから，2 番目の式が得られる．∎

Jones 多項式は，Alexander 多項式と同様に再帰的に計算できることがわかる．

定理 6.15 Jones 多項式は，次の 2 つの式を使うことで再帰的に計算できる．

(V0) ほどけた結び目 U_1 に対し $V(U_1;t)=1$，

(V1) 図 4.21 のような綾三つ組 L_+,L_-,L_0 に対し

$$t^{-1}V(L_+;t)-tV(L_-;t)=(t^{1/2}-t^{-1/2})V(L_0;t).$$

(V1)を **Jones 多項式に関する綾関係式**と呼ぶ． □

注意 6.16 定理 4.30 と比べると，(A1)と(V1)の左辺と右辺の符号が違っているだけであることがわかる．

[証明] (V0),(V1)を用いて，任意の絡み目の Jones 多項式が計算できることの証明は，定理 4.30 と同じである．また，(V0)が成り立つことはすぐにわかるので(V1)を証明する．

$w(L_+)=w(L_0)+1$ であり，$\diagdown\!\!\!\!\nearrow$ の向きを忘れると $\diagslash\!\!\!\!\diagdown$ になるから，

$$(6.6) \quad \begin{aligned} X(L_+;A) &= (-A^3)^{-w(L_+)}\left\langle\diagdown\!\!\!\!\nearrow\right\rangle \\ &= (-A^3)^{-w(L_0)-1}\left\{A\left\langle\,\big)\big(\,\right\rangle+A^{-1}\left\langle\asymp\right\rangle\right\} \end{aligned}$$

となる．同様に

$$(6.7) \quad \begin{aligned} X(L_-;A) &= (-A^3)^{-w(L_-)}\left\langle\diagdown\!\!\!\!\nearrow\right\rangle \\ &= (-A^3)^{-w(L_0)+1}\left\{A^{-1}\left\langle\,\big)\big(\,\right\rangle+A\left\langle\asymp\right\rangle\right\} \end{aligned}$$

がわかる．(6.6)に $-A^4$ を掛けたものから(6.7)に $-A^{-4}$ を掛けたものを引くと

$$-A^4X(L_+;A)+A^{-4}X(L_-;A)=(-A^3)^{-w(L_0)}\left(A^2-A^{-2}\right)\left\langle\,\big)\big(\,\right\rangle$$

$$=(A^2-A^{-2})X(L_0;A)$$

となる．$t:=A^{-4}$ とすると(V1)が得られる．∎

例 6.17 U_c を，成分数が c のほどけた絡み目とする．交差のない，c 個の円周の図式に対して Kauffman 括弧式は $(-A^2-A^{-2})^c$ だから，$V(U_c;t)=(-t^{1/2}-t^{-1/2})^{c-1}$ である．

226　6　Jones 多項式と HOMFLYPT 多項式

これは，(V0)，(V1)を用いることでも計算できる．まず，補題 4.32 と同様に

$$t^{-1}V(U_{c-1};t) - tV(U_{c-1};t) = (t^{1/2} - t^{-1/2})V(U_c;t)$$

が得られる．(V0)より，$V(U_1;t) = 1$ であるから，上の式で $c = 2$ とおくことにより $V(U_2;t) = -t^{1/2} - t^{-1/2}$ がわかる．同様に $V(U_c;t) = (-t^{1/2} - t^{-1/2})^{c-1}$ が得られる． □

例 6.18　図 4.27 で導入したひねり結び目 $Q(a)$ の Jones 多項式を計算してみよう．

例 4.37 と同様に，(V1)より

$$t^{-1}V(Q(a-1);t) - tV(Q(a);t) = (t^{1/2} - t^{-1/2})V(H_+;t)$$

が得られる．ただし，H_+ は正の Hopf 絡み目である．また，

$$t^{-1}V(H_+;t) - tV(U_2;t) = (t^{1/2} - t^{-1/2})V(U_1;t)$$

だから，

$$V(H_+;t) = t^2(-t^{1/2} - t^{-1/2}) + t(t^{1/2} - t^{-1/2}) = -t^{5/2} - t^{1/2}$$

がわかる．よって，

$$V(Q(a);t) = t^{-2}V(Q(a-1);t) + (t^{-1/2} - t^{-3/2})(t^{5/2} + t^{1/2})$$
$$= t^{-2}V(Q(a-1);t) + t^2 - t + 1 - t^{-1}$$

という漸化式が得られる．これを解くと

$$V(Q(a);t) = \frac{t^{-2a}(1-t^3) + t^3 + t}{t+1}$$

となる． □

定理 6.15 を使うと，Jones 多項式は $t^{1/2}$ に関する Laurent 多項式になることがわかる．

系 6.19　絡み目の成分数が奇数のとき，Jones 多項式は t の整数係数 Laurent 多項式となる．また，絡み目の成分数が偶数のとき，Jones 多項式を $t^{1/2}$ 倍したものは t の整数係数 Laurent 多項式になる． □

[証明]　n 成分絡み目の図式を1つ固定し，その分解木を考える．

まず，ほどけた絡み目の場合は例 6.17 より正しい．よって，分解木の一番下

に現れる絡み目については，系が成り立つ．

分解木の分岐点には，ある絡み目図式が対応している．この絡み目図式を D，その左下に現れる絡み目図式を D'，右下に現れる図式を D_0 とすると，(D, D', D_0) または (D', D, D_0) は綾三つ組となる．

D', D_0 について系が成り立つと仮定する．D' の表す絡み目の成分数を c とすると D_0 の表す絡み目の成分数は $c \pm 1$ であるから，上の仮定より $V(D'; t) \times t^{(c+1)/2} \in \mathbb{Z}[t, t^{-1}]$，$V(D_0; t) \times t^{c/2} \in \mathbb{Z}[t, t^{-1}]$ となる．(V1) より

$$V(D; t) = t^{\pm 2} V(D'; t) \mp t^{\pm 1}(t^{1/2} - t^{-1/2}) V(D_0; t)$$

となる．D の表す絡み目の成分数は c だから

$$V(D; t) \times t^{(c+1)/2} = t^{\pm 2 + (c+1)/2} V(D'; t) \mp t^{\pm 1 + c/2}(t - 1) V(D_0; t) \in \mathbb{Z}[t, t^{-1}]$$

となる．

よって，系は（正確には分解木の枝の長さによる帰納法で）証明された．∎

Jones 多項式の綾関係式（定理 6.15）から，Arf 不変量と Jones 多項式の関係式が得られる．

定理 6.20 任意の向き付けられた絡み目 L に対して

$$V(L; \sqrt{-1}) = \sqrt{2}^{\#(L)-1} \mathrm{Arf}(L)$$

が成り立つ．ただし，$(\sqrt{-1})^{1/2} = -\exp(\pi\sqrt{-1}/4)$ とする．□

[証明] Jones 多項式の綾関係式（V1）（定理 6.15）より，

$$-\sqrt{-1}V(L_+; \sqrt{-1}) - \sqrt{-1}V(L_-; \sqrt{-1}) = -\sqrt{2}\sqrt{-1}V(L_0; \sqrt{-1})$$

が成り立つ．つまり

$$V(L_+; \sqrt{-1}) + V(L_-; \sqrt{-1}) = \sqrt{2}V(L_0; \sqrt{-1})$$

となる．一方，(4.13) より

・$\#(L_\pm) = \#(L_0) + 1$ のとき

$$\sqrt{2}^{\#(L_+)-1} \mathrm{Arf}(L_+) + \sqrt{2}^{\#(L_-)-1} \mathrm{Arf}(L_-)$$
$$= \sqrt{2}^{\#(L_0)} \mathrm{Arf}(L_0) = \sqrt{2}\left(\sqrt{2}^{\#(L_0)-1} \mathrm{Arf}(L_0)\right),$$

228   6 Jones 多項式と HOMFLYPT 多項式

・$\#(L_\pm) = \#(L_0) - 1$ のとき

$$\sqrt{2}^{\#(L_+)-1}\mathrm{Arf}(L_+) + \sqrt{2}^{\#(L_-)-1}\mathrm{Arf}(L_-)$$

$$= \sqrt{2}^{\#(L_0)-2} \times 2\mathrm{Arf}(L_0) = \sqrt{2}\left(\sqrt{2}^{\#(L_0)-1}\mathrm{Arf}(L_0)\right)$$

が成り立つ. 自明な結び目のとき $V(U_1; \sqrt{-1}) = 1$ であるから, $V(L; \sqrt{-1})$ と $\sqrt{2}^{\#(L)-1}\mathrm{Arf}(L)$ は, 同じ綾関係式をみたす. よって, 分解木の枝の長さについての帰納法により, 定理が示された.   ∎

6.2 交代結び目の交差数

Jones 多項式の応用として, 交差数への応用を紹介しよう.

変数 x に関する Laurent 多項式 $f(x)$ の最大次数を $\max_x f(x)$, 最小次数を $\min_x f(x)$ と書くことにする.

補題 6.21 D を向きの付いていない任意の絡み目図式とし, D の交差の数を V とする. D のすべての交差で A 接合を行なって得られる図式を D_A, すべての交差で B 接合を行なって得られる図式を D_B とする. また, D_A に現れる円周の数を $\nu(D_A)$, D_B に現れる円周の数を $\nu(D_B)$ とする.

そのとき,

$$(6.8) \qquad \max_A\langle D\rangle - \min_A\langle D\rangle \leqq 2V + 2\nu(D_A) + 2\nu(D_B)$$

が成り立つ.   □

[証明] Kauffman 括弧式における, D_A から生じる項は $A^V(-A^2-A^{-2})^{\nu(D_A)}$ であり, この項の最大次数は $V+2\nu(D_A)$ となる.

1 か所を除いて他はすべて A 接合となっている接合を考えよう. この接合は, すべての交差に A 接合を施したものから, 1 か所だけ接合を入れ替えることで得られる. この部分に対応する項は $A^{V-2}(-A^2-A^{-2})^{\nu(D_A)\pm1}$ であり, この項の最大次数は $V+2\nu(D_A)-2\pm2 \leqq V+2\nu(D_A)$ となる. B 接合が増えても同様の議論で最大次数は $V+2\nu(D_A)$ を超えることはない. よって, $\max_A\langle D\rangle \leqq V+2\nu(D_A)$ である.

同様の議論により, $\min_A\langle D\rangle \geqq -V-2\nu(D_B)$ がわかる.

よって, (6.8)が成り立つ.   ∎

補題 6.22 D を向きの付いていない連結な絡み目図式とする. ただし, この

6.2 交代結び目の交差数　　229

場合図式の交差の上下を忘れたものに対して連結成分を考えるものとする. D の交差の数を V とすると

(6.9) $$\nu(D_A) + \nu(D_B) \leqq V + 2$$

が成り立つ. □

[証明] V に関する帰納法による.

$V = 0$ のときは, 連結性より D は交差のない輪であるから $\nu(D_A) = \nu(D_B) = 1$ となり正しい.

交差数が $V - 1$ の絡み目図式について, 不等式が正しいと仮定する.

D は連結で V 個の交差を持つものとする. D の任意の交差を選んで A 接合を施したものと, B 接合を施したものを考える. これら 2 つの図式がともに非連結となることはないので (どちらかの連結成分の数が 2 なら, もう一方はそれらの連結成分をつないでいるから), A 接合か B 接合かどちらか連結な方を D' とおく. すると, D' の交差数は $V - 1$ だから, 帰納法の仮定より $\nu(D'_A) + \nu(D'_B) \leqq V + 1$ である. D' が D から A 接合で得られたとき $D'_A = D_A$ である. また, D'_B は D_B のうち 1 か所の B 接合を A 接合に変えて得られるので $\nu(D'_B) = \nu(D_B) \pm 1$ である. よって,

$$\nu(D_A) + \nu(D_B) = \nu(D'_A) + \nu(D'_B) \pm 1 \leqq V + 1 \pm 1 \leqq V + 2$$

となり (6.9) が成り立つ.

D' が D から B 接合で得られた場合も同様である. ∎

図式が交代的 (定義 1.16) なら, (6.9) の等号が成り立つ.

補題 6.23 D を連結で交代的な, 向きの付いていない絡み目図式とする. D の交差数が V であれば

(6.10) $$\nu(D_A) + \nu(D_B) = V + 2$$

が成り立つ. □

[証明] D の交差の上下関係をなくしたものを $\overline{D}$ とし, $S^2 \setminus \overline{D}$ の各連結成分を市松模様に塗り分ける (図 6.3).

絡み目射影図 D のある交差に着目する. 上を通る弧からその交差に入り, A 接合をした後, 下の弧に沿って次の交差に行くと, 交代性よりその交差にはまた上の交差から入ることになる (図 6.4).

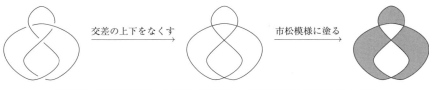

図 6.3 結び目射影図を市松模様に塗り分ける(灰色は黒とみなす).

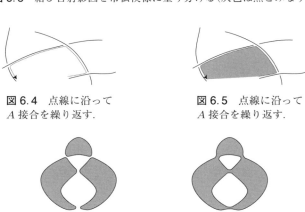

図 6.4 点線に沿って
A 接合を繰り返す.

図 6.5 点線に沿って
A 接合を繰り返す.

図 6.6 すべての交差で A 接合した図式(左)と,
すべての交差で B 接合した図式(右).

次々に A 接合を繰り返すことで元の交差にもどる. このとき, 進行方向の左手に見える領域が黒であると仮定する. これによって得られた円周は, $S^2 \setminus \overline{D}$ のある黒い領域を囲むことになる(図 6.5).

また, 連結性から, この領域には他の円周は含まれない. すべての交差で同様に考えると, D_A に現れるすべての円周は, $S^2 \setminus \overline{D}$ の黒い領域を囲んでいることがわかる. よって, $\nu(D_A)$ は $S^2 \setminus \overline{D}$ の連結成分のうち黒い領域の数 β に等しい.

同様に, D_B に現れるすべての円周は白い領域を囲んでおり(図 6.6), $\nu(D_B)$ は $S^2 \setminus \overline{D}$ の連結成分のうち白い領域の数 α に等しい.

$\overline{D}$ の辺(交点と交点の間の弧)の数を E とする. $\overline{D}$ は連結だから $S^2 \setminus \overline{D}$ の各成分は 2 次元円板と同相となり, $\overline{D}$ は S^2 の三角形分割(正確には胞体分割)を与える. 2 次元球面の Euler 標数は 2 だから $V - E + (\nu(D_A) + \nu(D_B)) = 2$ となる. また, $\overline{D}$ の各交点のまわりには辺が 4 本集まっているので $4V = 2E$, つまり $E = 2V$ となる. よって, $\nu(D_A) + \nu(D_B) = V + 2$ である. ∎

定義 6.24(既約図式) 図 6.7 のように, その交差だけで交わるような円周が

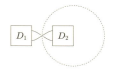

図 6.7 簡約できる交差(破線がこの交差だけで交わる円周).

存在するような交差[*1]を,**簡約できる交差**と呼ぶ.

簡約できる交差のない絡み目図式を**既約な図式**と呼ぶ.

以上の準備の下,次の命題を示そう.

命題 6.25 D を,向きの付いていない連結な絡み目図式とする. D の交差数が V なら

$$\max_A \langle D \rangle - \min_A \langle D \rangle \leqq 4V + 4$$

が成り立つ.また,D が既約かつ交代的なら等号が成り立つ.

[証明] 補題 6.21 と補題 6.22 より,D が連結なら

$$\max_A \langle D \rangle - \min_A \langle D \rangle \leqq 2V + 2\nu(D_A) + 2\nu(D_B) \leqq 4V + 4$$

が成り立つ.

次に,D が交代的で既約なら,補題 6.21 の不等号が等号になることを示す.

補題 6.23 の証明の記号を使う.D_A に含まれる円周の数 $\nu(D_A)$ は β 個だから(各円周は黒い領域を囲っているから),D_A に対応する $\langle D \rangle$ の項は $A^V(-A^2 - A^{-2})^\beta$ となる.同様に,D_B に対応する項は $A^{-V}(-A^2 - A^{-2})^\alpha$ である.

よって,すべて A 接合,および,すべて B 接合によって得られる項に現れる A の最大次数,最小次数は,それぞれ $V + 2\beta$, $-V - 2\alpha$ となる.

次に,1つの交差を除いてすべて A 接合となっている場合を考えよう.この図式は,D_A のある A 接合を B 接合に入れ替えて得られる.また,D は既約だから,図 6.7 のような簡約できる交差はない.D_A の各円周は黒い領域を囲んでいるので,A 接合を B 接合に入れ替えることによって,異なる円周がつながることがわかる(異なる円周がつながるのでなければ,同じ円周を2つに分けることになる.これは,黒い領域を2つに分けることになり,図 6.8 のように簡約できる交差が存在する).

[*1] 厳密に言うと交差の上下をなくして二重点と思っている.

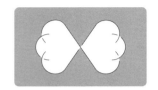

図 6.8 黒い領域を 2 つに分ける交差.

よって，このような接合に対応する項は $A^{V-2}(-A^2-A^{-2})^{\beta-1}$ となることがわかる．この項の最大次数は $V+2\beta-4$ だから，全体の最大次数には影響しないことがわかる．同様に，1 か所を除いてすべて B 接合となっている場合も最小次数には影響しない．

d か所が B 接合で残りの $V-d$ か所が A 接合となっている場合を考えよう（$d>1$）．これは 1 か所だけが A 接合となっている場合に比べて A 接合の数が $d-1$ 少なく，円周の数は高々 $d-1$ しか増えない．よって，対応する項の最大次数は $A^{V-2-2(d-1)}(-A^2-A^{-2})^{\beta-1+(d-1)}$ の最大次数 $V-2-2(d-1)+2(\beta-1+(d-1))=V+2\beta-4$ 以下であり，$V+2\beta$ より小さい．この場合も最大次数に影響しない．

最小次数も同様に考えて，$\langle D\rangle$ における A の最大次数と最小次数の差はちょうど $2V+2\alpha+2\beta$ である．$\beta=\nu(D_A)$, $\alpha=\nu(D_B)$ であったから，(6.8) の等号が成立することがわかった．

さらに D が連結なら，補題 6.23 より

$$\max\nolimits_A \langle D\rangle - \min\nolimits_A \langle D\rangle = 2V + 2\nu(D_A) + 2\nu(D_B) = 4V+4$$

が成り立つ． ∎

定義 6.26（最小交差数） 結び目 K を表す絡み目図式の交差数のうち最小のものを結び目の**交差数**（あるいは，最小交差数）と呼ぶ． □

Jones 多項式は Kauffman 括弧式を $-A^2-A^{-2}$ で割り，A を $t^{-1/4}$ に置き換えた上で，よじれ数で次数をずらしたものだから，次の定理が成り立つ．

定理 6.27 K を交代結び目とし，K の交差数を c とする．そのとき

$$\max\nolimits_t V(K;t) - \min\nolimits_t V(K;t) = c$$

が成り立つ．また，既約かつ交代的な結び目図式は最小の交差数を持つ． □

[証明] D を K の向きの付いていない交代的な図式とする（結び目の図式だから連結である）. 簡約できる交差はなくしておいて，D は既約だと仮定する. また，D の交差の数を V とする.

命題 6.25 より，

$$\max_t V(K;t) - \min_t V(K;t) = V$$

となる.

また，K の（既約とも交代的とも限らない）交差数が最小であるような図式を D' とすると，命題 6.25 より，

$$\max_t V(K;t) - \min_t V(K;t) \leqq c$$

となる. よって，$V \leqq c$ となり，結局 V が最小の交差数であることがわかった. これは，既約かつ交代的な図式の交差数が最小であることを示しており，定理が従う. ∎

注意 6.28 もう少し議論をすることで，交代的でない結び目の最小交差数を c とすると

$$\max_t V(K;t) - \min_t V(K;t) < c$$

となることもわかる（[35, Chapter 5]参照）.

6.3 線型綾理論

第 6.1 節で導入した Kauffman 括弧式は，全平面上で考えていたが，この節では円板内に制限してみることにする. n を非負整数とし，境界に $2n$ 個の点が指定されている円板を $(D^2, 2n)$ と表すことにする. D^2 内に描かれた図式で，指定された $2n$ 点を端点とするような弧と円周からなるものを **$(D^2, 2n)$ 内の絡み目図式**と呼ぶ. ただし，通常の絡み目図式と同様に弧や円周の交差は有限個で，上下関係が示されているものとする（図 6.9）. また，境界を固定した D^2 の同相写像で移り合うような絡み目図式は同値であるとみなす.

定義 6.29（Kauffman 線型綾） A を変数とし，変数 A の有理関数体（A を変数とする複素係数多項式の商からなる体）を $\mathbb{C}(A)$ とする. $(D^2, 2n)$ 内の絡み目図式の，$\mathbb{C}(A)$ を係数とする一次結合全体を

図 6.9 $(D^2, 6)$ 内の絡み目図式. D^2 の境界は点線で表されている.

(6.11) $$\diagup\!\!\!\diagdown = A)(+ A^{-1} \underset{\frown}{\smile},$$

(6.12) $$\boxed{\text{絡み目図式 } D \text{ と自明な円周の非交和}} = (-A^2 - A^{-2})\boxed{\text{絡み目図式 } D}$$

という関係式で割って得られる，$\mathbb{C}(A)$ 上のベクトル空間[*2]を $\mathcal{S}(D^2, 2n)$ と書き，$(D^2, 2n)$ の **Kauffman 線型綾**と呼ぶ． □

(6.11) と (6.12) を合わせて，**Kauffman 綾関係式**と呼ぶ．Kauffman 括弧式の場合と同様に，任意の $(D^2, 2n)$ 内の絡み目図式は，n 本の交差のない弧の一次結合と同値になる．また，この時に得られる交差のない弧は（全同位を除いて）一意的である．

補題 6.6，補題 6.7 より，Reidemeister 移動 II や III で移り合う絡み目図式は $\mathcal{S}(D^2, 2n)$ の同じ元を表す．

例 6.30　・$\dim \mathcal{S}(D^2, 0) = 1$ であり，空な図式 $\emptyset$ によって生成される．また，$(D^2, 0)$ 内の絡み目図式 D は，同型 $\mathcal{S}(D^2, 0) \cong \mathbb{C}$ により $\langle D \rangle \emptyset$ と同一視される．
・$\dim \mathcal{S}(D^2, 2) = 1$ であり，図 6.10 で示された絡み目図式で生成される．
・$\dim \mathcal{S}(D^2, 4) = 2$ であり，図 6.11 で示された絡み目図式で生成される．
・$\dim \mathcal{S}(D^2, 6) = 5$ であり，図 6.12 で示された絡み目図式で生成される． □

一般に $\dim \mathcal{S}(D^2, 2n)$ は Catalan 数[*3]と呼ばれるものになることがわかる．

定義 6.31（Catalan 数）　n 対の括弧の作る列の個数を C_n とおく．ただし，列に含まれる $\boxed{\text{左括弧 (}}$ と $\boxed{\text{右括弧)}}$ は対になっている，つまり，列のどこで切

[*2] 正確に言うと，$\diagup\!\!\!\diagdown - A)(- A^{-1} \underset{\frown}{\smile}$ と，$\boxed{\text{絡み目図式 } D \text{ と自明な円周の非交和}} - (-A^2 - A^{-2})\boxed{\text{絡み目図式 } D}$ が張る部分空間による商ベクトル空間．

[*3] Catalan 数にまつわるいろいろな話は [84] などを参照．

図 6.10　$\mathcal{S}(D^2, 2)$ の生成元.　　図 6.11　$\mathcal{S}(D^2, 4)$ の生成元.

図 6.12　$\mathcal{S}(D^2, 6)$ の生成元.

っても，それより前に現れる 右括弧) の数は 左括弧 (の数以下であるものとする．C_n のことを **Catalan 数** と呼ぶ． □

例 6.32
- 1 対の括弧からなる列は () のみだから $C_1 = 1$ である．
- 2 対の括弧からなる列は (()) と ()() の 2 つだから $C_2 = 2$ である．
- 3 対の括弧からなる列は ((())), (()()), (())(), ()(()), ()()() の 5 つだから $C_3 = 5$ である． □

一般に次のことが成り立つ．

補題 6.33 $C_d = \dfrac{1}{d+1}\dbinom{2d}{d}$ である． □

[証明] xy 平面の格子 $\{(x,y) \in (\mathbb{Z} \times \mathbb{R}) \cup (\mathbb{R} \times \mathbb{Z}) \mid 0 \leqq x \leqq d,\ 0 \leqq y \leqq d\}$ 上の道で，$(0,0)$ と (d,d) を結ぶものを考える．ただし，道は右か上にしか進まないものとする（寄り道をしない）．

d 対の括弧の列が与えられたとき，列の左から始め，左括弧が現れたら右に，右括弧が現れたら上に行くような道を考える．このように定めた道は直線 $y=x$ の右下 $\triangle_d := \{(x,y) \in (\mathbb{Z} \times \mathbb{R}) \cup (\mathbb{R} \times \mathbb{Z}) \mid 0 \leqq x \leqq d,\ 0 \leqq y \leqq d,\ y \leqq x\}$ にあることがわかる（直線 $y=x$ を含む）．さらに，$\triangle_d$ 内の道と，d 対の括弧の列は一対一に対応する．

「$\triangle_d$ の中」という制限をなくすと，$(0,0)$ から (d,d) へ到る（回り道をしない）道は全部で $\dbinom{2d}{d}$ 通りある（全部で進む距離は $2d$ でそのうち d 回右に進むから）．

次に，「$\triangle_d$ からはみ出す」道は何通りあるか数えよう．まず，$\triangle_d$ からはみ出した道は，直線 $\ell: y = x+1$ と必ず交わることに注意する．そこで，ℓ と交わる道 α を，ℓ と最初に交わる前 α_1 と，最初に交わった後 α_2 に分割する（$\alpha_1 \cup \alpha_2 = \alpha$, $\alpha_1 \cap \alpha_2 \in \ell$）．$\alpha_2$ を ℓ に関して対称に移動したものを $\overline{\alpha}_2$ とする．すると $\tilde{\alpha} :=$

236　6　Jones 多項式と HOMFLYPT 多項式

$\alpha_1 \cup \overline{\alpha}_2$ は $(0,0)$ を始点とし $(d-1, d+1)$ を終点とすることがわかる．逆に $(0,0)$ から $(d-1, d+1)$ へ到る（寄り道をしない）道は，必ず ℓ と交わるので，最初の交点から後を ℓ に関して対称に移動することで $(0,0)$ を始点，(d,d) を終点とする道が得られる．

この対応は一対一だから，「$\triangle_d$ からはみ出す」道の数は $(0,0)$ から $(d-1, d+1)$ へ到る（寄り道をしない）道の数，つまり $\begin{pmatrix} (d+1)+(d-1) \\ d-1 \end{pmatrix} = \begin{pmatrix} 2d \\ d-1 \end{pmatrix}$ に等しい．

よって，「$\triangle_d$ の中」の道の数，つまり，d 対の括弧の列の数 C_d は

$$\begin{pmatrix} 2d \\ d \end{pmatrix} - \begin{pmatrix} 2d \\ d-1 \end{pmatrix} = \frac{(2d)!}{d!d!} - \frac{(2d)!}{(d+1)!(d-1)!} = \frac{(2d)!}{(d+1)!d!} = \frac{1}{d+1} \begin{pmatrix} 2d \\ d \end{pmatrix}$$

となる．∎

命題 6.34　$n \geqq 1$ のとき $\dim \mathcal{S}(D^2, 2n) = C_n$ である．□

[**証明**]　(6.11)，(6.12)により，$(D^2, 2n)$ 内の絡み目図式は，指定された $2n$ 点を結ぶ，交差のない n 本の弧からなる図式の一次結合になり，この表し方は一意的である．よって，$\mathcal{S}(D^2, 2n)$ は交差のない n 本の弧で表される図式を基底として持つ．

n 対の括弧の列と $(D^2, 2n)$ の指定された $2n$ 個の点を結ぶ n 本の弧に一対一の対応を付ければ証明が終わる．

∂D^2 上の指定された点の 1 つを選び，その点から反時計回りに点に順序を付ける．1 つの弧の端点のうち，先にあるものに左括弧を，後にあるものに右括弧を対応させると，n 本の弧と n 対の括弧の列は一対一に対応する．たとえば図 6.12 で示された生成元は，左から ()()()，()(())，(())()，((()))，(())() に対応している（一番上の点から始めている）．∎

$(D^2, 2n)$ では円板を用いたが，円板の代わりに長方形を用い，上辺に d 個，下辺に d 個の点が指定されているものを $R_{d,d}$ と書く．$R_{d,d}$ 内の絡み目図式 D_1，D_2 が与えられたとき，それらを上下につなげ，重なった指定点を忘れることで新たに $R_{d,d}$ 内の絡み目図式を得ることができる．これを D_1，D_2 の積と定義し $D_1 D_2$ と書く（D_1 が D_2 の上）．この積により $\mathcal{S}(R_{d,d})$ は $\mathbb{C}(A)$ 上の多元環[*4]と

─────────────
*4　代数ともいう．

なる.

定義 6.35 長方形の中に辺が d 本平行に並んでいる図式を $\mathbf{1}_d \in \mathcal{S}(R_{d,d})$ と書く. また, 長方形の中に左から $i-1$ 本の辺, その右に ∪∩, その右に $d-i-1$ 本の辺が並んでいる図式を $e_{d,i} \in \mathcal{S}(R_{d,d})$ と書く $(i=1, 2, \ldots, d-1)$.

$$\mathbf{1}_d := \quad e_{d,1} := \quad , \quad e_{d,i} := \quad , \quad e_{d,d-1} := \quad . \qquad \square$$

補題 6.36 $e_{d,1}, e_{d,2}, \ldots, e_{d,d-1}$ は次の関係式をみたす.

(6.13) $\qquad e_{d,i} e_{d,i} = (-A^2 - A^{-2}) e_{d,i},$

(6.14) $\qquad e_{d,i} e_{d,i+1} e_{d,i} = e_{d,i} \qquad (1 \leqq i \leqq d-2),$

(6.15) $\qquad e_{d,i+1} e_{d,i} e_{d,i+1} = e_{d,i+1} \qquad (1 \leqq i \leqq d-2),$

(6.16) $\qquad e_{d,i} e_{d,j} = e_{d,j} e_{d,i} \qquad (|i-j| > 1). \qquad \square$

[証明] (6.13) は, (6.12) を使うことで

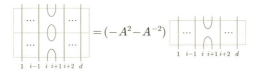

となることからわかる.

(6.14), (6.15) は, 平面の全同位により

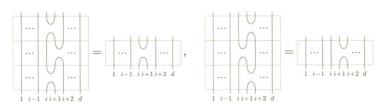

となることからわかる.

(6.16) も, 平面の全同位で移り合うことから従う. ∎

238 6 Jones 多項式と HOMFLYPT 多項式

$\mathbf{1}_d, e_{d,1}, e_{d,2}, \ldots, e_{d,d-1}$ で生成され，補題 6.36 で示された式を関係式とする $\mathbb{C}(A)$ 上の多元環を d 次 **Temperley-Lieb 代数**と呼び，$\mathcal{TL}_d$ で表す．ベクトル空間の基底として，$\mathbf{1}_d, e_{d,1}, e_{d,2}, \ldots, e_{d,d-1}$ の積で表されたものがとれることに注意しよう．

命題 6.37 ベクトル空間として $\dim \mathcal{TL}_d \leqq C_d$ である． □

証明の前にいくつかの補題を用意する．

定義 6.38 $e_{d,1}, e_{d,2}, \ldots, e_{d,d-1}$ の積を**語**と呼ぶ．また，語 w に現れる $e_{d,i}$ のうち一番大きな i を，w の**最大添字**と呼び $m(w)$ と書くことにする． □

補題 6.39 任意の語 w は，$e_{d,m(w)}$ がただ一度しか現れないような語のスカラー倍と（$\mathcal{TL}_d$ の元として）等しい． □

[**証明**] 最大添字に関する帰納法による．

$m(w)=1$ であるような語 w を考える．このとき w は $w=e_{d,1}^k$ の形をしている．$e_{d,1}^2=(-A^2-A^{-2})e_{d,1}$ だから，w は $e_{d,1}$ のスカラー倍となる．よってこの場合，補題は正しい．

最大添字が M より小さい語に対して補題が正しいと仮定する．

最大添字が M である場合を考える．$e_{d,M}$ の現れる回数を 1 回以下にできないような語 w が存在したと仮定して矛盾を導く．そのとき $w=w_1e_{d,M}w_2e_{d,M}w_3$ の形をしていることになる．ここで，w_2 の最大添字は M より小さい．

・$m(w_2)<M-1$ のとき：
   w_2 に現れる生成元はすべて $e_{d,M}$ と可換だから $w=w_1w_2e_{d,M}^2w_3=(-A^2-A^{-2})w_1w_2e_{d,M}w_3$ となる．

・$m(w_2)=M-1$ のとき：
   帰納法の仮定より w_2 には $e_{d,M-1}$ は一度しか現れない．よって，$w_2=w_4e_{d,M-1}w_5$ の形をしている．ただし，$m(w_4)<M-1$ かつ $m(w_5)<M-1$ である．よって w_4, w_5 は $e_{d,M}$ と可換であり

$$w = w_1e_{d,M}w_4e_{d,M-1}w_5e_{d,M}w_3 = w_1w_4e_{d,M}e_{d,M-1}e_{d,M}w_5w_3$$

$$= w_1w_4e_{d,M}w_5w_3$$

となる．

これで $e_{d,M}$ の数を減らすことができるので，矛盾である．以上で補題が証明された． ■

命題 6.34 の証明で説明したように，d 対の括弧の列に対応して $(D^2, 2d)$ の元

6.3 線型綾理論 239

が定まる.

これとは別に, d 対の括弧の列に対応して $\mathcal{TL}_d$ の元を次のように定める.

- 与えられた括弧の列を左から見たとき, 連続する左括弧が l_1 個, 連続する右括弧が r_1 個, 連続する左括弧が l_2 個, 連続する右括弧が r_2 個, $\cdots$, 連続する左括弧が l_k 個, 連続する右括弧が r_k 個, 連続する左括弧が l_{k+1} 個, 連続する右括弧が r_{k+1} 個というように並んでいるとする $(k<d)$.
$L_i := l_1+l_2+\cdots+l_i$, $R_i := r_1+r_2+\cdots+r_i$ とおく. 左と右の括弧はつりあっているので, 任意の i に対して $R_i \leqq L_i$ であることに注意する. また, $L_{k+1}=R_{k+1}=d$ である.

- 上のように定義した L_i, R_i を使って $\mathcal{TL}_d$ の元

$$(e_{d,L_1}e_{d,L_1-1}\cdots e_{d,R_1})(e_{d,L_2}e_{d,L_2-1}\cdots e_{d,R_2})\cdots(e_{d,L_k}e_{d,L_k-1}\cdots e_{d,R_k})$$

を対応付ける. 空な括弧には空な語を対応付けることにする.

これらの元を $\mathcal{TL}_d$ の **既約語** と呼ぼう.

例 6.40 $d=6$ のとき $((()()(())))$ という括弧の列を考える. $k=2$ であり, $l_1=3$, $l_2=1$, $l_3=2$, $r_1=1$, $r_2=1$, $r_3=4$ だから, $L_1=3$, $L_2=4$, $L_3=6$, $R_1=1$, $R_2=2$, $R_3=6$ となる. また, 対応する既約語は $(e_{6,3}e_{6,2}e_{6,1})(e_{6,4}e_{6,3}e_{6,2})$ となる. □

補題 6.41 既約語を定める自然数の列 $L_1, L_2, \ldots, L_k, R_1, R_2, \ldots, R_k$ は次の性質によって特徴付けられる.

$$(6.17) \quad \begin{cases} L_1 < L_2 < \cdots < L_k < d, \\ R_1 < R_2 < \cdots < R_k < d, \\ L_1 \geqq R_1, \ L_2 \geqq R_2, \ \ldots, \ L_k \geqq R_k. \end{cases}$$

つまり, d 対の括弧の列と上の式をみたす自然数の列は一対一に対応している.
□

証明は演習問題としよう (問題 6.2).

d 対の括弧の列の数が C_d だったから (定義 6.31), 次の系が得られる.

系 6.42 $\mathcal{TL}_d$ の既約語の数は (空の語も含めて) C_d に等しい. □

次の補題は, 「既約語」という名前がある意味で妥当であることを示している.

補題 6.43 $\mathcal{TL}_d$ の任意の語は, 既約語のスカラー倍に等しい. □

[証明] 最大添字に関する帰納法による.

補題 6.39 の証明で示したように,$m(w)=1$ であるような語 w は $e_{d,1}$ のスカラー倍である($e_{d,1}$ は既約語であることに注意).

最大添字が M より小さい語に対して補題が正しいと仮定する.

$m(w)=M$ であるような語 w を考える.補題 6.39 より w は $w_1 e_{d,M} w_2$ という語のスカラー倍に等しい.ただし,$m(w_1)<M$,$m(w_2)<M$ である.

帰納法の仮定と補題 6.41 より,ある d 対の括弧の列があって,w_2 は

$$(e_{d,L_1}e_{d,L_1-1}\cdots e_{d,R_1})(e_{d,L_2}e_{d,L_2-1}\cdots e_{d,R_2})\cdots(e_{d,L_k}e_{d,L_k-1}\cdots e_{d,R_k})$$

のスカラー倍となっている.w_2 の最大添字は L_k であることに注意しよう.

・$L_k < M-1$ のときは,w_2 の各元は $e_{d,M}$ と可換だから

$$e_{d,M}w_2 = (e_{d,L_1}e_{d,L_1-1}\cdots e_{d,R_1})(e_{d,L_2}e_{d,L_2-1}\cdots e_{d,R_2})\cdots$$
$$\times (e_{d,L_k}e_{d,L_k-1}\cdots e_{d,R_k})e_{d,M}$$

となる.

・$L_k = M-1$ のときは,

$$e_{d,M}w_2$$
$$= (e_{d,L_1}e_{d,L_1-1}\cdots e_{d,R_1})(e_{d,L_2}e_{d,L_2-1}\cdots e_{d,R_2})\cdots$$
$$\times (e_{d,L_{k-1}}e_{d,L_{k-1}-1}\cdots e_{d,R_{k-1}})e_{d,M}(e_{d,L_k}e_{d,L_k-1}\cdots e_{d,R_k})$$
$$= (e_{d,L_1}e_{d,L_1-1}\cdots e_{d,R_1})(e_{d,L_2}e_{d,L_2-1}\cdots e_{d,R_2})\cdots$$
$$\times (e_{d,L_{k-1}}e_{d,L_{k-1}-1}\cdots e_{d,R_{k-1}})(e_{d,M}e_{d,M-1}e_{d,M-2}\cdots e_{d,R_k})$$

となる.

いずれの場合も w は $w'(e_{d,M}e_{d,M-1}\cdots e_{d,N})$ という語のスカラー倍と等しくなる.ただし,w' は最大添字が M より小さい語で $N \leq M$ である.

帰納法の仮定により w' は

$$(e_{d,L_1'}e_{d,L_1'-1}\cdots e_{d,R_1'})(e_{d,L_2'}e_{d,L_2'-1}\cdots e_{d,R_2'})\cdots(e_{d,L_l'}e_{d,L_l'-1}\cdots e_{d,R_l'})$$

のスカラー倍と等しくなる.ただし,$L_1', L_2', \ldots, L_l', R_1', R_2', \ldots, R_l'$ は (6.17) をみたしており,$L_l' < M$ である.このとき w は

$$\hat{w} := \left(e_{d,L_1'} e_{d,L_1'-1} \cdots e_{d,R_1'}\right) \left(e_{d,L_2'} e_{d,L_2'-1} \cdots e_{d,R_2'}\right) \cdots$$
$$\times \left(e_{d,L_l'} e_{d,L_l'-1} \cdots e_{d,R_l'}\right) \left(e_{d,M} e_{d,M-1} \cdots e_{d,N}\right)$$

のスカラー倍と等しい.

- $R_l' < N$ のとき：$L_{l+1}' := M$, $R_{l+1}' := N$ とおくと，$M \geqq N$, $L_l' < M$, $R_l' < N$ より，$\hat{w}$ は既約語である.

- $N \leqq R_l' \leqq M-2$ のとき：

$$\hat{w} \underset{(6.16)}{=} \left(e_{d,L_1'} e_{d,L_1'-1} \cdots e_{d,R_1'}\right) \left(e_{d,L_2'} e_{d,L_2'-1} \cdots e_{d,R_2'}\right) \cdots \left(e_{d,L_l'} e_{d,L_l'-1} \cdots e_{d,R_l'+1}\right)$$
$$\times \left(e_{d,M} e_{d,M-1} \cdots e_{d,R_l'+2}\right) e_{d,R_l'} \left(e_{d,R_l'+1} e_{d,R_l'} e_{d,R_l'-1} \cdots e_{d,N}\right)$$

$$\underset{(6.14)}{=} \left(e_{d,L_1'} e_{d,L_1'-1} \cdots e_{d,R_1'}\right) \left(e_{d,L_2'} e_{d,L_2'-1} \cdots e_{d,R_2'}\right) \cdots \left(e_{d,L_l'} e_{d,L_l'-1} \cdots e_{d,R_l'+1}\right)$$
$$\times e_{d,M} e_{d,M-1} \cdots e_{d,R_l'+2} \left(e_{d,R_l'}\right) e_{d,R_l'-1} \cdots e_{d,N}$$

$$\underset{(6.16)}{=} \left(e_{d,L_1'} e_{d,L_1'-1} \cdots e_{d,R_1'}\right) \left(e_{d,L_2'} e_{d,L_2'-1} \cdots e_{d,R_2'}\right) \cdots \left(e_{d,L_l'} e_{d,L_l'-1} \cdots e_{d,R_l'+1}\right)$$
$$\times \left(e_{d,R_l'} e_{d,R_l'-1} \cdots e_{d,N}\right) \left(e_{d,M} e_{d,M-1} \cdots e_{d,R_l'+2}\right)$$

$$= \left(e_{d,L_1'} e_{d,L_1'-1} \cdots e_{d,R_1'}\right) \left(e_{d,L_2'} e_{d,L_2'-1} \cdots e_{d,R_2'}\right) \cdots \left(e_{d,L_{l-1}'} e_{d,L_{l-1}'-1} \cdots e_{d,R_{l-1}'}\right)$$
$$\times \left(e_{d,L_l'} e_{d,L_l'-1} \cdots e_{d,N}\right) \left(e_{d,M} e_{d,M-1} \cdots e_{d,R_l'+2}\right)$$

となる.　$R_{l-1}' < N$ のとき，これは既約語である.　$R_{l-1}' \geqq N$ のとき，

$$\left(e_{d,L_{l-1}'} e_{d,L_{l-1}'-1} \cdots e_{d,R_{l-1}'}\right) \left(e_{d,L_l'} e_{d,L_l'-1} \cdots e_{d,N}\right)$$
$$\underset{(6.16)}{=} \left(e_{d,L_{l-1}'} e_{d,L_{l-1}'-1} \cdots e_{d,R_{l-1}'+1}\right)$$
$$\times \left(e_{d,L_l'} e_{d,L_l'-1} \cdots e_{d,R_{l-1}'+2}\right) e_{d,R_{l-1}'} \left(e_{d,R_{l-1}'+1} e_{d,R_{l-1}'} e_{d,R_{l-1}'-1} \cdots e_{d,N}\right)$$
$$\underset{(6.14)}{=} \left(e_{d,L_{l-1}'} e_{d,L_{l-1}'-1} \cdots e_{d,R_{l-1}'+1}\right) \left(e_{d,L_l'} e_{d,L_l'-1} \cdots e_{d,R_{l-1}'+2}\right) e_{d,R_{l-1}'} \left(e_{d,R_{l-1}'-1} \cdots e_{d,N}\right)$$
$$\underset{(6.16)}{=} \left(e_{d,L_{l-1}'} e_{d,L_{l-1}'-1} \cdots e_{d,R_{l-1}'+1}\right) \left(e_{d,R_{l-1}'} e_{d,R_{l-1}'-1} \cdots e_{d,N}\right) \left(e_{d,L_l'} e_{d,L_l'-1} \cdots e_{d,R_{l-1}'+2}\right)$$

だから，

$$\hat{w} = \left(e_{d,L_1'} e_{d,L_1'-1} \cdots e_{d,R_1'}\right) \left(e_{d,L_2'} e_{d,L_2'-1} \cdots e_{d,R_2'}\right) \cdots \left(e_{d,L_{l-1}'} e_{d,L_{l-1}'-1} \cdots e_{d,N}\right)$$
$$\left(e_{d,L_l'} e_{d,L_l'-1} \cdots e_{d,R_{l-1}'+2}\right) \left(e_{d,M} e_{d,M-1} \cdots e_{d,R_l'+2}\right)$$

となり，これは既約語である.

- $R_l' = M-1$ のときは

242   6 Jones 多項式と HOMFLYPT 多項式

$$e_{d,M-1}\left(e_{d,M}e_{d,M-1}\cdots e_{d,N}\right)\underset{(6.14)}{=}e_{d,M-1}\cdots e_{d,N}$$

となるから

$$\hat{w}=\left(e_{d,L_1'}e_{d,L_1'-1}\cdots e_{d,R_1'}\right)\left(e_{d,L_2'}e_{d,L_2'-1}\cdots e_{d,R_2'}\right)\cdots$$
$$\times\left(e_{d,L_l'}e_{d,L_l'-1}\cdots e_{d,R_l'+1}\right)\left(e_{d,M-1}\cdots e_{d,N}\right)$$

となるが，この語の最大添字は $M-1$ 以下だから，帰納法の仮定が使える．∎

[**命題 6.37 の証明**] $\mathcal{TL}_d$ の任意の元は，既約語のスカラー倍であり（補題 6.43），既約語は全部で C_d 個あるので（系 6.42），$\mathcal{TL}_d$ のベクトル空間としての次元は C_d 以下である．∎

定理 6.44 $\mathcal{TL}_d$ と $\mathcal{S}(R_{d,d})$ は $\mathbb{C}(A)$ 上の多元環として同型である．   □

[**証明**] $\mathcal{TL}_d\ni\mathbf{1}_d, e_{d,1},\ e_{d,2},\ \ldots,\ e_{d,d-1}$ を $R_{d,d}$ の元とみなし，それを環準同型写像に拡張した写像を $\Phi\colon\mathcal{TL}_d\to\mathcal{S}(R_{d,d})$ とする．補題 6.36 より，この写像は矛盾なく定義されている．

Φ が環同型写像であることを示したいのであるが，それにはベクトル空間としての同型を示せば十分である．命題 6.34 より，ベクトル空間として $\dim\mathcal{S}(R_{d,d})=\dim\mathcal{S}(D^2,2n)=C_n$ である．命題 6.37 より，$\dim\mathcal{TL}_d\leqq C_n$ である．よって，Φ が全射であることを示せば十分である．

そのために，$R_{d,d}$ 内の任意の交差のない図式が $\mathcal{TL}_d$ の生成元の積で表されることを示す．d に関する帰納法による．$d=1$ のときは明らかに成り立つ．

d より小さいときに主張が成り立つと仮定する．$R_{d,d}$ 内の d 本の単純な弧からなる図式 D を考える．D が $\mathbf{1}_d$ と全同位なら $\mathcal{TL}_d$ の元となっている．

D が $\mathbf{1}_d$ と全同位でないなら，下辺をつないでいる弧が存在する．このようなものの中で"最も内側"にあるものを考えれば，隣り合った点を結んでいるものがある．さらに，隣り合った点を結んでいる弧のうち最も左にあるものを α とし，α は i 番目の点と $i+1$ 番目の点を結んでいるとする．

$i=1$ なら，上辺の左端からでている弧を下げてきて α の上に極小値が現れるようにする．この操作で下辺のそばに $e_{d,1}$ を作ることができる．この元は $xe_{d,1}$ の形をしているので，最後の $e_{d,1}$ を取り除くと，上辺と下辺の左端の点を結ぶ弧が残るので，帰納法の仮定が使える．

$i>1$ のとき，下辺の $i-1$ 番目の点からでる弧を，少し曲げて（$y=x^3-x$ のグ

ラフのように，左から極大，極小が現れるようにする）α の上に極小値が来るようにする．これで下辺のそばに $e_{d,i}$ ができたので，それを取り除く．残った図式には $i-1$ 番目の点と i 番目の点を結ぶ弧があるので，上の操作を繰り返すことで $i=1$ の場合に帰着できる． ∎

証明がわかりにくいかもしれないので例を挙げておく．

例 6.45 下の変形により，最初に与えられた $R_{5,5}$ の中の絡み目図式は，$e_{5,2}e_{5,3}e_{5,4}e_{5,1}e_{5,2}e_{5,3}$ で表される．

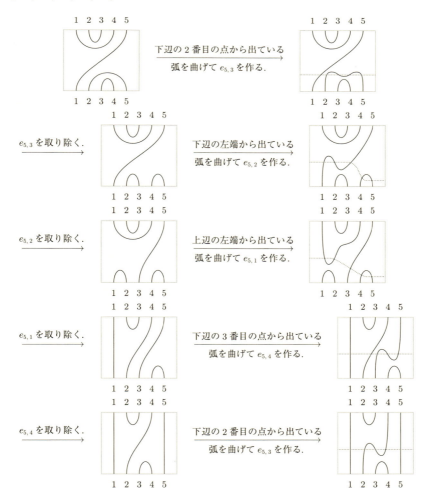

$e_{5,3}$ を取り除くと $e_{5,2}$ が残る.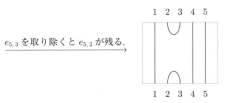

ここで，天下り的ではあるが，$\mathcal{TL}_d$ の元 w_d $(d \geqq 1)$ を次のように再帰的に定める．

(6.18) $\quad w_1 := \mathbf{1}_1,$

(6.19) $\quad w_2 := \mathbf{1}_2 - \dfrac{1}{\Delta_1} e_{2,1},$

(6.20) $\quad w_d := w_{d-1} \circ \mathbf{1}_1 - \dfrac{\Delta_{d-2}}{\Delta_{d-1}} (w_{d-1} \circ \mathbf{1}_1) e_{d,d-1} (w_{d-1} \circ \mathbf{1}_1).$

ただし，$\circ$ は2つの絡み目図式を横に並べたものを表す．また，w_d は $R_{d,d}$ 内の絡み目図式の一次結合になるが，それを のように図示し，$\Delta_d :=$

 と定義する[*5]．

これらの式を図で表すと次のようになる．

(6.21)

(6.22)

このとき次の命題が成り立つ．

[*5] ここでは，絡み目図式の一次結合に対して，Kauffman 括弧式を線型に拡張している．

命題 6.46

(1) $w_d - 1_d$ は $\{e_{d,1}, e_{d,2}, \ldots, e_{d,d-1}\}$ で生成される環に含まれる．つまり，$w_d = 1_d + \boxed{e_{d,k} \text{を含む図式}}$ の形に書ける．

(2) $i = 1, 2, \ldots, d-1$ に対して
$$e_{d,i} w_d = w_d e_{d,i} = 0$$
が成り立つ．

(3) 次が成り立つ．
$$\Delta_d = (-1)^d \frac{A^{2(d+1)} - A^{-2(d+1)}}{A^2 - A^{-2}}.$$

(4) $1 \leqq i \leqq d, 0 \leqq j \leqq d-i$ に対して
$$(1_j \circ w_i \circ 1_{d-i-j}) w_d = w_d$$
が成り立つ．特に，$i = d$ のときは w_d が冪等であることを表している． □

注意 6.47 (2)を図で表すと

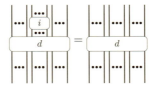

となる．また，(4)は

と表される．

[命題 6.46 の証明] まず，(1)と(2)が示されれば(4)も正しいことに注意する．これは，(1)より $w_i = 1_i + \boxed{e_{i,k} \text{を含む図式}}$ と書けることから

246　6　Jones 多項式と HOMFLYPT 多項式

$$
\begin{aligned}
(\mathbf{1}_j \circ \mathrm{w}_i \circ \mathbf{1}_{d-i-j})\,\mathrm{w}_d &= \Big(\mathbf{1}_j \circ (\mathbf{1}_i + \boxed{e_{i,k}\ \text{を含む図式}}) \circ \mathbf{1}_{d-i-j}\Big)\,\mathrm{w}_d \\
&= \mathbf{1}_d\,\mathrm{w}_d + \Big(\mathbf{1}_j \circ \boxed{e_{i,k}\ \text{を含む図式}} \circ \mathbf{1}_{d-i-j}\Big)\,\mathrm{w}_d \\
&= \mathrm{w}_d + \boxed{e_{d,k}\ \text{を含む図式}}\,\mathrm{w}_d
\end{aligned}
$$

となるが，(2)より第 2 項は 0 となるので，(4)が従う．

では，(1)，(2)，(3)を $d \geqq 2$ に関する帰納法によって同時に示そう（$d=1$ のときは自明である）．

$d=2$ のとき，(1)は定義より正しい．(2)については，(6.13)より

$$
e_{2,1}\,\mathrm{w}_d = e_{2,1}\left(\mathbf{1}_2 - \frac{1}{\Delta_1}e_{2,1}\right) = e_{2,1} - \frac{1}{-A^2 - A^{-2}}e_{2,1}e_{2,1} = e_{2,1} - e_{2,1} = 0
$$

となる．$\mathrm{w}_d\,e_{2,1}=0$ も同様である．

(3)については

$$
\begin{aligned}
\Delta_2 = \left\langle \vcenter{\hbox{⬭}}_2 \right\rangle &= \left\langle \vcenter{\hbox{⬭}} \right\rangle + \frac{1}{A^2 + A^{-2}}\left\langle \vcenter{\hbox{⬭}} \right\rangle \\
&= (-A^2 - A^{-2})^2 - 1 = A^4 + 1 + A^{-4}
\end{aligned}
$$

となって正しい．

(1)，(2)，(3)が，$d-1$ まで正しいとして d のときを考える．

• (1)について：帰納法の仮定より $\mathrm{w}_{d-1} = \mathbf{1}_{d-1} + g_{d-1}$ と表すことができる．ただし，g_{d-1} は $\{e_{d-1,1},\ e_{d-1,2},\ \ldots,\ e_{d-1,d-2}\}$ の積の一次結合である．よって，(6.20)より，

$$
\begin{aligned}
\mathrm{w}_d &= (\mathbf{1}_{d-1} + g_{d-1}) \circ \mathbf{1}_1 \\
&\quad - \frac{\Delta_{d-2}}{\Delta_{d-1}}\big((\mathbf{1}_{d-1} + g_{d-1}) \circ \mathbf{1}_1\big)\,e_{d,d-1}\big((\mathbf{1}_{d-1} + g_{d-1}) \circ \mathbf{1}_1\big) \\
&= \mathbf{1}_d + g_{d-1} \circ \mathbf{1}_1 \\
&\quad - \frac{\Delta_{d-2}}{\Delta_{d-1}}\big(e_{d,d-1} + (g_{d-1} \circ \mathbf{1}_1)e_{d,d-1} \\
&\qquad\quad + e_{d,d-1}(g_{d-1} \circ \mathbf{1}_1) + (g_{d-1} \circ \mathbf{1}_1)e_{d,d-1}(g_{d-1} \circ \mathbf{1}_1)\big)
\end{aligned}
$$

となる．よって，$\mathrm{w}_d - \mathbf{1}_d$ は $\{e_{d,1},\ e_{d,2},\ \ldots,\ e_{d,d-1}\}$ の積の一次結合である．

6.3 線型綾理論 247

- (2) について：$i < d-1$ のとき $e_{d,i} = e_{d-1,i} \circ \mathbf{1}_1$ より

$$e_{d,i}\, \mathrm{w}_d = (e_{d-1,i} \circ \mathbf{1}_1)\left(\mathrm{w}_{d-1} \circ \mathbf{1}_1 - \frac{\Delta_{d-2}}{\Delta_{d-1}}(\mathrm{w}_{d-1} \circ \mathbf{1}_1)\, e_{d,d-1}\,(\mathrm{w}_{d-1} \circ \mathbf{1}_1)\right)$$

$$= e_{d-1,i}\, \mathrm{w}_{d-1} \circ \mathbf{1}_1 - \frac{\Delta_{d-2}}{\Delta_{d-1}}(e_{d-1,i}\, \mathrm{w}_{d-1} \circ \mathbf{1}_1)\, e_{d,d-1}\,(\mathrm{w}_{d-1} \circ \mathbf{1}_1) = 0$$

となり正しい．$\mathrm{w}_d\, e_{d,i} = 0$ も同様である．

$i = d-1$ のときは

$$e_{d,d-1}\, \mathrm{w}_d$$

$$= e_{d,d-1}\left(\mathrm{w}_{d-1} \circ \mathbf{1}_1 - \frac{\Delta_{d-2}}{\Delta_{d-1}}(\mathrm{w}_{d-1} \circ \mathbf{1}_1)\, e_{d,d-1}\,(\mathrm{w}_{d-1} \circ \mathbf{1}_1)\right)$$

$$= e_{d,d-1}\,(\mathrm{w}_{d-1} \circ \mathbf{1}_1) - \frac{\Delta_{d-2}}{\Delta_{d-1}}\, e_{d,d-1}\,(\mathrm{w}_{d-1} \circ \mathbf{1}_1)\, e_{d,d-1}\,(\mathrm{w}_{d-1} \circ \mathbf{1}_1)$$

$$= e_{d,d-1}\,(\mathrm{w}_{d-1} \circ \mathbf{1}_1)$$

$$\quad - \frac{\Delta_{d-2}}{\Delta_{d-1}}\, e_{d,d-1}$$

$$\quad \times \left(\mathrm{w}_{d-2} \circ \mathbf{1}_2 - \frac{\Delta_{d-3}}{\Delta_{d-2}}(\mathrm{w}_{d-2} \circ \mathbf{1}_2)\,(e_{d-1,d-2} \circ \mathbf{1}_1)\,(\mathrm{w}_{d-2} \circ \mathbf{1}_2)\right)$$

$$\quad \times e_{d,d-1}\,(\mathrm{w}_{d-1} \circ \mathbf{1}_1)$$

$$= e_{d,d-1}\,(\mathrm{w}_{d-1} \circ \mathbf{1}_1)$$

$$\quad - \frac{\Delta_{d-2}}{\Delta_{d-1}}\, e_{d,d-1}(\mathrm{w}_{d-2} \circ \mathbf{1}_2) e_{d,d-1}\,(\mathrm{w}_{d-1} \circ \mathbf{1}_1)$$

$$\quad + \frac{\Delta_{d-3}}{\Delta_{d-1}}\, e_{d,d-1}\,(\mathrm{w}_{d-2} \circ \mathbf{1}_2)\, e_{d,d-2}\,(\mathrm{w}_{d-2} \circ \mathbf{1}_2)\, e_{d,d-1}\,(\mathrm{w}_{d-1} \circ \mathbf{1}_1)$$

となる．$\mathrm{w}_{d-2} \circ \mathbf{1}_2$ は $e_{d,d-1}$ と可換だから[*6]，この式は

$$e_{d,d-1}\,(\mathrm{w}_{d-1} \circ \mathbf{1}_1)$$

$$\quad - \frac{\Delta_{d-2}}{\Delta_{d-1}}\, e_{d,d-1} e_{d,d-1}(\mathrm{w}_{d-2} \circ \mathbf{1}_2)\,(\mathrm{w}_{d-1} \circ \mathbf{1}_1)$$

$$\quad + \frac{\Delta_{d-3}}{\Delta_{d-1}}\,(\mathrm{w}_{d-2} \circ \mathbf{1}_2)\, e_{d,d-1} e_{d,d-2} e_{d,d-1}\,(\mathrm{w}_{d-2} \circ \mathbf{1}_2)\,(\mathrm{w}_{d-1} \circ \mathbf{1}_1)$$

[*6] $e_{d,d-1}$ において $d-1$ 番目と d 番目の弧以外は自明であり，$\mathrm{w}_{d-2} \circ \mathbf{1}_2$ に含まれる任意の図式において $d-1$ 番目と d 番目の弧は自明だから．

$$\underset{(6.\,13),(6.\,15)}{=} e_{d,d-1}\left(\mathrm{w}_{d-1}\circ\mathbf{1}_1\right)$$

$$-\frac{\Delta_{d-2}}{\Delta_{d-1}}(-A^2-A^{-2})e_{d,d-1}(\mathrm{w}_{d-2}\circ\mathbf{1}_2)\left(\mathrm{w}_{d-1}\circ\mathbf{1}_1\right)$$

$$+\frac{\Delta_{d-3}}{\Delta_{d-1}}\left(\mathrm{w}_{d-2}\circ\mathbf{1}_2\right)e_{d,d-1}\left(\mathrm{w}_{d-2}\circ\mathbf{1}_2\right)\left(\mathrm{w}_{d-1}\circ\mathbf{1}_1\right)$$

$$= \quad e_{d,d-1}\left(\mathrm{w}_{d-1}\circ\mathbf{1}_1\right)$$

$$-\frac{\Delta_{d-2}}{\Delta_{d-1}}(-A^2-A^{-2})e_{d,d-1}\left(\mathrm{w}_{d-2}\circ\mathbf{1}_2\right)\left(\mathrm{w}_{d-1}\circ\mathbf{1}_1\right)$$

$$+\frac{\Delta_{d-3}}{\Delta_{d-1}}e_{d,d-1}\left(\mathrm{w}_{d-2}\circ\mathbf{1}_2\right)\left(\mathrm{w}_{d-2}\circ\mathbf{1}_2\right)\left(\mathrm{w}_{d-1}\circ\mathbf{1}_1\right)$$

となる. 最後の等号でもう一度 $\mathrm{w}_{d-2}\circ\mathbf{1}_2$ は $e_{d,d-1}$ と可換であることを使った.

ここで(1), (2)に関する帰納法の仮定を使うと

$$\left(\mathrm{w}_{d-2}\circ\mathbf{1}_2\right)\left(\mathrm{w}_{d-1}\circ\mathbf{1}_1\right) = \mathrm{w}_{d-1}\circ\mathbf{1}_1$$

だから, この式は

$$\left(1-\frac{\Delta_{d-2}}{\Delta_{d-1}}(-A^2-A^{-2})+\frac{\Delta_{d-3}}{\Delta_{d-1}}\right)e_{d,d-1}\left(\mathrm{w}_{d-1}\circ\mathbf{1}_1\right)$$

$$=\frac{1}{\Delta_{d-1}(-A^2-A^{-2})}$$

$$\times\left((-1)^{d-1}A^{2d}-(-1)^{d-1}A^{-2d}\right.$$

$$-(-1)^{d-2}(-A^2-A^{-2})A^{2d-2}+(-1)^{d-2}(-A^2-A^{-2})A^{-2d+2}$$

$$\left.+(-1)^{d-3}A^{2d-4}-(-1)^{d-3}A^{-2d+4}\right)e_{d,d-1}\left(\mathrm{w}_{d-1}\circ\mathbf{1}_1\right)$$

$$=0$$

となる.

・(3)について：w_d の定義より

$$\Delta_d \quad = \quad \left\langle \ \cdots\ \boxed{d}\ \right\rangle$$

$$= \quad \left\langle \ \cdots\ \boxed{d-1}\ \right\rangle - \frac{\Delta_{d-2}}{\Delta_{d-1}} \left\langle \ \cdots\ \boxed{\substack{d-1 \\ d-1}}\ \right\rangle$$

$$= \quad \Delta_1 \left\langle \ \cdots\ \boxed{d-1}\ \right\rangle - \frac{\Delta_{d-2}}{\Delta_{d-1}} \left\langle \ \cdots\ \boxed{d-1}\ \right\rangle$$

$$\underset{\text{帰納法の仮定}}{=} \quad \Delta_1 \Delta_{d-1} - \Delta_{d-2}$$

$$= \quad (-1)^d \frac{(A^2 + A^{-2})(A^{2d} - A^{-2d}) - A^{2(d-1)} + A^{-2(d-1)}}{A^2 - A^{-2}}$$

$$= \quad \Delta_d$$

となり d の場合も正しい．ただし，3番目の等号では，一番外側の弧を ∞ を越す全同位で動かしたあと，w_{d-1} が冪等であることを使っている． ∎

w_d はしばしば **Jones-Wenzl 冪等元** と呼ばれる．

6.4 色付き Jones 多項式

Jones-Wenzl 冪等元を使って，新たな絡み目不変量を定義しよう．

定義 6.48（色付き Jones 多項式）　N を 2 以上の自然数とし，K を向きの付

図 6.13 3 本の平行な弧で置き換え，Jones-Wenzl 冪等元 w_3 を挿入する．

いた結び目とする．K は のように表されているとする．ここで，D は $(D^2, 2)$ 内の向きの付いた結び目図式である．

N 次元**色付き Jones 多項式** $J_N(K; t)$ を

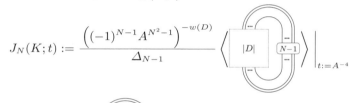

で定義する．ただし，$\boxed{|D|}\ \boxed{N-1}$ は，D の向きを忘れた図式 $|D|$ の弧を $N-1$ 本の平行な弧に置き換えて，Jones-Wenzl 冪等元 w_{N-1} を挿入したものである (図 6.13)．ここで言う「平行」とは，紙面で平行にずらして得られるもの (交差以外では互いに交わらない) であることに注意しよう．

向きの付いた絡み目 L に対しても同様に，各成分を平行化し w_{N-1} を挿入したものを考えて $J_N(L; t)$ を定義する． □

後で述べる補題 6.56 により $J_N(L; t)$ は，絡み目不変量であることがわかる．

注意 6.49 $J_2(L; t)$ は Jones 多項式 $V(L; t)$ に一致する．

では，補題 6.56 を含めて，色付き Jones 多項式を計算するときに便利な公式をいくつか証明しよう．

6.4 色付き Jones 多項式   251

図 6.14 $D_{k,l}$.

図 6.15 $T_{k,l,m}$.

図 6.16 $Q_{k,l,m,n}$.

図 6.17 $T_{k,l,m}$ の生成元.

定義 6.50
- 同心円の間の円環部分の左に w_k，右に w_l があり，内側の円の内部に絡み目図式があるような図（図 6.14 の網掛け部分に絡み目図式が入る）の線形結合全体を Kauffman の綾関係式で割った加群を $D_{k,l}$ と書く．ただし，弧のそばの k などは，k 本の辺が平行に並んでいるということを表す．
- 同心円の間の円環部分に w_k, w_l, w_m があり，内側の円の内部に絡み目図式があるような図（図 6.15 の網掛け部分に絡み目図式が入る）の線形結合全体を Kauffman の綾関係式で割った加群を $T_{k,l,m}$ と書く．
- 同心円の間の円環部分に w_k, w_l, w_m, w_n があり，内側の円の内部に絡み目図式があるような図（図 6.16 の網掛け部分に絡み目図式が入る）の線形結合全体を Kauffman の綾関係式で割った加群を $Q_{k,l,m,n}$ と書く． □

補題 6.51 $k \neq l$ のとき $D_{k,l} = \{0\}$ であり $k = l$ のとき $D_{k,k}$ は w_k のスカラー倍である． □

［証明］図 6.14 の網掛け部分にある絡み目図式に Kauffman の綾関係式を適用して，交差のない図式の線形結合にできる．$k > l$ のとき，w_k から出た弧のうち少なくとも 1 本は，w_k に戻ってくる．この元は，命題 6.46(2) より 0 になる．$k < l$ のときも同様に $D_{k,l} = \{0\}$ がわかる．

$k = l$ のときは $w_k^2 = w_k$ より任意の元は w_k のスカラー倍である． ∎

補題 6.52 $k + l \geq m$, $l + m \geq k$, $k + m \geq l$ かつ $k + l + m$ が偶数のとき $T_{k,l,m}$ は図 6.17 で生成される．

それ以外は $T_{k,l,m} = \{0\}$ である． □

［証明］円板の境界に $k + l + m$ 個の点が指定されているので，$T_{k,l,m}$ はこれ

図 6.18 図 6.17 をこのように略記する.

らの点を結ぶ単純弧で生成される.

w_k を挟むことで,図 6.15 の上の k 点に両端点を持つような弧を含む元は 0 になる(命題 6.46(2)).同様に,図 6.15 の左下の l 点に両端点を持つような弧を含む元も,右下の m 点に両端点を持つような弧を含む元も 0 になる.

つまり,上の k 点に端点を持つ弧の別の端点は左下か右下に行かなければならない.同様に左下の l 点に端点を持つ弧の別の端点は上か右下に行き,右下の m 点に端点を持つ弧の別の端点は上か左下に行く.

よって,0 ではない元は図 6.17 のスカラー倍のみである.

辺の本数を比較することで

$$(6.23) \quad \begin{cases} k = b+c, \\ l = c+a, \\ m = a+b \end{cases}$$

が成り立つことがわかる.(6.23)を a, b, c について解くと

$$(6.24) \quad \begin{cases} a = \dfrac{l+m-k}{2}, \\ b = \dfrac{k+m-l}{2}, \\ c = \dfrac{k+l-m}{2} \end{cases}$$

となり,a, b, c, k, l, m はすべて非負な整数だから,$k+l+m$ が偶数で,不等式 $k+l \geqq m$, $l+m \geqq k$, $k+m \geqq l$ が成り立つときに限り,図 6.18 が意味を持つ(つまり,図 6.17 が存在する)ことになる.

図 6.17 を,図 6.18 のように省略して 3 価頂点を使って描くと便利である.

また,$T_{k,l,m} \neq \{0\}$(つまり $k+l \geqq m$, $l+m \geqq k$, $k+m \geqq l$ かつ $k+l+m$ が偶数)であるような (k, l, m) のことを,**許容的三つ組**と呼ぶ.

補題 6.53 $Q_{k,l,m,n}$ は,図 6.19 で表された元で生成される.ただし,j は

6.4 色付き Jones 多項式　253

図 6.19 (k,l,j) と (m,n,j) は許容的三つ組.　　図 6.20

(k,l,j) と (m,n,j) が許容的な三つ組であるような範囲をすべて動く.　　□

[証明]　まず，$k+m \geqq l+n$ と仮定する.

$T_{k,l,m}$ と同様に，$Q_{k,l,m,n}$ は図 6.20 で表された元で生成される.
Jones-Wenzl 冪等元に囲まれた部分の弧の数を図のように定めると

$$\begin{cases} k = p+s+t, \\ m = q+r+t, \\ l = p+q, \\ n = r+s \end{cases}$$

が成り立つ．$j := s+t+q$ とおき，s 本の弧の束，t 本の弧の束，q 本の弧の束をひとまとめにして j 本の束とみなす．w_j は $\mathbf{1}_j$ と $e_{j,i}$ の積の一次結合で表されているので，この j 本の束は w_j と $e_{j,i}$ の積の一次結合で表される．ところが，$e_{j,i}$ の積で表される元は，図の円の左右を結ぶ弧の数が j より少ない．よって，帰納法により図 6.20 の元は，図 6.19 の一次結合で書ける．

$k+m < l+n$ のときも同様である．　■

補題 6.51 より次の公式が得られる．

補題 6.54　許容的三つ組 (j,k,l) に対し，

$$\theta(j,k,l) := \left\langle \begin{array}{c} j \\ k \\ l \end{array} \right\rangle$$

とおく．次の等式が成り立つ．

$$s \overset{u}{\underset{v}{\frown}} t = \delta_{s,t} \frac{\theta(s,u,v)}{\Delta_s} \underline{}\boxed{s}\underline{}.$$
　　□

[証明]　補題 6.51 より $s \neq t$ のとき，左辺は 0 である．また，同じ補題より

254 6 Jones 多項式と HOMFLYPT 多項式

$s = t$ のとき,

$$s \overset{u}{\underset{v}{\bigcirc}} s = \sigma \boxed{s}$$

とおくことができる ($\sigma \in \mathbb{C}(A)$). 両辺を s 本の平行な弧で閉じることで

$$\theta(s, u, v) = \sigma \Delta_s$$

が得られる. $\Delta_s \neq 0$ より補題が従う. ∎

命題 6.55 次の等式が成り立つ.

$$\left(\boxed{k} \boxed{l} \right) = \sum_{j:(j,k,l) \text{ は許容的三つ組}} \frac{\Delta_j}{\theta(j,k,l)} \overset{k}{\underset{l}{\diagup}} j \overset{k}{\underset{l}{\diagdown}} . \qquad \square$$

[証明] 補題 6.53 より

$$\left(\boxed{k} \boxed{l} \right) = \sum_{j:(j,k,l) \text{ は許容的三つ組}} q_j \overset{k}{\underset{l}{\diagup}} j \overset{k}{\underset{l}{\diagdown}}$$

をみたす $q_j \in \mathbb{C}(A)$ が存在する. m を (k, l, m) が許容的な三つ組になるような整数とし, 両辺に $\overset{l}{\underset{k}{\diagup}} m \overset{l}{\underset{k}{\diagdown}}$ を, 境界同士がうまく貼り合わされるようにして, 端点のない絡み目図式の一次結合になるようにすることで, 次の式が得られる.

$$\left\langle \left(\boxed{k} \boxed{l} \boxed{m} \right) \right\rangle = \sum_{j:(j,k,l) \text{ は許容的三つ組}} q_j \times \left\langle k \left(\begin{matrix} j \\ l \; l \\ m \end{matrix} \right) k \right\rangle .$$

補題 6.54 を 2 度使うことで右辺は

$$\sum_j q_j \delta_{j,m} \left(\frac{\theta(k,l,m)}{\Delta_m} \right)^2 \Delta_m = q_m \frac{\theta(k,l,m)^2}{\Delta_m}$$

となる. 左辺は $\theta(k, l, m)$ だから $q_m = \dfrac{\Delta_m}{\theta(k,l,m)}$ となる. ∎

補題 6.56 Jones-Wenzl 冪等元は, 「ひねり」に関して「固有ベクトル」のように振る舞う. つまり,

$$\underset{s}{\overset{}{\frown}} \boxed{s} = (-1)^s A^{s(s+2)} \boxed{s}$$

が成り立つ. □

[証明] まず, 次の式を示す.

(6.25)
$$\text{（図式）} = A^{uv} \text{（図式）}.$$

ただし, $u+v=s$ である.

左辺の図式には uv 個の交差がある. 各交差を Kauffman 綱関係式(6.11)を使ってなくす. そのとき, $)($ の方は, w_s から出てまた入る弧を含むので $\mathcal{S}(R_{s,s})$ で 0 を表す. よって, 求める式が得られる((6.11)の左辺とは交差が異なっていることに注意).

補題の証明は, s に関する帰納法による. $s=1$ のとき, 補題 6.8 より正しい. $s-1$ まで正しいと仮定する.

$$
\begin{aligned}
&\underset{\text{命題 6.46 (4)}}{=} \\
&\underset{\text{帰納法の仮定}}{=} (-A^3)(-1)^{s-1}A^{(s-1)(s+1)} \times \\
&\underset{(6.25)\text{を 2 回}}{=} (-A^3)(-1)^{s-1}A^{(s-1)(s+1)}A^{2(s-1)} \times \\
&= (-1)^s A^{s(s+2)} \times
\end{aligned}
$$

となり s のときも正しい. ∎

補題 6.57 3 価頂点を含むひねりに関しては, 次の式が成り立つ.

(6.26)
$$\text{（図式）}\, m = (-1)^{(k+l-m)/2}A^{(k^2+l^2-m^2)/2+k+l-m}\,\text{（図式）}\, m.$$

$m=0$ のとき $k=l$ だから, この式は補題 6.56 の拡張である. □

[証明] a,b,c を (6.24) のように定めると, 定義より (6.26) の左辺は

256　6　Jones 多項式と HOMFLYPT 多項式

となる．Reidemeister 移動 II, III を使うことで，Jones-Wenzl 冪等元は交差を通り抜けることができるので，これは

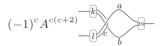

に等しい．補題 6.56 により，ひねりをなくすと

$$(-1)^c A^{c(c+2)} \quad \text{(図)}$$

となり，さらに Reidemeister 移動 III を繰り返し使うと

$$(-1)^c A^{c(c+2)} \quad \text{(図)}$$

が得られる．(6.25) を 3 度使うことで，これは

$$(-1)^c A^{c(c+2)} A^{bc} A^{ac} A^{-ab} \quad \text{(図)}$$

となる．係数は

$$(-1)^c A^{c(c+2)+bc+ac-ab} = (-1)^{(k+l-m)/2} A^{(k^2+l^2-m^2)/2+k+l-m}$$

となるので，(6.26) が得られた．

以上の公式を使って具体的に色付き Jones 多項式を計算してみよう．

例 6.58　円環面結び目 $T(2, 2a+1)$ $(a > 0)$ の N 次元色付き Jones 多項式を計算してみよう．まず，

6.4 色付き Jones 多項式　　257

$$
\underset{\text{命題 6.55}}{=} \sum_{c=0}^{N-1} \frac{\Delta_{2c}}{\theta(N-1,\ N-1,\ 2c)} \left\langle \ \vphantom{\sum} \right.
$$

$$
\underset{\text{補題 6.57}}{=} \sum_{c=0}^{N-1} \frac{\Delta_{2c}}{\theta(N-1,\ N-1,\ 2c)} \left((-1)^{c-N+1} A^{-2(N-1)+2c+2c^2-(N-1)^2} \right)^{2a+1}
$$

$$
\times \left\langle \ \vphantom{\sum} \right.
$$

$$
\underset{\text{補題 6.54}}{=} \sum_{c=0}^{N-1} (-1)^{c-N+1} A^{(2a+1)(2c^2+2c-N^2+1)} \frac{A^{2(2c+1)} - A^{-2(2c+1)}}{A^2 - A^{-2}}
$$

となる. 最初の図式のよじれ数は $2a+1$ であり, $\Delta_{N-1} = (-1)^{N-1} \dfrac{A^{2N} - A^{-2N}}{A^2 - A^{-2}}$ だから,

(6.27)

$$
J_N(T(2, 2a+1); t)
$$

$$
= \frac{A^{-(2a+1)(N^2-1)}}{A^{2N} - A^{-2N}} \sum_{c=0}^{N-1} (-1)^{c-N+1} A^{(2a+1)(2c^2+2c-N^2+1)} \left(A^{2(2c+1)} - A^{-2(2c+1)} \right) \Big|_{t:=A^{-4}}
$$

$$
= \frac{(-1)^{N-1} t^{(2a+1)(N^2-1)/2}}{t^{N/2} - t^{-N/2}} \sum_{c=0}^{N-1} (-1)^c t^{-(2a+1)(c^2+c)/2} \left(t^{(2c+1)/2} - t^{-(2c+1)/2} \right)
$$

となる.

一般の円環面結び目についての式は [54, 40] で得られている. □

また, 一般に, $J_N(L; t)$ は $t^{\pm 1/2}$ の多項式であることが知られている.

6.5 HOMFLYPT 多項式

この節では，Jones 多項式の一般化として HOMFLYPT 多項式と呼ばれるものを定義する．

n を 2 以上の整数とし，$\mathcal{N} := \{-(n-1)/2, -(n-3)/2, \ldots, (n-3)/2, (n-1)/2\}$ とおく（$\mathcal{N}$ は n 個の元からなること，また，n が奇数のとき $\mathcal{N}$ は整数からなり，偶数のときは半整数からなることに注意）．

各頂点に 3 本の辺が集まっているような向きの付いた平面グラフを考える．ただし，各頂点のまわりの向きは図 6.21 のようになっているとする．

以下では，平面グラフといえばこのような性質を持つものとする．

定義 6.59（流れ） 平面グラフ G の辺の集合から $\{1, 2, \ldots, n\}$ への写像 f で，各交差において入ってくる辺に対する f の値の和と，出てゆく辺に対する f の値の和が同じになるようにしたものを G 上の**流れ**という（図 6.22，図 6.23 参照）． $\square$

定義 6.60（状態） f という流れを持つ平面グラフに対して，辺の集合から $\mathcal{N}$ の冪集合への写像 σ で，

- 各辺に対する σ の像（$\mathcal{N}$ の部分集合）の要素の数が，その辺に対する f の値と等しい，
- 各頂点に入る辺（1 本あるいは 2 本）に対する σ の像の和集合が，その頂点から出る辺（2 本あるいは 1 本）に対する σ の像の和集合と一致する

をみたすものを**状態**と呼ぶ（図 6.24 は，図 6.23 で示された平面グラフの状態の例）． $\square$

定義 6.61（重み） 平面グラフに，流れ f と状態 σ が与えられたとする．各頂点 v における**重み** $\mathrm{wt}(v; \sigma)$ を

$$\mathrm{wt}(v; \sigma) := t^{f(e_1)f(e_2)/4 - \pi(\sigma(e_1), \sigma(e_2))/2}$$

で定義する．ただし，t は不定元，e_1 は，頂点のまわりを図 6.21 のようにおいたとき左にある辺，e_2 は右にある辺であり，$\mathcal{N}$ の互いに交わらない部分集合 A_1，A_2 に対して $\pi(A_1, A_2)$ を

$$\pi(A_1, A_2) := \#\{(a_1, a_2) \in A_1 \times A_2 \mid a_1 > a_2\}$$

6.5 HOMFLYPT 多項式   259

図 6.21　各頂点のまわりの向き (e, e_1, e_2 は辺の名前).

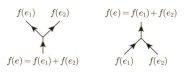

図 6.22　交差における流れ f.

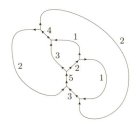

図 6.23　流れ付きのグラフ ($n=5$).

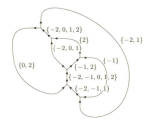

図 6.24　図 6.23 で示された平面グラフの状態の例.

とおく.

たとえば，図 6.24 の左上にある頂点における重みは

$$t^{2\times 2/4 - \pi(\{0,2\},\{-2,1\})/2} = t^{1-3/2} = t^{-1/2}$$

となる.

定義 6.62（回転数）　流れ f と状態 σ が与えられた平面グラフを考える．まず，各辺 e を $f(e)$ 本の平行な線分に分け，各線分には $\sigma(e)$ の要素を 1 つずつ対応付ける．次に，各頂点において同じ要素が対応している線分同士をつなげて円周にする（図 6.25 参照）．

状態 σ の**回転数** $\mathrm{rot}(\sigma)$ を

$$\mathrm{rot}(\sigma) := \sum_C \sigma(C) \mathrm{rot}(C)$$

で定義する．ただし，C は上で構成した円周すべてにわたり，$\sigma(C)$ は C に対応している $\mathcal{N}$ の元，$\mathrm{rot}(C)$ は，C が反時計回りのとき 1，時計回りのときは -1 とする（再び図 6.25 参照）.

たとえば，図 6.24 で与えられた状態の回転数は

$$0 \times 1 + 1 \times (-1) + 2 \times 1 + (-2) \times (-1) + (-1) \times (-1) = 4$$

260 6 Jones 多項式と HOMFLYPT 多項式

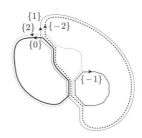

図 6.25 太線は 0 に，細線は 1 に，太破線は -2 に，細破線は 2 に，波線は -1 にそれぞれ対応している．

となる（図 6.25 参照）．

さて最初に述べた条件をみたす平面グラフ G に流れが与えられたとき $\langle G \rangle_n$ を

$$\langle G \rangle_n := \sum_{\sigma:\text{状態}} \left\{ \prod_{v:\text{頂点}} \operatorname{wt}(v;\sigma) \right\} t^{\operatorname{rot}(\sigma)}$$

と定義する[*7]．ただし，和はすべての状態を動き，積はすべての頂点を動くものとする．

$\langle G \rangle_n$ は次の性質を持つ．

命題 6.63 自然数 k に対し

$$[k] := \frac{t^{k/2} - t^{-k/2}}{t^{1/2} - t^{-1/2}} = t^{(k-1)/2} + t^{(k-3)/2} + \cdots + t^{-(k-1)/2}$$

とおく．そのとき，次の式が成り立つ．ただし，各式の両辺において図に現れていない部分は同じ（流れの付いた）グラフを表している．また，辺のそばに書かれた数字は，その辺に対応する流れである．

(6.28) $\left\langle \bigcirc \right\rangle_n = [n] \left\langle \; \emptyset \; \right\rangle_n ,$

(6.29) $\left\langle \underset{2}{\overset{2}{\diamondsuit}} \right\rangle_n = [2] \left\langle \underset{}{\overset{}{\big|}} \right\rangle_n ,$

[*7] G に頂点が存在しないときは $\langle G \rangle = 1$ である．

右上: 6.5 HOMFLYPT 多項式　261

$$(6.30) \qquad \left\langle \vcenter{\hbox{（図）}} \right\rangle_n = [n-1] \left\langle \vcenter{\hbox{（図）}} \right\rangle_n,$$

$$(6.31) \qquad \left\langle \vcenter{\hbox{（図）}} \right\rangle_n = [n-2] \left\langle \vcenter{\hbox{（図）}} \right\rangle_n + \left\langle \vcenter{\hbox{（図）}} \right\rangle_n,$$

$$(6.32) \qquad \left\langle \vcenter{\hbox{（図）}} \right\rangle_n = \left\langle \vcenter{\hbox{（図）}} \right\rangle_n + \left\langle \vcenter{\hbox{（図）}} \right\rangle_n,$$

$$(6.33) \qquad \left\langle \vcenter{\hbox{（図）}} \right\rangle_n = \left\langle \vcenter{\hbox{（図）}} \right\rangle_n. \qquad \qquad \square$$

[証明]　(6.28)：$\mathcal{N}$ の部分集合のうち要素が 1 個のものは $\{-(n-1)/2\}$，$\{-(n-3)/2\},\ldots,\{(n-3)/2\},\{(n-1)/2\}$ の n 通りあり，対応する回転数はそれぞれ $-\frac{1}{2}(n-1), -\frac{1}{2}(n-3),\ldots, \frac{1}{2}(n-3), \frac{1}{2}(n-1)$ である．よって，

$$左辺 = t^{-(n-1)/2} + t^{-(n-3)/2} + \cdots + t^{(n-3)/2} + t^{(n-1)/2} = [n]$$

がわかる．

(6.29)：左辺のような部分を持つ任意の流れ付き平面グラフを G とし，左辺に現れた部分を右辺のように替えたグラフを G' とする．

G' の状態 σ を固定する．右辺に現れている G' の辺には σ により $\{i,j\}$ $(i < j)$ という部分集合が対応しているとする．

両辺に現れている部分以外の状態が σ と一致するような G の状態を考えよう．左辺の上下に現れている辺には σ により $\{i,j\}$ という部分集合が対応している．左辺に現れている 1 の流れを持つ 2 つの辺に対応する部分集合の組は $\{i,j\}$ を 2 つに分けることにより得られる．よって，その組は $(\{i\},\{j\})$ または $(\{j\},\{i\})$ である（左側の辺に対応する部分集合を左側に書いている）．それぞれに対応する G の状態を σ_1, σ_2 とおく．

σ_1 に対する左辺の頂点における重みはともに $t^{1/4-\pi(\{i\},\{j\})/2} = t^{1/4}$ であり，σ_2 に対する左辺の頂点における重みはともに $t^{1/4-\pi(\{j\},\{i\})/2} = t^{-1/4}$ である．

$\langle G' \rangle_n$ の和のうち σ に対応する項は，$\langle G \rangle_n$ では σ_1 に対応する項と σ_2 に対応

する項の和に分かれる．また，両辺ともに回転数には関わらないことと，右辺には頂点が現れないことから，$\langle G \rangle_n$ の σ_1 と σ_2 に対応する項の和は，$\langle G' \rangle_n$ の σ に対応する項に $t^{1/4} \times t^{1/4} + t^{-1/4} \times t^{-1/4} = [2]$ を掛けたものとなる．

各状態 σ に対して以上のことが成り立つので，(6.29)が得られる．

(6.30)：上と同様に考える．

左辺のような部分を持つ任意の流れ付き平面グラフを G とし，対応する右辺のグラフを G' とする．

G' の状態 σ を固定する．右辺に現れている G' の辺には σ により $\{i\}$ という部分集合が対応しているとする．

両辺に現れている部分以外の状態が σ と一致するような G の状態を考えよう．左辺の上下に現れている辺には σ により $\{i\}$ という部分集合が対応している．左辺の右側に現れている 1 の流れを持つ辺に対応する部分集合は $\{j\}$ $(j \neq i)$ の形をしている．すると，左辺に現れている 2 の流れを持つ辺に対応する部分集合は $\{i,j\}$ となる．このような G の状態を σ_j $(j \neq i)$ とおく．

σ_j に対する左辺の頂点における重みはともに

$$t^{1/4 - \pi(\{i\},\{j\})/2} = \begin{cases} t^{1/4} & i < j, \\ t^{-1/4} & i > j \end{cases}$$

である．

$\langle G' \rangle_n$ の和のうち σ に対応する項は，$\langle G \rangle_n$ では σ_j $(j \neq i)$ に対応する項の和に分かれる．また，σ_j の回転数のうち左辺の図に現れている部分は $-j$ であるから，$\langle G \rangle_n$ の σ_j $(j \neq i)$ に対応する項の和は，$\langle G' \rangle_n$ の σ に対応する項に

$$\sum_{j=-(n-1)/2}^{i-1} t^{-1/2} \times t^{-j} + \sum_{j=i+1}^{(n-1)/2} t^{1/2} \times t^{-j}$$
$$= t^{(n-2)/2} + t^{(n-4)/2} + \cdots + t^{-i+1/2} + t^{-i-1/2} + \cdots + t^{-(n-4)/2} + t^{-(n-2)/2}$$
$$= [n-1]$$

を掛けたものとなる．

各状態 σ に対して以上のことが成り立つので，(6.30)が得られる．

(6.31)：左辺のような部分を持つ任意の流れ付き平面グラフを G，対応する右辺の第 1 項のグラフを G'，右辺の第 2 項のグラフを G'' とする．

両辺に現れているグラフの左上の辺には $\{i\}$，右上の辺には $\{j\}$，左下の辺に

は $\{k\}$，右下の辺には $\{l\}$ がそれぞれ対応しているとする．

左辺のグラフを考えよう．右上の辺から"流れて"きた $\{j\}$ は，上側の水平な辺に乗って，左上の頂点に到着する．そこで二手に分かれる．つまり，左上に"流れる"か，下に"流れる"かのどちらかである．

- 左上に"流れる"場合 $i=j$ となる．また，左下から"流れて"くる $\{k\}$ を考えると，これは右下の辺に"流れて"いくことがわかる（右下の頂点から上に曲がると一周して元に戻ってしまうから）．よって $l=k$ である．

- 下に"流れる"場合，左下の頂点を通って右下の頂点に到着する．そこでまた二手に分かれるのであるが，上に行くと右上の頂点で $\{j\}$ とぶつかってしまうので右下に行くことになる．よって，この場合 $l=j$ となる．また，左下から"流れて"くる $\{k\}$ は左上に"流れて"いくことがわかる．よって，$i=k$ である．

以上のことから，(1) $i=j$ かつ $k=l$ のとき，(2) $i=k$ かつ $j=l$ のときを考えればいいことになる．

(1) $i=j\neq k=l$ のときと，$i=j=k=l$ のときに分けて考える．

- $i=j\neq k=l$ のとき：G' における状態は一意的に決まるのでそれを σ' とする．また，G'' には対応する状態は存在しない．

G において垂直な 2 辺を"流れる"部分集合を $\{h\}$ $(h\neq j$ かつ $h\neq k)$ とおき，そのときの状態を σ_h とする．

$\langle G\rangle_n$ における σ_h に対応する項の和$(h\neq j$ かつ $h\neq k)$ が，$\langle G'\rangle_n$ における σ' に対応する項の $[n-2]$ 倍であることを示せばよい．

各 σ_h において，右上から左上へ向かう辺と左下から右下へ向かう辺が寄与する回転数と，σ における回転数は一致する．また，σ_h に対応する左辺に現れる 4 つの頂点の重みの積は

$$t^{1/2-\pi(\{h\},\{j\})} \times t^{1/2-\pi(\{h\},\{k\})} = t^{1-\pi(\{h\},\{j\})-\pi(\{h\},\{k\})}$$

である．また，h の流れによる回転数は h であるから，σ_h に対応する項の和は，σ' に対応する項の

$$t\sum_{h\neq j,k} t^{h-\pi(\{h\},\{j\})-\pi(\{h\},\{k\})}$$

倍となる．これは $j<k$ のとき

$$t\left(\sum_{h=-(n-1)/2}^{j-1} t^h + \sum_{h=j+1}^{k-1} t^{h-1} + \sum_{h=k+1}^{(n-1)/2} t^{h-2}\right)$$

$$= t^{-(n-3)/2} + \cdots + t^j + t^{j+1} + \cdots + t^{k-1} + t^k + \cdots + t^{(n-3)/2}$$

$$= [n-2]$$

となるので，この場合，両辺は等しくなる．

$k < j$ のときも同様である．

- $i = j = k = l$ のとき：G', G'' の状態を σ', σ'' とおき，G の状態 σ_h を上と同様に定義する．これらに対応する項を計算するために G, G', G'' の四方（左上，右上，左下，右下）にある（四辺形をなしていない）辺はすべて水平であると仮定する（$\langle G \rangle_n$ などは平面の全同位で不変であるから，このように仮定してよい）．

σ_h に対応する左辺に現れる 4 つの頂点の重みの積は $t^{1-2\pi(\{h\},\{j\})}$ であり，左下から右下へ到る辺と，右上から左上へ到る辺は水平であるから，j の流れによる回転数は 0 となり，回転数の合計は h である．よって，σ_h に対応する項への図に現れた部分の寄与の和は

$$t\sum_{h \neq j} t^{h-2\pi(\{h\},\{j\})} = t\left(\sum_{h=-(n-1)/2}^{j-1} t^h + \sum_{h=j+1}^{(n-1)/2} t^{h-2}\right)$$

$$= t^{-(n-3)/2} + \cdots + t^j + t^j + \cdots + t^{(n-3)/2}$$

$$= [n-2] + t^j$$

となる．一方，σ' に対応する項への図に現れた部分の寄与は 1，σ'' の寄与は流れ j による回転数から来る t^j である（G'' は $\supset\subset$ のような形をしていることに注意）．つまり，右辺からの寄与は $[n-2] + t^j$ となり，左辺からの寄与と一致する．

(2) $i = j = k = l$ のときは，(1) で証明済みなので $i = k \neq j = l$ と仮定する．

G' には対応する状態は存在しない．また，G, G'' に対応する状態はともに一意に決まるのでそれらを σ, σ'' とおく．$\langle G \rangle_n$ における σ に対応する項が $\langle G'' \rangle_n$ における σ'' に対応する項と一致することを示せばよい．

σ に対応する項の 4 つの頂点における重みの積は

$$t^{1/2-\pi(\{k\},\{j\})} \times t^{1/2-\pi(\{j\},\{k\})} = 1$$

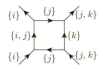

図 6.26　$\{i\}$ が左上に"流れる"場合.

であり，σ と σ'' の回転数は同じであることがわかるので，σ に対応する項と，σ'' に対応する項は一致する．

(6.32)：左辺のような部分を持つ任意の流れ付き平面グラフを G，対応する右辺の第 1 項のグラフを G'，右辺の第 2 項のグラフを G'' とする．

両辺に現れているグラフの左下の辺には $\{i\}$，右下の辺には $\{j,k\}$ $(j \neq k)$ が対応しているとする．そのとき，左上の辺には (1) i が対応するか，(2) j が対応していると仮定できる．

(1) $i \neq j$ かつ $i \neq k$ の場合，$i = k$ かつ $i \neq j$ の場合，$i = j$ かつ $i \neq k$ の場合に分けて考える．

- $i \neq j$ かつ $i \neq k$ の場合：G の状態は図 6.26 のようになるか，この図で j と k を入れ替えたようになる．

  前者を σ_1，後者を σ_2 とする．どちらの場合も G', G'' には対応する状態が存在するので，それらを σ', σ'' とする．

  回転数はすべてに共通するので，頂点の重みだけを考える．σ_1 に対応する重みの積は

  $$t^{1/2 - \pi(\{i\},\{j\})} \times t^{1/2 - \pi(\{j\},\{k\})} = t^{1 - \pi(\{i\},\{j\}) - \pi(\{j\},\{k\})}$$

  であり，σ_2 に対応する重みの積は

  $$t^{1 - \pi(\{i\},\{k\}) - \pi(\{k\},\{j\})}$$

  である．一方，σ' に対応する重みは

  $$t^{1 - \pi(\{i\},\{j,k\})}$$

  であり，σ'' の重みは 1 である．

  $j < k$ のとき，i の大小に応じてそれぞれの重みの積は次の表のようになる．

	$i < j < k$	$j < i < k$	$j < k < i$
σ_1	t	1	1
σ_2	1	1	t^{-1}
σ'	t	1	t^{-1}
σ''	1	1	1

よって，両辺において対応する重みの積は一致する．$k < j$ の場合も同様である．

・$i = k$ かつ $i \neq j$ の場合：G には図 6.26 のような状態のみが考えられる．また，G' には対応する状態が存在せず，G'' には対応する状態が一意的に存在する．上で計算したように，G に関する重みの積は

$$t^{1 - \pi(\{i\}, \{j\}) - \pi(\{j\}, \{k\})}$$

であるが，$i = k$ のときこれは常に 1 である．G'' に関する重みの積は 1 だから両辺は一致する．

・$i = j$ かつ $i \neq k$ の場合：上の場合の j と k を入れ替えて考えればよい．

(2) まず，この場合 i, j, k はすべて異なっていることに注意する．

G の状態は図 6.27 のようになる．これを σ とおく．

対応する G' の状態を σ' とする．G'' には対応する状態が存在しないことと，回転数は両辺ともに等しいことから，σ における重みの積と σ' における重みの積が一致することを示せばよい．

ところが σ の左上の頂点と，左下の頂点では 1 の流れを持つ辺が入れ替わっているので，これらの重みを掛けると 1 である．また，右側の 2 頂点での重みの積は $t^{1/2 - \pi(\{i\}, \{k\})/2 - \pi(\{j\}, \{k\})/2}$ である．よって，σ の重みの積は

$$t^{1/2 - \pi(\{i\}, \{k\})/2 - \pi(\{j\}, \{k\})/2}$$

である．一方，σ' の重みの積は

$$t^{1 - \pi(\{j\}, \{i,k\})/2 - \pi(\{i\}, \{j,k\})/2}$$

である．すべての場合を確認することでこれらが等しいことがわかる．

以上よりこの場合も両辺が一致することがわかった．

(6.33)：i, j, k を互いに異なる $\mathcal{N}$ の元とするとき，この式を示すには

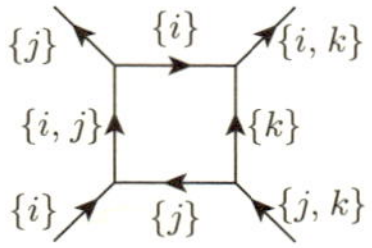

図 6.27 $\{i\}$ が右上に“流れる”場合.

$$\pi(\{i\},\{j\})+\pi(\{i,j\},\{k\})=\pi(\{j\},\{k\})+\pi(\{i\},\{j,k\})$$

を示せば十分である．これは，i,j,k すべての大小関係について確かめることで示される(π の定義を書き下すことで，場合分けをせずに証明もできる)． ∎

注意 6.64 $t:=1$ とおくと $\langle G\rangle_n$ は G の各辺に n 色で色を塗る方法の数に一致する．ただし，辺 e には $f(e)$ 色の色を塗るものとする．この場合，命題 6.63 の証明は容易である．

さて，向きの付いた絡み目射影図 D に対し $\langle D\rangle_n$ を次のように定義する．

定義 6.65 D を向きの付いた絡み目射影図とする．D の各交差を次のように入れ替えて，$\langle\ \ \rangle_n$ をとったものを $\langle D\rangle_n$ とおく．

(6.34)

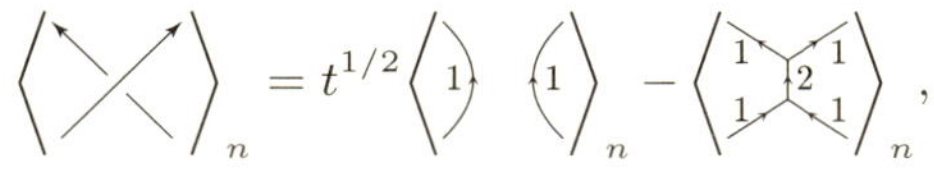

(6.35)

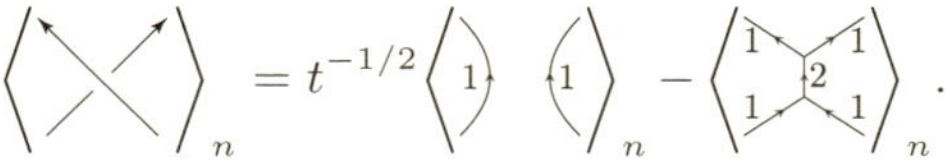

□

実際の計算では，各交点で順に上の操作を施して交差をなくしていくようにする．また，辺のそばに 1 や 2 を書く代わりに一重矢印や二重矢印を使うこともある．

$\langle D\rangle_n$ は Reidemeister 移動 II, III で不変であることがわかる．

補題 6.66 $\langle D\rangle_n$ は，Reidemeister 移動 II で不変である． □

[証明] 向きに応じて 2 通りの場合がある．

まず，同じ向きに平行な 2 つの弧が現れるときは

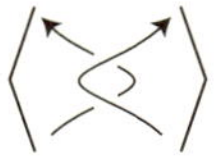

(上の交差に定義 6.65 を適用)

$$= t^{1/2} \left\langle \text{図} \right\rangle - \left\langle \text{図} \right\rangle$$

（下の交差に定義 6.65 を適用）

$$= \left\langle \text{図} \right\rangle - t^{1/2} \left\langle \text{図} \right\rangle - t^{-1/2} \left\langle \text{図} \right\rangle + \left\langle \text{図} \right\rangle$$

（第 4 項に命題 6.63 (6.29) を適用）

$$= \left\langle \text{図} \right\rangle - t^{1/2} \left\langle \text{図} \right\rangle - t^{-1/2} \left\langle \text{図} \right\rangle + [2] \left\langle \text{図} \right\rangle$$

$$= \left\langle \text{図} \right\rangle$$

となる．また，逆向きに平行なときは

（上の交差に定義 6.65 を適用）

$$= t^{-1/2} \left\langle \text{図} \right\rangle - \left\langle \text{図} \right\rangle$$

（下の交差に定義 6.65 を適用）

$$= \left\langle \text{図} \right\rangle - t^{-1/2} \left\langle \text{図} \right\rangle - t^{1/2} \left\langle \text{図} \right\rangle + \left\langle \text{図} \right\rangle$$

（第 1 項に命題 6.63 (6.28)，第 2, 3 項に (6.30)，第 4 項に (6.31) を適用）

$$= [n] \left\langle \text{図} \right\rangle - t^{-1/2}[n-1] \left\langle \text{図} \right\rangle - t^{1/2}[n-1] \left\langle \text{図} \right\rangle$$
$$+ [n-2] \left\langle \text{図} \right\rangle + \left\langle \text{図} \right\rangle$$
$$= \left\langle \text{図} \right\rangle$$

となる．ただし，最後の式は

$$[n] - t^{-1/2}[n-1] - t^{1/2}[n-1] + [n-2]$$

$$= \frac{1}{t^{1/2} - t^{-1/2}} \left(t^{n/2} - t^{-n/2} - t^{n/2-1} + t^{-n/2} - t^{n/2} + t^{-n/2+1} + t^{n/2-1} - t^{-n/2+1} \right)$$

$$= 0$$

となることによる. ∎

補題 6.67 $\langle D \rangle_n$ は，Reidemeister 移動 III で不変である. □

[証明] まず，

$$(6.36) \qquad \left\langle \text{〔図〕} \right\rangle = t^{1/2} \left\langle \text{〔図〕} \right\rangle - \left\langle \text{〔図〕} \right\rangle$$

（左の交差に定義 6.65 を適用）

がわかる. また，

$$(6.37) \qquad \left\langle \text{〔図〕} \right\rangle = t^{1/2} \left\langle \text{〔図〕} \right\rangle - \left\langle \text{〔図〕} \right\rangle$$

（右の交差に定義 6.65 を適用）

となる. 補題 6.66 により，(6.36) と (6.37) の右辺の初項は一致する. よって，

$$\left\langle \text{〔図〕} \right\rangle = \left\langle \text{〔図〕} \right\rangle$$

を示せばよい.

定義 6.65 をそれぞれ 2 度適用することで

$$\left\langle \text{〔図〕} \right\rangle = \left\langle \text{〔図〕} \right\rangle - t^{-1/2} \left\langle \text{〔図〕} \right\rangle - t^{1/2} \left\langle \text{〔図〕} \right\rangle + \left\langle \text{〔図〕} \right\rangle$$

および

$$\left\langle \text{〔図〕} \right\rangle = \left\langle \text{〔図〕} \right\rangle - t^{1/2} \left\langle \text{〔図〕} \right\rangle - t^{-1/2} \left\langle \text{〔図〕} \right\rangle + \left\langle \text{〔図〕} \right\rangle$$

が得られるので，結局

270   6　Jones 多項式と HOMFLYPT 多項式

$$(6.38) \qquad \left\langle \ \middle| \right\rangle + \left\langle \ \right\rangle = \left\langle \ \right\rangle + \left\langle \ \right\rangle$$

を示せばよいことになる.

命題 6.63 の (6.32) より

$$\left\langle \ \right\rangle = \left\langle \ \right\rangle + \left\langle \ \right\rangle,$$

$$\left\langle \ \right\rangle = \left\langle \ \right\rangle + \left\langle \ \right\rangle$$

となるが (三重矢印は流れが 3 であることを示す), 命題 6.63 の (6.33) より, 右辺の初項は一致する. よって, (6.38) が成り立つことがわかった.

また, 他の向き付けによる Reidemeister 移動 III は, この向き付けの Reidemeister 移動 III と (2 種類の向き付けの) Reidemeister 移動 II で得られる (補題 2.14) ので証明が終了する. ∎

また, Reidemeister 移動 I に関しては Kauffman 括弧式に関する補題 6.8 と同様に次の補題が成り立つ.

補題 6.68 $\langle D \rangle_n$ は, Reidemeister 移動 I により次のような変化をする.

$$\left\langle \ \right\rangle_n = t^{n/2} \left\langle \ \right\rangle_n,$$

$$\left\langle \ \right\rangle_n = t^{-n/2} \left\langle \ \right\rangle_n.$$
∎

[証明] 定義 6.65, 命題 6.63 の (6.28), (6.30) より

$$\left\langle \ \right\rangle_n = t^{1/2} \left\langle \ \right\rangle_n - \left\langle \ \right\rangle_n$$

$$= \left(t^{1/2}[n] - [n-1] \right) \left\langle \ \right\rangle_n$$

となるが,

$$t^{1/2}[n] - [n-1] = \frac{1}{t^{1/2} - t^{-1/2}} \left(t^{(n+1)/2} - t^{(-n+1)/2} - t^{(n-1)/2} + t^{(-n+1)/2} \right)$$
$$= t^{n/2}$$

より，与えられた式が得られる．

もう 1 つの式も同様にして得られる．

補題 6.66，補題 6.67，補題 6.68 より，向きの付いた絡み目図式 D に対し

$$\tilde{W}_n(D) := t^{-nw(D)/2} \langle D \rangle_n$$

と定義すると $\tilde{W}_n$ は Reidemeister 移動 I, II, III で不変となることが，Jones 多項式の場合（定理 6.11）と同様に証明できる（$w(D)$ はよじれ数）．よって，絡み目の不変量 W_n を次のように定義することができる．

定義 6.69 L を向きの付いた絡み目とし D をその図式とする．そのとき

$$W_n(L; t) := \frac{\tilde{W}_n(D)}{[n]}$$

と定義する．$W_n(L; t)$ を **n 次元 HOMFLYPT 多項式**と呼ぶ． □

n 次元 HOMFLYPT 多項式は，Alexander 多項式や Jones 多項式と同様の綾関係式をみたすことがわかる（定理 4.30，定理 6.15 参照）．

定理 6.70 W_n は，次の 2 つの式を使うことで再帰的に計算できる．

（W0）ほどけた結び目 U_1 に対し $W_n(U_1; t) = 1$，

（W1）図 4.21 で表された綾三つ組 L_+, L_-, L_0 に対し

$$t^{n/2} W_n(L_+; t) - t^{-n/2} W_n(L_-; t) = (t^{1/2} - t^{-1/2}) W_n(L_0; t).$$

（W1）を n 次元 HOMFLYPT 多項式に関する綾関係式と呼ぶ． □

[証明] （W0），（W1）が成り立てば，それだけを使って任意の絡み目 L に対して $W_n(L)$ が計算できるのは，Alexander 多項式（定理 4.30）の場合と同様に証明できる．以下（W0），（W1）が成り立つことを示す．

まず，交差のない円周 U_1 に対して，命題 6.63 の (6.28) を適用することにより $\tilde{W}_n(U_1) = [n]$ である．よって，$W_n(U_1; t) = 1$ である．

次に，D_+, D_-, D_0 をそれぞれ図 4.21 に現れた絡み目図式とする．定義 6.65 より

$$\langle D_+ \rangle_n - \langle D_- \rangle_n = (t^{1/2} - t^{-1/2}) \langle D_0 \rangle_n$$

が成り立つ. $w(D_+) = w(D_0)+1$, $w(D_-) = w(D_0)-1$ だから

$$t^{n/2}W_n(L_+;t) - t^{-n/2}W_n(L_-;t)$$
$$= \frac{1}{[n]}\left\{ t^{n/2}t^{-nw(D_+)/2}\langle D_+\rangle_n - t^{-n/2}t^{-nw(D_-)/2}\langle D_+\rangle_n \right\}$$
$$= \frac{t^{-nw(D_0)/2}}{[n]}\left\{ \langle D_+\rangle_n - \langle D_+\rangle_n \right\}$$
$$= (t^{1/2} - t^{-1/2})W_n(L_0;t)$$

となる.

n を不定元とみなし $v := t^{-n/2}$, $z := t^{1/2} - t^{-1/2}$ を新たな不定元とおくことで, 多項式不変量が得られる.

定義 6.71(HOMFLYPT 多項式) 次の2つをみたすような絡み目の不変量を **HOMFLYPT 多項式**と呼び $P(L;v,z)$ で表す.

(P0) ほどけた結び目 U_1 に対し $P(U_1;v,z) = 1$,

(P1) 図 4.21 で表された綾三つ組 L_+, L_-, L_0 に対し

$$v^{-1}P(L_+;v,z) - vP(L_-;v,z) = zP(L_0;v,z).$$

(P1)を **HOMFLYPT 多項式に関する綾関係式**と呼ぶ.

$W_n(L;t) = P(L;t^{-n/2}, t^{1/2} - t^{-1/2})$ であることに注意しよう.

また,(P1)と(A1),(C1),(V1)を比較することにより

$$P(L;-1, t^{1/2} - t^{-1/2}) = \Delta(L;t),$$
$$P(L;-1, z) = \nabla(L;z),$$
$$P(L;t, t^{1/2} - t^{-1/2}) = V(L;t)$$

がわかる.

自明な絡み目に対しては $v^{-1}P(U_{n-1};v,z) - vP(U_{n-1};v,z) = zP(U_n;v,z)$ より, $P(U_n;v,z) = \left(\dfrac{v^{-1}-v}{z}\right)^{n-1}$ となる.

例 6.72 図 4.27 で導入したひねり結び目 $Q(a)$ の HOMFLYPT 多項式を計算してみよう.

例 4.37 と同様に,(P1)より

6.5 HOMFLYPT 多項式 273

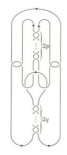

図 6.28 金信結び目 $K(p, q)$. $2p$ や $2q$ は交差の数を表す. ただし, p や q が負のときは逆のひねりとなる.

$$v^{-1}P(Q(a-1); v, z) - vP(Q(a); v, z) = zP(H_+; v, z)$$

が得られる. ただし, H_+ は正の Hopf 絡み目である. また,

$$v^{-1}P(H_+; v, z) - vP(U_2; v, z) = zP(U_1; v, z)$$

だから,

$$P(H_+; v, z) = v^2 \left(\frac{v^{-1} - v}{z} \right) + vz = (v - v^3)z^{-1} + vz$$

がわかる. よって,

$$P(Q(a); v, z) = v^{-2}P(Q(a-1); v, z) - (1 - v^2) - z^2$$

という漸化式が得られる. これを解くと

$$P(Q(a); v, z) = -v^{2-2a} + v^{-2a} + v^2 + v^2 z^2 \frac{v^{-2a} - 1}{v^2 - 1}$$

となる. □

例 6.73 図 6.28 で示された結び目を<ruby>金信結び目<rt>かねのぶ</rt></ruby>と呼ぶ.

上の方 ($2p$ 個の交差のある方) の交差で平滑化を行なうと, 自明な 2 成分絡み目となるので (交差の符号に注意), (P1) より

$$v^{-1}P(K(p-1, q); v, z) - vP(K(p, q); v, z) = v^{-1} - v$$

となるから

274   6 Jones 多項式と HOMFLYPT 多項式

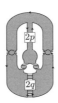

図 6.29 $K(p,q)$ の Seifert 曲面.

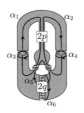

図 6.30 $K(p,q)$ の Seifert 曲面の 1 次元ホモロジー群の生成元.

$$v^{-1}(P(K(p-1,q);v,z)-1) = v(P(K(p,q);v,z)-1)$$

がわかる．下の方 ($2q$ 個の交差のある方) の交差で平滑化を行なっても，自明な 2 成分絡み目となるので

$$v^{-1}(P(K(p,q-1);v,z)-1) = v(P(K(p,q);v,z)-1)$$

が得られる．よって，

$$P(K(p,q);v,z) = v^{-2(p+q)}(P(K(0,0))-1)+1$$

となり，$p+q=p'+q'$ であれば $P(K(p',q');v,z)=P(K(p,q);v,z)$ となることがわかる．

HOMFLYPT 多項式だけではこれ以上区別できない．

$K(p,q)$ の二重被覆空間の 1 次元ホモロジー群を求めてみよう．

図 6.29 のように Seifert 曲面を張る．また，図 6.30 のように，1 次元ホモロジー群の生成元を選ぶと，Seifert 行列 V は次のようになる．

$$V = \begin{pmatrix} p+1 & -p & 0 & 0 & -1 & 0 \\ -p & p-1 & 0 & 0 & 1 & 0 \\ 1 & 0 & -1 & 0 & 0 & 0 \\ 0 & -1 & 0 & 1 & 0 & 0 \\ -1 & 1 & 0 & 0 & 0 & 0 \\ 0 & 0 & 0 & 0 & 1 & q \end{pmatrix}.$$

第 2 章より，$K(p,q)$ で分岐する S^3 の二重分岐被覆空間 $\Sigma_2(K(p,q))$ の 1 次元ホモロジー群の表示行列は $V+{}^{\mathsf{T}}V$ で与えられる．この可換群の表示行列は，

$$\begin{pmatrix} 5 & 0 \\ p-q & 5 \end{pmatrix}$$

と変形できる．これは，$p-q \equiv 0 \pmod 5$ のとき $(\mathbb{Z}/5\mathbb{Z}) \oplus (\mathbb{Z}/5\mathbb{Z})$ を，$p-q \not\equiv 0 \pmod 5$ のときは $\mathbb{Z}/25\mathbb{Z}$ を表す．

よって，たとえば $P(K(1,1); v, z) = P(K(2,0); v, z)$ だが，$K(1,1) \neq K(2,0)$ となっている． $\qquad\square$

注意 6.74 実際は，$K(p,q)$ と $K(p',q')$ が同値であるための必要十分条件は，$(p,q) = (p',q')$ または $(p,q) = (q',p')$ であることが知られている [23, 24]．

$W_2(L;t) = P(L; t^{-1}, t^{1/2} - t^{-1/2})$ であり，$V(L;t) = P(L; t, t^{1/2} - t^{-1/2})$ だから，本質的に Jones 多項式と一致することがわかる．

命題 6.75 成分数が $\#(L)$ であるような，向きの付いた絡み目 L に対し

$$(6.39) \qquad W_2(L;t) = (-1)^{\#(L)+1} V(L; t^{-1})$$

が成り立つ． $\qquad\square$

[証明] 絡み目の分解木を用いて証明する．

まず，ほどけた k 成分絡み目 U_k について，$V(U_k; t) = (-t^{1/2} - t^{-1/2})^{k-1}$ であった．また，$W_2(L;t) = \langle U_k \rangle_2 / [2] = [2]^{k-1} = (t^{1/2} + t^{-1/2})^{k-1}$ だから，(6.39) が成り立つ．

次に，綾三つ組 $L_\pm, L_0$ のうちの 2 つについて (6.39) が成り立つと仮定する．(W1) より

$$W_2(L_\mp; t) = t^{\pm 2} W_2(L_\pm; t) \mp t^{\pm 1}(t^{1/2} - t^{-1/2}) W_2(L_0; t)$$

$$= (-1)^{\#(L_\pm)+1} t^{\pm 2} V(L_\pm; t^{-1}) \mp (-1)^{\#(L_0)+1} t^{\pm 1}(t^{1/2} - t^{-1/2}) V(L_0; t^{-1})$$

$$(\#(L_\pm) \equiv \#(L_0) \pm 1 \pmod 2 \text{ より})$$

$$= (-1)^{\#(L_\pm)+1} \left\{ t^{\pm 2} V(L_\pm; t^{-1}) \pm t^{\pm 1}(t^{1/2} - t^{-1/2}) V(L_0; t^{-1}) \right\}$$

となるが，(V1) より，これは $(-1)^{\#(L_\mp)+1} V(L_\mp; t^{-1})$ と等しい． $\blacksquare$

注意 6.76 定義 6.65 の代わりに新たな不定元 x を使って

276 6 Jones 多項式と HOMFLYPT 多項式

$$\begin{cases} \left[\vcenter{\hbox{$\times$}}\right]_n = x\left(t^{1/2}\left\langle 1 \right\rangle \;\; \left\langle 1 \right\rangle_n - \left\langle \begin{smallmatrix} 1 & & 1 \\ & 2 & \\ 1 & & 1 \end{smallmatrix} \right\rangle_n \right), \\[3ex] \left[\vcenter{\hbox{$\times$}}\right]_n = x^{-1}\left(t^{-1/2}\left\langle 1 \right\rangle \;\; \left\langle 1 \right\rangle_n - \left\langle \begin{smallmatrix} 1 & & 1 \\ & 2 & \\ 1 & & 1 \end{smallmatrix} \right\rangle_n \right) \end{cases}$$

となるように $[D]_n$ を定義しても Reidemeister 移動 II, III で不変であることがわかる. また, Reidemeister 移動 I で不変になるように調整して絡み目不変量を構成することもできる(問題 6.6).

注意 6.77 $n=2$ のときは, 2 の流れを持つ状態は一意的に定まるので, そのような流れを持つ辺は忘れてもかまわない. すると, 平面グラフはいくつかの円周に分かれる. ただし, 円周上には偶数個の頂点があり, 頂点で隣り合った辺は異なった向きを持っている.

円周の向きを忘れることにすると, 命題 6.63 のうち

- (6.28)は(6.29)と同値,
- (6.30), (6.31), (6.32), (6.33)は自明

となる.

また, 注意 6.76 で導入した $[D]_2$ で $x:=t^{-1/4}$ とおくことによって, $\langle D \rangle_2$ は Kauffman 括弧式と「ほぼ」同じものを与えることがわかる(問題 6.7).

注意 6.78 $n=3$ の場合, 2 の流れを持つ辺の向きを変えて 1 の流れを持つ辺にすることにより, (6.29)と(6.30)は同じになる. 同様に, (6.31)と(6.32)も同等である. さらに, 3 の流れを無視することで(6.33)は自明なものとなる.

注意 6.79 流れを持つ平面グラフにおいて 1 の流れを持つものは, リー環 $\mathfrak{sl}_n$ の基本表現(既約 n 次元表現)に対応する. このことから, HOMFLYPT 多項式は $\mathfrak{sl}_n$ に対応した不変量とみなすことができる.

6.6 問 題

問題 6.1 8_{19} 結び目は交代結び目ではないことを示せ.

問題 6.2 補題 6.41 を証明せよ.

問題 6.3 命題 6.46 の証明のうち $e_{d,d-1}\mathrm{w}_d = 0$ の部分(247〜248 ページ)を, 図を用いて証明せよ.

問題 6.4 たとえば, Web Page「The KnotAtlas」(http://katlas.org/wiki/Main_Page)の結び目の表を参照して, 結び目の(色付き)Jones 多項式や HOMFLYPT 多項式を計算せよ.

問題 6.5 円環面結び目 $T(2, 2a+1)$ の HOMFLYPT 多項式を求めよ． □

問題 6.6 注意 6.76 で述べたことを確認せよ．特に，Reidemeister 移動 I で $[D]_n$ がどのように変化するかを調べよ． □

問題 6.7 注意 6.77 で述べたことを確認せよ．特に，$\langle D \rangle_2$ と $\langle D \rangle$ の関係を求めよ． □

問題 6.8 定理 4.51 にならって，HOMFLYPT 多項式（定義 6.71）に関する次の等式を示せ．

$$
(1-\delta^2)P\left(\begin{array}{c} S \quad T \end{array}\right)
$$

$$
= P\left(\begin{array}{c} S \end{array}\right) P\left(\begin{array}{c} T \end{array}\right) + P\left(\begin{array}{c} S \end{array}\right) P\left(\begin{array}{c} T \end{array}\right)
$$

$$
-\delta\left(P\left(\begin{array}{c} S \end{array}\right) P\left(\begin{array}{c} T \end{array}\right) + P\left(\begin{array}{c} S \end{array}\right) P\left(\begin{array}{c} T \end{array}\right)\right)
$$

ただし，$\delta := \dfrac{v^{-1} - v}{z}$ である．また，この式では v, z を省略している． □

問題 6.9 樹下・寺阪結び目 $KT(p, 2n)$（問題 4.7 参照）の HOMFLYPT 多項式を利用して，$(p', n') \neq (p, n)$ なら $KT(p, 2n)$ と $KT(p', 2n')$ は異なる結び目であることを示せ． □

6.7 文献案内

Jones 多項式は [21] で導入された（この論文は報告であり，後で [22] が発表された）．また，Kauffman 括弧式は [28] による．

定理 6.20 は，[41] で示された．

Jones–Wenzl 冪等元は [20, 61] で導入されたものである． $\boxed{d}$ のような図を用いた説明は，[29, 35, 39] などによる．

Temperley–Lieb 代数については [25] や [86] を参考にした．

HOMFLYPT 多項式は，[14] と [47] により定義された．"HOMFLY" は [14]

の著者のイニシャルを(読みやすいように)並べ替えたもの，"PT" は[47]の著者のイニシャルを(アルファベット順に)並べたものである．"PT" の出版が遅れたのは当時の通信事情による．

HOMFLYPT 多項式の，本章での定義は[42]による．この論文で与えられた $\langle D \rangle_n$ の定義は，$n=3$ の場合に G. Kuperberg が，(6.28)～(6.33)を用いて与えたもの([34])を基にしている．

解　答

第 1 章

[問題 1.1]　描き終えたら，先輩や先生に点検してもらおう．

[問題 1.2]

慣れないうちは，ひもで結び目を作って試してみるのもよい．

[問題 1.3]　L を，n 成分絡み目とする．第 1.2 節のように Mayer-Vietoris 完全列を使っても計算できるが，ここでは別の証明を与える．

$\tilde{H}_*$ を被約ホモロジーとすると，Alexander 双対定理より

$$\tilde{H}_i(S^3 \setminus L; \mathbb{Z}) \cong \tilde{H}^{2-i}(L; \mathbb{Z}) = \begin{cases} \mathbb{Z}^n & i = 1, \\ \mathbb{Z}^{n-1} & i = 2, \\ \{0\} & \text{それ以外} \end{cases}$$

となる．よって，通常のホモロジーは次のようになる．

$$H_i(S^3 \setminus L; \mathbb{Z}) \cong \begin{cases} \mathbb{Z} & i = 0, \\ \mathbb{Z}^n & i = 1, \\ \mathbb{Z}^{n-1} & i = 2, \\ \{0\} & \text{それ以外．} \end{cases}$$

[問題 1.4]　図 A.1，図 A.2 を見よ．

[問題 1.5]　$p > 0, q > 0$ と仮定してよい．組み紐 $(\sigma_1 \sigma_2 \cdots \sigma_{p-1})^q$ に対応する対称群の元は

280　解　答

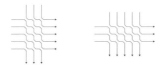

図 A.1　$T(5,3)$（左）と $T(3,5)$（右）．ただし，水平線と鉛直線はそれぞれ図 A.2 のようにつながっている．

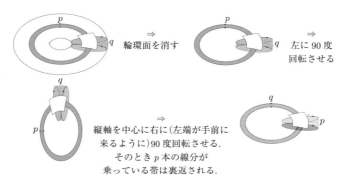

図 A.2　図の白い部分には，図 A.1 が入る．

$$\tau := ((1\ 2)(2\ 3)\cdots(p-1\ p))^q = \begin{pmatrix} 1 & 2 & 3 & \cdots & p-1 & p \\ p & 1 & 2 & \cdots & p-2 & p-1 \end{pmatrix}^q$$

だから

$$\tau : i \mapsto i - q \pmod{p}$$

がわかる．$d := \gcd(p, q)$, $p = dp'$, $q = dq'$ とおくと

$$\tau^k : i \mapsto i - kq \pmod{p}$$

だから，$\tau^k(i) = i$ となる最小の（0 でない）k は，p' である．これは，点 $1, 2, \ldots, p$ は組み紐を p' 回まわって元に戻るということを表す．

また，p' 回まわることで，$i, i-q, i-2q, \ldots, i-p'q$ は 1 つの成分となり，絡み目を作る．このような成分は d 個あるので，求める成分数は d である．■

[問題 1.6]　$p > 0$, $q > 0$ と仮定する．また，この解答では Conway 表記と Schubert 表記の対応についての事実を仮定している．

分数 $\dfrac{p}{q}$ を連分数展開し，現れる係数はすべて偶数であるようにする．つまり $S(p, q) = C[2b_1, 2b_2, \ldots, 2b_n]$ とする．これは，次のような理由による．まず，

$$p \div q = a_1 \text{ 余り } r$$

（ただし，$0 < r < q$）とするのであるが，a_1 が偶数なら

$$\frac{p}{q} = a_1 + \frac{r}{q} = a_1 + \cfrac{1}{\cfrac{q}{r}}$$

とし，$\dfrac{q}{r}$ に対して割り算を続けていく．a_1 が奇数なら，

$$p \div q = (a_1 + 1) \text{ 余り } (r - q)$$

（ただし，$0 < |r - q| < q$）とし，

$$\frac{p}{q} = (a_1 + 1) + \frac{r - q}{q} = (a_1 + 1) + \cfrac{1}{-\cfrac{q}{q - r}}$$

としてから，$\dfrac{q}{q - r}$ に対して計算を続ける．

以下 Conway の記法により $C[2b_1, 2b_2, \ldots, 2b_n]$ で与えられた二橋結び目を考えることにする．

b_i を変えても弧のつながり方は変わらないので，すべての b_i が 0 のときを考える．図 1.29 からわかるように，$C[\underbrace{0, 0, \ldots, 0}_{n}]$ は n が偶数のとき結び目，n が奇数のとき 2 成分絡み目になる[*1]．

また，n が偶数（奇数）のとき，連分数

$$2b_1 + \cfrac{1}{2b_2 + \cfrac{1}{\cdots + \cfrac{1}{2b_{n-1} + \cfrac{1}{2b_n}}}}$$

を通常の分数に直した時の分子が奇数（偶数）になることは帰納法でわかる． ∎

[問題 1.7]　問題 1.6 より，二橋結び目は奇数 $p > 0$ と整数 $q > 0$ を用いて $S(p, q)$ と表される（鏡像を同一視する）．分数 $\dfrac{p}{q}$ を，今度は正の整数 $a_1, a_2, \ldots, a_n$ を使って連分

[*1]　二橋結び目の定義では，各 b_i は 0 でないとしているが，0 の場合も同様に定義する．

図 A.3 K_2 の一部を引き延ばして $D^2 \times S^1$ を一周回す．

数展開することで，$C[a_1, a_2, \ldots, a_n]$ が得られる．これに対応する図式は交代的である．

[問題 1.8] 弧のつながり方は b_i の偶奇のみによるので，各 b_i は，その偶奇に従って 0 か 1 であると仮定する[*2]．

$\{b_1, b_2, \ldots, b_m\}$ の中に 2 つ以上 0 があれば絡み目になることは，図 1.30 からわかる．$b_i = 0$ となる i が 1 つだけであれば $P(b_1, b_2, \ldots, b_m)$ はほどけた結び目になる．すべての b_i が 1 であれば $P(\underbrace{1, 1, \ldots, 1}_{m})$ は円環面絡み目 $T(2, m)$ となるので，m が奇数のときのみ結び目となる．

[問題 1.9] 結び目 K_2 を，円環体 $D^2 \times S^1$ の中に，図 A.3 のように入れたものを模様とし，K_1 を伴星結び目とする衛星結び目が $K_1 \# K_2$ である．

第 2 章

[問題 2.1] たとえば，次の URL で答えを調べることができる．

http://www.indiana.edu/~knotinfo/

組み紐表示は一意的ではないので，上の表示と違っている可能性がある．

[問題 2.2] 2 次組み紐については明らかに成り立つので，$n \geq 3$ と仮定する．

$$\Gamma_k := \sigma_k \sigma_{k-1} \cdots \sigma_1$$

と定義する．任意の $1 \leq i < n$ に対して

(A.1) $$\sigma_i^{\pm 1} \Gamma_1 \Gamma_2 \cdots \Gamma_{n-1} = \Gamma_1 \Gamma_2 \cdots \Gamma_{n-1} \sigma_{n-i}^{\pm 1}$$

となることを示せばよい．複号が + のときのみを $n \geq 3$ に関する帰納法で示す．

$n = 3$ のとき

$$\sigma_1(\sigma_1 \sigma_2 \sigma_1) = \sigma_1(\sigma_2 \sigma_1 \sigma_2)$$

$$(\sigma_2 \sigma_1 \sigma_2)\sigma_1 = (\sigma_1 \sigma_2 \sigma_1)\sigma_1$$

[*2] 二橋結び目の場合と同様に b_i が 0 の場合も定義しておく．

だから正しい(括弧の中に組み紐関係式を適用した).

$n-1$ まで正しいとして，(A.1)を示す.

帰納法の仮定より $j \leqq n-2$ をみたす j に対して

$$\sigma_j \Gamma_1 \Gamma_2 \cdots \Gamma_{n-2} = \Gamma_1 \Gamma_2 \cdots \Gamma_{n-2} \sigma_{n-j-1}$$

が成り立つ.

$i \leqq n-2$ のとき，帰納法の仮定より

(A.2) $$\sigma_i \Gamma_1 \Gamma_2 \cdots \Gamma_{n-2} \Gamma_{n-1} = \Gamma_1 \Gamma_2 \cdots \Gamma_{n-2} \sigma_{n-i-1} \Gamma_{n-1}$$

であるが，$k := n-i-1$ とおくと

$$\begin{aligned}
\sigma_k \Gamma_{n-1} &= \sigma_k \sigma_{n-1} \cdots \sigma_{k+2} \sigma_{k+1} \sigma_k \sigma_{k-1} \cdots \sigma_1 \\
&= \sigma_{n-1} \cdots \sigma_{k+2} (\sigma_k \sigma_{k+1} \sigma_k) \sigma_{k-1} \cdots \sigma_1 \\
&= \sigma_{n-1} \cdots \sigma_{k+2} \sigma_{k+1} \sigma_k \sigma_{k+1} \sigma_{k-1} \cdots \sigma_1 \\
&= \sigma_{n-1} \cdots \sigma_{k+2} \sigma_{k+1} \sigma_k \sigma_{k-1} \cdots \sigma_1 \sigma_{k+1}
\end{aligned}$$

であるから，(A.2)より

$$\sigma_i \Gamma_1 \Gamma_2 \cdots \Gamma_{n-2} \Gamma_{n-1} = \Gamma_1 \Gamma_2 \cdots \Gamma_{n-2} \Gamma_{n-1} \sigma_{n-i}$$

が成り立つ.

最後に $i = n-1$ のときを考える.

$$\sigma_{n-1} \Gamma_1 \Gamma_2 \cdots \Gamma_{n-1} = \Gamma_1 \Gamma_2 \cdots \Gamma_{n-3} \sigma_{n-1} \Gamma_{n-2} \Gamma_{n-1}$$

であるが，

$$\begin{aligned}
\sigma_{n-1} \Gamma_{n-2} \Gamma_{n-1} &= \sigma_{n-1} \sigma_{n-2} \Gamma_{n-3} \sigma_{n-1} \Gamma_{n-2} \\
&= \sigma_{n-1} \sigma_{n-2} \sigma_{n-1} \Gamma_{n-3} \Gamma_{n-2} \\
&= (\sigma_{n-2} \sigma_{n-1})(\sigma_{n-2} \Gamma_{n-3} \Gamma_{n-2}) \\
&= (\sigma_{n-2} \sigma_{n-1})(\sigma_{n-3} \sigma_{n-2})(\sigma_{n-3} \Gamma_{n-4} \Gamma_{n-3}) \\
&= (\sigma_{n-2} \sigma_{n-1})(\sigma_{n-3} \sigma_{n-2}) \cdots (\sigma_3 \sigma_4)(\sigma_2 \sigma_3)(\sigma_2 \Gamma_1 \Gamma_2) \\
&= (\sigma_{n-2} \sigma_{n-1})(\sigma_{n-3} \sigma_{n-2}) \cdots (\sigma_3 \sigma_4)(\sigma_2 \sigma_3)(\sigma_1 \sigma_2 \sigma_1 \sigma_1) \\
&= (\sigma_{n-2} \sigma_{n-3} \cdots \sigma_2 \sigma_1)(\sigma_{n-1} \sigma_{n-2} \cdots \sigma_3 \sigma_2 \sigma_1) \sigma_1 \\
&= \Gamma_{n-2} \Gamma_{n-1} \sigma_1
\end{aligned}$$

となって，この場合も成り立つ.

284　解　　答

　［問題 2.3］　三角形移動に使われた三角形を，次の条件がみたされるように細かく分割する．
- どの三角形もその内部に交差を高々 1 つしか含まない．
- 内部に交差を含む三角形は，交差をなす辺以外の辺を内部に含まない．
- 内部に交差を含まない三角形の内部に含まれる辺は高々 1 本である．
- 内部に含まれる辺が三角形の頂点を通るとき，その辺は三角形の内部で他の辺と交わらない．

このような三角形分割を得るには，まず，交差の周りを三角形で囲み，残りの部分を三角形に分割すればよい．

　内部に含まれる辺が三角形の頂点を含まない場合，各三角形は次のいずれかになる．
- 交差を含む場合．次の 2 通り．
  ◦ 2 辺と三角形の周との交差 (4 つある) が三角形の 2 辺のみにある場合．

　　　* 辺 uv と辺 uwv を入れ替えるときと，辺 vw と辺 vuw を入れ替えるときは Reidemeister 移動 III，
　　　* 辺 uw と辺 uvw を入れ替えるときは Reidemeister 移動 III と Reidemeister 移動 II
　　　で実現できる．
  ◦ 2 辺と三角形の周との交差 (4 つある) が三角形の 3 辺にある場合．

　　　* 辺 uv と辺 uwv を入れ替えるときは Reidemeister 移動 III，
　　　* 辺 uw と辺 uvw を入れ替えるときと，辺 vw と辺 vuw を入れ替えるときは Reidemeister 移動 III と Reidemeister 移動 II で実現できる．
- 交差を含まない場合．

この場合，辺 uw と辺 uvw を入れ替えるときのみ Reidemeister 移動 II で，他は平

図 A.4　Seifert 円周を加えた図.

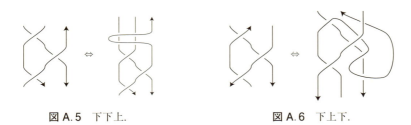

図 A.5　下下上.　　　　　　　図 A.6　下上下.

面図としての同値変形である.

次に，辺が三角形の頂点を含む場合を考える．この場合は，次の図のようになり，Reidemeister 移動 I に対応する（辺 uvw は結び目に含まれないことに注意）.

[問題 2.4]　図 A.4 で示されたように，異なる Seifert 円周において Reidemeister 移動 II を行なっているので，これらの変形は伸展や屈曲である.

[問題 2.5]　図 A.5，図 A.6 を見よ.

これらの図では，3 本の紐が左から順に「下向き，下向き，上向き」と「下向き，上向き，下向き」に垂れ下がった場合を表している．図 2.31 は「下下下」で，図 2.34 は「上下下」である．これらを 180 度回転させると，順に「上上下」，「上下上」，「上上上」，「下上上」となるので，すべての場合が尽くされた.

[問題 2.6]　c_+ の向きに従って c_- との交わりを見る．図 2.39 や図 2.40 のように，最初の交わりのところから c_- に沿って進み，最後の交わりのところから c_+ に沿って進むようにすればよい.

また，c_+ と c_- が屈曲線だから図 2.39 と図 2.40 の上下に現れている弧は，異なる Seifert 円周に含まれ，それらの弧を含む Seifert 円周は同調していない．よって，c は屈曲線である.

[問題 2.7]　c_+ と c_- がともに上向きのときは，図の交差をすべて逆にすることで証明ができる．c_+ が上向き，c_- が下向きのときを示す（c_+ が下向き，c_- が上向きの場合はこの証明の図の交差をすべて逆にすればよい）.

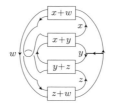

図 A.7 太線は屈曲線となる．向きはこのように指定する．

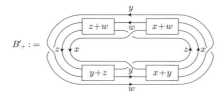

図 A.8 図 A.7 から得られる閉組み紐．図 2.60 とは，内側の 2 つの交差のみが違っている．

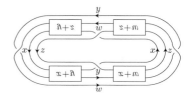

図 A.9 図 A.8 の内側と外側を入れ替えるように裏返し，90 度時計回りに回す．

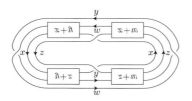

図 A.10 図 A.9 に，図 2.60〜図 2.67 の変形を施す．

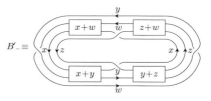

図 A.11 図 A.10 を裏返し，90 度反時計回りに回したもの．

補題 2.19 の証明と同様に B_{++} を定義し，屈曲線を図 A.7 のように選ぶ（図 2.59 との違いに注意）．

この屈曲線で yw 回屈曲を施すと，図 A.8 のような閉組み紐 B'_+ が得られる．

図 A.8 において，閉組み紐が乗っている円環を，内側と外側を入れ替えるように裏返し（これは，問題 2.2 で定義した裏返しだから，共役である），90 度時計回りに回転させると，図 A.9 のようになる．

ここで，$\boxed{x+y}$ などが上下逆になっているのは，この部分を上下入れ替えたことを意味している．

図 A.9 に，図 2.60〜図 2.67 の変形を施すと，図 A.10 が得られる．

図 A.10 の閉組み紐が乗っている円環を，内側と外側を入れ替えるように裏返し，90 度反時計回りに回転させると，図 A.11 で与えられる閉組み紐 B'_- となる．

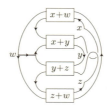

図 A.12 太線は屈曲線となる．向きはこのように指定する．

この閉組み紐は，補題 2.19 の証明と同様に定義した B_{--} に，図 A.12 の屈曲線に沿った yw 回の屈曲から得られたものである（図 2.54 との違いに注意）．

以上でこの場合も B'_+ と B'_- は Markov 同値である． ■

第 3 章

[問題 3.1] $\tilde{\Pi} := \pi_1(\widetilde{S^1 \vee S^1}, x_1)$, $\Pi := \pi_1(S^1 \vee S^1, x)$ とする．a の指数の和が偶数であるような語からなる，Π の部分群を G とする．

まず，G が Π の正規部分群であること，つまり，任意の $g \in G, p \in \Pi$ に対し $p^{-1}gp \in G$ であることは定義から明らかである．

$\tilde{\Pi}$ の生成元 $\tilde{a}_1\tilde{a}_2$, $\tilde{b}_1$, $\tilde{a}_1\tilde{b}_2\tilde{a}_1^{-1}$ の像はそれぞれ，a^2, b, aba^{-1} であり，すべて a の指数の和は偶数である．よって，$\text{Im}\, q_* \subset G$ がわかる．

次に $g \in \Pi$ を，a の指数の和が偶数であるような語とする．最初に a の指数が奇数になる部分を a^{2k+1} とする．$a^{2k+1}b^l a^m = a^{2k}(aba^{-1})^l a^{m+1}$ を使うことで，順に a の指数を偶数にできるので，g を q_* の像で書くことができる．よって，$\text{Im}\, q_* = G$ である．

Π/G は a の同値類 $[a]$ で生成される．$p \in \widetilde{S^1 \vee S^1}$ に対する $[a]$ の作用 $[a] \cdot p$ は次のようになる (68 ページ参照)．x_1 を始点とし p を終点とする道を η とする．道 $a \cdot (q \circ \eta)$ の，x_1 を始点とする持ち上げの終点が $[a] \cdot p$ である．

η を 180 度回転させたものを η' とすると，η' の始点は x_2 だから，道 $\tilde{a}_1 \cdot \eta'$ が定義される．$\tilde{a}_1 \cdot \eta'$ の終点は，p を 180 度回転させた点 p' である．また，$q \circ (\tilde{a}_1 \cdot \eta') = a \cdot (q \circ \eta)$ だから，道の持ち上げの一意性より $\eta = \tilde{a}_1 \cdot \eta'$ となり，$\tilde{a}_1 \cdot \eta'$ の終点 p' は $[a] \cdot p$ と一致する． ■

[問題 3.2] $\hat{\Pi} := \pi_1(\widehat{S^1 \vee S^1}, x_1)$, $\Pi := \pi_1(S^1 \vee S^1, x)$ とする．長さが偶数であるような語からなる，Π の部分群を H とする．

まず，H が Π の正規部分群であること，つまり，任意の $h \in H, p \in \Pi$ に対し $p^{-1}hp \in H$ であることは定義から明らかである．

$\hat{\Pi}$ の生成元 $\tilde{a}'_1\tilde{a}'_2$, $\tilde{b}'_1\tilde{b}'_2$, $\tilde{a}'_1\tilde{b}'_2$ の像はそれぞれ，a^2, b^2, ab であり，長さは偶数である．よって，$\text{Im}\, q'_* \subset H$ がわかる．

288   解 答

次に $h \in \Pi$ を，長さが偶数であるような語とする．

$$a^i b^j = a^{i-1}(ab)b^{j-1}$$
$$b^j a^i = b^{j+1}(ab)^{-1}a^{i+1}$$

を使うことによって，h は，a^2, b^2, ab の積で書ける．よって，$\operatorname{Im} q'_* = H$ である．

Π/H は a の同値類 $[a]$ で生成される．$r \in \widehat{S^1 \vee S^1}$ に対する $[a]$ の作用 $[a] \cdot r$ は次のようになる（68 ページ参照）．x'_1 を始点とし r を終点とする道を γ とする．道 $a \cdot (q' \circ \gamma)$ の，x'_1 を始点とする持ち上げの終点が $[a] \cdot r$ である．

γ を 180 度回転させたものを γ' とすると，γ' の始点は x'_2 だから，道 $\tilde{a}'_1 \cdot \gamma'$ が定義される．$\tilde{a}'_1 \cdot \gamma'$ の終点は，r を 180 度回転させた点 r' である．また，$q' \circ (\tilde{a}'_1 \cdot \gamma') = a \cdot (q' \circ \gamma)$ だから，道の持ち上げの一意性より $\gamma = \tilde{a}'_1 \cdot \gamma'$ となり，$\tilde{a}'_1 \cdot \gamma'$ の終点 r' は $[a] \cdot r$ と一致する．∎

[問題 3.3]

・Reidemeister 移動 I：図 A.13 のように変数を決める．

左の交差に対応する関係式は $2X_j = X_j + X_i$ であり，これから $X_i = X_j$ が得られる．よって，右の図式で $Y_i = X_i$ とおき，他の弧も左の変数と同じようにすれば，左の図式に対応する群と右の図式に対応する群は同型になる．

・Reidemeister 移動 II：図 A.14 のように変数を決める．

左の 2 つの交差に対応する関係式は

$$2X_i = X_l + X_k,$$
$$2X_i = X_k + X_j$$

となる．これから，$X_j = X_l$ となるので，右の図式で $Y_i = X_i$, $Y_j = X_j$ とおけば，左の図式に対応する群と右の図式に対応する群は同型になる．

・Reidemeister 移動 III：図 A.15 のように変数を決める．

左の 3 つの交差に対応する関係式は

$$2X_i = X_k + X_m,$$
$$2X_k = X_j + X_p,$$
$$2X_i = X_l + X_p$$

である．これから，

$$X_m = 2X_i - X_k,$$
$$X_p = 2X_k - X_j,$$
$$X_l = 2X_i - 2X_k + X_j$$

図 A.13 Reidemeister 移動 I.

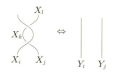

図 A.14 Reidemeister 移動 II.

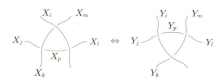

図 A.15 Reidemeister 移動 III.

となる．右の 3 つの交差に対応する関係式は

$$2Y_i = Y_j + Y_p,$$
$$2Y_i = Y_k + Y_m,$$
$$2Y_m = Y_l + Y_p$$

となる．これから

$$Y_m = 2Y_i - Y_k,$$
$$Y_p = 2Y_i - Y_j,$$
$$Y_l = 2Y_m - 2Y_i + Y_j = 2Y_i - 2Y_k + Y_j$$

が得られる．よって，$Y_i = X_i$, $Y_j = X_j$, $Y_k = X_k$, $Y_l = X_l$, $Y_m = X_m$, $Y_p = 2X_i - X_j$ とおけば，左右の群は同型になる． ∎

[問題 3.4]

- $(p_2, \Sigma_2(K), S^3 \setminus \operatorname{Int} N(K))$ が被覆であること：$x \in S^3 \setminus \operatorname{Int} N(K)$ が F に含まれないときは，x の近傍 U を $U \cap F = \emptyset$ となるようにとれば $p_2^{-1}(U)$ は U と同相な空間 2 つの非交和である．$x \in F$ のときは，x の近傍 U を F が 2 つに分ける ($U = U^+ \sqcup U^-$) ようにとると，$p^{-1}(U^+) = U_1^+ \sqcup U_2^+$, $p^{-1}(U^-) = U_1^- \sqcup U_2^-$ ($U_1^\pm \subset Y_1$, $U_2^\pm \subset Y_2$) となる．$U_1^+ \cup U_1^-$, $U_2^+ \cup U_2^-$ はともに U と同相である．よって，$(p_2, \Sigma_2(K), S^3 \setminus \operatorname{Int} N(K))$ は被覆である．

- $\operatorname{mod}_2 \circ \alpha \colon \pi_1(S^3 \setminus \operatorname{Int} N(K)) \to \mathbb{Z}/2\mathbb{Z}$ の核に対応していること：$\operatorname{Im}(p_2) = \operatorname{Ker}(\operatorname{mod}_2 \circ \alpha)$ を示せばよい．
$\tilde{x}_0 \in \Sigma_2(K)$ を基点とし，$x_0 := p_2(\tilde{x}_0) \in S^3 \setminus \operatorname{Int} N(K)$ とおく．
  ◦ $\operatorname{Im}(p_2) \subset \operatorname{Ker}(\operatorname{mod}_2 \circ \alpha)$：$\tilde{x}_0$ を基点とする $\Sigma_2(K)$ 内の任意の閉道 ℓ を考える．

290　解　答

$p_2(\ell)$ の表す，(2 を法とした)ホモロジー類 $[p_2(\ell)] \in H_1(S^3 \setminus N(K); \mathbb{Z}/2\mathbb{Z})$ が 0 であることを示せばよい．

F_1^+ と F_2^- を同一視したものを $F_1 \subset \Sigma_2(K)$，F_2^+ と F_1^- を同一視したものを $F_2 \subset \Sigma_2(K)$ とおく．$\tilde{x}_0 \notin F_1 \cup F_2$ とし，ℓ は $F_1 \cup F_2$ と横断的に交わると仮定する．ℓ は $\tilde{x}_0$ から出て，$\tilde{x}_0$ に戻ってくる．F_1 と a 回交わり，F_2 と b 回交わるとすると，$a+b$ は偶数である（F_i と交わることで Y_1 と Y_2 を出入りするから）．$p_2(\ell) \cap F = p_2(F_1 \cap \ell) \cup p_2(F_2 \cap \ell)$ だから，$p_2(\ell)$ と F は $a+b$ 回，つまり，偶数回交わる．これは $[p_2(\ell)] \in H_1(S^3 \setminus N(K); \mathbb{Z}/2\mathbb{Z})$ が 0 であることを示している．

○ $\mathrm{Im}(p_2) \supset \mathrm{Ker}(\mathrm{mod}_2 \circ \alpha)$：$\rho$ を x_0 を起点とする閉道で，そのホモトピー類が $\mathrm{Ker}(\mathrm{mod}_2 \circ \alpha)$ に含まれるものとする．これは，ρ のホモロジー類 $[\rho]$ があるホモロジー類の 2 倍になっていることを示している．ρ は F と横断的に交わると仮定してよい．基点は F に含まれないとし，基点から始めて ρ をたどり，F との交点で ρ を分割する．それを $\rho = \rho_0 * \rho_1 * \cdots * \rho_{n-1} * \rho_n$ とおく．ρ が F と交わる回数を符号付きで数えたものが，$[\rho] \in H_1(S^3 \setminus N(K); \mathbb{Z})$ が生成元の何倍かを表している．これは偶数であるから n も偶数でなければならない．

$\Sigma_2(K) = Y_1 \cup Y_2$ であった．$\tilde{x}_0 \in Y_2$ とし，ρ_{2i} を Y_2 に，ρ_{2i-1} を Y_1 に持ち上げて（Y_1，Y_2 は Y の複製だからそのまま移せばよい），道 $\tilde{\rho}$ を作ると n が偶数だから，ρ_n は Y_2 に持ち上がり，$\tilde{\rho}$ は閉道になる．

$\rho = p_2(\tilde{\rho}) \in \mathrm{Im}(p_2)$ だから，$\mathrm{Im}(p_2) \supset \mathrm{Ker}(\mathrm{mod}_2 \circ \alpha)$ がわかった．∎

[問題 3.5]　定義 3.28 の記号を使う．$[V] = \mathrm{lk}(U, V)u \in H_1(S^3 \setminus U; \mathbb{Z})$ であるが，$H_1(S^3 \setminus U; \mathbb{Z}) \cong H_1(S^3 \setminus \mathrm{Int}\, N(U); \mathbb{Z})$ である．また，$S^3 \setminus \mathrm{Int}\, N(U)$ は境界 $\partial N(U)$ を持つコンパクト 3 次元多様体だから，Poincaré–Lefschetz 双対定理より，$D: H_1(S^3 \setminus \mathrm{Int}\, N(U); \mathbb{Z}) \cong H^2(S^3, \partial N(U); \mathbb{Z})$ となる．

$H^2(S^3, \partial N(U); \mathbb{Z}) = \mathrm{Hom}(H_2(S^3, \partial N(U); \mathbb{Z}); \mathbb{Z}) \cong \mathbb{Z}$ は，$[F] \in H_2(S^3, \partial N(U); \mathbb{Z})$ の双対元 $[F]^*$ で生成されており，上の同型 D は $D([x]) = (x \cdot F)[F]$ で表される．ただし，$\cdot$ は交差数である．

よって，$D([V]) = (V \cdot F)[F] = \left(\sum_{i=1}^{m} \varepsilon_i \right)[F]$ となり $\mathrm{lk}(U, V) = \sum_{i=1}^{m} \varepsilon_i$ が得られる．∎

[問題 3.6]　（分岐していない）被覆空間を $\Sigma_n(K)$ とおく．$Y_0, Y_1, \ldots, Y_{n-1}, F_0^\pm, F_1^\pm, \ldots, F_{n-1}^\pm$ を第 3.5 節と同様にとる．$\Sigma_2(K)$ と同様に考えると，$H_1(\Sigma_n(K); \mathbb{Z})$ は $2g \times n$ 次正方行列

$$\begin{pmatrix} V & -{}^{\mathsf{T}}V & O & \cdots & O & O \\ O & V & -{}^{\mathsf{T}}V & \cdots & O & O \\ O & O & V & \cdots & O & O \\ \vdots & \vdots & \vdots & \ddots & \vdots & \vdots \\ O & O & O & \cdots & -{}^{\mathsf{T}}V & O \\ O & O & O & \cdots & V & -{}^{\mathsf{T}}V \\ -{}^{\mathsf{T}}V & O & O & \cdots & O & V \end{pmatrix}$$

で表される可換群と $\mathbb{Z}$ との直和である．また，分岐被覆区間 $H_1(\hat{\Sigma}_n(K);\mathbb{Z})$ の表示行列は上のように与えられる．∎

[問題 3.7] $q\colon \Sigma_\infty(K)\to S^3\setminus K$ を Y_j と Y を同一視する写像として定義する．$\mathrm{Im}[q_*\colon \pi_1(\Sigma_\infty(K),\tilde{x})\to\pi_1(S^3\setminus K,x)]=\mathrm{Ker}(\alpha)$ を示せばよい．ただし，x は Y の内点であり $\tilde{x}$ は Y_0 の点で $q(\tilde{x})=x$ となるものである．

まず，$H_1(S^3\setminus K;\mathbb{Z})$ の零元は，F との代数的な交わりが 0 であるような 1 輪体からなることに注意する．よって，$\mathrm{Ker}(\alpha)\lhd\pi_1(S^3\setminus K,x)$ は，F との代数的な交わりが 0 であるような閉道からなる．

$S^3\setminus K$ の閉道と F との代数的な交わりが 0 であることと，その閉道が $\Sigma_\infty(K)$ の閉道に持ち上がることが同値であることを示そう．

- $S^3\setminus K$ の閉道 ℓ と F との代数的な交わりが 0 であるとする．ℓ と F の交点を $c_1,c_2,\ldots,c_r$ とし，c_i の符号を ε_i とおく．ただし，ℓ が F の裏から表に抜けるときに符号を $+$，表から裏に抜けるときに $-$ とする．

  $\tilde{x}$ を起点として ℓ を $\Sigma_\infty(K)$ に持ち上げる．$\tilde{x}$ を出発して，最初に c_1 を通るとき，$\varepsilon_1=+$ なら Y_1 に向かい，$\varepsilon_1=-$ なら Y_{-1} に向かう．これを繰り返してゆくと $\sum_{i=1}^{r}\varepsilon_i=0$ だから，最後に $\tilde{x}$ に戻ってくることがわかる．よって，ℓ は，$\Sigma_\infty(K)$ の閉道に持ち上がる．

- 逆に，$\Sigma_\infty(K)$ に持ち上がるような閉道を考えれば，上と同様の考察で F との代数的な交わりは 0 となる．

  $\mathrm{Im}[q_*\colon \pi_1(\Sigma_\infty(K),\tilde{x})\to\pi_1(S^3\setminus K,x)]=\mathrm{Ker}(\alpha)$ を示そう．

- $\mathrm{Im}[q_*\colon \pi_1(\Sigma_\infty(K),\tilde{x})\to\pi_1(S^3\setminus K,x)]\supset\mathrm{Ker}(\alpha)$：上の考察により，$S^3\setminus K$ の閉道 ℓ が $[\ell]\in\mathrm{Ker}(\alpha)$ をみたすなら，$\Sigma_\infty(K)$ の閉道 $\tilde{\ell}$ に持ち上がる．つまり，$q(\tilde{\ell})=\ell$ となるので，$q_*([\tilde{\ell}])=[\ell]$ となり，$[\ell]\in\mathrm{Im}[q_*\colon \pi_1(\Sigma_\infty(K),\tilde{x})\to\pi_1(S^3\setminus K,x)]$ がわかった．

- $\mathrm{Im}[q_*\colon \pi_1(\Sigma_\infty(K),\tilde{x})\to\pi_1(S^3\setminus K,x)]\subset\mathrm{Ker}(\alpha)$：$[\rho]\in\mathrm{Im}[q_*\colon \pi_1(\Sigma_\infty(K),\tilde{x})\to\pi_1(S^3\setminus K,x)]$ とすると，$\Sigma_\infty(K)$ の閉道 τ で，$q_*([\tau])=[\rho]$ となるものが存在する．

292 解 答

これは，（正確には被覆空間のホモトピー持ち上げ性を使うと）$S^3 \setminus K$ の閉道 ρ が，$\Sigma_\infty(K)$ の閉道に持ち上がることを示している．上の考察により，ρ と F の代数的な交わりは 0 であり，これは $[\rho] \in \mathrm{Ker}(\alpha)$ であることを示している．

よって，$\Sigma_\infty(K)$ は，$\mathrm{Ker}(\alpha)$ に対応した $S^3 \setminus K$ の被覆空間である．

[問題 3.8]　可換群としての $H_1(\Sigma_\infty(5_2); \mathbb{Z})$ は次の表示をもつ．

$$\langle\langle g_i \ (i \in \mathbb{Z}) \mid 2g_{i+2} - 3g_{i+1} + 2g_i = 0 \ (i \in \mathbb{Z}) \rangle\rangle.$$

これが有限生成であると仮定し，$\alpha_1, \alpha_2, \ldots, \alpha_n$ を生成元とする．

各生成元は g_i の一次結合で表されているので，生成元すべてを考えた時に現れる g_i の添え字の最大値が存在する．それを M とする．

ところで，g_{M+1} は生成元の一次結合になっているはずだから，$g_{M+1} = \sum_{j=1}^{n} c_j \alpha_j$ ($c_j \in \mathbb{Z}$)となる．これは，$g_{M+1} - \sum_{j=1}^{n} c_j \alpha_j$ が，関係式 $2g_{i+2} - 3g_{i+1} + 2g_i$ の一次結合で表されているということを意味する．つまり，

$$g_{M+1} - \sum_{j=1}^{n} c_j \alpha_j = \sum_{i=L}^{M-1} d_i(2g_{i+2} - 3g_{i+1} + 2g_i)$$

が成り立つ(L はある整数)．左辺に現れる g_k の最大添字は $M+1$ であり，右辺に現れる g_{M+1} の係数は $2d_{M-1}$ となる．これは不合理だから，背理法により $H_1(\Sigma_\infty(5_2); \mathbb{Z})$ は有限個の生成元を持たないことがわかる．

[問題 3.9]　8_{18} は，図 A.16 で描かれたような結び目である(円環面結び目 $T(3, 4)$ との違いに注意せよ)．

Seifert 曲面の 1 次元ホモロジーの生成元を，図 A.17 のようにとると，Seifert 行列は

$$V := \begin{pmatrix} A & O \\ -A & -^\top A \end{pmatrix}$$

となることがわかる．ただし，O は 3×3 零行列，$A := \begin{pmatrix} 1 & -1 & 0 \\ 0 & 1 & -1 \\ 0 & 0 & 1 \end{pmatrix}$ であり，生成元の順番は $\{a, b, c, d, e, f\}$ とする．

よって，Alexander 加群の表示行列は

$$tV - {}^\top V = \begin{pmatrix} tA - {}^\top A & {}^\top A \\ -tA & A - t{}^\top A \end{pmatrix}$$

となる．A が可逆だから，

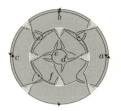

図 A.16 Mathematica で描いた 8_{18}.

図 A.17 8_{18} Seifert 曲面と，その 1 次元ホモロジー群の生成元.

$$\begin{pmatrix} I_3 & O \\ (t^\top A - A)^\top A^{-1} & I_3 \end{pmatrix} \begin{pmatrix} tA - {}^\top A & {}^\top A \\ -tA & A - t^\top A \end{pmatrix} \begin{pmatrix} I_3 & O \\ {}^\top A^{-1}({}^\top A - tA) & I_3 \end{pmatrix}$$
$$= \begin{pmatrix} O & {}^\top A \\ (t^\top A - A)^\top A^{-1}(tA - {}^\top A) - tA & O \end{pmatrix}$$

も表示行列となる．再び ${}^\top A$ が可逆だから，8_{18} の Alexander 加群は，次の 3 次正方行列を表示行列に持つ．

$$(t^\top A - A)^\top A^{-1}(tA - {}^\top A) - tA = \begin{pmatrix} (t-1)^2 & -(t-1)^2 & -t \\ t & (t-1)^2 & -(t-1)^2 \\ -t & t & (t-1)^2 \end{pmatrix}.$$

3 行目を $t^{-1}(t-1)^2$ 倍して 1 行目に足し，また，3 行目を 2 行目に足すと

$$\begin{pmatrix} 0 & 0 & t^{-1}(t^2-t+1)(t^2-3t+1) \\ 0 & t^2-t+1 & 0 \\ -t & t & (t-1)^2 \end{pmatrix}$$

となる．よって，表示行列は

$$\begin{pmatrix} 0 & t^{-1}(t^2-t+1)(t^2-3t+1) \\ t^2-t+1 & 0 \end{pmatrix}$$

となり，8_{18} の中西指数は 2 以下であることがわかる．また，Alexander 加群は

$$(\Lambda/(t^2-t+1)\Lambda) \oplus (\Lambda/(t^2-t+1)(t^2-3t+1)\Lambda)$$

という，巡回加群 2 つの直和になる．これが，巡回加群とならないのは，t^2-t+1 が $(t^2-t+1)(t^2-3t+1)$ を割り切ることからわかる．

294 　解 　答

よって，8_{18} の中西指数は 2 である．

9_{35} はプレッツェル結び目 $P(3,3,3)$ である．Seifert 行列は $\begin{pmatrix} 3 & -2 \\ -1 & 3 \end{pmatrix}$ となるので，Alexander 加群の表示行列は

$$\begin{pmatrix} 3(t-1) & -2t+1 \\ -t+2 & 3(t-1) \end{pmatrix}$$

である．よって，9_{35} の中西指数は 2 以下である．

$t=-1$ とおくと，

$$\begin{pmatrix} -6 & 3 \\ 3 & -6 \end{pmatrix}$$

となる．この行列の表す可換群は $(\mathbb{Z}/3\mathbb{Z}) \oplus (\mathbb{Z}/9\mathbb{Z})$ となり，巡回群ではない．よって，もとの Alexander 加群も巡回加群ではなく，9_{35} の中西指数は 2 となることがわかる．∎

[問題 3.10] 　$W := V - {}^{\top}V$ とおく．W は，$\det W = 1$ をみたす，偶数次数の交代行列（${}^{\top}W = -W$）である．

そのような W に対して，整数上の可逆行列 P が存在して，

$$
{}^{\top}PWP = \begin{pmatrix} J & O & \cdots & O \\ O & J & \cdots & O \\ \vdots & \vdots & \ddots & \vdots \\ O & O & \cdots & J \end{pmatrix}
$$

とできる．ただし，$J := \begin{pmatrix} 0 & 1 \\ -1 & 0 \end{pmatrix}$，$O$ は 2×2 の零行列である．

これは，次のように証明できる．まず，1 行目の要素の最大公約数は 1 だから（これは行列式が 1 であることからわかる），列の基本変形を使って $(1,2)$ 成分を 1，他の 1 行目の成分を 0 にできる．これと同じ操作を行に対して行なうと，$(1,2)$ 成分が 1，$(2,1)$ 成分が -1 であるような交代行列が得られる．

1 列目をつかって，列の基本操作を行なうことで，2 行目の $(2,1)$ 以外の成分を 0 にできる．同じ操作を行について行なうことで 2 列目の $(1,2)$ 以外の成分を 0 にできる．これで，整数上の可逆行列 P' を使って

$$
{}^{\top}P'WP' = \begin{pmatrix} J & O \\ O & W' \end{pmatrix}
$$

とできる．ただし，W' は交代行列で，O は適当なサイズの零行列である．

この操作を続けると，適当に基底を変換することで，V は $V - {}^{\top}V =$

$$\begin{pmatrix} J & O & \cdots & O \\ O & J & \cdots & O \\ \vdots & \vdots & \ddots & \vdots \\ O & O & \cdots & J \end{pmatrix}$$ をみたしていると仮定できる．このような V は，次のような形を

している．

$$V = \begin{pmatrix} A_1 & B_{1,2} & \cdots & B_{1,g} \\ {}^\top B_{1,2} & A_2 & \cdots & B_{2,g} \\ \vdots & \vdots & \cdots & \vdots \\ {}^\top B_{1,g} & {}^\top B_{2,g} & \cdots & A_g \end{pmatrix}.$$

ただし，A_i, $B_{j,k}$ は 2×2 行列であり，$A_i = \begin{pmatrix} a_i & c_i+1 \\ c_i & d_i \end{pmatrix}$ の形をしている．

そこで，図 3.36 で示された曲面を

- ξ_{2i-1} のひねり数が a_i になるように，帯 ξ_{2i-1} を a_i 回ひねる
- ξ_{2i} のひねり数が d_i になるように，帯 ξ_{2i} を d_i 回ひねる
- ξ_{2i} と ξ_{2i-1}^+ の絡み数が c_i，ξ_{2i-1} と ξ_{2i}^+ の絡み数が c_i+1 になるように，ξ_{2i-1} と ξ_{2i} を c_i 回絡ませる
- ξ_{2i-1} と ξ_{2j-1} の絡み数が $B_{i,j}$ の $(1,1)$ 成分 $(B_{i,j})_{1,1}$ になるように，ξ_{2i-1} と ξ_{2j-1} を $(B_{i,j})_{1,1}$ 回絡ませる $(i \neq j)$
- ξ_{2i-1} と ξ_{2j} の絡み数を $B_{i,j}$ の $(1,2)$ 成分になるように，ξ_{2i-1} と ξ_{2j} を $(B_{i,j})_{1,2}$ 回絡ませる $(i \neq j)$
- ξ_{2i} と ξ_{2j-1} の絡み数を $B_{i,j}$ の $(2,1)$ 成分になるように，ξ_{2i} と ξ_{2j-1} を $(B_{i,j})_{2,1}$ 回絡ませる $(i \neq j)$
- ξ_{2i} と ξ_{2j} の絡み数を $B_{i,j}$ の $(2,2)$ 成分になるように，ξ_{2i} と ξ_{2j} を $(B_{i,j})_{2,2}$ 回絡ませる $(i \neq j)$

ようにとると，Seifert 行列は V となり，その境界が求める結び目である． ∎

第 4 章

[問題 4.1] K を任意の結び目とし，K の longitude を λ とする．λ と平行で向きの異なる閉曲線を λ' とおく（つまり，埋め込まれた円環 A が存在して $\partial A = \lambda \cup (\lambda')$ となっている）．ただし，$\mathrm{lk}(\lambda, \lambda') = 0$ とする．

$L := \lambda \cup \lambda'$ と定義する．$H_1(A; \mathbb{Z})$ は $\mathbb{Z}$ と同型で，A の中心線 α で生成されている．$\mathrm{lk}(\alpha, \alpha^+) = 0$ だから，L の Alexander 多項式は 0 である．

K がほどけない結び目のとき L が分離絡み目でないことは次のようにしてわかる．

L が分離絡み目であると仮定し，S を 2 つの成分を分離する 2 次元球面とする．S と

296   解　答

A は A の内部でのみ交わるので，$S \cap A$ の連結成分は A の境界に平行な円周か，A の内部で 2 次元円板の境界となる円周である．最も内側の円板から始めることで，円板の境界となっているような円周はなくすことができる（定理 1.40 の証明参照）．よって，$S \cap A$ は λ に平行な円周の集まりとなる．S を使うことで，λ が円板の境界になっていることがわかる．これは $\lambda \approx K$ がほどけていないことに矛盾する．∎

　[問題 4.2]　正方行列 M の (i, j) 余因子を $M_{i,j}$ とする．まず，次の補題を証明する．

　補題 A.1　A を正方行列とする．A のすべての行を足してできる行ベクトルが零ベクトルで，すべての列を足してできる列ベクトルも零ベクトルなら，すべての余因子は等しい．□

　[**証明**]　A を $n \times n$ 行列とする．

$\det A = 0$ だから，A の余因子行列 を $\tilde{A}$ とすると

$$(\mathrm{A.3}) \qquad\qquad A\tilde{A} = O_n = \tilde{A}A$$

である．$\mathrm{rank}\,A \leqq n-2$ なら，任意の余因子は 0 であるから，補題は正しい．$\mathrm{rank}\,A = n-1$ とすると，A の定める一次変換の核 $\ker(A)$ は 1 次元である．A の列を全部足すと 0 からなる列ベクトルとなるので，$\ker(A)$ は ${}^{\top}(1, 1, \ldots, 1)$ で生成される．（A.3）の左の等号より，$\tilde{A}$ の各列は ${}^{\top}(1, 1, \ldots, 1)$ のスカラー倍である．

　（A.3）の右の等号の転置行列を考えると

$$ {}^{\top}A \, {}^{\top}\tilde{A} = O_n $$

が得られる．$\mathrm{rank}({}^{\top}A)$ も $n-1$ だから，同様の議論より ${}^{\top}\tilde{A}$ の各列，つまり A の各行は ${}^{\top}(1, 1, \ldots, 1)$ のスカラー倍である．

　以上より $\tilde{A}$ のすべての成分は等しい．∎

　さて解答を始めよう．

　向きの付いた n 成分絡み目 L に Seifert 曲面 F を張る．F は，図 A.18 のようになっていると仮定できる．

　ここで，帯の数は全部で $2g + n - 1$ で，g は種数である．図では省いているが，一般には帯は複雑に自分自身で結び目を作ったり，ほかの帯と絡んだり，それぞれがねじれたりしている．

　帯に図のように名前を付ける．$H_1(F; \mathbb{Z})$ の生成元にも同じ名前を付けることにすると，F の Seifert 行列 V は次の形をしている．

$$ \begin{pmatrix} U & R \\ S & X \end{pmatrix}. $$

U は $2g \times 2g$ 行列，X は $(n-1) \times (n-1)$ 行列，R は $2g \times (n-1)$ 行列，S は $(n-1) \times 2g$

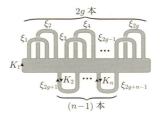

図 A.18 種数 g，境界成分の数が n の向き付けられる曲面．境界が絡み目 L になっている．

行列である．ここで，補題 3.45 より（この補題は結び目でなくても成り立つ），$V - {}^\top V = \bigl(\mathrm{I}(\xi_i, \xi_j)\bigr)$ となる．よって，

$$(\mathrm{A}.4) \quad U - {}^\top U = \begin{pmatrix} 0 & -1 & \cdots & 0 & 0 \\ 1 & 0 & \cdots & 0 & 0 \\ \vdots & \vdots & \ddots & \vdots & \vdots \\ 0 & 0 & \cdots & 0 & -1 \\ 0 & 0 & \cdots & 1 & 0 \end{pmatrix}$$

となる．また，X は対称行列であり，$S = {}^\top R$ となる．

よって L の Conway 多項式は

$$\det(t^{1/2} V - t^{-1/2}\, {}^\top V) = \det \begin{pmatrix} t^{1/2} U - t^{-1/2}\, {}^\top U & (t^{1/2} - t^{-1/2}) R \\ (t^{1/2} - t^{-1/2})\, {}^\top R & (t^{1/2} - t^{-1/2}) X \end{pmatrix}$$

において $t^{1/2} - t^{-1/2}$ を z で置き換えたものである．X は $(n-1) \times (n-1)$ 行列だから

$$\det \begin{pmatrix} t^{1/2} U - t^{-1/2}\, {}^\top U & (t^{1/2} - t^{-1/2}) R \\ (t^{1/2} - t^{-1/2})\, {}^\top R & (t^{1/2} - t^{-1/2}) X \end{pmatrix}$$
$$= (t^{1/2} - t^{-1/2})^{n-1} \det \begin{pmatrix} t^{1/2} U - t^{-1/2}\, {}^\top U & (t^{1/2} - t^{-1/2}) R \\ {}^\top R & X \end{pmatrix}$$

となる．よって，$\nabla(L; z)$ は z^{n-1} で割り切れ，z^{n-1} の係数 a_{n-1} は，

$$\det \begin{pmatrix} t^{1/2} U - t^{-1/2}\, {}^\top U & (t^{1/2} - t^{-1/2}) R \\ {}^\top R & X \end{pmatrix}$$

に $z = 0$，つまり $t = 1$ を代入したものになる．よって，

図 A.19 正のねじれを正のひねりにする．   図 A.20 負のねじれを負のひねりにする．

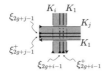 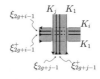

図 A.21 正の交差における ξ_{2g+i-1}, ξ_{2g+j-1}^+, K_1, K_i, K_j のようす．

図 A.22 負の交差における ξ_{2g+i-1}, ξ_{2g+j-1}^+, K_1, K_i, K_j のようす．

$$a_{n-1}(L) = \det \begin{pmatrix} U - {}^\top U & O_{2g, n-1} \\ {}^\top R & X \end{pmatrix}$$

となるが，$U - {}^\top U$ は (A.4) の形をしているので行列式は 1 である．よって

$$a_{n-1}(L) = \det X$$

が得られる．

さて，X の第 (i,j) 成分を x_{ij} と書くことにすると，$x_{ij} = \mathrm{lk}(\xi_{2g+i}, \xi_{2g+j}^+)$ である．

図 A.18 では省略している帯のもつれを思い出そう．帯のねじれを，図 A.19 や図 A.20 のようにすることで，帯の表側のみが見えているように変形できる．

帯 ξ_{2g+i-1} と帯 ξ_{2g+j-1} の交差は，図 A.21, 図 A.22 のようになっている．

また，$k \leqq 2g$ のとき帯 ξ_{2g+i-1} と ξ_k の交差は $\mathrm{lk}(K_1, K_i)$ に影響しない．

$i \neq j$ $(i > 1, j > 1)$ のとき，$\mathrm{lk}(\xi_{2g+i-1}, \xi_{2g+j-1}^+)$ は ξ_{2g+i-1} が ξ_{2g+j-1}^+ の下を通っている数の符号付きの和である．一方，$\mathrm{lk}(K_i, K_j)$ は K_i が K_j の下を通っている数の符号付きの和であり，これらの交差は一対一に対応している．よって，

(A.5) $$\mathrm{lk}(\xi_{2g+i-1}, \xi_{2g+j-1}^+) = \mathrm{lk}(K_i, K_j)$$

である．

また，$\mathrm{lk}(\xi_{2g+i-1}, \xi_{2g+i-1}^+)$ は，ξ_{2g+i-1} が ξ_{2g+i-1}^+ の下を通っている数の符号付きの和である．ξ_{2g+i-1} の自己交差には K_1 と K_i の交差が現れ，符号は逆である．また，$j \neq i$ に対し，ξ_{2g+i-1} と ξ_{2g+j-1} の交差にも，K_1 と K_i の交差が現れる．K_1 が K_i の下を通っているところを考えることで

$$\mathrm{lk}(K_1, K_i) = -\sum_{k=2}^{n} \mathrm{lk}(\xi_{2g+k-1}, \xi_{2g+i-1}^{+})$$

$$\underset{(\mathrm{A}.5)}{=} -\sum_{2 \leqq k \leqq n,\ k \neq i} \mathrm{lk}(K_k, K_i) - \mathrm{lk}(\xi_{2g+i-1}, \xi_{2g+i-1}^{+})$$

が得られる. よって,

(A.6)
$$\mathrm{lk}(\xi_{2g+i-1}, \xi_{2g+i-1}^{+}) = -\sum_{1 \leqq k \leqq n,\ k \neq i} \mathrm{lk}(K_i, K_k)$$

となる.

(A.5) と (A.6) より,

$$x_{ij} = \begin{cases} \mathrm{lk}(K_i, K_j) & i \neq j, \\ -\displaystyle\sum_{1 \leqq k \leqq n,\ k \neq i} \mathrm{lk}(K_i, K_k) & i = j \end{cases}$$

となり, これは $\check{A}(L)_{1,1}$ の (i, j) 成分に等しい. ∎

[問題 4.3] $p > q > 0$ と仮定してよい. $\gcd(p, q) = 1$ だから

$$\Delta(T(p, q); t) = (-1)^{(p-1)(q-1)} \frac{(t^{pq/2} - t^{-pq/2})(t^{1/2} - t^{-1/2})}{(t^{p/2} - t^{-p/2})(t^{q/2} - t^{-q/2})}$$

である. ここで,

$$\frac{(t^{pq} - 1)(t - 1)}{(t^p - 1)(t^q - 1)} = \frac{t^{p(q-1)} + t^{p(q-2)} + \cdots + t^p + 1}{t^{q-1} + t^{q-2} + \cdots + t + 1}$$

を考える. これは, 多項式になるはずなので, 次数の高い項から求めてゆく.

$$\frac{t^{p(q-1)} + t^{p(q-2)} + \cdots + t^p + 1}{t^{q-1} + t^{q-2} + \cdots + t + 1}$$

$$= t^{(p-1)(q-1)} - t^{(p-1)(q-1)-1} + t^{(p-2)(q-1)-1}$$

$$+ \frac{-(t^{(p-1)(q-1)-2} + t^{(p-1)(q-1)-3} + \cdots + t^{(p-1)(q-1)-q}) + (t^{p(q-2)} + t^{p(q-3)} + \cdots + t^p + 1)}{t^{q-1} + t^{q-2} + \cdots + t + 1}$$

となるが, $p > q > 0$ より分子の最高次数は

$$\max\{(p-1)(q-1) - 2,\ p(q-2)\} = (p-1)(q-1) - 2$$

であり, 分数の方の割り算を進めても, 高々 $(p-2)(q-1) - 2$ 次の項しか出ない.

よって, $\Delta(T(p, q); t)$ を降冪に並べた時の最初の 3 項は

$$(-1)^{(p-1)(q-1)} \left(t^{(p-1)(q-1)} - t^{(p-1)(q-1)-1} + t^{(p-2)(q-1)-1}\right)$$

である. よって, $\Delta(T(p, q); t) = \Delta(T(p', q'); t)$ なら

300　解　答

$$\begin{cases} (p-1)(q-1) = (p'-1)(q'-1), \\ (p-2)(q-1) = (p'-2)(q'-1) \end{cases}$$

であり，これから $p=p'$, $q=q'$ が従う．　∎

　[問題 4.4]　第 4.2 節で構成した Seifert 曲面の種数は $(p-1)(q-1)/2$ である．よって $g(T(p,q)) \leqq (p-1)(q-1)/2$ となる．また，$\gcd(p,q)=1$ だから

$$\Delta(T(p,q);t) = (-1)^{(p-1)(q-1)} \frac{(t^{pq/2}-t^{-pq/2})(t^{1/2}-t^{-1/2})}{(t^{p/2}-t^{-p/2})(t^{q/2}-t^{-q/2})}$$

となり，この次数は $pq+1-p-q = (p-1)(q-1)$ である．命題 4.11 より，$g(T(p,q)) = (p-1)(q-1)/2$ がわかった．　∎

　[問題 4.5]

(1) 図 A.23 のように Seifert 曲面と 1 次元ホモロジー群の生成元 α，β を選ぶ．$\mathrm{lk}(\alpha,\alpha^+)=a+b+1$, $\mathrm{lk}(\alpha,\beta^+)=-b-1$, $\mathrm{lk}(\beta,\alpha^+)=-b$, $\mathrm{lk}(\beta,\beta^+)=b+c+1$ だから，$P(2a+1,2b+1,2c+1)$ の Seifert 行列は $\begin{pmatrix} a+b+1 & -b-1 \\ -b & b+c+1 \end{pmatrix}$ となる．

よって

$$\begin{aligned}
&\Delta(P(2a+1,2b+1,2c+1),t) \\
&= \begin{vmatrix} (a+b+1)(t^{1/2}-t^{-1/2}) & -b(t^{1/2}-t^{-1/2})-t^{1/2} \\ -b(t^{1/2}-t^{-1/2})+t^{-1/2} & (b+c+1)(t^{1/2}-t^{-1/2}) \end{vmatrix} \\
&= (ab+bc+ca+a+b+c+1)(t^{1/2}-t^{-1/2})^2+1
\end{aligned}$$

が得られる．従って $\nabla(P(2a+1,2b+1,2c+1);z) = 1 + (ab+bc+ca+a+b+c+1)z^2$ である．

(2) $P(2a+1,2b+1,2c+1)$ の $2c+1$ 回ある交差の 1 つを平滑化したものは，円環面絡み目 $\tilde{T}(2,2(a+b+1))$ である（図 A.24）．

ただし，この円環面絡み目の向きは図のように付いている．$(\tilde{T}(2,2d), \tilde{T}(2,2d+2), U_1)$ は綾三つ組となっているので，綾関係式より

$$\nabla(\tilde{T}(2,2d);z) - \nabla(\tilde{T}(2,2d+2);z) = -z\nabla(U_1;z) = -z$$

が成り立つ．ただし，U_1 はほどけた結び目である．$\tilde{T}(2,2)$ は負の Hopf 絡み目 H_- で $\nabla(H_-;z)=z$ だから，$\nabla(\tilde{T}(2,2d);z)=dz$ がわかる．

また，$\big(P(2a+1,2b+1,2c-1), P(2a+1,2b+1,2c+1), \tilde{T}(2,2(a+b)+2)\big)$ は綾三つ組だから，綾関係式より

図 A.23 プレッツェル結び目 $P(2a+1, 2b+1, 2c+1)$ の Seifert 曲面(灰色が表).

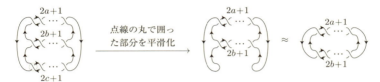

図 A.24 一番下の帯の部分の交差を平滑化する.

$$\nabla(P(2a+1, 2b+1, 2c-1); z) - \nabla(P(2a+1, 2b+1, 2c+1); z)$$
$$= -z\nabla(\tilde{T}(2, 2(a+b)+2); z)$$
$$= -(a+b+1)z^2$$

となる. これから,

$$\nabla(P(2a+1, 2b+1, 2c+1); z) = \nabla(P(2a+1, 2b+1, 1); z) + (a+b+1)cz^2$$

がわかる.
同様にして

$$\nabla(P(2a+1, 2b-1, 1); z) - \nabla(P(2a+1, 2b+1, 1); z)$$
$$= -z\nabla(\tilde{T}(2, 2a+2); z)$$
$$= -(a+1)z^2$$

だから,

$$\nabla(P(2a+1, 2b+1, 1); z) = \nabla(P(2a+1, -1, 1); z) + (a+1)(b+1)z^2$$

である. ところが, $P(2a+1, -1, 1)$ はほどけているので, $\nabla(P(2a+1, 2b+1, 1); z) = 1 + (a+1)(b+1)z^2$ となる.
よって,

$$\begin{aligned}\nabla(P(2a+1,2b+1,2c+1);z) &= 1+(a+1)(b+1)z^2+(a+b+1)cz^2 \\ &= 1+(ab+bc+ca+a+b+c+1)z^2\end{aligned}$$

が得られる．■

注意 A.2　$ab+bc+ca+a+b+c+1=0$ のとき，Alexander 多項式は自明になることに注意しよう（$\alpha:=2a+1$，$\beta:=2b+1$，$\gamma:=2c+1$ とおくと $\nabla(P(\alpha,\beta,\gamma);z)=1-\dfrac{\alpha\beta+\beta\gamma+\gamma\alpha-1}{4}z$ となるので，この条件は $\alpha\beta+\beta\gamma+\gamma\alpha=1$ と同値である）．

また，$|2a+1|$，$|2b+1|$，$|2c+1|$ が異なっており，すべて 1 ではないとき，行列 $V(a,b,c):=\begin{pmatrix} a+b+1 & -b-1 \\ -b & b+c+1 \end{pmatrix}$ と，その転置行列 ${}^{\top}V(a,b,c)$ は S 同値ではないことが知られている（[59]）．命題 4.38 の証明より，$P(2a+1,2b+1,2c+1)$ の向きを変えた結び目 $-P(2a+1,2b+1,2c+1)$ の Seifert 行列は ${}^{\top}V(a,b,c)$ だから，もし，$P(2a+1,2b+1,2c+1)$ が $-P(2a+1,2b+1,2c+1)$ と同値なら $V(a,b,c)$ と ${}^{\top}V(a,b,c)$ は S 同値となるはずである．つまり $P(2a+1,2b+1,2c+1)$ と $-P(2a+1,2b+1,2c+1)$ は同値ではない．

［問題 4.6］　線型綾理論をつかう．次のように縺れ糸を定義する．

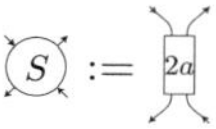

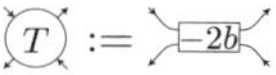

ただし，長方形の中の文字はひねる回数を表している．すると，$C[2a,2b]$ は 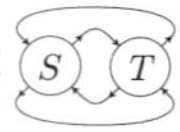 である．

定理 4.51 より，

$\nabla(C[2a,2b];z)$

$=\nabla\Big($  $\Big)\nabla\Big($ 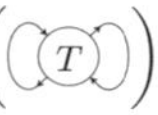 $\Big)+\nabla\Big($ 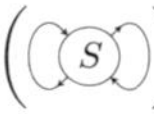 $\Big)\nabla\Big($  $\Big)$

であるが，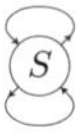 と 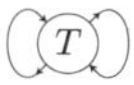 は，ともにほどけた結び目だから，Conway 多項式は 1 である．

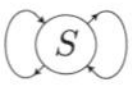 は，円環面絡み目 $T(2,2a)$ の 1 つの成分の向きを変えたもの $\tilde{T}(2,2a)$ であり，問題 4.5 の解答より，$\nabla(\tilde{T}(2,2a);z)=az$ となる．また，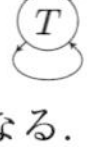 は $\tilde{T}(2,-2b)$ であり，$\nabla(\tilde{T}(2,-2b);z)=-bz$ だから $\nabla(C[2a,2b];z)=1-abz^2$ となる．■

［問題 4.7］　まず，$KT(p,0)$ は自明な結び目であることがわかる（左 2 つの房のねじ

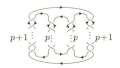

図 A.25　$P(p+1, -p, p, -p-1)$.

れは逆なのでくるくるほどける．右2つの房も同様)．また，一番上の交差を平滑化すると，プレッツェル絡み目 $P(p+1, -p, p, -p-1)$ となる(図 A.25)．

$\nabla(P(p+1, -p, p, -p-1); z)$ を線型綾理論を使って計算しよう．

K と T を (A.7), (A.8) で示された纏れ糸とする．

(A.7)

(A.8)

定理 4.51 より

であるが，K と T はほどけた結び目だから

$$\nabla(P(p+1, -p, p, -p-1); z) = \nabla\left(\;T\;\right) + \nabla\left(\;K\;\right)$$

となる．ところが，T は K の鏡像(180度回転させればわかる)であり，ともに成分数は2だから，系 4.40 より $\nabla(T) = -\nabla(K)$ である．よって，$\nabla(P(p+1, -p, p, -p-1); z) = 0$ がわかった．

綾関係式から

$$\nabla(KT(p, 2n-2); z) - \nabla(KT(p, 2n); z) = -z\nabla(P(p+1, -p, p, -p-1); z) = 0$$

だから，任意の n に対し $\nabla(KT(p, 2n); z) = 1$ がわかる．

また，$KT(2, 2)$ は，図 A.26 のようになり，交差数を 11 まで減らせる．

特に，$KT(2, 2)$ は the Kinoshita-Terasaka knot として知られており，新たな結び目

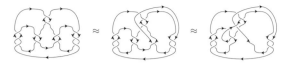

図 A.26　樹下・寺阪結び目．有名な "the Kinoshita-Terasaka knot".

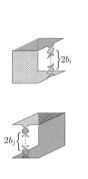

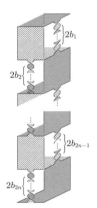

図 A.27　円環を b_i 回ひねったもの（上，交差は $2b_i$ 個ある）と $-b_j$ 回ひねったもの（下，交差は $2b_j$ 個ある）．

図 A.28　図 A.27 を組み合わせて作った $C[2b_1, 2b_2, \ldots, 2b_{2n-1}, 2b_{2n}]$ の Seifert 曲面．

の不変量が見つかるたびに「試金石」として使われている．

[77] に，樹下・寺阪結び目発見の経緯が述べられていて興味深い．

[問題 4.8]　図 A.28 で示された，種数 n の Seifert 曲面を考える．

そのときの Seifert 行列は

$$\begin{pmatrix} b_1 & 0 & 0 & 0 & \cdots & 0 & 0 & 0 & 0 \\ -1 & -b_2 & 1 & 0 & \cdots & 0 & 0 & 0 & 0 \\ 0 & 0 & b_3 & 0 & \cdots & 0 & 0 & 0 & 0 \\ 0 & 0 & -1 & -b_4 & \cdots & 0 & 0 & 0 & 0 \\ \vdots & \vdots & \vdots & \vdots & \ddots & \vdots & \vdots & \vdots & \vdots \\ 0 & 0 & 0 & 0 & \cdots & b_{2n-3} & 0 & 0 & 0 \\ 0 & 0 & 0 & 0 & \cdots & -1 & -b_{2n-2} & 1 & 0 \\ 0 & 0 & 0 & 0 & \cdots & 0 & 0 & b_{2n-1} & 0 \\ 0 & 0 & 0 & 0 & \cdots & 0 & 0 & -1 & -b_{2n} \end{pmatrix}$$

となる．ただし，生成元は図 A.27 の円環を一回りする（ひねられた帯を下向きに進む）ものとする．よって，（正規化されていない）Alexander 多項式は

$$\Delta(C[2b_1, 2b_2, \ldots, 2b_{2n}]; t)$$

$$\stackrel{\circ}{=} \det \begin{pmatrix} b_1(t-1) & 1 & 0 & 0 & \cdots & 0 & 0 & 0 & 0 \\ -t & -b_2(t-1) & t & 0 & \cdots & 0 & 0 & 0 & 0 \\ 0 & -1 & b_3(t-1) & 1 & \cdots & 0 & 0 & 0 & 0 \\ 0 & 0 & -t & -b_4(t-1) & \cdots & 0 & 0 & 0 & 0 \\ \vdots & \vdots & \vdots & \vdots & \ddots & \vdots & \vdots & \vdots & \vdots \\ 0 & 0 & 0 & 0 & \cdots & b_{2n-3}(t-1) & 1 & 0 & 0 \\ 0 & 0 & 0 & 0 & \cdots & -t & -b_{2n-2}(t-1) & t & 0 \\ 0 & 0 & 0 & 0 & \cdots & 0 & -1 & b_{2n-1}(t-1) & 1 \\ 0 & 0 & 0 & 0 & \cdots & 0 & 0 & -t & -b_{2n}(t-1) \end{pmatrix}$$

となり，その最高次の項は $(-1)^n b_1 b_2 \cdots b_{2n} t^{2n}$ となる．命題 4.11 より $C[2b_1, 2b_2, \ldots, 2b_{2n}]$ の種数は n である． ▮

[問題 4.9] 問題 4.8 より，

$$\det(C[2b_1, 2b_2, \ldots, 2b_{2n}])$$

$$= \left| \det \begin{pmatrix} -2b_1 & 1 & 0 & 0 & \cdots & 0 & 0 & 0 & 0 \\ 1 & 2b_2 & -1 & 0 & \cdots & 0 & 0 & 0 & 0 \\ 0 & -1 & -2b_3 & 1 & \cdots & 0 & 0 & 0 & 0 \\ 0 & 0 & 1 & 2b_4 & \cdots & 0 & 0 & 0 & 0 \\ \vdots & \vdots & \vdots & \vdots & \ddots & \vdots & \vdots & \vdots & \vdots \\ 0 & 0 & 0 & 0 & \cdots & -2b_{2n-3} & 1 & 0 & 0 \\ 0 & 0 & 0 & 0 & \cdots & 1 & 2b_{2n-2} & -1 & 0 \\ 0 & 0 & 0 & 0 & \cdots & 0 & -1 & -2b_{2n-1} & 1 \\ 0 & 0 & 0 & 0 & \cdots & 0 & 0 & 1 & 2b_{2n} \end{pmatrix} \right|$$

となる．

ここで，$a_k \neq 0$ に対して

$$D(a_1, a_2, \ldots, a_m)$$

$$:= \det \begin{pmatrix} -a_1 & 1 & 0 & 0 & \cdots & 0 & 0 & 0 & 0 \\ 1 & a_2 & -1 & 0 & \cdots & 0 & 0 & 0 & 0 \\ 0 & -1 & -a_3 & 1 & \cdots & 0 & 0 & 0 & 0 \\ 0 & 0 & 1 & a_4 & \cdots & 0 & 0 & 0 & 0 \\ \vdots & \vdots & \vdots & \vdots & \ddots & \vdots & \vdots & \vdots & \vdots \\ 0 & 0 & 0 & 0 & \cdots & (-1)^{m-3}a_{m-3} & (-1)^{m-2} & 0 & 0 \\ 0 & 0 & 0 & 0 & \cdots & (-1)^{m-2} & (-1)^{m-2}a_{m-2} & (-1)^{m-1} & 0 \\ 0 & 0 & 0 & 0 & \cdots & 0 & (-1)^{m-1} & (-1)^{m-1}a_{m-1} & (-1)^m \\ 0 & 0 & 0 & 0 & \cdots & 0 & 0 & (-1)^m & (-1)^m a_m \end{pmatrix}$$

を計算しよう．奇数行の符号を変えることで，$D(a_1, a_2, \ldots, a_m) = (-1)^{\lceil m/2 \rceil} \tilde{D}(a_1, a_2, \ldots, a_m)$ となる．ここで

306　解　答

$$\tilde{D}(a_1, a_2, \ldots, a_m)$$

$$:= \det \begin{pmatrix} a_1 & -1 & 0 & 0 & \cdots & 0 & 0 & 0 & 0 \\ 1 & a_2 & -1 & 0 & \cdots & 0 & 0 & 0 & 0 \\ 0 & 1 & a_3 & -1 & \cdots & 0 & 0 & 0 & 0 \\ 0 & 0 & 1 & a_4 & \cdots & 0 & 0 & 0 & 0 \\ \vdots & \vdots & \vdots & \vdots & \ddots & \vdots & \vdots & \vdots & \vdots \\ 0 & 0 & 0 & 0 & \cdots & a_{m-3} & -1 & 0 & 0 \\ 0 & 0 & 0 & 0 & \cdots & 1 & a_{m-2} & -1 & 0 \\ 0 & 0 & 0 & 0 & \cdots & 0 & 1 & a_{m-1} & -1 \\ 0 & 0 & 0 & 0 & \cdots & 0 & 0 & 1 & a_m \end{pmatrix}$$

であり，$\lceil m/2 \rceil$ は切り上げを表す.

$a_m \neq 0$ だから，第 m 行目を a_m で割って，第 $m-1$ 行目に加えることで

$$\tilde{D}(a_1, a_2, \ldots, a_m)$$

$$= \det \begin{pmatrix} a_1 & -1 & 0 & 0 & \cdots & 0 & 0 & 0 & 0 \\ 1 & a_2 & -1 & 0 & \cdots & 0 & 0 & 0 & 0 \\ 0 & 1 & a_3 & -1 & \cdots & 0 & 0 & 0 & 0 \\ 0 & 0 & 1 & a_4 & \cdots & 0 & 0 & 0 & 0 \\ \vdots & \vdots & \vdots & \vdots & \ddots & \vdots & \vdots & \vdots & \vdots \\ 0 & 0 & 0 & 0 & \cdots & a_{m-3} & -1 & 0 & 0 \\ 0 & 0 & 0 & 0 & \cdots & 1 & a_{m-2} & -1 & 0 \\ 0 & 0 & 0 & 0 & \cdots & 0 & 1 & a_{m-1}+1/a_m & 0 \\ 0 & 0 & 0 & 0 & \cdots & 0 & 0 & 1 & a_m \end{pmatrix}$$

$$= a_m \det \begin{pmatrix} a_1 & -1 & 0 & 0 & \cdots & 0 & 0 & 0 \\ 1 & a_2 & -1 & 0 & \cdots & 0 & 0 & 0 \\ 0 & 1 & a_3 & -1 & \cdots & 0 & 0 & 0 \\ 0 & 0 & 1 & a_4 & \cdots & 0 & 0 & 0 \\ \vdots & \vdots & \vdots & \vdots & \ddots & \vdots & \vdots & \vdots \\ 0 & 0 & 0 & 0 & \cdots & a_{m-3} & -1 & 0 \\ 0 & 0 & 0 & 0 & \cdots & 1 & a_{m-2} & -1 \\ 0 & 0 & 0 & 0 & \cdots & 0 & 1 & a_{m-1}+1/a_m \end{pmatrix}$$

$$= a_m D(a_1, a_2, \ldots, a_{m-2}, a_{m-1}+1/a_m)$$

となる．これを続けると

$$\tilde{D}(a_1, a_2, \ldots, a_m)$$

$$= a_m \tilde{D}(a_1, a_2, \ldots, a_{m-2}, a_{m-1}+\frac{1}{a_m})$$

$$= a_m \times \left(a_{m-1}+\frac{1}{a_m}\right) \tilde{D}(a_1, a_2, \ldots, a_{m-3}, [a_{m-2}, a_{m-1}, a_m])$$

$$= a_m \times [a_{m-1}, a_m] \times \cdots \times [a_2, \ldots, a_{m-1}, a_m] \times [a_1, a_2, \ldots, a_{m-1}, a_m]$$

が得られる．ここで，$[a_1, a_2, \ldots, a_m]$ は連分数

$$a_1 + \cfrac{1}{a_2 + \cfrac{1}{\cdots + \cfrac{1}{a_{m-1} + \cfrac{1}{a_m}}}}$$

を表す.

よって,

$$\frac{\tilde{D}(a_1, a_2, \ldots, a_m)}{\tilde{D}(a_2, a_3, \ldots, a_m)} = [a_1, a_2, \ldots, a_m]$$

がわかる. 定義より $\tilde{D}(a_1, a_2, \ldots, a_m)$, $\tilde{D}(a_2, a_3, \ldots, a_m)$ は整数だから $\dfrac{p}{q}$ の連分数展開が $[a_1, a_2, \ldots, a_m]$ なら $|p| = |D(a_1, a_2, \ldots, a_m)| = \det(S(p, q))$ がわかった. ∎

第5章

[問題 5.1] がんばれ. ∎

[問題 5.2] KnotInfo ([37]) などで答え合わせをしよう. もし, まだ知られていない 4 次元種数を求めてしまったら, 論文になるかもしれない. ∎

[問題 5.3] まず, n 次組み紐 $(\sigma_1\sigma_2\cdots\sigma_{n-1})^n$ は $\dfrac{1}{2}n(n-1)$ 回の交差入れ替えで自明な組み紐に変えられることを証明する. 次の図のような $(n-1)$ 回の交差入れ替えで, 組み紐 $(\sigma_1\sigma_2\cdots\sigma_{n-2})^{n-1}$ が得られる.

これを繰り返すと, 全部で $(n-1)+(n-2)+\cdots+2+1 = \dfrac{1}{2}n(n-1)$ 回の交差入れ替えで $(\sigma_1\sigma_2\cdots\sigma_{n-1})^n$ を自明なものにできる.

注意 A.3 図で描けば簡単であるが, 組み紐の言葉で証明するとどうなるか考えてみよう.

そのために, 組み紐

$$(\text{A.9}) \quad \left(\sigma_1^{-1}\sigma_2^{-1}\cdots\sigma_{n-2}^{-1}\sigma_{n-1}^{-1}\right)\left(\sigma_1^{-1}\sigma_2^{-1}\cdots\sigma_{n-2}^{-1}\sigma_{n-1}\right)$$
$$\cdots\left(\sigma_1^{-1}\sigma_2\cdots\sigma_{n-2}\sigma_{n-1}\right)\left(\sigma_1\sigma_2\cdots\sigma_{n-2}\sigma_{n-1}\right)$$

を考える. これは, $(\sigma_1\sigma_2\cdots\sigma_{n-1})^n$ の交差を $\dfrac{1}{2}n(n-1)$ 回入れ替えたものである.

308 　解　　答

(A.9) が自明であることを示す.

$\Theta_k := \sigma_1^{-1} \cdots \sigma_k^{-1} \sigma_{k+1} \cdots \sigma_{n-2}$ とおくと (A.9) は

$$\Theta_{n-2} \sigma_{n-1}^{-1} \Theta_{n-2} \sigma_{n-1} \cdots \Theta_1 \sigma_{n-1} \Theta_0 \sigma_{n-1}$$

と書ける.

一般に, $2 \leqq k \leqq n-1$ に対して

$$(A.10) \qquad \sigma_{n-1}^{-1} \sigma_{n-2}^{-1} \cdots \sigma_{n-k+1}^{-1} \Theta_{n-k} \sigma_{n-1} = \Theta_{n-k-1} \sigma_{n-1}^{-1} \sigma_{n-2}^{-1} \cdots \sigma_{n-k}^{-1}$$

が成り立つことを示す. そのために次の補題を示す.

補題 A.4　$1 \leqq l \leqq m-1$ に対して

$$(A.11) \qquad (\sigma_{l+1} \sigma_{l+2} \cdots \sigma_m)(\sigma_l \sigma_{l+1} \cdots \sigma_m) = (\sigma_l \sigma_{l+1} \cdots \sigma_m)(\sigma_l \sigma_{l+1} \cdots \sigma_{m-1})$$

が成り立つ. 　　　　　　　　　　　　　　　　　　　　　　　　　　　　　　□

[証明]　m についての帰納法で示す. $m = l+1$ のとき, 組み紐関係式より $\sigma_{l+1} \sigma_l \sigma_{l+1} = \sigma_l \sigma_{l+1} \sigma_l$ だから正しい.

$m-1$ まで正しいとすると

$$\text{左辺} \underset{|i-j|>1 \text{ なら } \sigma_i \text{ と } \sigma_j \text{ は可換}}{=} (\sigma_{l+1} \sigma_{l+2} \cdots \sigma_{m-1})(\sigma_l \sigma_{l+1} \cdots \sigma_{m-2})(\sigma_m \sigma_{m-1} \sigma_m)$$

$$\underset{\text{組み紐関係式}}{=} (\sigma_{l+1} \sigma_{l+2} \cdots \sigma_{m-1})(\sigma_l \sigma_{l+1} \cdots \sigma_{m-2})(\sigma_{m-1} \sigma_m \sigma_{m-1})$$

$$\underset{\text{括弧を付け替える}}{=} (\sigma_{l+1} \sigma_{l+2} \cdots \sigma_{m-1})(\sigma_l \sigma_{l+1} \cdots \sigma_{m-2} \sigma_{m-1}) \sigma_m \sigma_{m-1}$$

$$\underset{\text{帰納法の仮定}}{=} (\sigma_l \sigma_{l+1} \cdots \sigma_{m-1})(\sigma_l \sigma_{l+1} \cdots \sigma_{m-2}) \sigma_m \sigma_{m-1}$$

$$\underset{|i-j|>1 \text{ なら } \sigma_i \text{ と } \sigma_j \text{ は可換}}{=} (\sigma_l \sigma_{l+1} \cdots \sigma_{m-1}) \sigma_m (\sigma_l \sigma_{l+1} \cdots \sigma_{m-2}) \sigma_{m-1}$$

$$= \text{右辺}$$

となって, 証明が終わる. 　　　　　　　　　　　　　　　　　　　　　　　　■

この補題で $l := n-k$, $m := n-1$ $(2 \leqq k \leqq n-1)$ とおくと

$$(\sigma_{n-k+1} \sigma_{n-k+2} \cdots \sigma_{n-1})(\sigma_{n-k} \sigma_{n-k+1} \cdots \sigma_{n-1})$$
$$= (\sigma_{n-k} \sigma_{n-k+1} \cdots \sigma_{n-1})(\sigma_{n-k} \sigma_{n-k+1} \cdots \sigma_{n-2})$$

となり,

$$(A.12) \quad (\sigma_{n-1}^{-1} \cdots \sigma_{n-k+1}^{-1} \sigma_{n-k}^{-1})(\sigma_{n-k+1} \sigma_{n-k+2} \cdots \sigma_{n-1})$$
$$= (\sigma_{n-k} \sigma_{n-k+1} \cdots \sigma_{n-2})(\sigma_{n-1}^{-1} \cdots \sigma_{n-k+1}^{-1} \sigma_{n-k}^{-1})$$

が成り立つ.

よって,

$$\sigma_{n-1}^{-1}\sigma_{n-2}^{-1}\cdots\sigma_{n-k+1}^{-1}\Theta_{n-k}\sigma_{n-1}$$

$$= \left(\sigma_{n-1}^{-1}\cdots\sigma_{n-k+1}^{-1}\right)\sigma_1^{-1}\cdots\sigma_{n-k}^{-1}\sigma_{n-k+1}\cdots\sigma_{n-2}\sigma_{n-1}$$

$$= \left(\sigma_1^{-1}\cdots\sigma_{n-k-1}^{-1}\right)\left(\sigma_{n-1}^{-1}\cdots\sigma_{n-k+1}^{-1}\right)\sigma_{n-k}\sigma_{n-k+1}\cdots\sigma_{n-2}\sigma_{n-1}$$

$$\underset{(\mathrm{A}.12)}{=} \left(\sigma_1^{-1}\cdots\sigma_{n-k-1}^{-1}\right)\left(\sigma_{n-k}\sigma_{n-k+1}\cdots\sigma_{n-2}\right)\left(\sigma_{n-1}^{-1}\cdots\sigma_{n-k+1}^{-1}\sigma_{n-k}^{-1}\right)$$

$$= \Theta_{n-k-1}\sigma_{n-1}^{-1}\cdots\sigma_{n-k+1}^{-1}\sigma_{n-k}^{-1}$$

となり，(A. 10)が示される.

さて(A. 9)は

$$\Theta_{n-2}\left(\sigma_{n-1}^{-1}\Theta_{n-2}\sigma_{n-1}\right)\Theta_{n-3}\sigma_{n-1}\cdots\Theta_1\sigma_{n-1}\Theta_0\sigma_{n-1}$$

$$\underset{(\mathrm{A}.10)\text{の }k=2\text{ の場合}}{=} \Theta_{n-2}\Theta_{n-3}\left(\sigma_{n-1}^{-1}\sigma_{n-2}^{-1}\Theta_{n-3}\sigma_{n-1}\right)\Theta_{n-4}\sigma_{n-1}\cdots\Theta_1\sigma_{n-1}\Theta_0\sigma_{n-1}$$

$$\underset{(\mathrm{A}.10)\text{の }k=3\text{ の場合}}{=} \Theta_{n-2}\Theta_{n-3}\Theta_{n-4}\left(\sigma_{n-1}^{-1}\sigma_{n-2}^{-1}\sigma_{n-3}^{-1}\Theta_{n-4}\sigma_{n-1}\right)\Theta_{n-5}\sigma_{n-1}\cdots\Theta_1\sigma_{n-1}\Theta_0\sigma_{n-1}$$

$$= \cdots$$

$$= \Theta_{n-2}\Theta_{n-3}\cdots\Theta_1\sigma_{n-1}^{-1}\sigma_{n-2}^{-1}\cdots\sigma_2^{-1}\Theta_1\sigma_{n-1}\Theta_0\sigma_{n-1}$$

$$= \Theta_{n-2}\Theta_{n-3}\cdots\Theta_1\Theta_0\sigma_{n-1}^{-1}\sigma_{n-2}^{-1}\cdots\sigma_2^{-1}\sigma_1^{-1}\Theta_0\sigma_{n-1}$$

$$= \Theta_{n-2}\Theta_{n-3}\cdots\Theta_1\Theta_0$$

であるが，最後の式は(A. 9)で n を $n-1$ に変えたものと等しい. よって，n についての帰納法で(A. 9)が成り立つことがわかった.

閑話休題，解答に戻ろう.

p, q を互いに素な自然数で $0<p<q$ を満たすものとする. $T(p,q)$ を閉組み紐 $(\sigma_1\overbrace{\sigma_2\cdots\sigma_{p-1}})^q$ とみなし(例1.21)，$(\sigma_1\overbrace{\sigma_2\cdots\sigma_{p-1}})^q$ の図式の交差を $(p-1)(q-1)/2$ 回入れ替えると，ほどけた結び目の図式となることを示す.

ユークリッドの互除法に従って，

$$q = a_0 p_0 + p_1,$$

$$p_0 = a_1 p_1 + p_2,$$

$$p_1 = a_2 p_2 + p_3,$$

$$\vdots$$

$$p_{n-2} = a_{n-1}p_{n-1} + p_n,$$

$$p_{n-1} = a_n p_n + 1$$

をみたすように，正の整数 $a_0, a_1, \ldots, a_n$, $p_1, p_2, \ldots, p_n$ を定める. ただし，$p_0 := p$ である.

310 　解　　答

$(\sigma_1\sigma_2\cdots\sigma_{p-1})^q=(\sigma_1\sigma_2\cdots\sigma_{p-1})^{pa_0}(\sigma_1\sigma_2\cdots\sigma_{p-1})^{p_1}$ の 前 の 方 の 組 み 紐 に $(p-1)pa_0/2$ 回の交差入れ替えを行なうと，この組み紐は $(\sigma_1\sigma_2\cdots\sigma_{p-1})^{p_1}$ になる．ところが $(\sigma_1\overbrace{\sigma_2\cdots\sigma_{p-1}})^{p_1}$ は円環面結び目 $T(p,p_1)$ と同値である．問題 1.4 より，$T(p,p_1)=T(p_1,p)$ だから，交差入れ替えをさらに $(p_1-1)p_1a_1/2$ 回行なうと，円環面結び目 $T(p_1,p_2)$ になる．この操作を続けると $T(p_n,1)$ が得られるが，これはほどけている．

この操作で行なった交差入れ替えの回数は全部で

$$\frac{1}{2}p_0(p_0-1)a_0+\frac{1}{2}p_1(p_1-1)a_1+\cdots+\frac{1}{2}p_{n-1}(p_{n-1}-1)a_{n-1}+\frac{1}{2}p_n(p_n-1)a_n$$

となる．$i<n$ に対し $p_ia_i=p_{i-1}-p_{i+1}$, $p_na_n=p_{n-1}-1$ だから，

$$\frac{1}{2}\big((p_0-1)(q-p_1)+(p_1-1)(p_0-p_2)+\cdots+(p_{n-1}-1)(p_{n-2}-p_n)$$
$$+(p_n-1)(p_{n-1}-1)\big)$$
$$=\frac{1}{2}\big((p_0-1)(q-p_1)+(p_1-1)(p_0-p_2)+\cdots+(p_{n-1}-1)(p_{n-2}-1)\big)$$
$$=\frac{1}{2}(p-1)(q-1)$$

となり，$T(p,q)$ の結び解消数が $(p-1)(q-1)/2$ 以下となることがわかった．∎

注意 A.5 実は，$u(T(p,q))=g^*(T(p,q))=(p-1)(q-1)/2$ であることが知られている（[33, 49]）．

[問題 5.4] 定理 4.12 の証明より，$T(3,5)$ の Seifert 行列は次の 8 次正方行列 V である．

$$V:=\begin{pmatrix} U & ^\top U \\ O & U \end{pmatrix}.$$

ただし，

$$U:=\begin{pmatrix} -1 & 1 & 0 & 0 \\ 0 & -1 & 1 & 0 \\ 0 & 0 & -1 & 1 \\ 0 & 0 & 0 & -1 \end{pmatrix}$$

である．

$\sigma(T(3,5))$ は $V+{}^\top V$ の符号数だから，-8 となる．定理 5.41 より，$g^*(T(3,5))\geqq 4$ であるが，問題 5.3 より，$u(T(3,5))\leqq 4$ だから，$g^*(T(3,5))=4$ がわかる．∎

[問題 5.5] 問題 5.4 と同様に，$T(4,5)$ の Seifert 行列は次の 12 次正方行列 V である．

$$V := \begin{pmatrix} U & {}^\top U & O \\ O & U & {}^\top U \\ O & O & U \end{pmatrix}.$$

ただし，

$$U := \begin{pmatrix} -1 & 1 & 0 & 0 \\ 0 & -1 & 1 & 0 \\ 0 & 0 & -1 & 1 \\ 0 & 0 & 0 & -1 \end{pmatrix}$$

である．

$\sigma(T(4,5))$ は $V + {}^\top V$ の符号数だから，-8 となる．よって，定理 5.41 より $g^*(T(4,5)) \geqq 4$ である．よって，系 5.45 と問題 5.3 より，$u(T(4,5)) \leqq 6$ だから，$g^*(T(4,5))$ は 4 以上 6 以下であることしかわからない（実は $u(T(4,5)) = 6$ が成り立つ．注意 A.5 参照）．

[問題 5.6] 定理 5.30 より，代数的切片結び目の符号数は 0 である．例 5.27 より，a は正または 0 でなければならない．

再び，例 5.27 より，$Q(a)$ の Seifert 行列は

$$V := \begin{pmatrix} a & 0 \\ 1 & -1 \end{pmatrix}$$

で与えられる．系 5.23 より，$\det(Q(a)) = |\det(V + {}^\top V)| = 4a+1$ は平方数でなければならない．よって，a は，ある非負整数 k を使って $k(k+1)$ と書け，

$$V = \begin{pmatrix} k(k+1) & 0 \\ 1 & -1 \end{pmatrix}$$

となる．2 行目を k 倍して 1 行目から引き，同じことを列に対して行なうと，V は

$$\begin{pmatrix} 0 & k \\ k+1 & -1 \end{pmatrix}$$

となる．この操作は S 同値を保つので，V は代数的切片結び目である．

以上より，ひねり結び目 $Q(a)$ が代数的切片結び目であるための必要十分条件は $a = k(k+1)$ となることである（a は自然数）．

注意 A.6 $Q(a)$ が切片結び目であるための必要十分条件は $a = 0, 2$（ほどけた結び目と，6_1 結び目）となることが [8, 9] で示されている．

312　解　答

図 A.29　図のような帯で手術すると $T \circ U_1$ となる．

図 A.30　左から，$Q(-1)$，$\overline{Q(-2)}$，$Q(-1)\#\overline{Q(-2)}$．

図 A.31　$Q(-1)\#\overline{Q(-2)}$ に 2 本の帯を付ける．

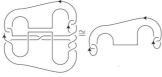　　

図 A.32　図 A.31 の帯で手術をすると，Hopf 絡み目 2 つの連結和 $H_+\#H_-$ になる．

図 A.33　図の帯で手術すると自明な 2 成分絡み目になる．

[問題 5.7]　図 A.29 のような帯で手術をすると，左三つ葉結び目 T とほどけた結び目 U_1 の分離和となる．

この手術に対応した $S^3 \times [0,1]$ 内の曲面を F とする．F は穴の 2 つあいた 2 次元円板である．$F \cap \{1\}$ において，ほどけた結び目に 2 次元円板で蓋をすることにより F は円環になる．このようにして得られた円環が 8_{11} と $T \circ U_1$ の間の結び目同境を与える．■

[問題 5.8]　$g(Q(-1)) = g\left(\overline{Q(-2)}\right) = 1$ だから，$g^*(Q(-1)) \leqq 1$，$g^*\left(\overline{Q(-2)}\right) \leqq 1$ がわかる．例 4.37 より，$\det(Q(-1)) = |\Delta(Q(-1); -1)| = 3$，$\det(\overline{Q(-2)}) = \left|\Delta\left(\overline{Q(-2)}; -1\right)\right| = 7$ となり，ともに平方数ではない．よって，$Q(-1)$，$\overline{Q(-2)}$ はどちらも切片結び目ではないことがわかり，$g^*(Q(-1)) = g^*\left(\overline{Q(-2)}\right) = 1$ となる．

次に $g^*(Q(-1)\#\overline{Q(-2)})$ を求める（図 A.30）．

図 A.31 のように帯を 2 本付ける．この帯で結び目を手術すると図 A.32 のようになる．

この絡み目を，図 A.33 のような帯で手術すると 2 成分の自明な絡み目になる．

以上のような手術の列

解　答　　313

$$Q(-1)\#\overline{Q(-2)} \xrightarrow{\text{手術 2 回}} H_+\#H_- \xrightarrow{\text{手術 1 回}} U_2$$

に対応した $S^3 \times [0,1]$ 内の曲面の種数は 1 なので，$g^*(Q(-1)\#\overline{Q(-2)}) \leqq 1$ がわかる．

また，$\det\left(Q(-1)\#\overline{Q(-2)}\right) = \det(Q(-1))\det\left(\overline{Q(-2)}\right) = 21$ で平方数ではないので，$Q(-1)\#\overline{Q(-2)}$ は切片結び目ではない．よって，$g^*(Q(-1)\#\overline{Q(-2)}) = 1$ となる． ∎

［問題 5.9］　K の Seifert 行列を V とする．V を $2g$ 次正方行列とすると，定義より $\Delta(K;-1) = \det(\sqrt{-1}V + \sqrt{-1}\,{}^\top V) = (-1)^g \det(V + {}^\top V)$ となる．

$V + {}^\top V$ の正の固有値の数を σ_+，負の固有値の数を σ_- とおく．$V + {}^\top V$ は正則だから，$2g = \sigma_+ + \sigma_-$，$\sigma(K) = \sigma_+ - \sigma_-$ が成り立つ．$\sigma(K) = \sigma(V + {}^\top V)$ だから $\sigma(K) = 2g - 2\sigma_-$ である．また，$\det(V + {}^\top V)$ の符号は $(-1)^{\sigma_-}$ に等しい．

ところで $\Delta(K;-1)$ の符号は $(-1)^g$ の符号に $\det(V + {}^\top V)$ の符号を掛けたものに等しいので，$(-1)^{g+\sigma_-}$ と一致する．

よって，$\Delta(K;-1) > 0$ のとき $g + \sigma_- \equiv 0 \pmod 2$ である．よって，$\sigma(K) \equiv 0 \pmod 4$ となる．同様に $\Delta(K;-1) < 0$ のとき $\sigma(K) \equiv 2 \pmod 4$ である． ∎

第 6 章

［問題 6.1］　8_{19} 結び目の Jones 多項式は $t^3 + t^5 - t^8$ であり，$\max_t V(8_{19};t) - \min_t V(8_{19};t) = 5$ である．8_{19} の交差数は 8 だから（この事実は信じよう），もし，8_{19} が交代結び目なら，定理 6.27 より $\max_t V(8_{19};t) - \min_t V(8_{19};t) = 8$ となるはずである．よって，8_{19} は交代結び目ではない． ∎

［問題 6.2］　括弧の列は，2 組の自然数列 $l_1, l_2, \ldots, l_k, l_{k+1}$ と $r_1, r_2, \ldots, r_k, r_{k+1}$ で

・$L_{k+1} = R_{k+1} = d$,
・$R_i \leqq L_i$

をみたすものと一対一に対応する．$l_i > 0$, $r_i > 0$ なので $L_i < L_{i+1}$, $R_i < R_{i+1}$ が成り立つ．

逆に補題 6.41 をみたす自然数の列 $L_1, L_2, \ldots, L_k$, $R_1, R_2, \ldots, R_k$ が与えられたら $l_1 := L_1$, $l_i := L_i - L_{i-1}$ $(1 < i \leqq k+1)$, $r_1 := R_1$, $r_i := R_i - R_{i-1}$ $(1 < i \leqq k+1)$ と定義すればよい．ただし，$L_{k+1} = R_{k+1} = d$ とする． ∎

314   解   答

［問題 6.3］

$$= \left(1 - \frac{\Delta_1 \Delta_{d-2}}{\Delta_{d-1}} + \frac{\Delta_{d-3}}{\Delta_{d-1}}\right) \Big|_{d-1}$$

$$= 0.$$

［問題 6.4］　省略.

［問題 6.5］　定義 6.71(P1) より

$$v^{-1}P(T(2, 2a+1); v, z) - vP(T(2, 2a-1); v, z) = zP(T(2, 2a); v, z)$$

$$v^{-1}P(T(2, 2a); v, z) - vP(T(2, 2a-2); v, z) = zP(T(2, 2a-1); v, z)$$

となる. また, $T(2, 1)$ はほどけた結び目, $T(2, 0)$ は 2 成分の自明な結び目だから $P(T(2, 1); v, z) = 1$, $P(T(2, 0); v, z) = (v^{-1} - v)z^{-1}$ である. これらから

$$P(T(2, 2a+1); v, z) = \frac{v^{2a}}{2^{2a+1}\sqrt{z^2+4}} \left((z+\sqrt{z^2+4})^{2a+1} - (z-\sqrt{z^2+4})^{2a+1}\right.$$
$$\left. + 2(1-v^2)z^{-1}\left((z+\sqrt{z^2+4})^{2a} - (z-\sqrt{z^2+4})^{2a}\right)\right)$$

となる.

［問題 6.6］　Reidemeister 移動 II, III で不変であることの証明は省略する. Reidemeister 移動 I については

$$\left[\,\vcenter{\hbox{}}\,\right]_n = x\left(t^{1/2}\left\langle\,\vcenter{\hbox{}}\,\right\rangle_n - \left\langle\,\vcenter{\hbox{}}\,\right\rangle_n\right)$$
$$= xt^{n/2}\left[\,\vcenter{\hbox{}}\,\right]_n$$

となるので,

$$\left[\ \knotpos\ \right]_n = xt^{n/2}\left[\ \smoothing\ \right]_n,$$

$$\left[\ \knotneg\ \right]_n = (xt^{n/2})^{-1}\left[\ \smoothing\ \right]_n$$

が成り立つ.

よって, 絡み目図式 D に対し $Y_n(L;t) := (xt^{n/2})^{-w(D)}\dfrac{[D]_n}{[n]}$ とおけば絡み目不変量が得られる. また, Y_n は W_n と同じ綾関係式を満たすことがわかるので, $Y_n(L;t) = W_n(L;t)$ が任意の L について成り立つ. ∎

[問題 6.7]　$x := t^{-1/4}$ とすると

$$\begin{cases}\left[\ \crossup\ \right]_2 = t^{1/4}\left\langle\ 1\ \right\rangle\ \left\langle\ 1\ \right\rangle_2 - t^{-1/4}\left\langle\begin{smallmatrix}1\ \ 1\\2\\1\ \ 1\end{smallmatrix}\right\rangle_2,\\[2mm] \left[\ \crossdown\ \right]_2 = t^{-1/4}\left\langle\ 1\ \right\rangle\ \left\langle\ 1\ \right\rangle_2 - t^{1/4}\left\langle\begin{smallmatrix}1\ \ 1\\2\\1\ \ 1\end{smallmatrix}\right\rangle_2\end{cases}$$

となる. よって, 二重矢印を忘れることで Kauffman 括弧式とほぼ同じものができる. ∎

[問題 6.8]　定理 4.51 の証明と同様に

$$P\left(\ \tangleST\ \right) = f(v,z)P\left(\ \tangleT\ \right) + g(v,z)P\left(\ \tangleTb\ \right)$$

をみたす Laurent 多項式 $f(v,z),\ g(v,z)$ が存在する.

T に $\bigcirc$ を代入すると, 自明な 2 成分絡み目の HOMFLYPT 多項式は δ だから

$$P\left(\ \tangleS\ \right) = f(v,z) + \delta g(v,z).$$

T に $\bigcirc\bigcirc$ を代入すると

$$P\left(\ \tangleSb\ \right) = \delta f(v,z) + g(v,z)$$

が得られる. これらを解くことで

316   解　　答

$$f(v,z) = \frac{1}{1-\delta^2}\left(P\left(\,\mathcal{S}\,\right) - \delta P\left(\,\mathcal{S}\,\right)\right),$$

$$g(v,z) = \frac{1}{1-\delta^2}\left(-\delta P\left(\,\mathcal{S}\,\right) + P\left(\,\mathcal{S}\,\right)\right)$$

となり，求める式が得られる.

　［問題 6.9］　問題 4.7 の解答と同様の方針で計算する.

　HOMFLYPT 多項式の綾関係式（定義 6.71）より

$$v^{-1}P(KT(p,2n-2);v,z) - vP(KT(p,2n)) = zP\big(P(p+1,-p,p,-p-1);v,z\big)$$

だから，n に関する漸化式を解いて

（A.13)

$$P(KT(p,2n);v,z) = v^{-2n} + \frac{v^{-2n}-1}{v^{-1}-v}z \times P\big(P(p+1,-p,p,-p-1);v,z\big)$$

がわかる.

　次に，プレッツェル絡み目 $P(p+1,-p,p,-p-1)$ の HOMFLYPT 多項式を，問題 6.8 を使って計算する. 問題 4.7 の解答で使った纏れ糸 K, T を考える. $\fbox{K}$ と $\fbox{T}$ はほどけた結び目，$\big(\!\fbox{K}\!\big)$ は，円環面結び目（あるいは絡み目）$T(2,p+1)$ と $T(2,-p)$ の連結和，$\big(\!\fbox{T}\!\big)$ は，円環面結び目（あるいは絡み目）$T(2,p)$ と $T(2,-p-1)$ の連結和である.

　問題 6.8 より

（A.14)

$$(1-\delta^2)P\big(P(p+1,-p,p,-p-1);v,z\big)$$
$$= P\big(T(2,p+1)\#T(2,-p);v,z\big) + P\big(T(2,-p-1)\#T(2,p);v,z\big)$$
$$-\delta\big(1 + P\big(T(2,p+1)\#T(2,-p);v,z\big) \times P\big(T(2,-p-1)\#T(2,p);v,z\big)\big).$$

この式と問題 6.5 の解答を使って HOMFLYPT 多項式を求めることができるが，ここでは z に関する最高次数の係数（v の Laurent 多項式）だけを求めてみよう. 整数 k に対して綾関係式

$$v^{-1}P(T(2,k);v,z) - vP(T(2,k-2);v,z) = zP(T(2,k-1);v,z)$$

および，$P(T(2,0);v,z)=(v-v^{-1})z^{-1}$, $P(T(2,1);v,z)=1$ を使うと，$k>0$ のとき

$P(T(2,k);v,z)$ の z に関する最高次数は $k-1$ で, その係数は v^{k-1} であることが帰納法でわかる. また, $T(2,-k)$ は $T(2,k)$ の鏡像だから, $P(T(2,-k);v,z)=P(T(2,k);-v^{-1},z)$ であることがわかる. よって, $P(T(2,p+1)\#T(2,-p);v,z)$ の z に関する最高次数は $2p-1$ であり, z^{2p-1} の係数は $(-1)^{p+1}v$ となる. 同様に, $P(T(2,-p-1)\#T(2,p);v,z)$ の z に関する最高次数は $2p-1$ であり, z^{2p-1} の係数は $(-1)^p v^{-1}$ となる[*3].

$\delta=(v^{-1}-v)z^{-1}$ だから, (A.14) より, $P(P(p+1,-p,p,-p-1);v,z)$ の z に関する最高次数は $4p-3$ で, z^{4p-3} の係数は $v-v^{-1}$ である. (A.13) より, $P(KT(p,2n);v,z)$ の z に関する最高次数は $4p-2$ で, z^{4p-2} の係数は $1-v^{-2n}$ となる.

以上で (p,n) が異なると $KT(p,2n)$ は異なっていることがわかる. ∎

[*3] HOMFLYPT 多項式についても, 連結和に対する加法性が成り立つ. 証明は綾関係式を使えばよい.

参考文献

[1] J. W. Alexander, *A lemma on systems of knotted curves*, Proc. Nat. Acad. Sci. U.S.A. **9** (1923), no. 3, 93–95.

[2] J. W. Alexander and G. B. Briggs, *On types of knotted curves*, Ann. of Math. (2) **28** (1926/27), no. 1–4, 562–586. MR 1502807

[3] C. Arf, *Untersuchungen über quadratische Formen in Körpern der Charakteristik 2. I*, J. Reine Angew. Math. **183** (1941), 148–167. MR 0008069

[4] D. Bar-Natan, *The KnotAtlas*, http://katlas.org/.

[5] J. S. Birman, *Braids, links, and mapping class groups*, Princeton University Press, Princeton, NJ, 1974. MR MR0375281 (51 #11477)

[6] J. S. Birman and T. E. Brendle, *Braids: a survey*, Handbook of knot theory, Elsevier B. V., Amsterdam, 2005, pp. 19–103. MR 2179260 (2007a:57004)

[7] G. Burde, H. Zieschang, and M. Heusener, *Knots*, extended ed., De Gruyter Studies in Mathematics, vol. 5, De Gruyter, Berlin, 2014. MR 3156509

[8] A. J. Casson and C. McA. Gordon, *On slice knots in dimension three*, Algebraic and geometric topology (Proc. Sympos. Pure Math., Stanford Univ., Stanford, Calif., 1976), Part 2, Proc. Sympos. Pure Math., XXXII, Amer. Math. Soc., Providence, R.I., 1978, pp. 39–53. MR 520521

[9] ———, *Cobordism of classical knots*, À la recherche de la topologie perdue, Progr. Math., vol. 62, Birkhäuser Boston, Boston, MA, 1986, With an appendix by P. M. Gilmer, pp. 181–199. MR 900252

[10] J. H. Conway, *An enumeration of knots and links, and some of their algebraic properties*, Computational Problems in Abstract Algebra (Proc. Conf., Oxford, 1967), Pergamon, Oxford, 1970, pp. 329–358. MR 41 #2661

[11] R. H. Fox, *A quick trip through knot theory*, Topology of 3-manifolds and related topics (Proc. The Univ. of Georgia Institute, 1961), Prentice-Hall, Englewood Cliffs, NJ, 1962, pp. 120–167. MR 0140099

[12] R. H. Fox and J. W. Milnor, *Singularities of 2-spheres in 4-space and equivalence of knots*, Bull. Amer. Math. Soc. **63** (1957), 406.

[13] ———, *Singularities of 2-spheres in 4-space and cobordism of knots*, Osaka

J. Math. **3** (1966), 257-267. MR MR0211392 (35 #2273)

[14] P. Freyd, D. Yetter, J. Hoste, W. B. R. Lickorish, K. Millett, and A. Ocneanu, *A new polynomial invariant of knots and links*, Bull. Amer. Math. Soc.(N.S.) **12** (1985), no. 2, 239-246. MR 86e:57007

[15] R. Hartley, *The Conway potential function for links*, Comment. Math. Helv. **58** (1983), no. 3, 365-378. MR 85h:57006

[16] F. Hosokawa, *On ∇-polynomials of links*, Osaka Math. J. **10** (1958), 273-282. MR 0102820

[17] J. Hoste, *The first coefficient of the Conway polynomial*, Proc. Amer. Math. Soc. **95** (1985), no. 2, 299-302. MR 801342

[18] J. F. P. Hudson, *Piecewise linear topology*, University of Chicago Lecture Notes prepared with the assistance of J. L. Shaneson and J. Lees, W. A. Benjamin, Inc., New York-Amsterdam, 1969. MR 0248844

[19] B. J. Jiang, *On Conway's potential function for colored links*, Acta Math. Sin. (Engl. Ser.) **32** (2016), no. 1, 25-39. MR 3431158

[20] V. F. R. Jones, *Index for subfactors*, Invent. Math. **72** (1983), no. 1, 1-25. MR 696688

[21] ———, *A polynomial invariant for knots via von Neumann algebras*, Bull. Amer. Math. Soc.(N.S.) **12** (1985), no. 1, 103-111. MR 86e:57006

[22] ———, *Hecke algebra representations of braid groups and link polynomials*, Ann. of Math.(2) **126** (1987), no. 2, 335-388. MR 89c:46092

[23] T. Kanenobu, *Module d'Alexander des nœuds fibrés et polynôme de Hosokawa des lacements fibrés*, Math. Sem. Notes Kobe Univ. **9** (1981), no. 1, 75-84. MR 633997

[24] ———, *Infinitely many knots with the same polynomial invariant*, Proc. Amer. Math. Soc. **97** (1986), no. 1, 158-162. MR 831406

[25] C. Kassel and V. Turaev, *Braid groups*, Graduate Texts in Mathematics, vol. 247, Springer, New York, 2008, With the graphical assistance of Olivier Dodane. MR 2435235 (2009e:20082)

[26] L. H. Kauffman, *The Conway polynomial*, Topology **20** (1981), no. 1, 101-108. MR 81m:57004

[27] ———, *Formal knot theory*, Mathematical Notes, vol. 30, Princeton University Press, Princeton, NJ, 1983. MR 712133

[28] ———, *State models and the Jones polynomial*, Topology **26** (1987), no. 3, 395-407. MR 88f:57006

[29] ———, *Knots and physics*, fourth ed., Series on Knots and Everything, vol. 53, World Scientific Publishing Co. Pte. Ltd., Hackensack, NJ, 2013. MR 3013186

[30] A. Kawauchi, *Classification of pretzel knots*, Kobe J. Math. **2** (1985), no. 1, 11-22. MR 811798

[31] S. Kinoshita and H. Terasaka, *On unions of knots*, Osaka Math. J. **9** (1957), 131-153. MR 0098386

[32] H. Kondo, *Knots of unknotting number 1 and their Alexander polynomials*, Osaka J. Math. **16** (1979), no. 2, 551-559. MR 539606

[33] P. B. Kronheimer and T. S. Mrowka, *Gauge theory for embedded surfaces. I*, Topology **32** (1993), no. 4, 773-826. MR 1241873

[34] G. Kuperberg, *The quantum G_2 link invariant*, Internat. J. Math. **5** (1994), no. 1, 61-85. MR 95g:57013

[35] W. B. R. Lickorish, *An introduction to knot theory*, Graduate Texts in Mathematics, vol. 175, Springer-Verlag, New York, 1997. MR 98f:57015

[36] C. Livingston, *A survey of classical knot concordance*, Handbook of knot theory, Elsevier B. V., Amsterdam, 2005, pp. 319-347. MR 2179265

[37] C. Livingston and J. C. Cha, *KnotInfo*, http://www.indiana.edu/~knotinfo/.

[38] A. Markoff, *Über die freie Äquivalenz der geschlossenen Zöpfe.(German)*, Rec. Math. Moscou, n. Ser. **1** (1936), 73-78.

[39] G. Masbaum and P. Vogel, *3-valent graphs and the Kauffman bracket*, Pacific J. Math. **164** (1994), no. 2, 361-381. MR MR1272656 (95e:57003)

[40] H. R. Morton, *The coloured Jones function and Alexander polynomial for torus knots*, Math. Proc. Cambridge Philos. Soc. **117** (1995), no. 1, 129-135.

[41] H. Murakami, *A recursive calculation of the Arf invariant of a link*, J. Math. Soc. Japan **38** (1986), no. 2, 335-338. MR MR833206 (88a:57014)

[42] H. Murakami, T. Ohtsuki, and S. Yamada, *Homfly polynomial via an invariant of colored plane graphs*, Enseign. Math.(2) **44** (1998), no. 3-4, 325-360. MR 2000a:57023

[43] J. Murakami, *A state model for the multi-variable Alexander polynomial*, Pacific J. Math. **157** (1993), 109-135.

[44] K. Murasugi, *On a certain numerical invariant of link types*, Trans. Amer. Math. Soc. **117** (1965), 387-422. MR 0171275

[45] ———, *Knot theory & its applications*, Modern Birkhäuser Classics, Birkhäuser Boston, Inc., Boston, MA, 2008, Translated from the 1993 Japanese original by Bohdan Kurpita, Reprint of the 1996 translation [MR1391727]. MR

322   参考文献

2347576

[46] Y. Nakanishi, *A note on unknotting number*, Math. Sem. Notes Kobe Univ. **9** (1981), no. 1, 99–108. MR MR634000 (83d:57005)

[47] J. H. Przytycki and P. Traczyk, *Invariants of links of Conway type*, Kobe J. Math. **4** (1988), no. 2, 115–139. MR 89h:57006

[48] T. C. V. Quach, *On a realization of prime tangles and knots*, Canad. J. Math. **35** (1983), no. 2, 311–323. MR MR695086 (84i:57006)

[49] J. Rasmussen, *Khovanov homology and the slice genus*, Invent. Math. **182** (2010), no. 2, 419–447. MR 2729272

[50] K. Reidemeister, *Knotentheorie*, Springer-Verlag, Berlin, 1974 (German), reprint. MR 49 #9828

[51] ———, *Knot theory*, BCS Associates, Moscow, Idaho, USA, 1983, Transl. from [50] and ed. by Leo F. Boron, Charles O. Christenson, and Bryan A. Smith. MR 84j:57005

[52] R. A. Robertello, *An invariant of knot cobordism*, Comm. Pure Appl. Math. **18** (1965), 543–555. MR 0182965

[53] D. Rolfsen, *Knots and links*, Mathematics Lecture Series, vol. 7, Publish or Perish Inc., Houston, TX, 1990. MR 95c:57018

[54] M. Rosso and V. Jones, *On the invariants of torus knots derived from quantum groups*, J. Knot Theory Ramifications **2** (1993), no. 1, 97–112.

[55] C. P. Rourke and B. J. Sanderson, *Introduction to piecewise-linear topology*, Springer Study Edition, Springer-Verlag, Berlin, 1982. MR 83g:57009

[56] M. Scharlemann, J. Schultens, and T. Saito, *Lecture notes on generalized Heegaard splittings*, World Scientific Publishing Co. Pte. Ltd., Hackensack, NJ, 2016, Three lectures on low-dimensional topology in Kyoto. MR 3585907

[57] P. Traczyk, *A new proof of Markov's braid theorem*, Knot theory (Warsaw, 1995), Banach Center Publ., vol. 42, Polish Acad. Sci., Warsaw, 1998, pp. 409–419. MR MR1634469 (99g:57015)

[58] A. G. Tristram, *Some cobordism invariants for links*, Proc. Cambridge Philos. Soc. **66** (1969), 251–264. MR 0248854

[59] H. F. Trotter, *Non-invertible knots exist*, Topology **2** (1963), 275–280. MR 0158395

[60] P. Vogel, *Representation of links by braids: a new algorithm*, Comment. Math. Helv. **65** (1990), no. 1, 104–113. MR 1036132 (90k:57013)

[61] H. Wenzl, *On sequences of projections*, C. R. Math. Rep. Acad. Sci. Canada

9 (1987), no. 1, 5-9. MR 88k:46070

[62] S. Yamada, *The minimal number of Seifert circles equals the braid index of a link*, Invent. Math. **89** (1987), no. 2, 347-356. MR MR894383 (88f:57015)

[63] H. Zieschang, *Classification of Montesinos knots*, Topology (Leningrad, 1982), Lecture Notes in Math., vol. 1060, Springer, Berlin, 1984, pp. 378-389. MR 770257

[64] 大槻知忠, 結び目の不変量(共立講座 数学の輝き4), 共立出版, 2015.

[65] 加藤十吉, トポロジー(サイエンスライブラリ 理工系の数学11), サイエンス社, 1978.

[66] ―――, 位相幾何学(数学シリーズ), 裳華房, 1988.

[67] 鎌田聖一, 曲面結び目理論(シュプリンガー現代数学シリーズ16), 丸善出版, 2012.

[68] 河内明夫, 結び目理論, シュプリンガー・フェアラーク東京, 1990.

[69] ―――, レクチャー結び目理論(共立叢書 現代数学の潮流), 共立出版, 2007.

[70] ―――, 結び目の理論(共立講座 数学探検10), 共立出版, 2015.

[71] 小島定吉, トポロジー入門(共立講座 21世紀の数学7), 共立出版, 1998.

[72] 鈴木晋一, 曲面の線形トポロジー〈上〉(数学選書), 槙書店, 1986.

[73] ―――, 結び目理論入門(数理科学ライブラリ1), サイエンス社, 1991.

[74] 田中利史, 村上斉, トポロジー入門(SGCライブラリ42), サイエンス社, 2005.

[75] 田村一郎, トポロジー(岩波全書276), 岩波書店, 1972.

[76] 坪井俊, 幾何学II ホモロジー入門(大学数学の入門5), 東京大学出版会, 2016.

[77] 寺阪英孝, 結び目の理論, 数学 **12** (1960), no. 1, 1-20.

[78] 日本数学会, 岩波 数学辞典(第4版), 岩波書店, 2007.

[79] 服部晶夫, 位相幾何学(岩波基礎数学選書), 岩波書店, 1991.

[80] 古田幹雄, 指数定理, 岩波書店, 2008.

[81] 村上順, 結び目と量子群(すうがくの風景3), 朝倉書店, 2000.

[82] 村上斉, 結び目のはなし, 遊星社, 2015.

[83] 村杉邦男, 結び目理論とその応用, 日本評論社, 1993.

[84] 山田裕史, 組合せ論プロムナード, 日本評論社, 2009.

[85] W. B. R. リコリッシュ, 結び目理論概説, シュプリンガー・フェアラーク東京, 2000, (翻訳)秋吉宏尚, 塩見真枝, 下川航也, 高向崇, 田中利史, 平澤美可三, 松本三郎, 丸本嘉彦, 村上斉.

[86] 和久井道久, Temperley-Lieb代数とその応用, http://www2.itc.kansai-u.ac.jp/~wakui/TL_algebra.pdf, 2010.

索　引

数字・欧字

1 ハンドル拡大（1-handle enlargement）　138

1 ハンドル縮小（1-handle reduction）　138

Alexander 加群（Alexander module）　90

Alexander 多項式（Alexander polynomial）　123
　　——に関する綾関係式（skein relation for ——）　151
　　Conway により正規化された——（Conway normalized ——）　136

Arf 不変量（Arf invariant）　167

Catalan 数（Catalan number）　235

Conway 多項式（Conway polynomial）　156
　　——に関する綾関係式（skein relation for ——）　156

Dehn の補題（Dehn's lemma）　81

HOMFLYPT 多項式（HOMFLYPT polynomial）　272

Jones-Wenzl 冪等元（Jones-Wenzl idempotent）　249

Jones 多項式（Jones polynomial）　224
　　——に関する綾関係式（skein relation for ——）　225
　　色付き——（colored ——）　250

Kauffman 綾関係式（Kauffman skein relation）　234

Kauffman 括弧式（Kauffman bracket）　220

Kauffman 線型綾（Kauffman linear skein）　234

longitude　9

Markov 同値（Markov equivalence）　46

meridian　9

n 次元 HOMFLYPT 多項式（n 次元 HOMFLYPT polynomial）　271

Reidemeister 移動（Reidemeister move）　35

Seifert 円周（Seifert circle）　38

Seifert 行列（Seifert matrix）　101

Seifert 曲面（Seifert surface）　29

S 同値（S-equivalence）　137

Temperley-Lieb 代数（Temperley-Lieb algebra）　238

Wirtinger 表示（Wirtinger presentation）　80

ア　行

綾関係式（skein relation）
　　Alexander 多項式に関する——（—— for

326 索 引

the Alexander polynomial) 151
Conway 多項式に関する——(— for
　the Conway polynomial) 156
HOMFLYPT 多項式に関する——(—
　for the HOMFLYPT polynomial)
　272
Jones 多項式に関する——(— for the
　Jones polyomial) 225
n 次元 HOMFLYPT 多項式に関する
　——(— for the n-dimensional
　HOMFLYPT polynomial) 271
綾三つ組(skein triple) 150

円環(annulus) 12
円環体(solid torus) 7
円環面(torus) 7

横断線(transversal) 39
重み(weight) 258

カ 行

回転数(rotation number) 259
外部(exterior) 7
絡み行列(linking matrix) 178
絡み数(linking number) 95
絡み目(link) 1
　円環面——(torus —) 17
　偶——(proper —) 175
　二橋——(two-bridge —) 19
　プレッツェル——(pretzel —) 20
　分離——(split —) 161
絡み目図式(link diagram)
　——の領域(region of —) 41
　$(D^2, 2n)$ 内の——(— in $(D^2, 2n)$)
　233

基本イデアル(elementary ideal) 123
球面(sphere) 1
境界連結和(boundary connected-sum)
　31

行拡大(row enlargement) 138
行縮小(row reduction) 138
橋数(bridge index) 18
鏡像(mirror image) 2
局所平坦(locally flat) 183

屈曲(bending) 42
　——可能(admissible) 42
　——可能な面(— face) 42
　——線(— arc) 42
組み紐(braid) 16
　——関係式(— relation) 16
　——群(— group) 16
　閉——(closed —) 38

弧(arc) 78
弧(射影図の)(arc of a projection) 41
語(word) 238
　既約——(reduced —) 239
交差(crossing) 10
　——数(— number) 232
　簡約できる——(reducible —) 231
交点(double point) 10
交点(intersection)
　——形式(— form) 109, 202
　——数(— number) 192
　——の符号(sign of an —) 192
骨格(skeleton) 138

サ 行

彩色数(number of coloring) 87
最大添字(maximum index) 238
三角形移動(triangle move) 5
三角形同値(triangle equivalence) 5
山頂(peak) 55

射影(projection) 67
射影図(projection) 10
　——の面(face of —) 41
手術(surgery) 183

――に対応した曲面（surface associated to ―）　184
種数（genus）　30
　4 次元――（four―）　210
状態（state）　258
伸展（tightening）　42

図式（diagram）
　既約な――（reduced ―）　231

正規部分群（normal subgroup）　68
星状近傍（star）　139
成分数（number of components）　1
接合（splice）　219
　A ――（A ―）　219
　B ――（B ―）　219
全同位同値（equivalence by ambient isotopy）　4

双対 1 骨格（dual 1-skeleton）　139

タ　行

高さ（height）　40
単体的複体（simplicial complex）　138

通路同値（pass equivalent）　169
通路変形（pass move）　167

底空間（base space）　67
適切に（properly）　182

同調している（coherent）　39

ナ　行

中西指数（Nakanishi index）　114
流れ（flow）　258

ハ　行

ハンドル体（handlebody）　94

非退化（non-singular）　179
被覆（covering）　67
　――変換（― transformation）　90
　――変換群（― transformation group）　68
　正則――（regular ―）　68
被覆空間（covering space）　67
　二重――（double ―）　82
　二重分岐――（double branched ―）　102
　無限巡回――（infinite cyclic ―）　87
表示行列（intersection matrix）　110
表示行列（presentation matrix）　119

符号数（signature）　199, 203
分解木（resolution tree）　156
分離和（split union）　159

平滑化（smoothing）　28, 38, 150
閉道（loop）　68
閉包（closure）　16

法 Euler 数（normal Euler number）　214

マ　行

道（path）　68
三つ組（triple）
　綾――（skein ―）　150
　許容的――（admissible）　252

結び解消数（unknotting number）　24
　Δ 型――（Δ―）　26
結び解消操作（unknotting operation）
　Δ 型――（Δ―）　25
結び目（knot）　1

328 索 引

——群(— group) 75
——同境(— cobordism) 186
——同境群(— cobordism group)
189
——の行列式(determinant of a —)
113
——の図式(knot —) 10
8 の字——(figure-eight —) 4
衛星——(satellite —) 22
円環面——(torus —) 11
金信——(Kanenobu —) 273
樹下・寺阪——(Kinoshita-Terasaka
—) 178
交代——(alternating —) 10
自明な——(trivial —) 3
切片——(slice —) 183
素な——(prime —) 21
代数的切片——(algebraically slice —)
192

伴星——(companion —) 22
ひねり——(twist —) 157
二橋——(two-bridge —) 18
19 ほどけた——(unknot) 3
三つ葉——(trefoil) 4

縺れ糸(tangle) 165
模様(pattern knot) 22

ヤ 行

よじれ数(writhe) 223

ラ 行

列拡大(column enlargement) 138
列縮小(column reduction) 138
連結和(connected sum) 21

村上 斉

1958 年生まれ.
1986 年大阪市立大学大学院理学研究科博士課程修了.
現在　東北大学大学院情報科学研究科教授.
専門　位相幾何学.

岩波数学叢書

結び目理論入門 上

2019 年 12 月 19 日　第 1 刷発行

著　者　村上 斉

発行者　岡本 厚

発行所　株式会社 岩波書店
　　　　〒101-8002 東京都千代田区一ツ橋 2-5-5
　　　　電話案内 03-5210-4000
　　　　https://www.iwanami.co.jp/

印刷・法令印刷　カバー印刷・半七印刷　製本・牧製本

ⓒ Hitoshi Murakami 2019
ISBN 978-4-00-029826-1　Printed in Japan

専門外の読者にも配慮した記述でたしかな理解へと導く

岩波数学叢書

A5 判・上製

（★はオンデマンド版・並製）

複雑領域上のディリクレ問題 —ポテンシャル論の観点から—	相川弘明	316 頁	本体 4600 円
アラケロフ幾何★	森脇 淳	432 頁	本体 6400 円
線形計算の数理★	杉原正顯 室田一雄	390 頁	本体 6200 円
正則関数のなすヒルベルト空間	中路貴彦	252 頁	本体 4600 円
オーリッチ空間とその応用	北 廣男	314 頁	本体 5200 円
特 異 積 分	薮田公三	380 頁	本体 7000 円
放物型発展方程式とその応用（上） 可解性の理論	八木厚志	388 頁	本体 6400 円
放物型発展方程式とその応用（下） 解の挙動と自己組織化	八木厚志	372 頁	本体 6400 円
リジッド幾何学入門★	加藤文元	294 頁	本体 6000 円
高次元代数多様体論	川又雄二郎	314 頁	本体 5500 円
ファイナンスと保険の数理	井上昭彦 中野 張 福田 敬	460 頁	本体 8000 円
岩澤理論とその展望（上）★	落合 理	196 頁	本体 4500 円
岩澤理論とその展望（下）	落合 理	394 頁	本体 7400 円
数値解析の原理 —現象の解明をめざして—	菊地文雄 齊藤宣一	352 頁	本体 6800 円
非線形分散型波動方程式 —解の漸近挙動—	林 仲夫	338 頁	本体 7300 円
確率偏微分方程式	舟木直久 乙部厳己 謝 賓	350 頁	本体 7400 円
結び目理論入門（上）	村上 斉	342 頁	本体 7800 円

———— 岩波書店刊 ————

定価は表示価格に消費税が加算されます

2019 年 12 月現在